LA GRANDE ENCYCLOPEDIE DES POISSONS D'AQUARIUM

LA GRANDE ENCYCLOPEDIE DES POISSONS D'AQUARIUM

Texte de Ivan Petrovický

Illustrations de Libuše et Jaromír Knotek

Révision de Patrick Louisy,

Docteur de 3eme cycle en Océanologie biologique

GRANDES ENCYCLOPÉDIES

Gründ

Garantie de l'éditeur

Pour vous parvenir à son plus juste prix, cet ouvrage a fait l'objet d'un gros tirage. Malgré tous les soins apportés à sa fabrication, il est malheureusement possible qu'il comporte un défaut d'impression ou de façonnage. Dans ce cas, ce livre vous sera échangé sans frais. Veuillez à cet effet le rapporter au libraire qui vous l'a vendu ou nous écrire à l'adresse ci-dessous en nous précisant la nature du défaut constaté. Dans l'un ou l'autre cas, il sera immédiatement fait droit à votre réclamation.

Librairie Gründ — 60, rue Mazarine — 75006 Paris

Troisième tirage 1992
Adaptation française de Adam et Zdeněk Blesha
Texte original de Ivan Petrovický
Illustrations de Jaromír et Libuše Knotek
Matériel vivant fourni par Vladimír Jaroch
Révision générale de Patrick Louisy, Docteur de 3ème cycle en Océanologie biologique
Première édition française 1988 par Librairie Gründ, Paris

ISBN 2-7000-2501-6
Dépôt légal : novembre 1988
Imprimé en Tchécoslovaquie par Neografia, Martin

3/19/03/53-03

Sommaire

Remerciements

Une grande aide m'a été fournie par ma bibliothèque spécialisée qui s'est considérablement agrandie grâce à diverses personnes que j'aimerais remercier ici. Je remercie mon ami le Docteur Herbert R. Axelrod des États-Unis pour m'avoir envoyé la revue TFH pendant 24 ans et pour m'avoir accordé la qualité de membre dans la maison d'édition TFH. Je remercie Mme Gisela Böhme et ses collaborateurs de la maison d'édition Kosmos en RFA, pour m'avoir fourni la littérature et m'avoir envoyé pendant de longues années le journal Aquarien Magazin, M. Dieter Vogt, rédacteur en chef de la revue Datz (RFA), M. Jean Schnugg, fondateur de la revue Aquarama (France) et le Docteur David G. Senn de Suisse pour m'avoir envoyé pendant de longues années des revues. De même je remercie les dirigeants de la société Tetra pour m'avoir fourni de la littérature spécialisée et M.H.A. Baensch, propriétaire de la maison d'édition Mergus, RFA. Je remercie pour tous les conseils et remarques (mêmes critiques) le Docteur Karel Lohniský et le Docteur Karel Pecl, de même que le Docteur Stanislav Frank et les aquariophiles tchèques MM. Ladislav Volf et Jaroslav Cintl, spécialistes de l'élevage des Cyprinodontidés (Killi). Enfin, mes plus grands remerciements vont à mon père le Docteur Karel Petrovický pour son aide irremplaçable dans la lecture de la littérature étrangère et à ma femme Jiřina pour sa compréhension.

I. Petrovický

Introduction

Les économistes estiment que le chiffre d'affaires annuel du commerce des poissons d'aquarium a dépassé 4 milliards de dollars et on peut penser qu'il croîtra encore. La part de l'Asie dans la production mondiale des poissons d'aquarium est de 60 % ; l'Amérique du Sud représente 30 % et les autres continents se partagent les 10 % restants. L'Asie exporte surtout des poissons élevés dans des fermes de Singapour, de Hong-kong, de Thaïlande et des Philippines ; l'Amérique du Sud fournit surtout des poissons pêchés dans leur milieu naturel. Les poissons d'eau douce sont beaucoup plus demandés (90 %) que les poissons de mer dont l'élevage est peu développé, malgré des progrès récents incontestables.

Les biologistes estiment que les pêches dans la nature sont excessives et qu'il faut progressivement les arrêter. Ils constatent que de nombreux sites ont été appauvris par une pêche trop intensive ou détruits par d'autres formes d'activité humaine. C'est pourquoi la pêche directe est de plus en plus limitée, voire, pour certaines espèces, complètement interdite.

Ceci signifie que dans un futur proche les éleveurs de poissons exotiques devront faire face à des exigences accrues. Devant les tarifs pratiqués par les éleveurs des pays tropicaux, les éleveurs des pays à climat tempéré devront compenser leurs prix plus élevés en offrant un assortiment très large et des spécimens de grande qualité. Actuellement il existe un grand nombre de travaux sur les poissons tropicaux, mais ils sont dispersés pour la plupart dans divers ouvrages ou revues souvent peu accessibles aux aquariophiles. Le but principal de l'ouvrage est de faire le point sur les connaissances actuelles orientées vers la reproduction des poissons d'aquarium. Cependant, certaines connaissances ont pu être modifiées depuis la parution de ce livre. Il y a encore beaucoup de poissons qui ne se reproduisent pas en captivité, mais les barrières de notre ignorance sont franchies pas à pas et ce qui paraît aujourd'hui extraordinaire, sera sans doute dépassé demain. Avec de nouvelles connaissances surgissent de nouvelles questions auxquelles il faut tenter de répondre, et le travail de l'éleveur-aquariophile ne finit jamais.

Mais l'effort vaut la peine, car seule une observation détaillée des phénomènes naturels permet de comprendre la nature et de la protéger.

Origine des poissons

La paléontologie, science qui étudie les fossiles et reconstitue la vie dans le passé, a considérablement progressé depuis l'époque de Charles Darwin (1809–1882), naturaliste anglais, auteur de la théorie de l'évolution. Grâce aux recherches paléontologiques, on connaît la vie et l'histoire des poissons préhistoriques.

Les premiers fossiles de vertébrés connus ayant la forme générale d'un poisson remontent au silurien (il y a environ 425 millions d'années). Mais ces fossiles révèlent une certaine évolution, et les scientifiques pensent que l'origine des pré-vertébrés doit se situer dans le cambrien, à peu près 600 millions d'années avant notre ère. Ces ancêtres hypothétiques étaient probablement des organismes très simples et leurs corps mous n'ont laissé aucune trace. Les fossiles provenant des couches du silurien sont bien conservés et on peut en déduire les caractéristiques de ces poissons. Ils avaient une cuirasse cutanée formée de plaques et des boucliers qui protégeaient leur corps, une ouverture nasale impaire, deux yeux plus un œil additionnel sur la nuque ; ils n'avaient pas de mâchoire inférieure ni de nageoires paires. L'axe du corps était formé par une corde dorsale (axe semi-rigide préfigurant la colonne vertébrale des poissons évolués). On appelle toutes ces formes siluriennes Ostracodermes.

L'essor remarquable des poissons commence au dévonien (il y a 405 millions d'années). A cette époque apparaissent, à côté des poissons primitifs sans mâchoire, des vertébrés pourvus de mâchoires, les Sélaciens (poissons de type requin), les Actinoptérygiens, les Crossoptérygiens et les Dipneustes. Les Sélaciens sont les premiers animaux ayant des membres pairs (nageoires). Les Dipneustes forment un groupe assez ancien qui n'a pratiquement pas évolué depuis le dévonien. Comme ils ont à la fois des branchies et des poumons, ils ont longtemps été considérés comme les ancêtres des amphibiens. Actuellement les scientifiques considèrent qu'ils représentent une impasse de l'évolution. Les ancêtres des amphibiens primitifs (les Stégocéphales), sont des poissons Crossoptérygiens, dont les nageoires sont constituées d'une base écailleuse de laquelle partent les rayons. Dévonien, carbonifère, permien et, pour les types plus évolués, crétacé furent des ères de prospérité pour ces poissons. Ils sont probablement les ancêtres des premiers vertébrés terrestres. A partir des Actinoptérygiens se développent les Chondrostéens et les Téléostéens, dont les fossiles remontent au trias (environ 230 millions d'années avant notre ère). Les Téléostéens, auxquels appartiennent tous les poissons cités plus loin (à l'exception de la raie, qui est un Sélacien), sont le seul groupe qui évolue encore considérablement. Les autres groupes déclinent ou sont en train de s'éteindre.

Morphologie et anatomie des poissons

Les poissons ont souvent une allure hydrodynamique en fuseau, mais il existe de nombreuses déviations par rapport à cette forme de base, l'aspect extérieur étant fortement influencé par le mode de vie.

Le corps d'un poisson est constitué d'une tête, d'un tronc et d'une queue. Dans les descriptions il est d'usage d'indiquer la longueur totale du poisson, du museau à l'extrémité de la nageoire caudale.

Les nageoires (y compris la queue) sont soutenues par des rayons osseux. Certains sont durs (épineux), d'autres mous (segmentés) et parfois ramifiés ; le nombre de rayons dépend de l'espèce. On distingue les nageoires paires : pectorales et pelviennes, analogues aux membres des vertébrés supérieurs, et les nageoires impaires : dorsale, caudale et anale, qui servent à maintenir l'équilibre du corps et permettent au poisson de se déplacer et de se diriger. Certaines familles (ou genres) se caractérisent par une nageoire adipeuse, qui n'est pas soutenue par des rayons osseux. La forme et la grandeur des nageoires diffèrent d'une espèce à l'autre et peuvent même constituer un élément important du dimorphisme sexuel. La nageoire dorsale peut être composée de deux parties, indépendantes ou soudées, ses premiers rayons pouvant être épineux. Chez certaines espèces, les nageoires pelviennes sont filamenteuses et ont un rôle tactile ; chez d'autres elles sont absentes. La nageoire caudale est en général symétrique (nageoire homocerque), et peut alors avoir différentes formes : échancrée, tronquée ou arrondie. On parle de nageoire hétérocerque quand elle est dissymétrique.

Le corps des poissons est recouvert d'une peau composée de plusieurs couches. La couche

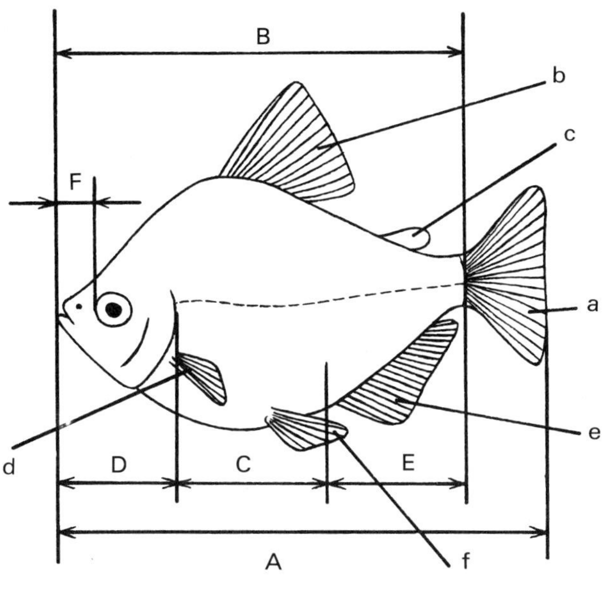

Terminologie des nageoires — Mesures habituelles
A — longueur totale B — longueur standard C — longueur du tronc D — longueur de la tête E — longueur de la partie caudale F — longueur pré-orbitaire a — nageoire caudale (impaire) b — nageoire dorsale (impaire) c — nageoire adipeuse (ne possédant pas de rayons) d — nageoires pectorales (paires) e — nageoire anale (impaire) f — nageoires pelviennes ou ventrales (paires)

supérieure, nommée épiderme, est couverte d'une cuticule. Sous cette cuticule un grand nombre de cellules muqueuses sécrètent du mucus, qui maintient la surface du corps lisse. Sous l'épiderme, le derme comprend les vaisseaux qui irriguent la peau, les nerfs et les cellules pigmentaires (chromatophores). Les grains de pigment de ces cellules ont la capacité de se concentrer ou de s'étaler sous l'effet d'une impulsion nerveuse, ce qui se traduit par un changement de couleur du poisson. Les écailles

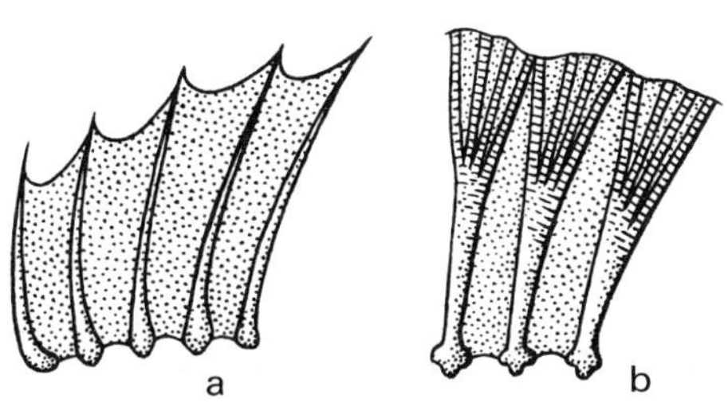

Les rayons des nageoires
a — rayons épineux (durs) b — rayons ramifiés (mous)

Les différents types de nageoires
a — deux nageoires dorsales b — rayons durs de la nageoire dorsale transformés en épines libres c — nageoire dorsale allongée d — nageoire dorsale élevée e — nageoires pelviennes filamenteuses

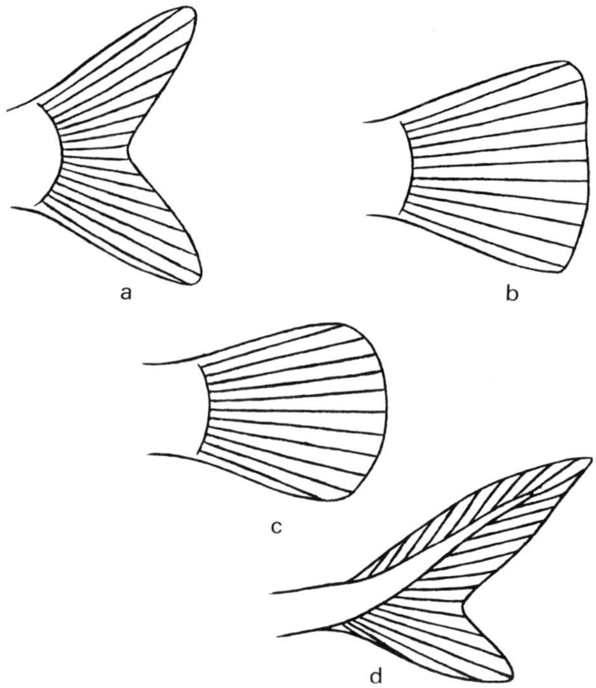

Les nageoires caudales
a – échancrée b – tronquée c – arrondie d – asymétrique (hétérocerque)

se forment dans le derme. Chez la plupart des poissons, elles protègent le corps en le couvrant complètement. Elles sont disposées en lignes régulières ; le nombre d'écailles est un élément important pour la systématique. Chez certaines espèces, les écailles ne se forment qu'exceptionnellement ou sont totalement absentes. Chez d'autres encore, elles sont remplacées par des plaques osseuses.

Les écailles et les plaques couvrant la tête forment une sorte de squelette externe, dermique. Le squelette interne est formé de la colonne vertébrale, des côtes et des « arêtes » (situées entre les muscles), du squelette céphalique (crâne, os des mâchoires, arcs branchiaux, etc.) et du squelette basal des nageoires.

Les poissons ont des muscles lisses, contrôlant les organes internes, et des muscles striés, qui réagissent aux impulsions de l'extérieur. Parmi les muscles striés, on distingue ceux de la tête, des nageoires et du tronc. Des muscles longitudinaux très forts couvrent le corps : quatre sur chaque flanc, deux dorsaux et ventraux. Dans la tête, les muscles des mâchoires sont particulièrement bien développés, surtout chez les poissons carnivores. Les muscles des nageoires sont attachés sur la base osseuse d'une part, et sur les rayons d'autre part ; ils déterminent le mouvement des nageoires.

Le système digestif est composé de la cavité buccale, de l'œsophage, de l'estomac et des intestins. La cavité buccale est limitée par les mâchoires, avec lesquelles elle forme la bouche. L'ouverture de la bouche peut être terminale, supère ou infère. Théoriquement, les poissons qui possèdent une bouche terminale (s'ouvrant à l'extrémité du museau), s'alimentent surtout en pleine eau. Une bouche ventrale (infère) naît d'un allongement relatif de la mâchoire supérieure ; on la trouve chez les poissons qui aiment ramasser leur nourriture au fond. Si c'est la mâchoire inférieure qui est allongée, la bouche s'ouvre vers le haut (ouverture supère), ce qui facilite la chasse ou la recherche de nourriture en surface. Beaucoup de poissons ont des dents. Celles-ci n'ont pas de racines mais sont unies aux os ou fixées dans le tissu conjonctif. Elles se renouvellent durant toute la vie du poisson, les nouvelles repoussant les anciennes. Les dents permettent au poisson de saisir sa proie, de broyer, découper ou râper la nourriture. On les trouve non seulement sur les mâchoires, mais aussi sur l'os pharyngien, sur le palais et à l'entrée de l'œsophage, surtout chez les poissons carnivores. Ces derniers ont une grande bouche qu'ils peuvent ouvrir largement et qui leur permet non seulement de tenir une proie qui s'agite et qui glisse, mais aussi, grâce à des muscles puissants, de l'avaler toute entière. Chez certains poissons (surtout les Cyprinidés) les dents sont complétées ou remplacées par des plaquettes osseuses, situées généralement sur le palais supérieur au niveau du dernier arc branchial, et qui peuvent broyer et pulvériser les aliments. La langue mobile est alors remplacée par un os lingual recouvert de tissus mous.

La nourriture avalée est digérée dans l'estomac et l'intestin et aboutit à l'anus. L'intestin des poissons carnivores est court ; celui des poissons omnivores, et surtout celui des poissons herbivores, est plus long. Le foie et la vésicule biliaire se trouvent à côté de l'intestin. Le pancréas est placé le long de l'intestin. La rate est au niveau de l'estomac ou au début de l'intestin.

Le système urinaire est composé de deux reins placés sous la colonne vertébrale. Sur le côté inférieur des reins passent les uretères, s'unissant en un seul qui aboutit dans la papille urogénitale, éventuellement dans un mamelon séparé, placé derrière l'orifice sexuel. La papille urogénitale est en général de forme cylindrique

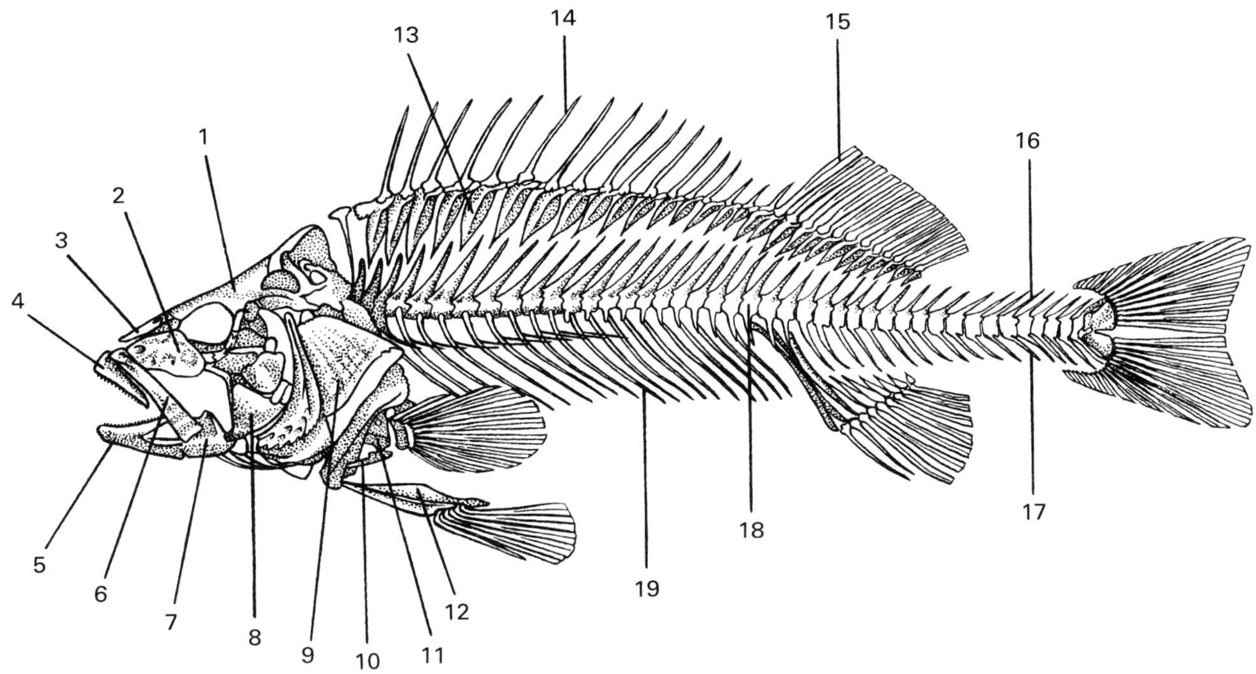

Le squelette de la Perche *(Perca fluviatilis)*
1 – prémaxillaire 2 – dentaire 3 – nasal 4 – maxillaire 5 – préorbitaire 6 – parasphénoide 7 – frontal 8 – metaptérygoide 9 – hyomandibulaire 10 – supraoccipital 11 – operculaire 12 – préoperculaire 13 – carré 14 – angulaire 15 – articulaire 16 – coracoide 17 – procoracoide 18 – scapulaire 19 – ptérygiophore

ou semi-conique chez les femelles ; chez les mâles elle est souvent pointue. Les glandes sexuelles (gonades) sont en général paires et placées sur les côtés du système digestif.

Pour se stabiliser à une profondeur donnée, et donc équilibrer la densité de leur corps avec la pression environnante (qui varie avec la profon-

Description du poisson
1 – branchies 2 – cœur 3 – foie 4 – vésicule biliaire 5 – rate 6 – pancréas 7 – intestin 8 – anus 9 – orifice des glandes sexuelles 10 – glandes sexuelles (gonades) 11 – cerveau 12 – œsophage 13 – reins 14 – estomac 15 – vessie gazeuse (vessie natatoire) 16 – muscles

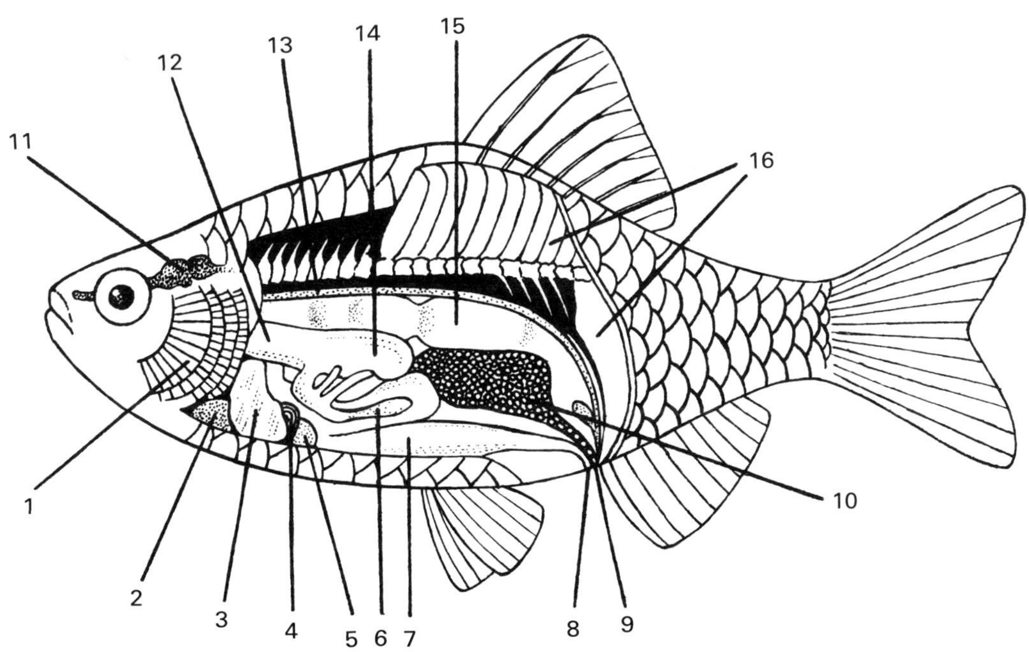

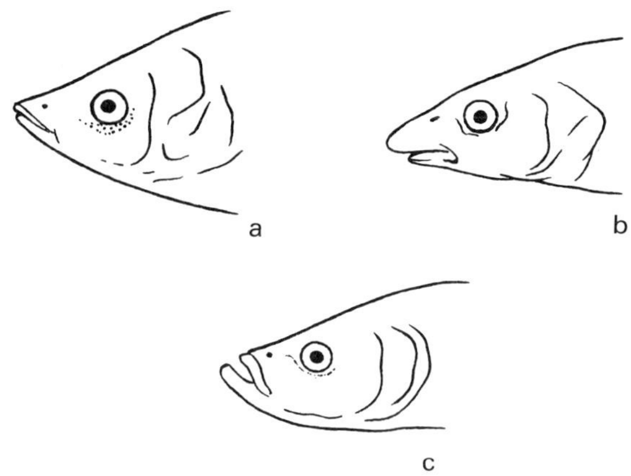

Position de la bouche
a – terminale b – infère c – supère

deur), les poissons possèdent un organe hydrostatique, la vessie gazeuse (ou vessie natatoire) dont le volume peut varier ; la pression du gaz dans la vessie change parallèlement à la pression extérieure. Chez certains poissons qui vivent sur le fond, cette vessie est souvent absente ou atrophiée.

La circulation du sang est assurée par un cœur composé d'un ventricule, d'une oreillette et d'un sinus veineux. Le cœur se trouve derrière la tête, ventralement sous les branchies. Les branchies sont composées d'arcs renforcés par le squelette, qui portent les lamelles branchiales. Sur la face intérieure des arcs branchiaux, on trouve les branchiospines (qui ont un rôle de protection des lamelles branchiales, et éventuellement de filtration). Les branchies sont richement fournies en capillaires et le sang s'y oxygène. Pour certaines espèces la respiration branchiale est complétée par une respiration cutanée, ou par l'utilisation des intestins, de la vessie gazeuse, de la cavité buccale ou d'un organe qui y débouche, le labyrinthe ; toutes ces adaptations particulières ont pour but d'utiliser directement l'oxygène atmosphérique.

Le système nerveux central est formé par le cerveau et la moelle épinière, les nerfs et les ganglions nerveux. Les organes des sens signalent le danger et servent à chercher la nourriture ; ils sont aussi importants pour la reproduction. La ligne latérale est un organe sensoriel typique des poissons. Elle se présente sous la forme de canaux sous-cutanés, formant principalement une ligne sur les flancs. Dans ces canaux se trouvent des amas de cellules sensorielles sensibles aux mouvements d'eau. Cet organe informe le poisson sur la force et la direction des courants, la pression, les vagues, etc. Elle lui permet aussi de s'orienter pendant les déplacements des bancs, la nuit ou en eau trouble, et de rechercher sa nourriture. Elle signale également l'approche de dangers. Les narines, formant une ou deux paires de fossettes situées entre les yeux et la bouche, sont les organes de l'odorat. Les organes gustatifs se trouvent sur les lèvres, le palais et autour de l'entrée de l'œsophage, et sur les barbillons lorsqu'ils sont présents. Les parties du corps le plus souvent en contact avec l'extérieur portent les organes tactiles. Ce sont surtout la mâchoire inférieure, les barbillons, les lèvres, la nageoire dorsale, le premier rayon de la nageoire pectorale et l'extrémité de la nageoire caudale.

Le système auditif est étroitement lié à celui de l'équilibration ; il est constitué par le labyrinthe de l'oreille interne (il n'y a pas d'oreille externe). Le labyrinthe est formé d'un petit sac membraneux et de trois canaux semi-circulaires. Tout ceci est rempli par un liquide spécial et enfermé dans un os, la capsule otique. Le sac contient des otolithes, reposant sur des cellules sensorielles, sur lesquelles ils exercent une pression différente en cas de changement de position du poisson. Le labyrinthe de certains poissons (par exemple

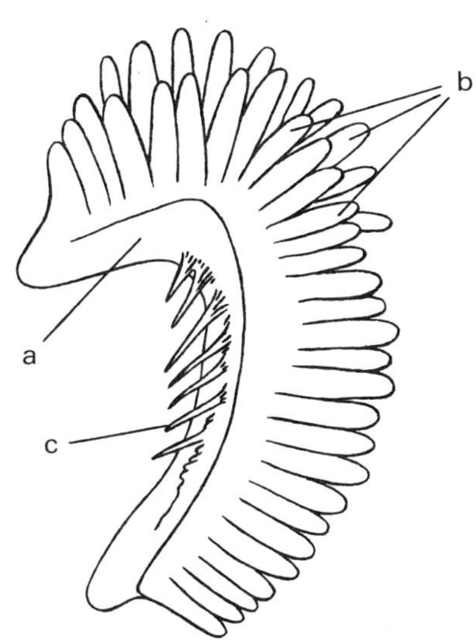

Les branchies
a – arc branchial b – feuillets branchiaux c – branchiospines

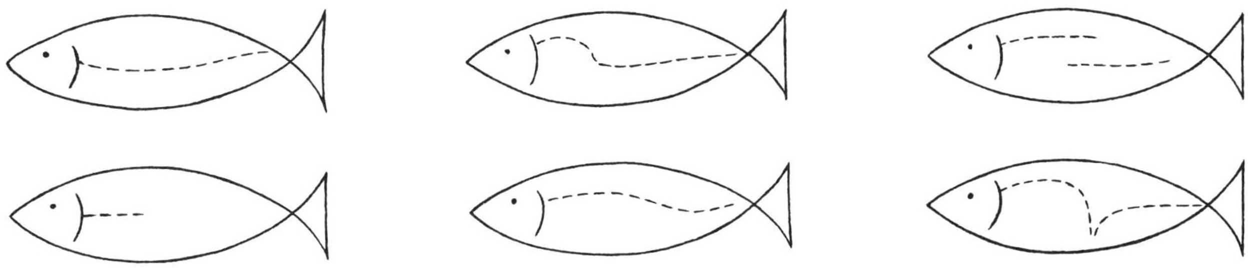

Les différentes formes de la ligne latérale

les Cyprinidés) est connecté à la vessie gazeuse par une série de petits os, issus de la transformation des vertèbres antérieures, l'appareil de Weber. La plupart des poissons émettent et reçoivent des sons de basse fréquence, inaudibles pour l'oreille humaine.

L'œil des poissons est bien adapté à la vision dans l'eau. Il ne diffère pas fondamentalement des yeux des vertébrés supérieurs ; cependant il n'a pas de glandes lacrymales ni de paupières. Il est couvert par la peau. L'organe d'accommodation est formé par un muscle connecté au cristallin ; c'est la cloche de Haller, spécifique à l'œil des poissons. Ainsi, quand le poisson regarde au loin, le cristallin se rapproche de la rétine au lieu de s'aplatir. Les yeux placés sur les côtés de la tête permettent aux poissons de voir sur les côtés et derrière eux, mais également devant eux à une distance assez courte. Certaines espèces ont les yeux réduits ; les poissons cavernicoles peuvent ne plus en avoir du tout.

Il est important de noter que les poissons élevés en captivité peuvent subir des transformations morphologiques importantes, à tel point qu'il est souvent très difficile d'identifier une espèce (ou une sous-espèce) si l'on ne dispose pas de spécimens capturés dans le milieu naturel. Dans les élevages, aussi bien en aquarium qu'en bassin extérieur, la température et la composition chimique de l'eau peuvent induire, durant le développement embryonnaire et post-embryonnaire, des variations notables du nombre de vertèbres, d'écailles ou de rayons des nageoires (critères souvent déterminants pour l'identification). C'est pourquoi un poisson d'élevage diffère souvent des spécimens sauvages de la même espèce, sans qu'il y ait nécessairement de modification génétique.

Répartition des poissons selon les eaux

Les espèces de poissons osseux vivant actuellement sont si nombreuses qu'elles représentent 50 % de toutes les espèces de vertébrés. Selon l'estimation publiée par l'ichtyologiste américain D. M. Cohen en 1970, il existe environ 55 espèces d'Agnathes, 515 à 555 espèces de Chondrichthyens (poissons cartilagineux) et 19 135 à 20 980 espèces d'Ostéichthyens (poissons osseux). Cette estimation a sans doute demandé une somme énorme de travail, car il est fréquent qu'une même espèce soit désignée par plusieurs noms, ce qui complique la systématique des poissons.

On peut grossièrement diviser les poissons en

poissons d'eau douce, poissons de mer, et poissons qui peuvent vivre dans les deux milieux.

Les poissons d'eau douce représentent 8 275 espèces (soit 41,2 % de tous les poissons). On en distingue deux groupes : les familles qui, étant apparues et s'étant développées en eau douce, vivent uniquement dans ce milieu (par exemple les *Cyprinidae, Characidae* et *Siluridae*) constituent le premier groupe ; il y en a 6 650 (33,1 %). Le second groupe comprend les familles qui ont colonisé secondairement les eaux douces, et peuvent supporter une variation du taux de sels dissous dans l'eau. Certaines espèces supportent de fortes variations de salinité (on dit qu'elles sont euryhalines) et peuvent éventuellement migrer dans les eaux saumâtres ou salées. Il s'agit par exemple des *Cichlidae, Cyprinodontidae* ou *Poeciliidae ;* il y en a 1 625 espèces (8,1 %).

Il existe 115 espèces (0,6 %) de poissons qui effectuent des migrations systématiques entre l'eau douce et l'eau salée (ou vice versa). Ce sont par exemple l'anguille, le saumon et, parmi les poissons d'aquarium, *Monodactylus sebae, M. argenteus, Scatophagus argus,* etc.

Les poissons de mer représentent 11 675 espèces (58,2 %). Ils vivent près du littoral dans des profondeurs n'excédant pas 200 mètres (poissons littoraux), au grand large à moins de 200 mètres de profondeur (poissons épipélagiques), près des pentes continentales au-dessous de 200 mètres de profondeur (poissons bathybenthiques) ou en pleine eau en dessous de 200 mètres (poissons bathypélagiques). Les plus nombreux sont les poissons littoraux (9 130 espèces, soit 45,5 %), dont 8 000 espèces vivent dans les eaux froides et 1 130 dans les eaux chaudes. Les poissons épipélagiques ont généralement un corps hydrodynamique et sont d'excellents nageurs. Pendant leurs migrations, ils couvrent de grandes distances ; ils sont souvent cosmopolites. Les thons, les maquereaux et différentes espèces de poissons volants en font partie. Les poissons bathybenthiques (1 280 espèces, soit 6,4 %) se caractérisent souvent par un corps allongé. Les poissons bathypélagiques (1 500 espèces, soit 5,0 %), souvent petits, ont des formes bizarres et possèdent souvent des organes luminescents. C'est le groupe qui occupe l'espace le plus important. Par rapport à la surface occupée, le dernier groupe comprend peu d'espèces, mais les spécialistes supposent qu'il existe encore beaucoup de poissons inconnus dans les profondeurs.

Ichtyologie et aquariophilie

L'ichtyologie est la science des poissons (du grec *ichthys* signifiant « poisson »). L'ichtyologie d'aujourd'hui est une science ramifiée et importante, qui est amenée à jouer un rôle fondamental en raison des besoins croissants en nourriture des habitants de la planète.

Dans son œuvre, *Systema naturae,* K. Linné entreprit en 1758 de classer les poissons ; il faut admettre que cette partie de son œuvre n'est pas la meilleure, mais elle marque le début de la systématique moderne de la zoologie, et donc aussi de l'ichtyologie. Depuis lors, on utilise une nomenclature binominale, le nom scientifique étant composé du nom de genre (avec une majuscule) et du nom de l'espèce (avec une minuscule) ; pour les sous-espèces, on ajoute un troisième nom. Ensuite on indique le nom du premier auteur ayant décrit le poisson et, après une virgule, la date de la publication de cette description. Exemple : *Betta splendens* Regan, 1909. Si le poisson est ensuite classé dans un autre genre, on indique le nom de l'auteur et la date de la description originale entre parenthèses. Exemple : *Trichopsis pumilus* (Arnold, 1936).

Après Linné, beaucoup d'ichtyologistes se sont succédés, dont chacun a poussé un peu plus loin les connaissances de la science. La deuxième moitié du XXe siècle ne comporte cependant plus d'individualité marquante ; le travail devient de plus en plus collectif. Le système repris dans ce livre résulte du travail de L. S. Berg.

L'aquariophilie vient souvent enrichir l'ichtyologie car elle permet, par une observation détaillée des poissons, de connaître des données qui n'auraient pas pu être recueillies dans la nature.

L'élevage des poissons en Asie est une tradition millénaire, tandis que l'Europe et les États-Unis s'y intéressent depuis le milieu du XIXe siècle seulement.

Élevage des poissons

On entend par élevage des poissons la création dans l'aquarium de conditions dans lesquelles les poissons pourront survivre en bonne santé pendant des mois, ou des années selon la durée de vie des espèces. La composition chimique de l'eau, sa température, sa teneur en oxygène et en gaz carbonique (les gaz de la respiration) et une bonne nourriture sont des facteurs importants, de même que la lumière, la densité des plantes, la composition du fond et le choix des poissons qui devront cohabiter.

Un aquarium bien aménagé, avec une plantation adéquate et des poissons bien choisis en quantité limitée, peut pratiquement prospérer de lui-même. Mais cela n'est pas suffisant. L'aquariophile doit avoir au moins des connaissances de base sur les poissons et leur milieu, et en particulier sur les espèces qu'il compte élever. Même les poissons les moins exigeants demandent des soins, un milieu et une nourriture bien spécifiques. On n'installe pas dans le même aquarium des poissons de tailles différentes, des carnivores avec des pacifiques, etc. Les grands aquariums sont préférables aux petits. Un grand aquarium donne moins de travail et augmente les chances de succès.

Dans cet ouvrage, nous nous intéresserons aux poissons d'eau douce et d'eau saumâtre. Ces milieux aquatiques forment dans la nature des écosystèmes, c'est-à-dire des ensembles indépendants, constitués de plantes et d'animaux, mais aussi de leur environnement physico-chimique et minéral (le biotope). La nature du biotope influence considérablement les espèces qui y vivent, mais la réciproque est aussi vraie. Un aquarium peut être considéré comme un biotope particulier. Si la composition et la température de l'eau se rapprochent de celles du milieu naturel de l'espèce, les poissons pourront non seulement survivre mais aussi se multiplier. Il faut cependant être prudent : il est impossible de recréer vraiment le milieu naturel, et l'expérience montre qu'un maintien strict de la composition chimique et de la température n'est pas toujours la meilleure solution. Ces données constituent uniquement des informations de base pour l'éleveur. Si l'élevage des poissons d'eau douce et d'eau saumâtre donne de bons résultats, c'est qu'ils supportent une certaine variation du milieu dans lequel ils vivent. Ceci permet d'élever et de reproduire une grande variété de poissons. Les poissons de mer supportent moins bien les variations, et c'est pourquoi leur élevage est beaucoup plus difficile.

La nourriture est également un facteur important. La recherche des aliments est l'une des activités les plus importantes des poissons. On distingue les poissons carnivores ou prédateurs, qui mangent uniquement de la viande, les poissons herbivores, qui se nourrissent uniquement d'aliments végétaux, et les poissons omnivores, qui mangent des aliments variés.

A des poissons carnivores, l'aquariophile peut donner des crustacés, du plancton (daphnies, cyclopes), des tubifex, des vers de terre découpés, des larves de moustiques, des imagos (adultes) d'insectes (drosophiles, éphémères), de la viande de bœuf râpée, de la chair de poisson ou de volaille, des petits poissons, et éventuellement des aliments granulés ou en paillettes de qualité. Mais il faut savoir que tous ces aliments ne conviennent pas à toutes les espèces. La taille de leur bouche et leur façon de prendre la nourriture (sur le fond, près de la surface, en pleine eau, etc.) détermine la taille et la nature des aliments dont ils ont besoin. Dans cet ouvrage, les poissons carnivores sont marqués par le signe b.

Peu d'espèces sont purement herbivores, mais pour beaucoup de poissons la composante végétale de la nourriture est absolument indispensable pour une bonne condition physique. On sert à ces espèces végétariennes de la salade (préalablement ébouillantée), de la purée d'épinards et des aliments végétaux secs. Certains de ces poissons raclent les algues des parois de l'aquarium, d'autres mangent des plantes tendres ou à feuilles fines. Les poissons ayant besoin de cette composante végétale sont signalés dans cet ouvrage par le signe C.

La nourriture des poissons omnivores, signalés par un A, pose aux aquariophiles moins de problèmes. Ces poissons se contentent souvent de la nourriture artificielle, qui a l'avantage de contenir des vitamines et d'autres substances complémentaires ; cependant les restes non consommés se décomposent et pourrissent rapidement. Même chez ces poissons il est nécessaire de varier la composition de la nourriture.

Pour que l'organisme des poissons fonctionne convenablement, il lui faut une quantité minimale d'aliments. C'est seulement au-delà d'un certain seuil que les substances sont bien utilisées, que des substances énergétiques et de réserve peuvent se former, et que la croissance s'effectue convenablement. Si les poissons sont convenablement et régulièrement nourris, ils grandissent encore après la maturité sexuelle et jusqu'à la fin de leur vie, mais plus lentement que les jeunes. La quantité de nourriture nécessaire peut varier avec la quantité d'oxygène dissous dans l'eau, la composition chimique et la température. L'âge, l'espèce et la condition physique du poisson sont aussi des facteurs déterminants.

Dimorphisme sexuel et reproduction

L'hermaphrodisme simultané (poissons à la fois mâles et femelles fonctionnels) est inconnu chez les poissons tropicaux d'eau douce, tous gonochoriques (à sexes séparés) ; on connaît cependant des cas de changement de sexe. Les glandes sexuelles du mâle produisent des spermatozoïdes (laitance), celles de la femelle des œufs. Mâles et femelles ont des hormones sexuelles différentes, qui sont à l'origine des caractères sexuels secondaires (forme du corps, couleur, longueur et forme des nageoires, excroissances diverses, « bosses » sur la tête...). Chez beaucoup d'espèces, mâles et femelles ont le même aspect (monomorphisme). On parle de dimorphisme sexuel lorsque leurs différences sont bien visibles. La couleur du mâle (exceptionnellement des femelles) est souvent plus intense. Si la couleur est totalement différente, on parle de dichromatisme sexuel. Mais la taille est souvent l'élément le plus marquant : les femelles sont souvent plus grandes que les mâles de la même espèce ; c'est parfois l'inverse. Les *Xiphophorus* présentent un cas particulier : les femelles de ces espèces se transforment parfois en mâles ; cette transformation est progressive et les mâles ainsi « créés » sont parfois féconds. Une transformation dans l'autre sens n'est pas connue.

Pendant la période de frai, certaines différences sont plus visibles, en particulier la couleur (parure de noce). Chez certains poissons (surtout les Cyprinidés) les mâles développent des boutons nuptiaux sur la partie antérieure du corps. Pendant le frai la femelle émet généralement les œufs dans l'eau et le mâle laisse échapper la laitance à proximité. La fécondation a donc lieu en dehors du corps de la femelle ; on parle de fécondation externe. La fécondation interne, fréquente chez des vertébrés supérieurs, reste rare chez les poissons. Certains poissons sont ovovivipares : les œufs se développent dans le corps de la femelle jusqu'au moment de l'éclosion, et la femelle « pond » de petits poissons. Ce procédé diffère de la viviparité au sens strict par le fait que l'embryon se nourrit des réserves de l'œuf, et non pas grâce à un apport maternel du type placenta.

Le spermatozoïde est composé d'une tête et d'un flagelle qui lui permet de se déplacer. C'est essentiellement sa capacité de mouvement qui détermine son pouvoir de fécondation. La durée de vie des spermatozoïdes est brève et dépend du poisson. Si le spermatozoïde ne réussit pas à pénétrer dans l'œuf, il meurt. Une solution de sel favorise chez certaines espèces la mobilité des spermatozoïdes. La qualité des spermatozoïdes diminue avec l'âge du poisson, de même que la capacité de fécondation.

L'œuf est recouvert d'une membrane ferme et souple comprenant de nombreux pores. Au contact de l'eau, l'œuf gonfle ; chez certaines espèces, une pellicule collante permet à l'œuf de se fixer sur un support quelconque. Dans la membrane, un petit orifice (le micropyle) permet au spermatozoïde de pénétrer dans l'ovule. Sous la membrane externe se trouve une fine membrane, qui entoure d'une part le germe (à partir duquel l'alevin se développe) et le « jaune » nutritif (qui deviendra le sac vitellin).

Les œufs peuvent être translucides, jaunes, orange, carmin, verts ou autres selon les espè-

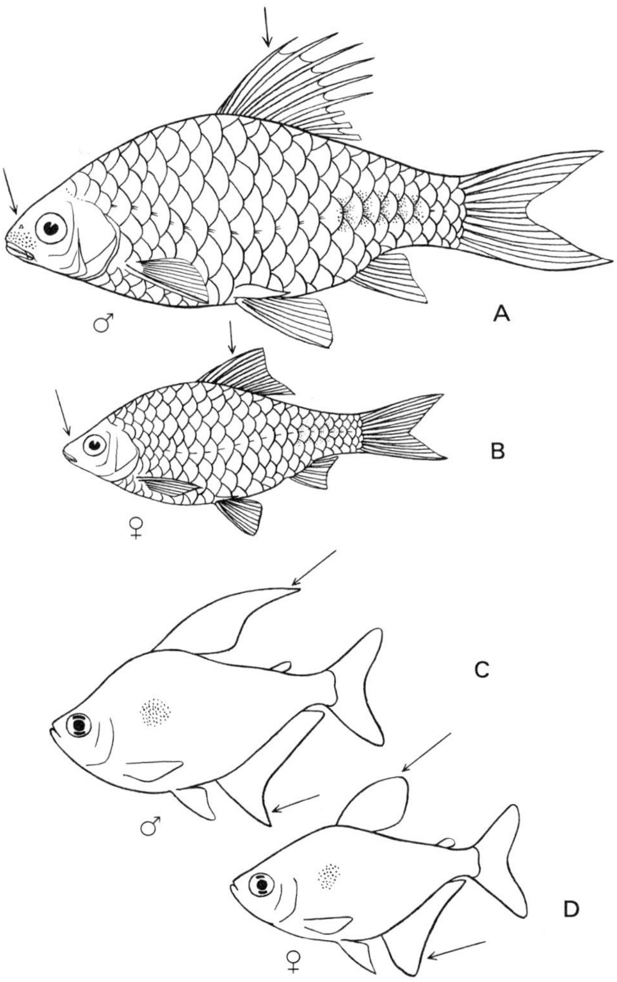

Exemples de dimorphisme sexuel
A et B *Puntius (Cyprinidae)* Boutons nuptiaux, Rayons allongés
C et D *Hyphessobrycon (Characidae)* Nageoires allongees en pointe

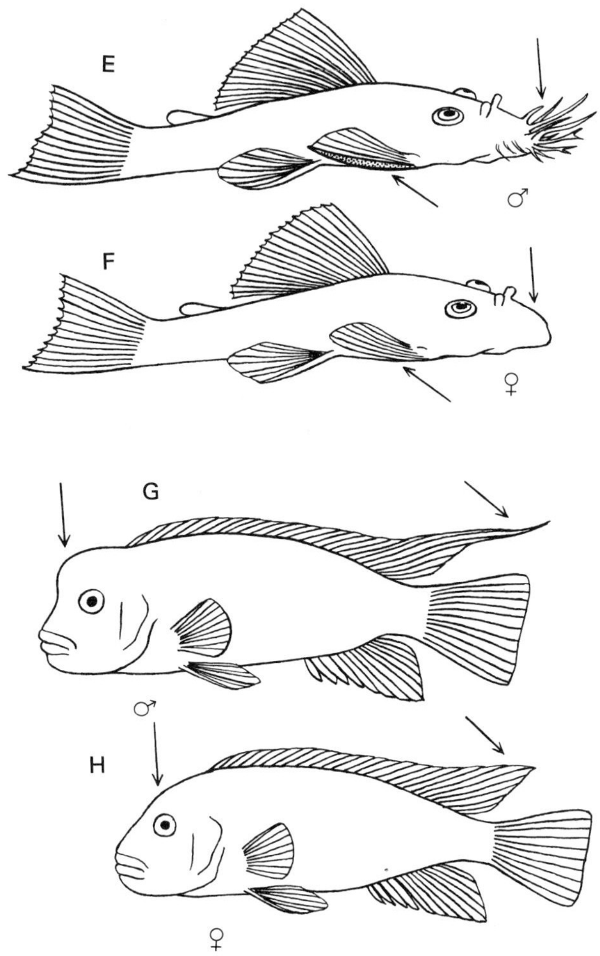

Exemples de dimorphisme sexuel
E et F *Ancistrus (Loricariidae)* Tentacules Épine renforcée
G et H *Steatocranus (Cichlidae)* Bosse Nageoire allongée en pointe

ces. Un œuf non fécondé est blanc : la précipitation des protides est à l'origine de son opacité. Il ne faut pas confondre cette coloration avec la coloration naturellement blanche de certains œufs. Les œufs non fécondés se décomposent et peuvent moisir (surtout dans une eau alcaline et chaude). Le mycélium des moisissures pénètre parfois dans les œufs fécondés et peut les détruire. On combat certaines moisissures par des médicaments à base de bleu de méthylène et de trypaflavine (acryflavine).

La forme des œufs est caractéristique de chaque espèce ; ils peuvent être ronds, ovales, en forme de tonnelet, de goutte, etc. Leur taille et leur nombre dépendent de l'espèce, de l'âge et de la taille de la femelle. Une femelle jeune pondra des œufs peu nombreux.

Si le frai est impossible, les femelles pondent des œufs mûrs non fécondés (par exemple les poissons à labyrinthe) ou les gardent. L'organisme peut parfois absorber les œufs ainsi retenus, mais souvent ils restent « momifiés » ou enkystés dans le corps de la femelle (par exemple chez les Cyprinidés). La rétention et la « momification » entraînent la stérilité, parfois même la mort de la femelle. De même, un frai incomplet menace la santé de la femelle. Un excès de nourriture se traduit parfois par une surabondance de graisse qui gêne le développement des glandes sexuelles et peut causer ainsi une stérilité permanente.

Développement de l'œuf

On peut diviser la vie du poisson, de la fécondation de l'œuf à la mort, en cinq étapes : embryon, larve, alevin, poisson adulte et vieux poisson. Pour l'éleveur, les périodes les plus importantes sont les deux premières.

La période embryonnaire commence à la fécondation de l'œuf et finit quand les alevins sortent de l'œuf. Elle se caractérise par une alimentation interne (endogène) provenant uniquement du sac vitellin. Le vitellus est consommé pendant le développement embryonnaire, et encore quelque temps après l'éclosion. La durée de l'incubation dépend de l'espèce et dans une moindre mesure de la température de l'eau (plus la température est élevée, plus l'incubation est courte) ; elle varie éventuellement avec la pression atmosphérique et l'intensité de la lumière. Peu avant l'éclosion, les mouvements de l'embryon augmentent et la membrane de l'œuf se fragilise, permettant la sortie de l'embryon. L'éclosion marque le début de la période larvaire. Les larves tombent au fond ou se fixent, grâce à une sécrétion collante, à un support (pierre, plante).

Dès que la larve a épuisé le sac vitellin, elle commence à nager et avale de petits aliments qu'elle trouve dans l'eau ; c'est ce que l'on appelle la nage libre. Chez la plupart des poissons, des organes spécifiques temporaires se développent ; ils remplacent les organes définitifs non encore formés. Pour l'élevage des poissons tropicaux c'est une période critique que l'on essaie de dépasser rapidement. La survie des larves est souvent compromise par l'insuffisance de nourriture adéquate. Si après la consommation du sac vitellin la larve ne trouve pas en quantité suffisante des aliments de taille convenable, elle meurt en quelques jours. La période larvaire dure jusqu'à l'ossification du squelette et la disparition de la nageoire embryonnaire, qui est remplacée par les nageoires définitives.

Élevage des poissons et protection des œufs et alevins

La reproduction dépend de facteurs externes et internes. Les facteurs externes les plus importants sont la température de l'eau et ses variations (les valeurs optimales sont spécifiques à chaque espèce), les qualités psysico-chimiques de l'eau (quantité d'oxygène dissous, pH, dureté totale et temporaire), ainsi que les changements de pression atmosphérique et de niveau d'eau. Il faut aussi tenir compte du comportement des poissons (en bancs ou seuls), de la nourriture et d'autres facteurs comme les mouvements de l'eau, la lumière, ou la nature du fond.

La reproduction est sous contrôle hormonal, faisant intervenir l'hypothalamus, l'hypophyse et les gonades (glandes sexuelles). Chez les poissons vivant dans leur milieu naturel la libération des hormones dépend beaucoup du climat et des saisons. Il est donc possible de modifier la période de frai des poissons élevés en captivité en variant des facteurs tels que la température : la chaleur accélère le frai tandis qu'un refroidissement le ralentit.

Le but des éleveurs est d'obtenir, par un élevage intensif, le plus grand nombre d'individus possible, aussi bien du type original existant dans la nature que de nouveaux types de couleurs et de formes différentes. L'amélioration des techniques d'élevage et la publication de nouvelles découvertes sont primordiales, car il ne sera bientôt plus possible de pêcher les poissons dans leur milieu naturel.

Pour certaines espèces la survie peut dépendre de l'élevage artificiel ou semi-artificiel assuré par l'homme, comme c'est déjà le cas aujourd'hui pour un certain nombre de vertébrés supérieurs.

Il existe un bon nombre d'espèces dont la reproduction n'a pas encore été réussie ; il est nécessaire d'étudier avec précision leurs conditions de vie, les chaînes alimentaires, la densité de population et l'influence du milieu, afin de trouver les raisons pour lesquelles ils refusent de se multiplier en captivité, même dans un environnement proche de leur milieu naturel. Aujourd'hui, on utilise plusieurs techniques de base éprouvées qui tiennent compte des besoins vitaux et des habitudes des poissons. Ces connaissances permettent un élevage rentable et permanent d'un grand nombre d'espèces.

Une faible densité des poissons dans l'aquarium est l'un des facteurs de base qui favorisent une croissance rapide et saine des poissons, et déterminent leur capacité de multiplication future. Des graphiques serviront pour une orientation rapide déterminant la densité maximale dépendant du volume de l'aquarium.

Dans leur milieu naturel, les poissons sont dispersés sur un espace assez vaste et beaucoup de poissons prennent généralement part au frai. Pourtant, le pourcentage d'œufs qui se développent et atteignent l'âge adulte est faible. En captivité, un seul couple fraie et, sans protection, aucun œuf ne pourrait survivre. Ce sont les soins de l'aquariophile qui permettent d'obtenir un fort pourcentage de réussite. Outre la température, la composition de l'eau et la propreté du milieu, l'aquariophile doit assurer aux poissons des conditions optimales pour le frai et protéger ensuite les alevins du cannibalisme des parents. Le frai doit avoir lieu dans un aquarium séparé réunissant des poissons adultes et sexuellement mûrs des deux sexes. D'autres poissons ne font que déranger les partenaires pendant le frai et mangent parfois les œufs et les alevins ; leur présence est donc le plus souvent indésirable. Pour beaucoup d'espèces la manière de frayer est identique ; on doit cependant respecter les exigences spécifiques de chacune si on veut réussir.

Le moyen le plus efficace de protéger les alevins des poissons vivipares semble être le panier de frai. C'est une sorte de boîte, constituée d'un cadre plastique avec un filet de nylon, d'une maille de 3 × 3 ou 5 × 5 mm ; un couvercle empêche les poissons de sauter. Le panier est fixé au bord de l'aquarium. Les alevins passent par les trous du filet et échappent ainsi à l'appétit des parents. On peut utiliser des cages similaires, mais plus grandes, avec des flotteurs de polystyrène, pour l'élevage et le tri des poissons dans les bassins de plein air.

1. Poissons à métabolisme réduit (ex. : *Characidae, Lebiasinidae*) : récipient sans plantes avec un filtre, eau 23 à 26 °C, dGH 6,0° et plus. Changer 50 % de l'eau tous les 7 jours en nettoyant le filtre.

On peut par exemple mettre 50 *Characidae* de 6 cm dans 90 litres, 2 100 *Characidae* de 1 cm dans 300 litres, etc.

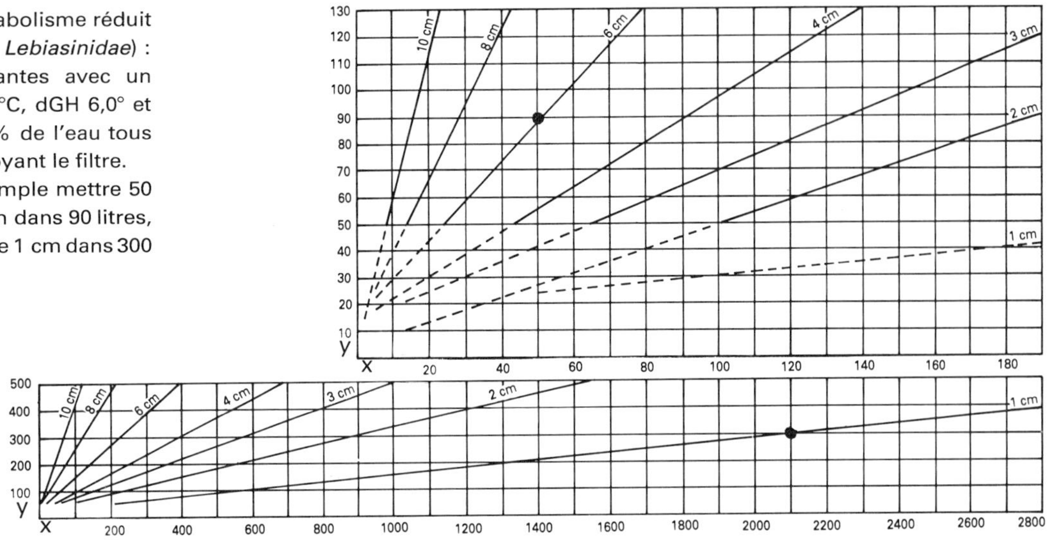

2. Poissons à métabolisme moyen (ex. : *Callichthyidae, Cyprinidae, Cyprinodontidae*) : récipient sans plantes avec un filtre, eau 23 à 26 °C, dGH 6,0° et plus. Changer 90 % de l'eau tous les 7 jours en nettoyant le filtre.

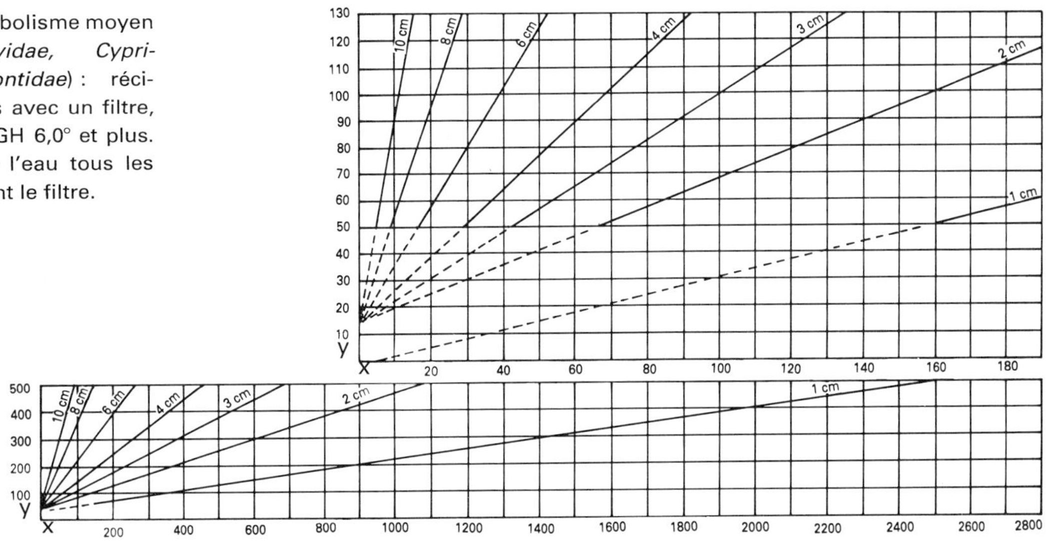

3. Poissons à métabolisme élevé (ex. : *Poeciliidae, Belontiidae, Cichlidae*) : récipient sans plantes avec un filtre, eau 23 à 26 °C, dGH 6,0° et plus. Changer 90 % de l'eau tous les 7 jours en nettoyant le filtre.

Axe horizontal (x) : nombre de poissons. Axe vertical (y) : volume d'eau de l'aquarium (litres)

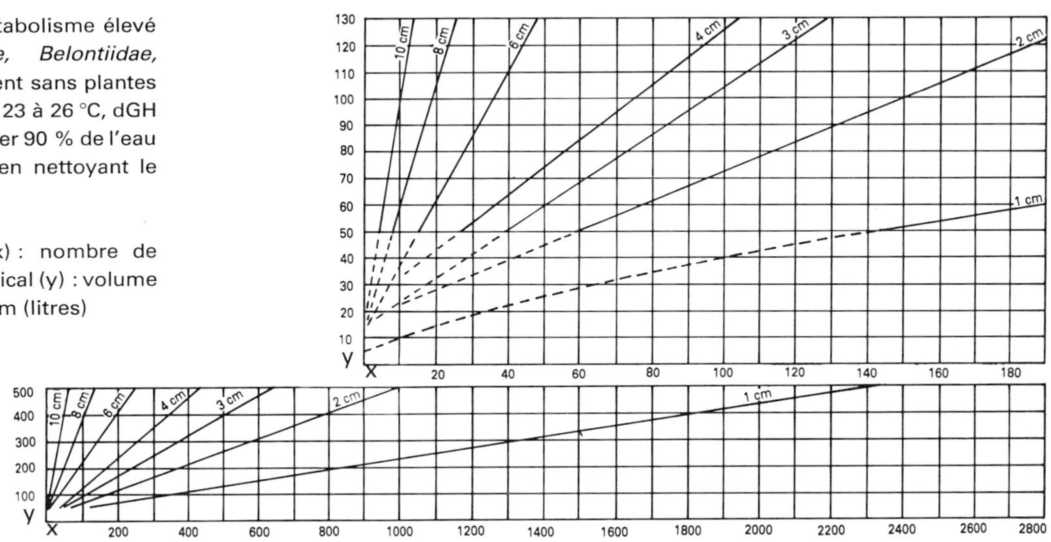

Nombre de poissons par aquarium en fonction de leur taille et du volume d'eau disponible

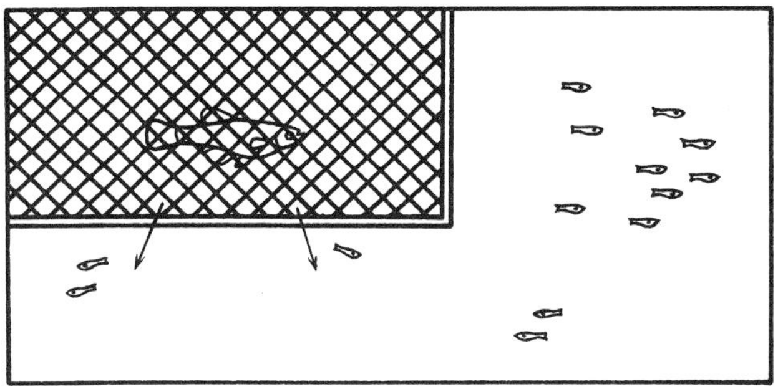

1 – Poissons « vivipares ». Utiliser un pondoir grillagé.

Pour les espèces pondant les œufs non adhésifs (par exemple les *Characidae*), on utilise des grilles de protection. Celles-ci sont légèrement plus petites que le fond de l'aquarium, pour qu'on puisse les enlever facilement, mais telles que les parents ne puissent pas passer entre la grille de protection et la paroi. Elles sont formées d'un cadre de matière plastique sur lequel on fixe un filet d'une maille de 3 × 3 ou 5 × 5 mm et sont munies de pieds de 10 mm environ ; ceci permet de contrôler les œufs sous la grille de protection.

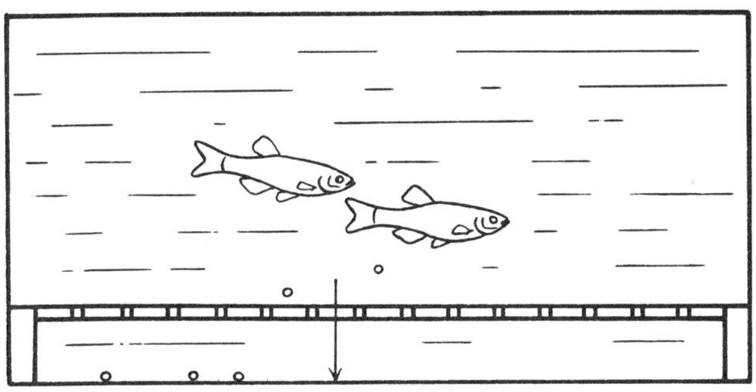

2 – Poissons ovipares ; œufs tombant au fond. Utiliser une grille de protection.

Chez beaucoup de poissons les œufs sont collants et se fixent sur les plantes (par exemple chez les *Cyprinidae*). La protection des œufs est difficile, mais s'il y a beaucoup de poissons on peut également utiliser les grilles de protection. On choisit un filet avec de grands trous pour permettre aux œufs de passer sans s'y coller. Même les œufs fixés sur la face inférieure du filet sont partiellement protégés car les poissons les ramassent difficilement. Des fourrés compacts de plantes à feuilles fines constituent également une bonne protection.

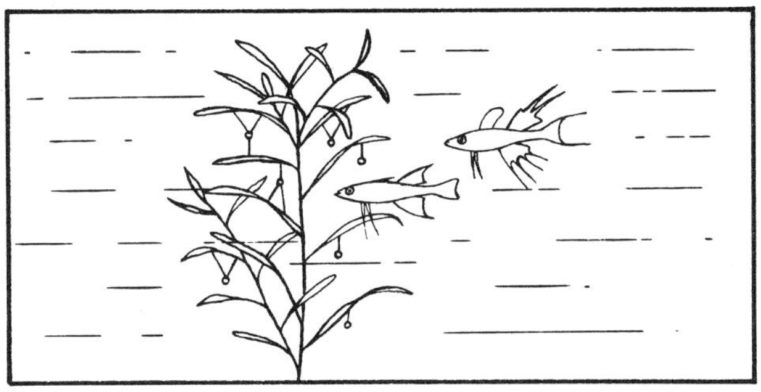

3 – Poissons ovipares ; œufs adhésifs. Placer des plantes dans l'aquarium.

Beaucoup de poissons pondent leurs œufs sur des pierres plates ou sur des branches près du fond. Ce sont surtout les poissons de la famille des Cichlidés, qui s'occupent intensément des œufs et des alevins. Les poissons (là encore principalement des Cichlidés) qui incubent les œufs dans leur bouche, appartiennent à la même catégorie. Si les poissons ont des velléités de cannibalisme, on transfère les œufs et leur support dans un autre récipient, ou bien on écarte les parents. Le cannibalisme peut s'expliquer par diverses raisons : la jeunesse des parents, un environnement manquant de calme, un espace insuffisant, un milieu peu adapté.

4 – Poissons ovipares ; ponte sur substrat horizontal avec soin aux œufs. Placer des pierres plates dans l'aquarium.

Les poissons qui fraient sur les parois verticales des rochers ou les feuilles des grandes plantes (par exemple les poissons des genres *Pterophyllum* ou *Symphysodon*) adoptent le même comportement dans les aquariums : ils fraient sur les parois, les filtres, le chauffage, etc. Aussi est-il préférable de poser dans l'aquarium des plaquettes d'ardoise, des tubes de drainage, des pots de fleurs cassés ou des plantes à grandes feuilles, par exemple du genre *Echinodorus*.

On peut ensuite transporter les œufs avec leur support dans des aquariums séparés. Si cela est impossible, on peut prélever les œufs à l'aide d'un pinceau dans une épuisette.

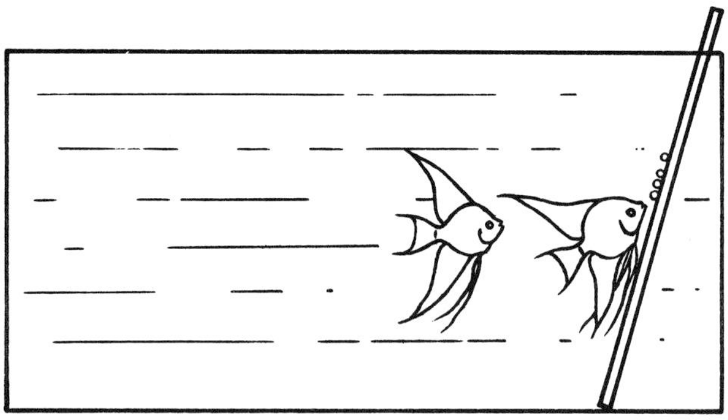

5 – Poissons ovipares ; ponte sur substrat subvertical avec soins aux œufs. Placer des ardoises en oblique, ou des plantes à grandes feuilles.

Certaines autres espèces de la famille des Cichlidae fraient dans les cavités, les fentes et les grottes. On peut placer dans l'aquarium des pots de fleurs sans fond, des tubes de drainage, des tubes en plastique, des briques creuses, etc. pour faciliter la manipulation des œufs. Un des partenaires, ou les deux, s'occupent des œufs et des alevins.

6 – Poissons ovipares ; ponte sur substrat caché avec soins aux œufs. Placer des pots de fleurs cassés ou des tubes (PVC, terre cuite).

Les perches sud-américaines de la famille des Centrarchidae construisent des nids en forme de cuvette dans les cailloutis. Aux endroits propices il y en a des quantités, mais chacun est gardé par un seul mâle. Certaines espèces creusent des trous où elles transportent plus tard les œufs ou les alevins (famille des *Cichlidae*). Pour ces espèces, on laisse donc généralement les parents s'occuper des alevins jusqu' à l'épuisement du sac vitellin.

7 – Poissons ovipares ; ponte dans une cuvette creusée dans le sable. Mettre une couche de sable suffisante.

Les poissons vivant dans les mares ou rivières temporaires pondent leurs œufs dans le substrat mou du fond qui les protège du dessèchement. Lorsque le dessèchement est total, les adultes meurent et les œufs survivent dans le fond mou. Dès que les creux se remplissent d'eau, le développement s'achève et les alevins naissent. La croissance est alors très rapide. Ce type de multiplication est très exigeant pour l'éleveur ; il faut maintenir une couche suffisante de tourbe dans l'aquarium dans des conditions bien définies (température, humidité, durée).

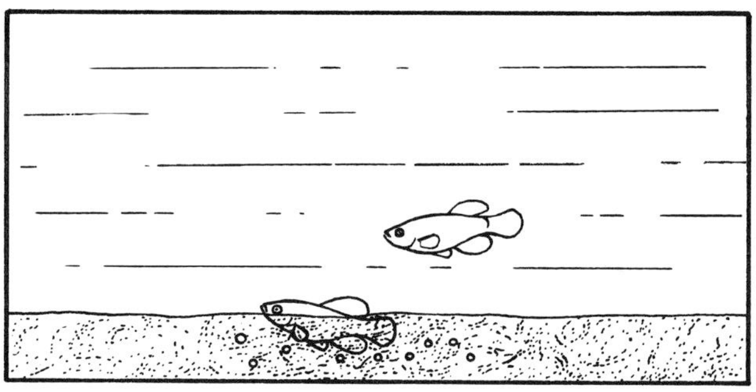

8 – Poissons ovipares (annuels) ; ponte dans la tourbe. Mettre une bonne couche de tourbe.

Les poissons à labyrinthe (Anabantidae) pondent en général leurs œufs dans des nids d'écume près de la surface. Les mâles construisent les nids en agglomérant des bulles d'air grâce à une sécrétion buccale. Les nids sont généralement ancrés entre des plantes ; certaines espèces utilisent des morceaux de plantes pour les consolider. De même certains silures (par exemple dans la famille des Callichthyidés) construisent les nids de bulles sous les feuilles de nénuphars, ou sous les troncs d'arbres tombés. On remplace ces lieux de frai naturels par des assiettes ou des cuvettes en plastique avec des flotteurs en polystyrène. La sécrétion du mâle comprend des substances bactériostatiques qui protègent les œufs. Les mâles des poissons à labyrinthe s'occupent des œufs jusqu'à ce que les larves autonomes quittent le nid. Chez les silures, les soins peuvent se prolonger pour les alevins qui nagent librement. Les nids d'écume peuvent être construits non seulement à la surface, mais aussi légèrement sous la surface, dans l'eau ou sous les surplombs.

9 – Poissons ovipares ; ponte dans un nid d'écume. Mettre des plantes flottantes ; ne pas agiter la surface.

Lors du frai des poissons se reproduisant en pleine eau (poissons pélagiques), plusieurs milliers d'œufs sont expulsés en quelques secondes. Les œufs sont légers (grâce à une gouttelette de graisse), montent vers la surface et se répandent dans un grand espace. On parle d'œufs pélagiques ; ils sont caractéristiques des poissons vivant en haute mer dans les eaux profondes. Chez les poissons d'aquarium le genre *Monodactylus* fraie ainsi.

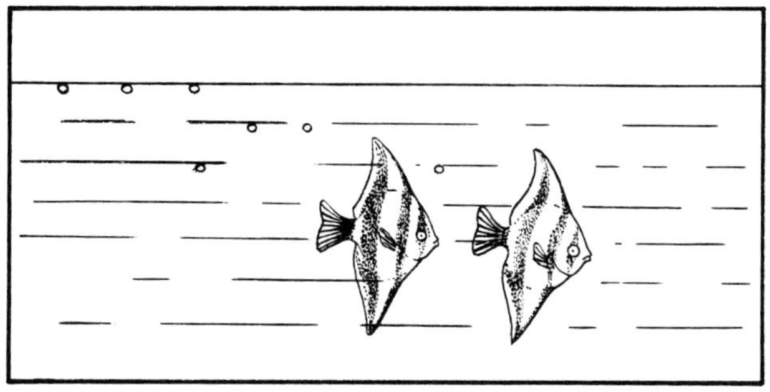

10 – Poissons ovipares ; ponte en pleine eau ; œufs flottants.

Le frai de *Copella arnoldi*, qui a lieu en dehors de l'eau, celui de l'Epinoche *(Gasterosteus aculeatus)*, qui bâtit un nid formé de bouts de plantes et consolidé par une sécrétion collante, ou bien celui de la Bouvière *(Rhodeus sericeus)*, qui pond les œufs dans les branchies d'un bivalve sont uniques.

Les eaux douces

Les eaux douces sont très variées, des eaux dormantes (lacs, trous d'eau, marécages) aux eaux vives (sources, ruisseaux, rivières, fleuves). Dans les eaux vives, on distingue encore les rapides et les eaux calmes. Les eaux douces sont réparties sur tout le globe, mais la grande majorité des poissons d'aquarium provient des eaux tropicales et subtropicales, réparties en cinq régions principales.

1) Le bassin de l'Amazone (dont l'eau est pauvre en substances minérales) et les territoires qui l'encadrent au sud (Paraná et Paraguay) et au nord (Amérique centrale).

2) Les lacs de la faille est-africaine.

3) Les eaux du bassin du Congo (aujourd'hui la rivière Zaïre).

4) Les eaux de l'Asie du Sud et du Sud-Est, y compris les îles indonésiennes, la Nouvelle-Guinée et les Philippines.

5) Les zones littorales, que l'on ne peut classer comme saumâtres, même si le taux de sels dissous est élevé.

Il faut considérer l'eau saumâtre, dans laquelle beaucoup de poissons d'aquarium vivent, comme un biotope à part. Elle naît du mélange de l'eau de mer et de l'eau douce dans des zones de transition entre ces deux milieux : deltas des fleuves, baies, mangroves et lagunes.

Bassin de l'Amazone

L'Amazone, le plus grand réservoir d'eau douce sur la terre, traverse pratiquement tout le sous-continent sud-américain. Elle a de larges affluents, comme les rios Negro, Madeira, Japurá, Tapajós et Nepo, mais aussi un grand nombre d'affluents plus modestes. Les eaux de ce grand système diffèrent non seulement par leur couleur, mais aussi par leur composition chimique. L'« eau blanche » de l'Amazone est blanche et trouble, en raison des particules que le fleuve charrie. La couleur blanche est causée par l'apport des substances inorganiques provenant des Andes. Le pH est de 6,2 à 7,2, la dureté totale de 1,1 à 2,1°, la dureté temporaire de 0,4 à 0,8°, la conductivité est de 30 µS à 28 °C et de 70 µS à 20 °C. L'eau dite « pure » de la rivière Tapajós est jaune ou même vert-olive et claire. Elle contient peu ou pas de substances organiques ou inorganiques. Le pH est de 4,5 à 7,8, la dureté totale de 0,5 à 1,4°, la dureté temporaire de 0 à 0,5°, la conductivité est de 15 µS à 28 °C et de 30 µS à 20 °C. Cette eau est filtrée par le sable et les pierres des petits ruisseaux qui alimentent la rivière. L'« eau noire » du rio Negro est vert-olive ou café, et transparente. La couleur brune est due aux acides dissous provenant des terres des forêts environnantes. On la trouve dans des régions submergées une partie de l'année. Le pH est de 3,8 à 4,7, la dureté totale et la dureté temporaire sont inférieures à 0,2°, la conductivité est de 8 µS à température 28 °C et de 15 µS à 20 °C. Les ichtyologistes estiment que 2 500 espèces de poissons environ vivent dans le bassin de l'Amazone. Les poissons d'aquarium se trouvent surtout dans les petits ruisseaux, les lacs, les bras morts et les trous d'eau. Dans les fleuves principaux, la plupart des poissons restent dans les endroits calmes riches en végétation. Plus les rivières sont étroites, plus ils sont protégés par la végétation des berges. C'est pourquoi beaucoup d'espèces originaires de ces localités préfèrent la lumière tamisée.

Les lacs de la faille est-africaine

Une crête volcanique, qui traverse le continent africain du sud au nord, forme une frontière naturelle pour les eaux, séparant les eaux du Congo de la faille est-africaine (Rift). Dans cette région existent des lacs très intéressants pour les aquariophiles, en particulier, les lacs Albert (aujourd'hui lac Mobutu), Édouard, Victoria, Kivu, Malawi (Nyassa) et Tanganyika. Tous ces lacs ont une eau alcaline de pH 7,0 à 10,0. La dureté de l'eau n'est pas aussi élevée que l'on pourrait s'y attendre, elle se situe autour de 10° (l'exception est l'eau des lacs sodiques Natron et Magadi, entre le Kenya et la Tanzanie, où la dureté et la température sont maximales). Dans ces lacs vivent de nombreuses espèces de Cichlidés endémiques (qui ne vivent nulle part ailleurs), en particulier celles qui pratiquent l'incubation buccale. Les poissons les plus intéressants se trouvent dans les lacs de Tanganyika et Malawi, où les ichtyologues ont observé un développement rapide de la famille des Cichlidés. La répartition des espèces dépend de la nature du littoral (sableux, rocheux ou mixte) et de la profondeur.

Bassin du Congo

La jungle tropicale de l'Afrique est la plus grande forêt continue après celle de l'Amérique du Sud. Elle s'étend depuis le littoral de la Guinée jusqu'au bassin du Congo, mesure 5 000 kilomètres d'ouest en est, et 1 600 kilomètres du nord au sud jusqu'au bassin du Congo. La densité de la végétation et l'insuffisance des matières minérales expliquent la douceur et l'acidité des eaux, comme c'est le cas dans le bassin de l'Amazone. Des ruisseaux et des fleuves, interrompus par de petits lacs et par des trous d'eau, traversent la forêt et se jettent dans le Congo. Les rivières descendant des montagnes passent souvent des canons étroits où elles forment des rapides et des chutes d'eau. Les pluies tropicales augmentent le niveau des eaux pendant la saison des pluies, mais les inondations ne sont pas fréquentes. Beaucoup de poissons de cette région adorent le soleil matinal.

L'Asie des moussons

Le territoire d'où sont importés les poissons d'aquarium s'étend de l'Inde du Sud au Sri Lanka, et comprend les îles indonésiennes et les Philippines jusqu'à la Nouvelle Guinée. Le climat est ici caractérisé par les vents des moussons, saisonniers, qui amènent les pluies tropicales.

Par une température moyenne de 27 °C, 2 000 mm de précipitations tombent chaque année au Sri Lanka. Sur ce territoire se trouve une forêt tropicale, dont l'hygrométrie atteint 90 à 100 %. La température moyenne de l'eau évolue entre 20 et 27 °C (selon l'altitude). A haute altitude, la température de l'eau peut tomber à 5 °C et 2 à 3 °C dans les vallées de montagnes. Les ruisseaux de montagne en provenance de terrains cristallins ont une eau douce et acide de pH 5,5 à 6,8. De même les eaux des rivières indiennes qui prennent leur source sur le plateau de Dekan sont douces et acides et contiennent beaucoup d'humus provenant de la végétation tombée dans l'eau. Les poissons des ruisseaux de montagne exigent plus d'oxygène en général.

Tableaux illustrés des familles de poissons

Le représentant illustré de chaque famille porte ses traits caractéristiques (adapté d'après G. I. Lindberg)

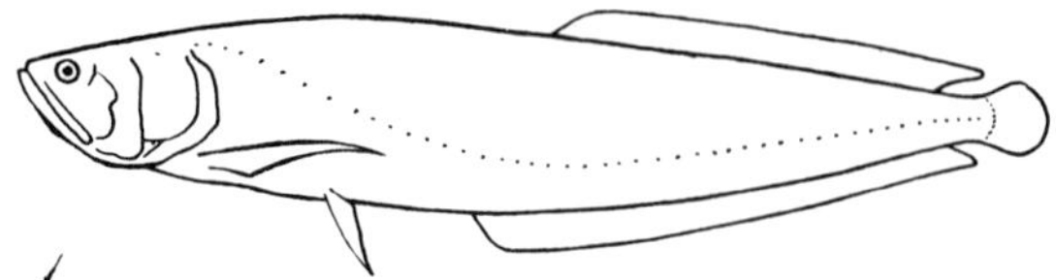

Osteoglossidae (p. 34)

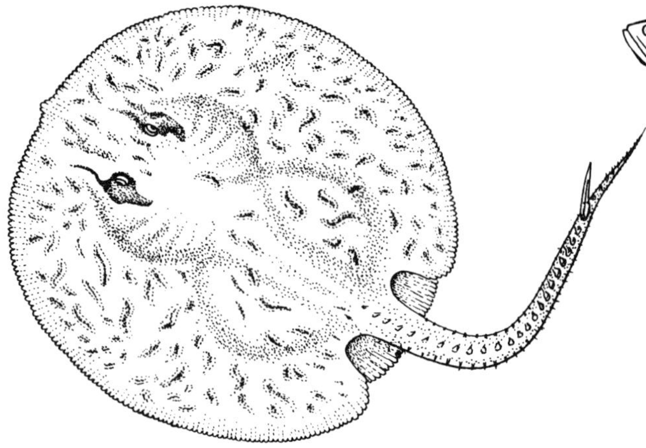

Paratrygonidae (p. 32)

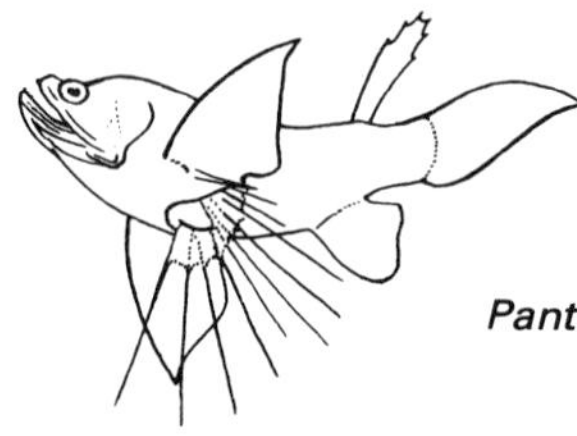

Pantodontidae (p. 36)

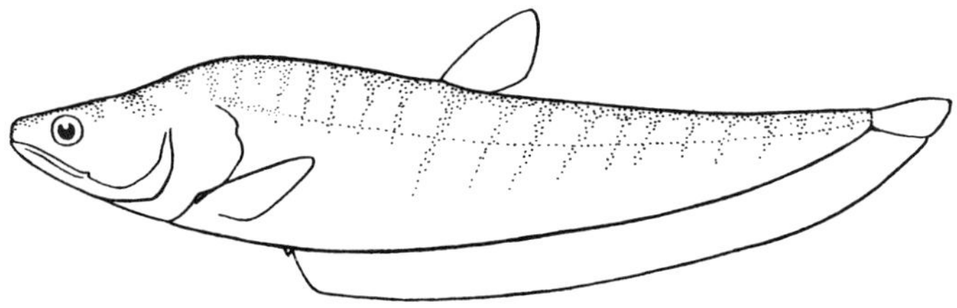

Notopteridae (p. 38)

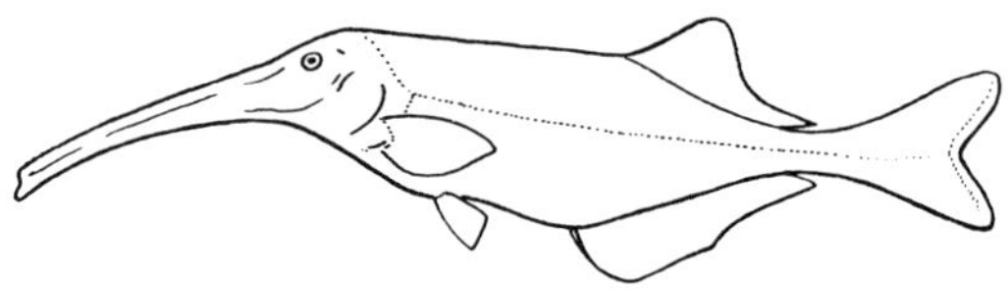

Mormyridae (p. 42)

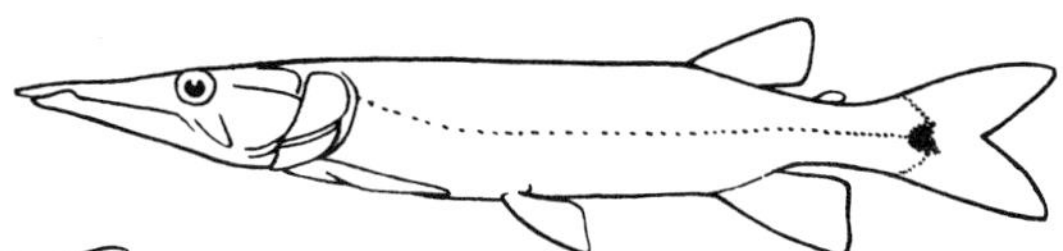

Ctenoluciidae (p. 96)

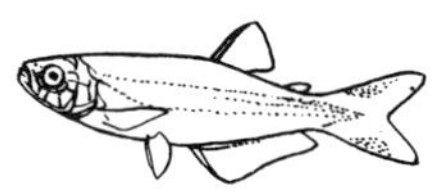

Characidae (p. 44), *Alestidae** (p. 88), *Serrasalmidae** (p. 92) * famille autonome séparée de la famille *Characidae*

Curimatidae (p. 90)

Gasteropelecidae (p. 108)

Lebiasinidae (p. 98)

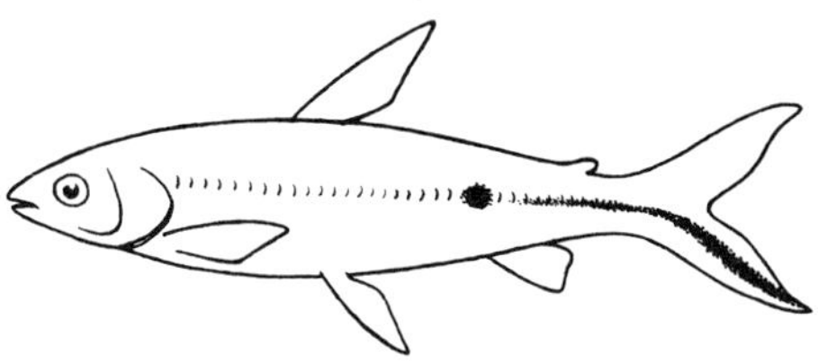

Hemiodidae (p. 110)

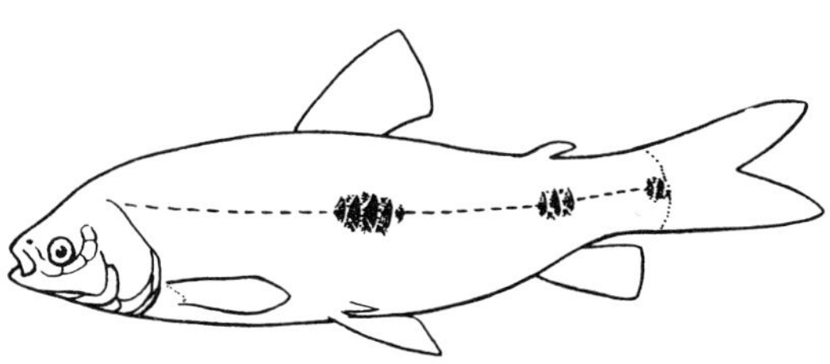

Anostomidae (p. 112)

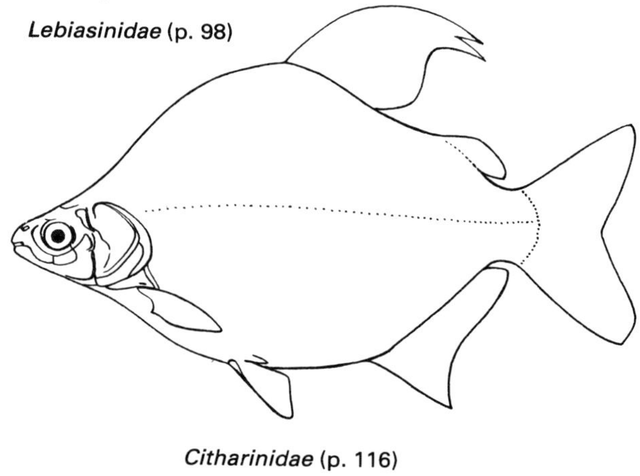

Citharinidae (p. 116)

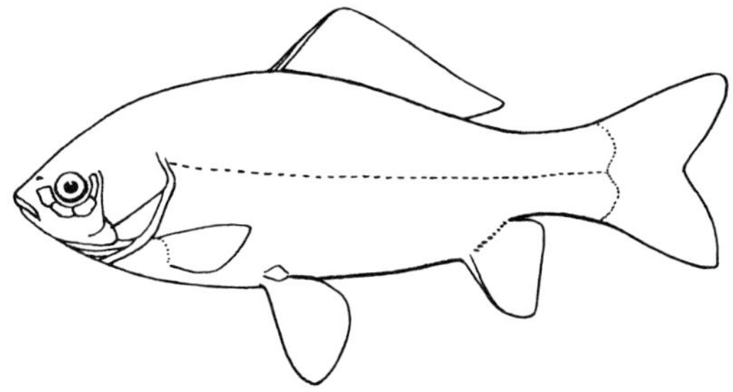

Cyprinidae (p. 124)

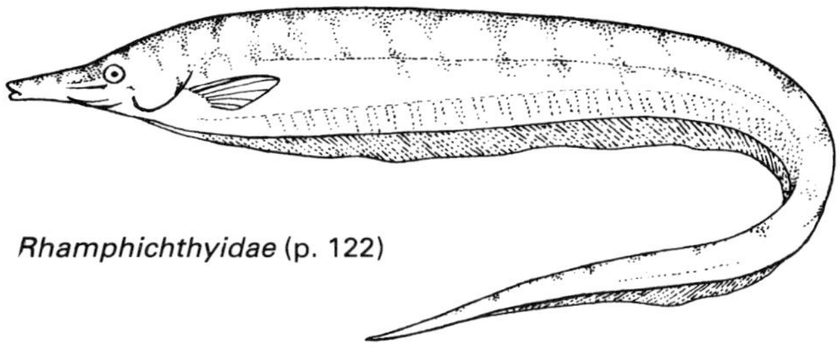

Rhamphichthyidae (p. 122)

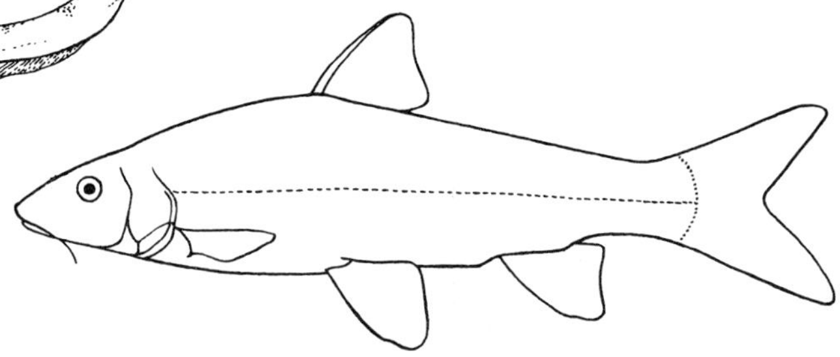

Cyprinidae (p. 124)

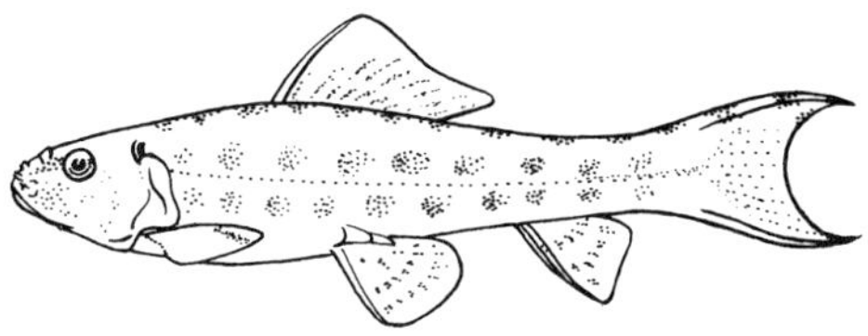

Gyrinocheilidae (p. 178)

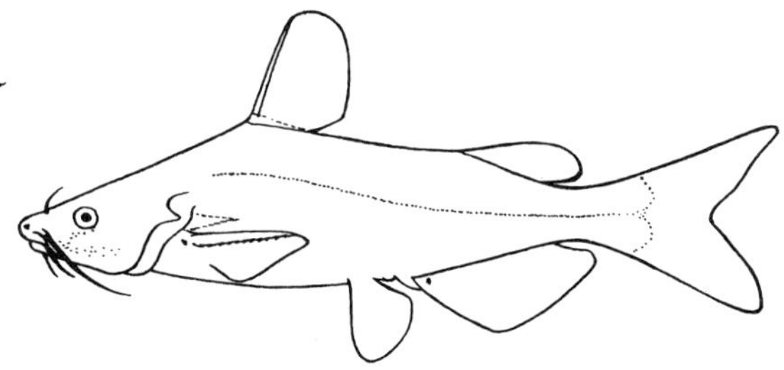

Bagridae (p. 188)

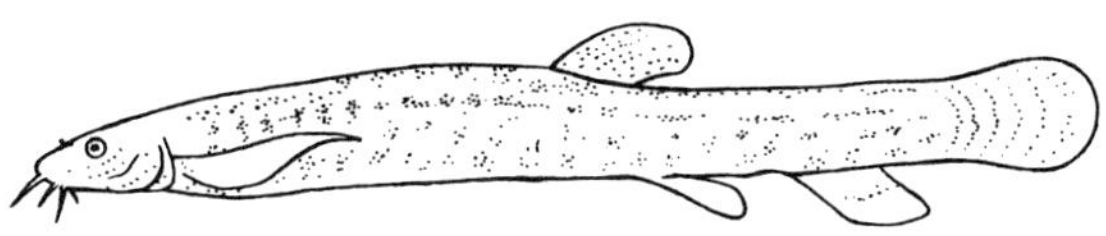

Cobitidae (p. 180)

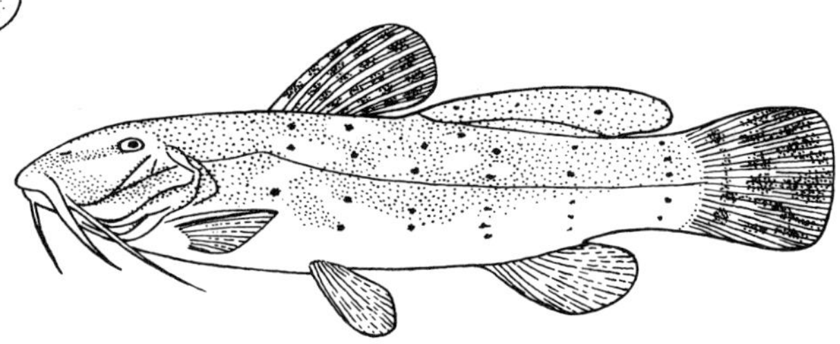

Bagridae (p. 188)

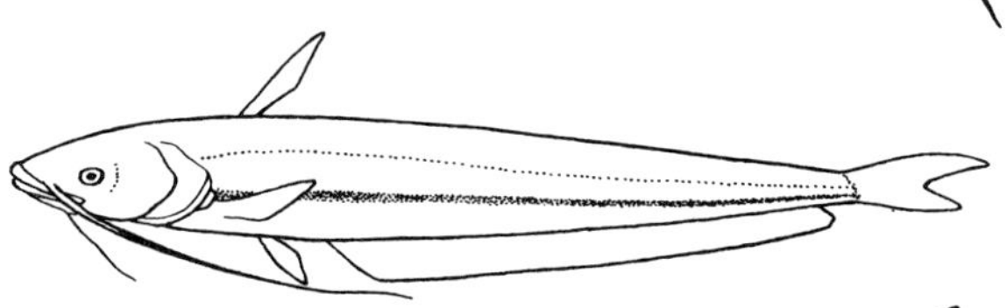

Siluridae (p. 188)

Schilbeidae (p. 190)

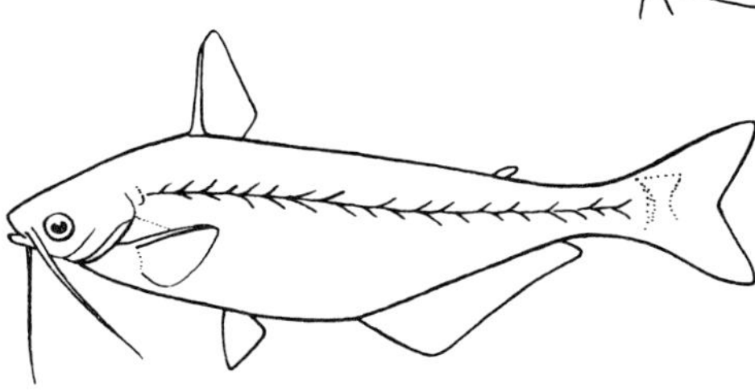

Pangasiidae (p. 190)

Mochocidae (p. 192)

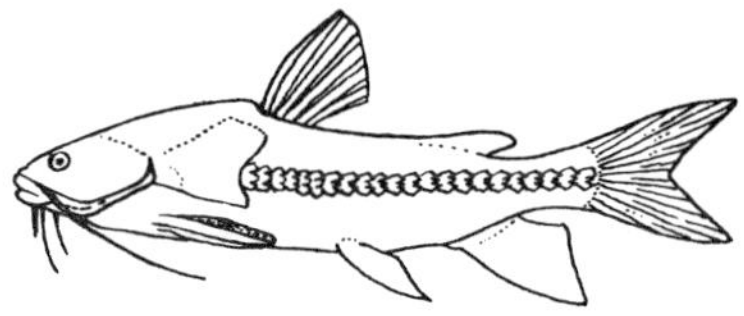

Doradidae (p. 194)

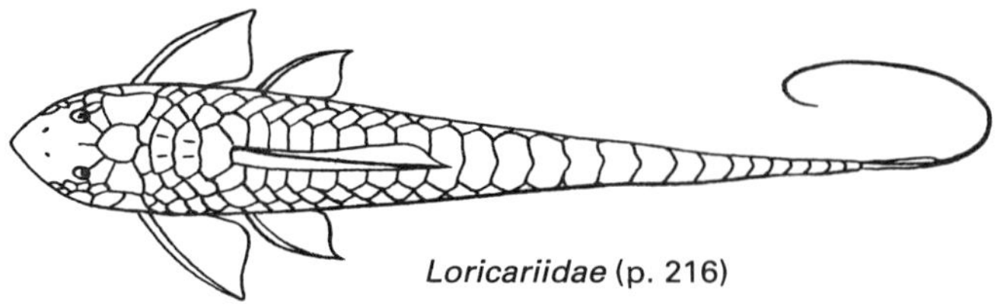

Loricariidae (p. 216)

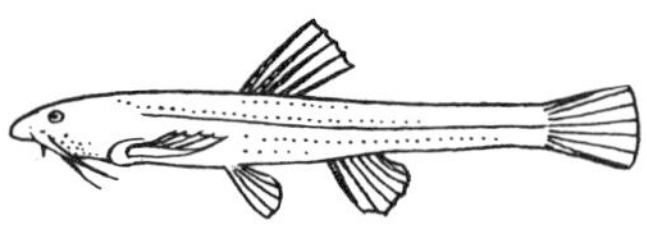

Aspredinidae (p. 196)

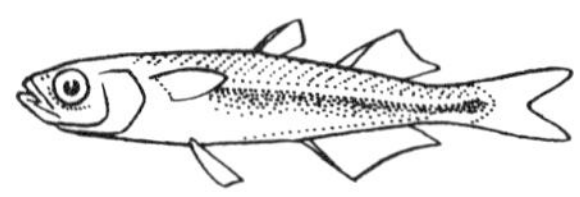

Atherinidae (p. 224), *Pseudomugilidae** (p. 230), *Telmatherinidae** (p. 230), * famille autonome séparée de la famille *Atherinidae*

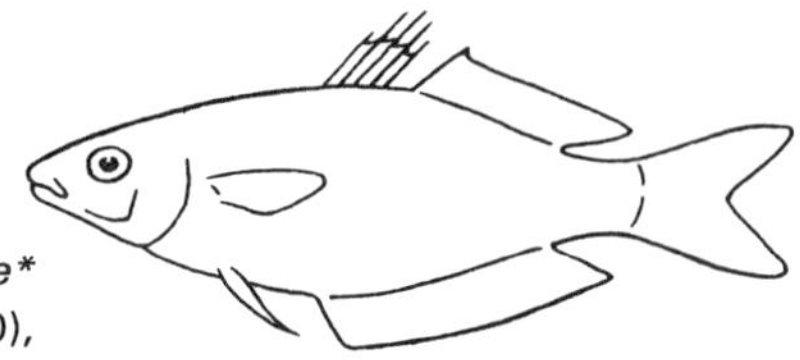

Melanotaeniidae (p. 224)

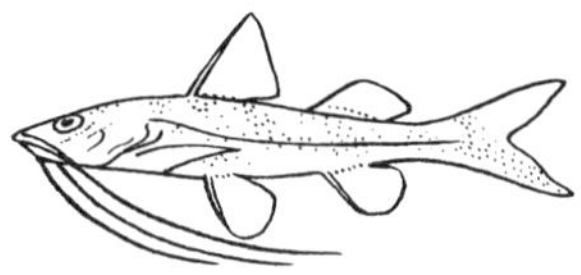

Pimelodidae (p. 198)

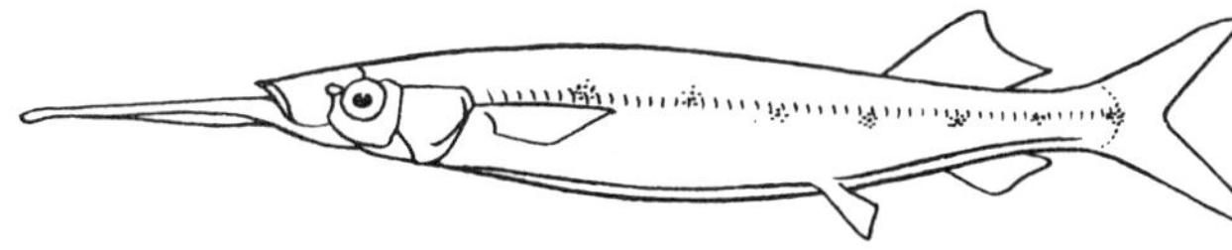

Hemirhamphidae (p. 232)

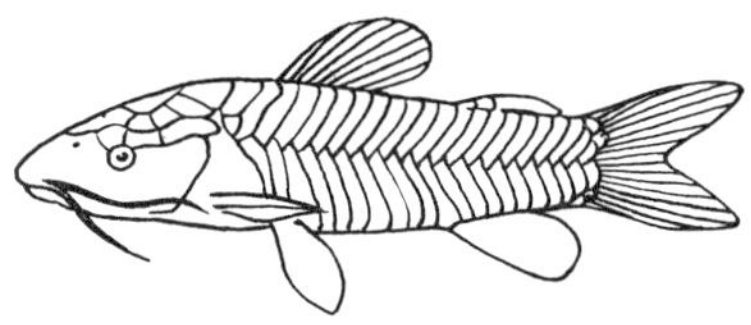

Callichthyidae (p. 200)

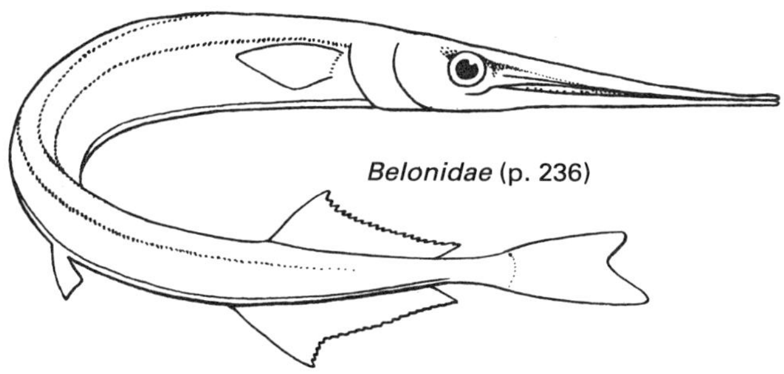

Belonidae (p. 236)

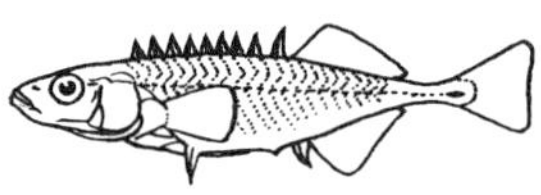

Gasterosteidae (p. 236)

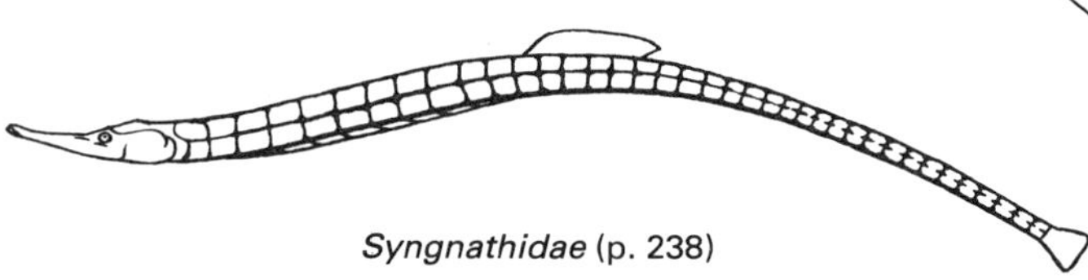

Syngnathidae (p. 238)

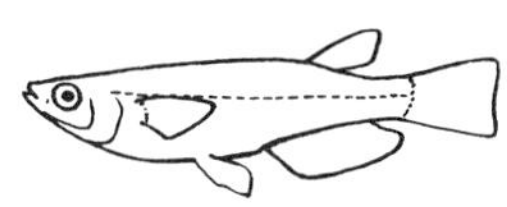

a

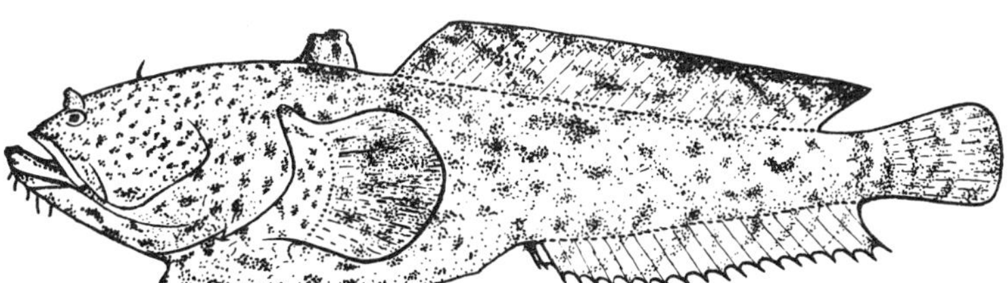

Batrachoididae (p. 240)

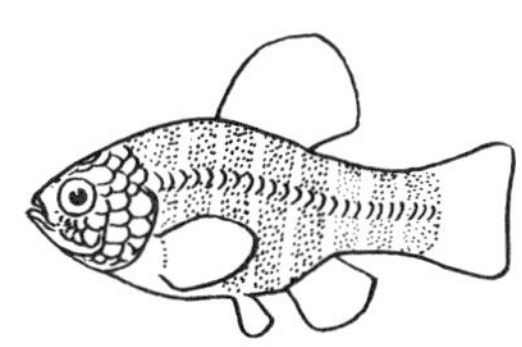

b

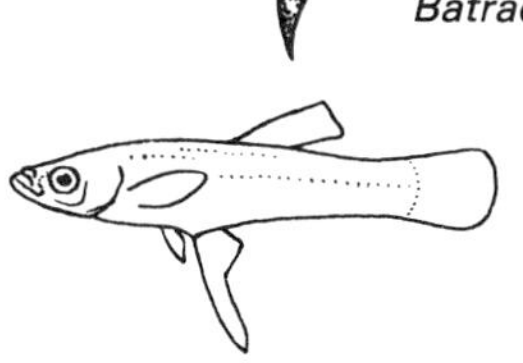

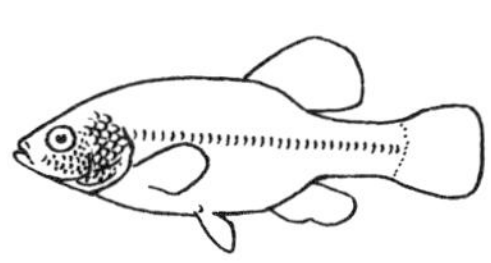

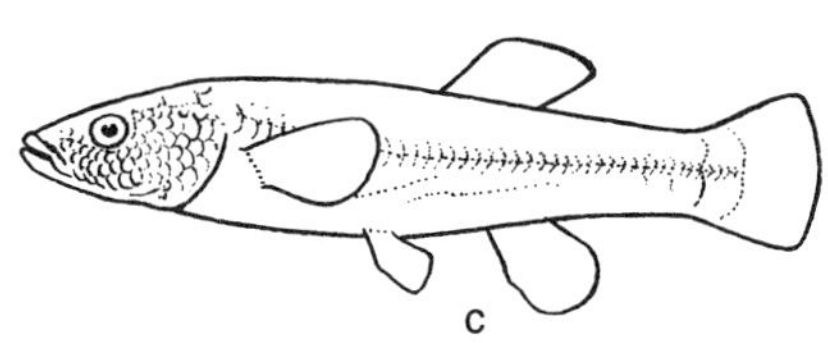

c

Poeciliidae (p. 280)

Goodeidae (p. 308)

Cyprinodontidae (p. 242) (a, b, c).

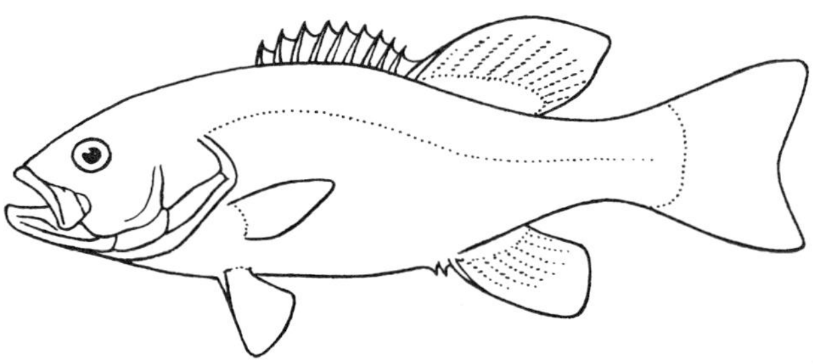

Centrarchidae (p. 310)

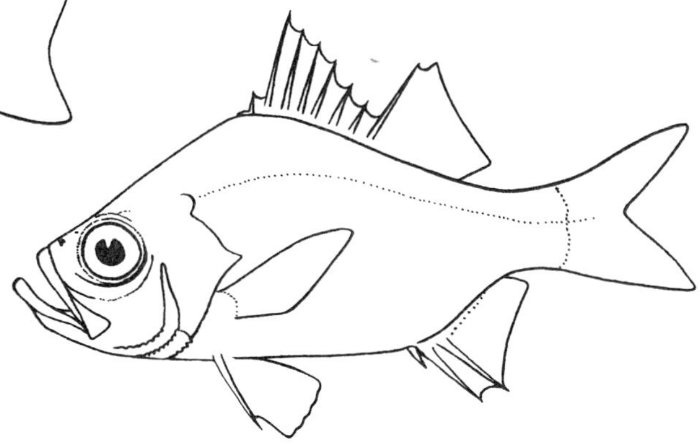

Centropomidae (p. 312)

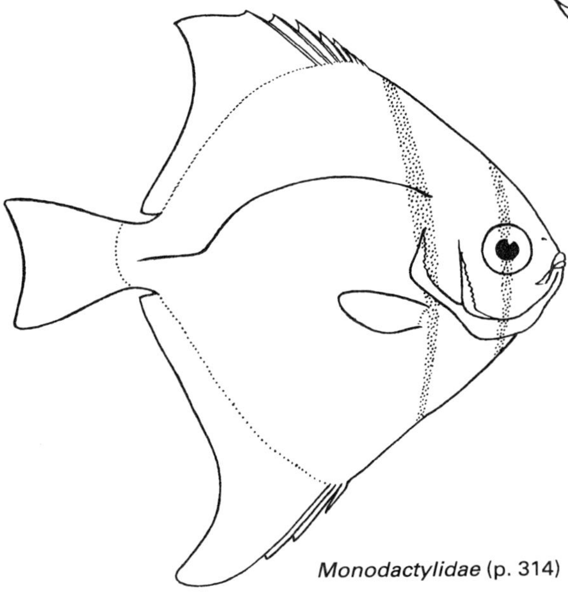

Monodactylidae (p. 314)

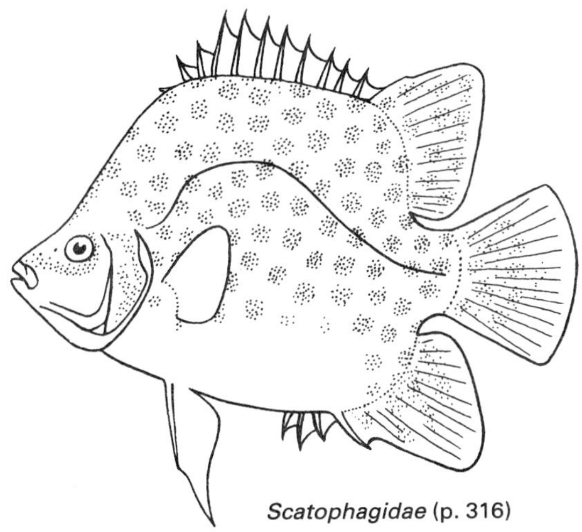

Scatophagidae (p. 316)

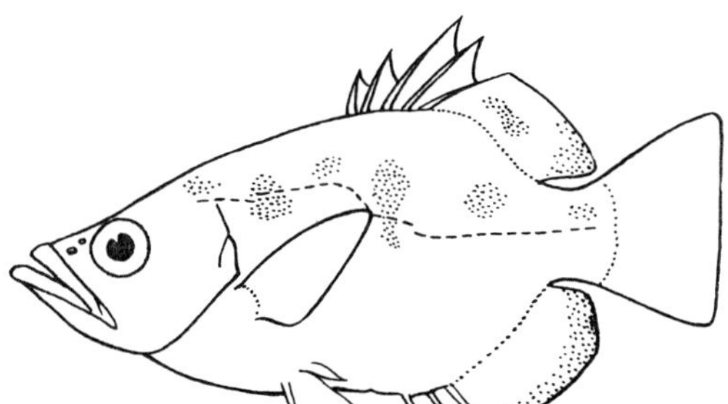

Toxotidae (p. 316)

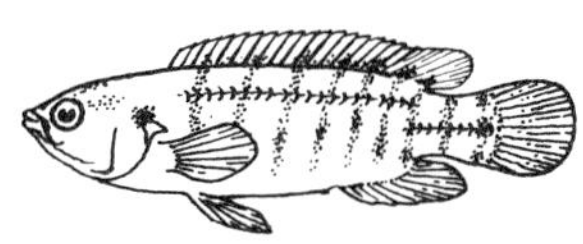

Badidae (p. 320)

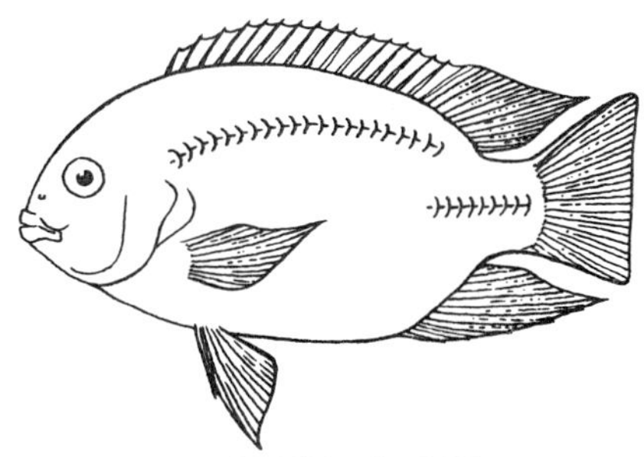

Cichlidae (p. 322)

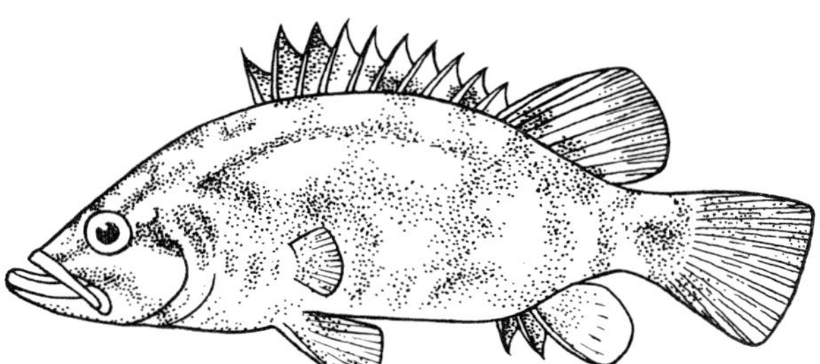

Nandidae (p. 318)

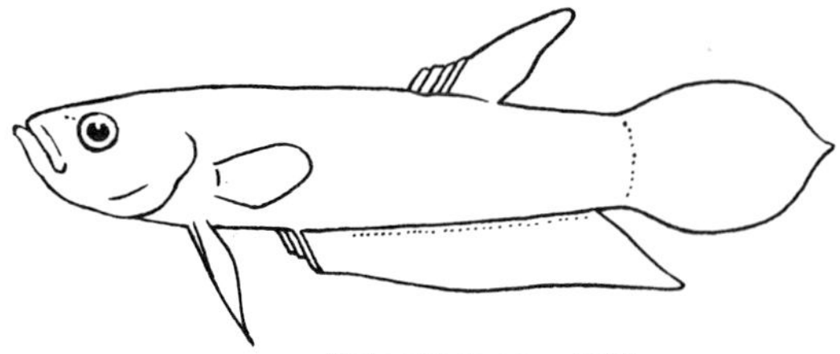

Belontiidae (p. 438)

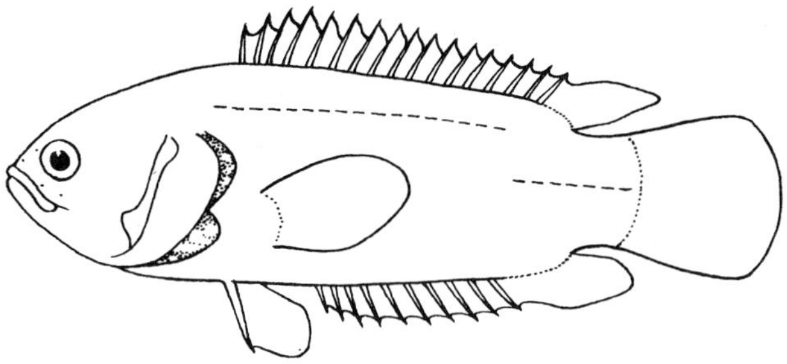

Anabantidae (p. 432)

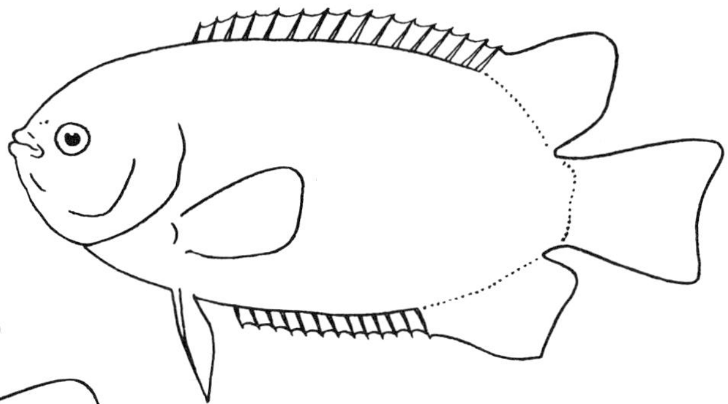

Helostomatidae (p. 468)

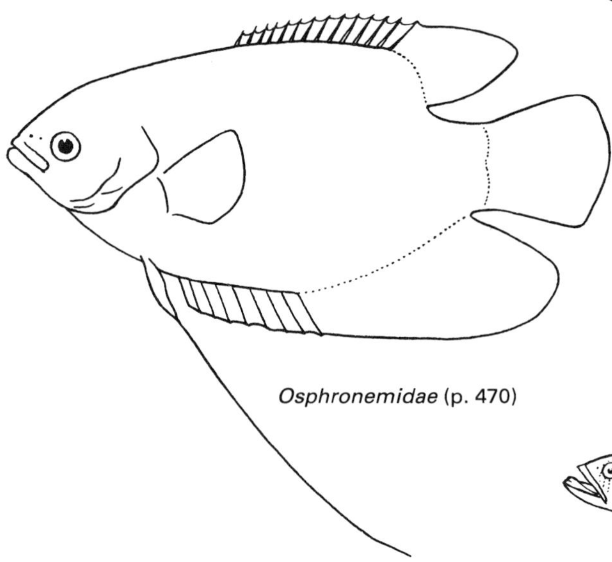

Osphronemidae (p. 470)

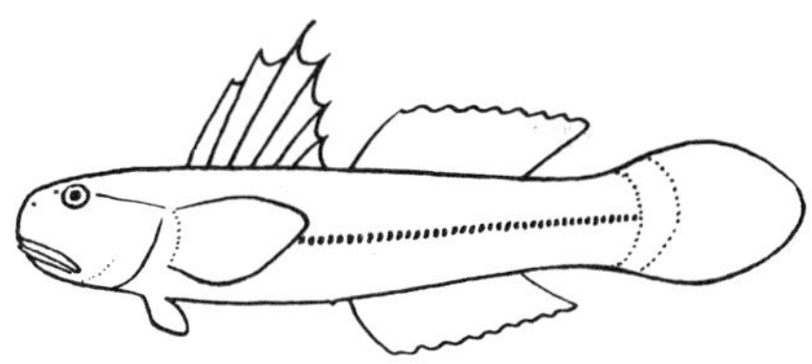

Gobiidae (p. 472)

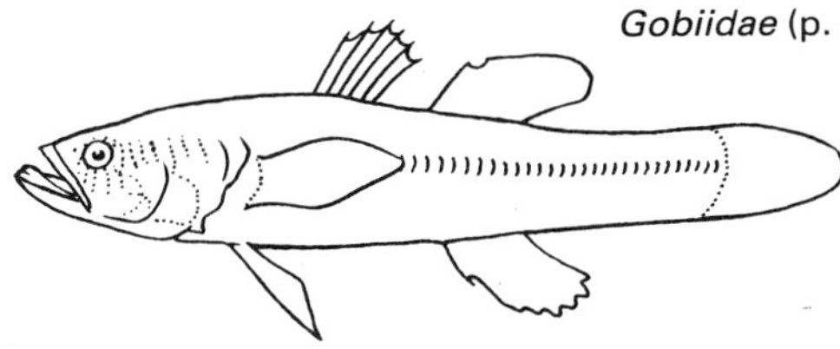

Eleotridae (p. 472)

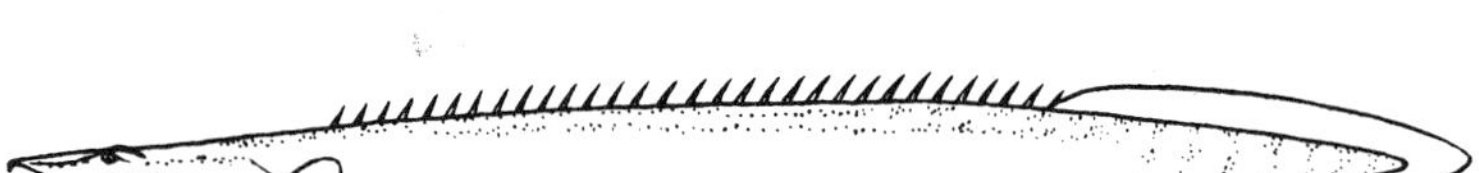

Mastacembelidae (p. 474)

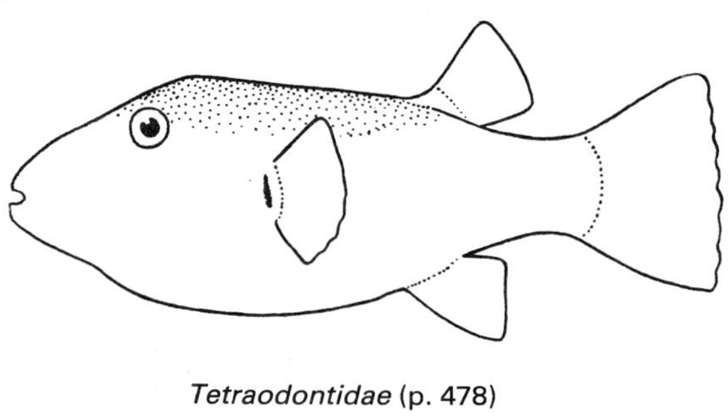

Tetraodontidae (p. 478)

Descriptions illustrées

Explication des symboles :

○ poissons omnivores

◁ poissons carnivores

▭ poissons qui exigent
aussi de la nourriture végétale

◑ poissons vivant en bancs

● poissons solitaires

♀ = femelle

♂ = mâle

juv. = jeune

□ poissons ovipares

■ poissons vivipares

Famille *Paratrygonidae*

C'est dans cette famille de l'ordre des Rajiformes que sont classées les raies d'eau douce élevées en aquarium. Le corps est plat, les nageoires pectorales sont étalées en un disque entourant tout le corps. Le squelette interne est cartilagineux. Le squelette externe est formé d'écailles placoïdes, qui se transforment au niveau des mâchoires en fortes dents (dents et écailles ont la même structure). La bouche a la forme d'une fente transversale. La cavité branchiale communique avec l'extérieur par plusieurs fentes, séparées par les arcs branchiaux. La fécondation est interne : les mâles ont des organes copulateurs pairs (ptérygopodes) issus de la modification des nageoires ventrales. Les œufs sont grands ; une partie des espèces est vivipare (le stade de la larve est absent). Toutes les raies ont un spiracle pair (orifice situé derrière les yeux) et cinq fentes branchiales sur la face inférieure. Certaines espèces ont sur le dos, juste avant la queue en forme de fouet, ou bien directement sur celle-ci, une épine reliée à une glande venimeuse.

1 *Potamotrygon laticeps* GARMAN, ?
« Raie d'eau douce »

Syn. : *Disceus laticeps, Paratrygon laticeps* — *Paratrygonidae*

◁ ●

● Distribution : une grande partie de l'Amérique latine, des bassins de l'Orénoque et du Magdalena au nord, jusqu'à l'Argentine au sud ● Longueur : 54 cm (largeur 33 cm, queue 18 cm) pour le mâle ; 68 cm (largeur 41 cm, queue 25 cm) pour la femelle ● Alimentation : vers, crevettes, chair de coquillages, de poisson ou de bœuf, tablettes ● Aquarium : plus de 1 000 litres ; une couche de 10 à 20 cm de sable fin ; plantes flottantes ● Dimorphisme sexuel : une épine venimeuse sur la queue du mâle, deux chez la femelle ● **Reproduction** : un mâle pour une femelle (ou plusieurs). Vivipare ; intervalle entre les naissances : 3–4 mois. Bac de reproduction : comme ci-dessus. Eau : 25 °C, pH 7,0 à 7,5 ; neuve. Nourriture des alevins : vers de terre ou chair de poisson hachés, gastéropodes (ils peuvent mettre plusieurs semaines à accepter la nourriture, ce que l'on constate à la présence d'excréments dans l'aquarium). Première reproduction obtenue en 1969 à l'aquarium public de Detroit (États-Unis).

Ce sont des benthophages typiques (ils se nourrissent sur le fond) et leur activité s'exerce pendant la nuit. Pendant la chasse ils écrasent leur proie sur le fond avec leur corps. Leur coloration est variable.

Pendant les jeux nuptiaux, le mâle mord la femelle. Les plaies guérissent vite et laissent des cicatrices en forme de disques. Environ deux à trois mois après la copulation, des bosses apparaissent sur le dos des femelles et on peut observer les mouvements des embryons dans le corps de la mère. Les alevins sont relativement grands, de 9 à 13 cm, et se mettent à nager immédiatement. Ce sont des copies minuscules mais parfaites des adultes. Il n'est jamais né plus de quatre alevins en même temps à l'aquarium de Detroit. Les jeunes raies étaient placées dans un aquarium de 80 litres, pour permettre des études physiologiques détaillées. Lorsque les alevins sont rassasiés, deux bosses apparaissent à la base de leur queue flagelliforme ; elles disparaissent pendant la digestion. Les jeunes poissons croissent lentement, mais sans problème.

Famille *Osteoglossidae*

Cette famille compte de grands poissons vivant près de la surface des eaux dormantes, dans les bras peu profonds des fleuves, ou les lacs. Les poissons se regroupent souvent en bancs importants. On les trouve en Australie, dans les archipels de l'Océan Indien, en Afrique et en Amérique latine. Les poissons sud-américains de cette famille sont menacés d'extinction et leur pêche est semble-t-il interdite. Ils se distinguent par certains traits particuliers : leurs écailles sont assez grandes et un organe respiratoire supplémentaire se trouve au niveau du quatrième arc branchial. Certains poissons utilisent pour respirer leur vessie gazeuse, par exemple *Arapaima gigas,* qui par sa longueur (il peut atteindre 3 m) et son poids (jusqu'à 160 kg) est l'un des plus grands poissons d'eau douce.

1 *Osteoglossum bicirrhosum* VANDELLI, 1829
« Arowana »

Syn. : *Ischnosoma bicirrhosum, Osteoglossum vandelli* — *Osteoglossidae*

◁ ●

● Distribution : Nord de l'Amérique du Sud (Guyane, bassin de l'Amazone) ; eaux dormantes, bras morts de fleuves, marais ● Longueur : 1,20 m. Mâchoire inférieure très avancée, dépassant la mâchoire supérieure ● Dimorphisme sexuel : la nageoire anale du mâle est plus longue que celle de la femelle ● Alimentation : proies vivantes (poissons en particulier), chair de poisson ou de bœuf ● Aquarium : adapté à la taille du poisson (un bassin peut être nécessaire !) ; hauteur d'eau assez grande ; plantes robustes disposées en petits îlots au fond. Il faut empêcher les poissons de sauter. On peut les élever en petit groupe dans un bac assez grand (au moins 1 000 litres pour un couple) ● Première importation en 1912 par Arthur Rachow ● **Reproduction** : un mâle pour une femelle. Eau : 25 °C, pH 6,5, TH inférieur à 14 °, TAC inférieur à 2° ; filtration sur tourbe. Incubation buccale maternelle durant 50 à 60 jours. Œuf d'un diamètre de 16 mm. Nourriture des alevins : zooplancton, larves de moustiques, petits poissons.

La parade nuptiale est simple. Au moment du frai, la femelle ramasse les œufs pondus dans sa bouche, où ils se développent. Les jeunes poissons sont vert-jaunâtre, les adultes argentés. La bouche est largement fendue vers le haut. Deux barbillons sur la mâchoire inférieure, comportant les organes de l'odorat, caractérisent cette espèce. La vessie gazeuse de ces poissons fait office d'organe respiratoire supplémentaire, à l'aide duquel ils peuvent respirer l'air, et qui leur permet de survivre dans les eaux marécageuses pauvres en oxygène. Ils sont craintifs mais on peut les apprivoiser facilement en captivité en leur servant la nourriture à la main. Dans un espace restreint ils sont querelleurs et se mordent entre eux. Actuellement c'est une espèce protégée, qu'il est interdit d'importer.

1 juv.

Famille *Pantodontidae*

Il s'agit d'une famille monotypique comprenant une seule espèce, *Pantodon buchholzi.* C'est un poisson vivant à la surface, dont la bouche, haut placée, est largement fendue.

1 *Pantodon buchholzi* PETERS, 1876
« Poisson-papillon »

Pantodontidae

● Distribution : Afrique de l'Ouest (Nigeria, Cameroun, Zaïre) ● Longueur : 10 à 15 cm ● Dimorphisme sexuel : le bord postérieur de la nageoire anale du mâle est profondément découpé, les rayons centraux formant une sorte de tube ; ce n'est pas le cas chez la femelle ● Alimentation : proies vivantes (araignées, chenilles, cafards, grillons, petits poissons,...) et éventuellement morceaux de viande de bœuf, poulet ou poisson ; les gros morceaux sont préférés aux petits ● Aquarium : au moins 100 litres, pour une hauteur minimale de 20 cm. Ménager une vaste surface libre avec quelques îlots de plantes flottantes ● Première importation en 1905 par Schroot à Hambourg ● **Reproduction** : un mâle pour une femelle. Eau : 25–28 °C, pH 6,5, TAC de 4° ; filtration sur tourbe. Incubation : 36 heures à 25 °C. Nourriture des alevins : artémias, puis drosophiles, pucerons et collemboles.

On place les couples dans des aquariums spacieux contenant au moins 100 litres. Ils sautent, et il est bon de couvrir les récipients d'une plaque de verre. Après de longs jeux nuptiaux, le frai proprement dit dure parfois plusieurs jours, pendant lesquels la femelle peut pondre jusqu'à 200 œufs. Ceux-ci, relativement grands, translucides (plus tard brun foncé) flottent à la surface, car ils contiennent beaucoup de graisse. On les ramasse à l'aide d'une cloche en verre pour les placer dans le récipient d'élevage où la hauteur d'eau est de 5 à 10 cm. Après l'éclosion les alevins tombent sur le fond. Le sac vitellin consommé, l'alevin revient à la surface. Ces poissons ne pêchent pas activement, mais attendent que leurs proies viennent à eux. *P. buchholzi* est un poisson agressif à tendance prédatrice avec une activité nocturne.

La nageoire anale du mâle et de la femelle

Pantodontidae

Famille *Notopteridae*

Ces « poissons-couteaux » vivant en Afrique et en Asie sont semblables aux « poissons-couteaux » du Nouveau Monde (famille *Rhamphichthyidae*), mais ils n'ont en commun que la forme du corps ; du point de vue taxinomique ce sont des groupes indépendants. La nageoire anale est longue et permet au poisson, par un mouvement ondulatoire, de se déplacer aussi bien en avant qu'en arrière. L'anus est placé loin en avant. La nageoire dorsale, quand elle n'est pas absente, a la forme d'un petit drapeau. Les nageoires ventrales sont très petites ou absentes. La nageoire caudale est reliée à la nageoire anale. Les écailles sont petites. Ces poissons ont une vessie gazeuse particulièrement développée, qui fonctionne comme un poumon.

1 *Papyrocranus afer* GÜNTHER, 1868
« Poisson-couteau »
Syn. : *Notopterus afer*

Notopteridae

◁ ●

● Distribution : Afrique tropicale occidentale (fleuve Gambie) ; eaux lentes ou stagnantes, riches en plantes ● Longueur : 60 cm ● Dimorphisme sexuel : inexistant ● Alimentation : poissons, larves et imagos d'insectes, gastéropodes, vers ● Aquarium : au moins 500 litres ● Première importation en 1912 par Christian Brüning, à Hambourg ● **Reproduction** : inconnue en captivité. Bac de ponte : prévoir un grand bac au fond couvert de pierres, avec de nombreuses cachettes. Eau : 26–29 °C, pH 6,5 à 7,0, TH inférieur à 18°,TAC inférieur à 4°.

La caractéristique du genre *Papyrocranus,* contenant la seule espèce *P. afer,* est l'absence de nageoires ventrales ; la nageoire dorsale est petite. Dans son milieu naturel, *P. afer* fraie pendant la période des pluies. Les œufs, d'un diamètre de 4 mm environ, ont la forme d'un œuf de poule et sont plus grands que ceux des autres espèces de cette famille.

2 *Notopterus chitala* (HAMILTON – BUCHANAN, 1822)
« Poisson-couteau »

Notopteridae

◁ ●

● Distribution : Inde, Thaïlande, Cambodge, Birmanie et grandes îles de la Sonde ● Dimorphisme sexuel : inexistant ● Alimentation : surtout des poissons mais accepte la viande de bœuf, les vers de terre et du zooplancton de grande taille ● Aquarium : plus de 1 000 litres ; fond garni de pierres avec des cachettes ● **Reproduction** : un mâle pour une femelle. Bac de ponte comme ci-dessus. Eau : 26–29 °C, pH 6,0 à 7,0, TH inférieur à 18°, TAC inférieur à 4°. Œuf de relativement petite taille. Nourriture des alevins : nauplies d'artémias. Poisson rarement importé.

Un Américain, T. Berardo a obtenu la ponte de cette espèce en 1973 dans un aquarium de 1 400 litres ; les poissons mesuraient 58 cm de long. La température de l'eau avait été portée de 26 à 29 °C, le pH était de 6,2. La femelle, plus active que le mâle, l'invite sur le lieu de frai. Elle dépose sur le fond de pierres jusqu'à 15 œufs à la fois, que le mâle féconde immédiatement. Les deux poissons sortent leur papille génitale pendant le frai. Le développement des œufs n'a pû être observé, car ils ont été mangés par un autre poisson.

Dans le milieu naturel, la période de reproduction s'étale de mai à juillet. La femelle dépose en une seule couche jusqu'à 500 œufs, et les alevins sortent au bout de 15 jours. Avant la ponte, les parents nettoient les abords du lieu de frai dans un rayon de 60 cm, où les alevins restent pendant un certain temps après l'éclosion. Cet espace est aussi un point de repère pour les parents qui reviennent. Les deux poissons prennent soin du lieu de frai et éventent les œufs en agitant leurs nageoires anale et caudale.

Les poissons du genre *Notopterus* ont des nageoires ventrales et dorsale bien développées.

Notopteridae

1 *Notopterus notopterus* (PALLAS, 1780)
« Poisson-couteau »

Notopteridae

◁ ● • Distribution : Inde, Birmanie, Thaïlande, Java, Sumatra • Longueur : 40 cm, maximum 58 cm • Dimorphisme sexuel : inexistant ; femelle habituellement plus grande • Alimentation : proies vivantes mais aussi, d'après certains, les racines des plantes • Aquarium spécifique de préférence, contenant au moins 300 litres. Eau : 26–29 °C, pH 6,5 à 7,0, TH inférieur à 18°, TAC inférieur à 4° • **Reproduction** : œuf d'un diamètre de 3–4 mm. Incubation : 5 à 11 jours selon les œufs d'après l'éleveur japonais K. Yasuschiho. Nourriture des alevins : nauplies d'artémias ou de cyclopes.

Les poissons sont sexuellement mûrs quand ils atteignent 30 cm. On en garde plusieurs ensemble, pour que les couples se forment naturellement. Avant le frai, la partie ventrale des deux parents s'arrondit. La femelle pond les œufs sur un substrat solide, abrité par des pierres. Le frai proprement dit a lieu la nuit. Trente heures après, certains embryons bougent déjà dans les œufs. Le mâle et la femelle veillent sur la ponte et renouvellent l'eau par des mouvements operculaires. Les deux parents prennent souvent les œufs dans la bouche, apparemment pour les nettoyer et pour aider les embryons à en déchirer l'enveloppe. Ils mâchent l'œuf pendant quelques secondes et on voit souvent l'alevin sortir de la bouche. Des embryons de 7 mm de long sortent les uns après les autres pendant une semaine. La nourriture endogène (à partir du sac vitellin) dure à peu près une semaine. Dans la journée, l'alevin se cache ; il cherche sa nourriture uniquement la nuit. C'est pourquoi il est très difficile de se rendre compte de sa présence dans l'aquarium. Pendant la période de reproduction, le couple fraie à intervalles très rapprochés, souvent même quand éclosent les alevins du frai précédent. La présence des parents est indispensable à la survie de l'alevin.

2 *Xenomystus nigri* (GÜNTHER, 1868)
« Poisson-couteau »
Syn. : *Notopterus nigri*

Notopteridae

◁ ● • Distribution : Soudan, Zaïre, Gabon, Niger, Libéria • Longueur : 30 cm • Dimorphisme sexuel : inexistant • Alimentation : organismes vivants (vers, insectes et leurs larves, gastéropodes, petits poissons) et, en cas de nécessité, viande et cœur de bœuf • Aquarium : identique pour la maintenance et la reproduction ; volume minimal de 300 litres ; fond garni de pierres avec des cachettes • Première importation en 1909, par K. Siggelkow à Hambourg • **Reproduction** : probablement jamais obtenue en captivité. Eau : 24–28 °C, pH de 6,5 à 7,0, TH inférieur à 18°, TAC inférieur à 4°.

A la différence des genres *Papyrocranus* et *Notopterus,* les poissons du genre *Xenomystus* n'ont pas de nageoire dorsale ; les nageoires ventrales sont en revanche bien développées. *Xenomystus nigri* est la seule espèce du genre. Dans leur milieu naturel, les femelles pondent 150 à 200 œufs d'un diamètre de 2 mm environ. Les poissons peuvent émettre des sons qui rappellent l'aboiement du chien. Le son est obtenu en créant un courant d'air dans le tube reliant l'œsophage et la vessie gazeuse.

Notopteridae

Famille *Mormyridae*

Cette famille regroupe des poissons africains à activité crépusculaire d'apparence singulière, qui vivent dans des eaux dormantes boueuses. Leur couleur est adaptée à ce milieu. Certaines espèces ont une gueule allongée en une sorte de museau ou trompe. Le cerveau est exceptionnellement grand. La plupart des membres de cette famille ont dans la partie arrière du corps un organe électrique, fonctionnant un peu comme un radar, qui leur permet de s'orienter dans l'eau trouble, et de chercher leur nourriture, mais aussi de communiquer avec leurs congénères. Ce sont des benthophages typiques.

1 *Gnathonemus petersi* (GÜNTHER, 1862)
« Poisson-Eléphant »

Syn. : *Mormyrus petersi, Gnathonemus pictus* — *Mormyridae*

● Distribution : Zaïre ● Longueur : 25 cm ● Dimorphisme sexuel absent ● Alimentation : proies vivantes (surtout tubifex et chironomes) ● Aquarium spécifique, d'un volume de 500 litres, tapissé de galets et disposant de nombreuses cachettes (bois, morceaux de pots de fleurs,...) ● Éclairage faible ou tamisé par des plantes flottantes. Un couvercle en verre bien ajusté est nécessaire ● Première importation en 1950 ● **Reproduction** : les poissons doivent être maintenus en petits groupes d'individus de même taille (sinon, les plus petits sont perpétuellement agressés). Eau : 22–28 °C, pH 6,5, TH inférieur à 18°, TAC inférieur à 4° ; ne doit pas être trop neuve. Les détails du frai ne sont pas connus.

Le jour, les poissons sont craintifs, surtout dans un milieu qu'ils ne connaissent pas. La mâchoire inférieure se prolonge en une sorte de trompe qui, avec l'organe électrique, facilite la recherche de la nourriture dans le fond boueux. Par les impulsions électriques, les poissons marquent aussi leur territoire et agressent leurs congénères en « brouillant » leurs ondes électriques ; si l'espace est trop réduit les poissons s'épuiseront à ces « joutes électriques ».

A la différence de cette espèce, *Gnathonemus elephas* Boulenger, 1898 et *G. gibis* Boulenger, 1902, ont la bouche à l'extrémité de la trompe. *G. moori* Gunther, 1868 n'a pas de trompe du tout et *G. schilthuisiae* Boulenger 1899, n'en a qu'une ébauche.

2 *Petrocephalus bovei* (CUVIER et VALENCIENNES, 1846)
« Mormyre » — *Mormyridae*

● Distribution : du cours inférieur du Nil à l'Afrique de l'ouest, en passant par le nord de l'Afrique centrale, le Niger et la Gambie ● Longueur : 12 à 14 cm (certains auteurs indiquent cependant 45 cm) ● Dimorphisme sexuel absent. Alimentation : organismes vivants (tubifex, zooplancton, larves de moustiques,...) mais aussi nourriture artificielle ● Aquarium spécifique de préférence, d'un volume de 500 litres environ, riche en plantes et en cachettes ; lumière tamisée. Les poissons doivent être gardés en petit groupe ● Première importation en 1937 ● **Reproduction** : inconnue en aquarium. Eau : 24–28 °C, pH de 6,5 à 7,0, TH inférieur à 18°, TAC inférieur à 4° ; elle doit être suffisamment vieille.

Le corps de ces poissons est très comprimé, ce qui leur permet de passer par des fentes très fines. Ils sont agressifs avec leurs semblables ; il faut donc leur laisser assez d'espace pour que chaque poisson ait son propre territoire. Il est déconseillé de les mettre dans des aquariums installés depuis peu.

Mormyridae

1

2 juv.

Famille *Characidae*

La famille des *Characidae* comprend une grande variété de petits poissons qui, pour la plupart, vivent en banc. C'est pourquoi il ne faut jamais les isoler. On les trouve dans toute l'Amérique latine. La plupart des poissons de cette famille sont caractérisés par une petite nageoire adipeuse. Ils disposent souvent d'une dentition forte et tranchante. La forme et le nombre des dents sont caractéristiques des espèces. Certaines sont carnivores (prédateurs), d'autres herbivores. La plupart aime une eau douce légèrement acide. Les températures données dans la description peuvent être généralement abaissées de 3 à 4 °C pour la reproduction.

1 *Astyanax fasciatus mexicanus* (CUVIER, 1819)
« Tétra aveugle » « Characin aveugle »

Syn. : *Anoptichthys jordani, A. hubbsi, A. antrobius* — *Characidae*

● Distribution : réseaux de cavernes de la province mexicaine San Luis Potosi ● Longueur : 9 cm (le mâle) à 12 cm (femelle) ● Dimorphisme sexuel : mâle plus élancé que la femelle ● Alimentation : accepte les proies vivantes et la nourriture artificielle ● Aquarium : spécifique de préférence, tapissé de sable et de cailloux, sans plantes ● Première importation en 1939, par l'aquarium de Hambourg ● **Reproduction** : un mâle pour une femelle. Bac de ponte : 50 à 100 litres, avec une grille de protection. Eau : 24 à 27 °C, pH de 6,7 à 7,0, TH entre 25 et 35°, TAC inférieur à 27 ; dans une eau trop douce, les larves souffrent d'hydropisie et meurent. Durée d'incubation : 18 à 24 heures. Nourriture des alevins : nauplies d'artémias et de cyclopes, ainsi que des *Bosmina* (habituellement refusés par les autres alevins).

Ces poissons sont adaptés à leur milieu : leurs yeux sont réduits et incapables de voir. En revanche, l'odorat et le toucher sont très sensibles ; la ligne latérale est bien développée et sert à l'orientation. Les populations élevées sans lumière auraient une couleur plutôt argentée, tandis que les poissons importés ont une couleur rose chair. La femelle peut pondre plus de 1 000 œufs. Deux jours plus tard, les alevins commencent à chercher la nourriture. Ils ont des petits yeux de 2 mm de diamètre, qui ne grandissent pas et sont progressivement recouverts par une épaisse couche de tissu conjonctif.

2 *Corynopoma riisei* GILL, 1858

Syn. : *Corynopoma albipinne, C. aliata, C. searlesi, C. veedoni, Nematopoma searlesi, Stevardia aliata, S. albipinnis, S. riisei* — *Characidae*

● Distribution : île de Trinidad et Colombie (fleuve Meta) ● Longueur : 7 cm ● Dimorphisme sexuel : le mâle a les nageoires plus grandes (en particulier la dorsale et l'anale), la partie inférieure de la nageoire caudale étant allongée ; les opercules ont de longs prolongements qui peuvent dépasser l'origine de la nageoire dorsale ● Alimentation : accepte toutes sortes de nourriture ● Aquarium d'ensemble accepté ● Première importation en 1932, par Otto Winkelmann aux États-Unis ● **Reproduction** : un mâle pour 3 ou 4 femelles. Bac de ponte : 50 litres, avec des plantes à feuilles fines. Eau : 24 °C environ, pH de 6,5 à 7,0, TAC inférieur à 4°. Œufs adhésifs. Incubation : 20 à 36 heures. Nourriture des alevins : nauplies d'artémias et de cyclopes.

Pendant le frai le mâle dépose les spermatophores renfermant la laitance au niveau de l'orifice sexuel de la femelle où ils sont stockés jusqu'à la maturation des œufs et la ponte, qui a lieu parmi les plantes. La femelle est ainsi capable de pondre les œufs plusieurs fois hors de la présence du mâle. Pendant chaque ponte, une partie des spermatozoïdes est libérée. On prélève régulièrement les touffes de plantes dans l'aquarium où a eu lieu le frai pour les placer dans le récipient d'élevage.

Characidae

1 *Prionobrama filigera* (COPE, 1870)

Syn. : *Aphyocharax filigerus, A. analis, A. analialbis, Bleptonema amazoni, Paragoniates muelleri, Prionobrama madeirae* — *Characidae*

● Distribution : Amazone et ses nombreux affluents, sud-est du Brésil ● Longueur : 6 cm ● Dimorphisme sexuel : mâle plus petit et plus élancé que la femelle, caractérisée par la tache dorée des ovaires visibles par transparence ● Alimentation : toutes nourritures acceptées. Aquarium d'ensemble accepté ● Première importation en 1931, à l'aquarium de Hambourg ● **Reproduction** : au moins un mâle pour une femelle. Bac de ponte : au moins 20 litres, avec une grille de protection. Eau : 24–27 °C, pH 7,0, TAC inférieur à 2°. Œufs translucides. Incubation : 14 à 15 heures. Nourriture des alevins : nauplies d'artémias et de cyclopes.

Une eau trop acide peut faire moisir les bords des nageoires de ces poissons. L'aquarium doit être couvert avec une plaque de verre car, à la moindre frayeur, les poissons sautent. Le frai a lieu le plus souvent dans la matinée dans un aquarium ensoleillé. La femelle pond environ 300 œufs. Les larves translucides se fixent à l'aide d'une substance collante sécrétée par des glandes situées au sommet de leur tête, sur les parois du récipient, sur les objets proches ou bien en grappes à la surface. Les éleveurs pensent souvent à tort que les œufs se développent mieux dans de l'eau plus dure ; si la dureté en carbonates dépasse 4°, ils meurent. Un TAC inférieur à 4° est donc indispensable pour leur développement.

2 *Aphyocharax anisitsi* EIGENMANN et KENNEDY, 1903
« Nageoires rouges »

Syn. : *Tetragonopterus rubropictus, Aphyocharax affinis, A. rubripinnis* — *Characidae*

● Distribution : Argentine, fleuve Paraná ● Longueur : 5 cm ● Dimorphisme sexuel : le mâle, plus élancé que la femelle, porte de fins crochets sur la nageoire anale ● Aquarium d'ensemble accepté ● Première importation en 1906, par Oskar Rittler de Hambourg ● **Reproduction** : au moins un mâle pour une femelle ; cette espèce peut frayer en groupe. Bac de ponte : au moins 20 litres, avec une grille de protection ; il doit être clair, voire ensoleillé, et couvert d'une plaque de verre. Eau : 24 °C environ, pH de 6,0 à 7,0, TAC inférieur à 4°. Incubation : 24 heures. Nourriture des alevins : nauplies d'artémias et de cyclopes.

Ce sont de bons nageurs qui se déplacent en groupe. La femelle pond pendant le frai de 300 à 500 œufs. L'alevin est très craintif et se cache ; on peut donc très facilement ne pas le voir. Ces poissons sautent très bien et il est indispensable de couvrir l'aquarium avec une plaque de verre. Avec une abondance de nourriture vivante et si l'eau est suffisamment renouvelée et bien oxygénée, les petits poissons se développent très rapidement. Ils aiment bien l'eau courante ; un filtre à fort débit est donc tout indiqué.

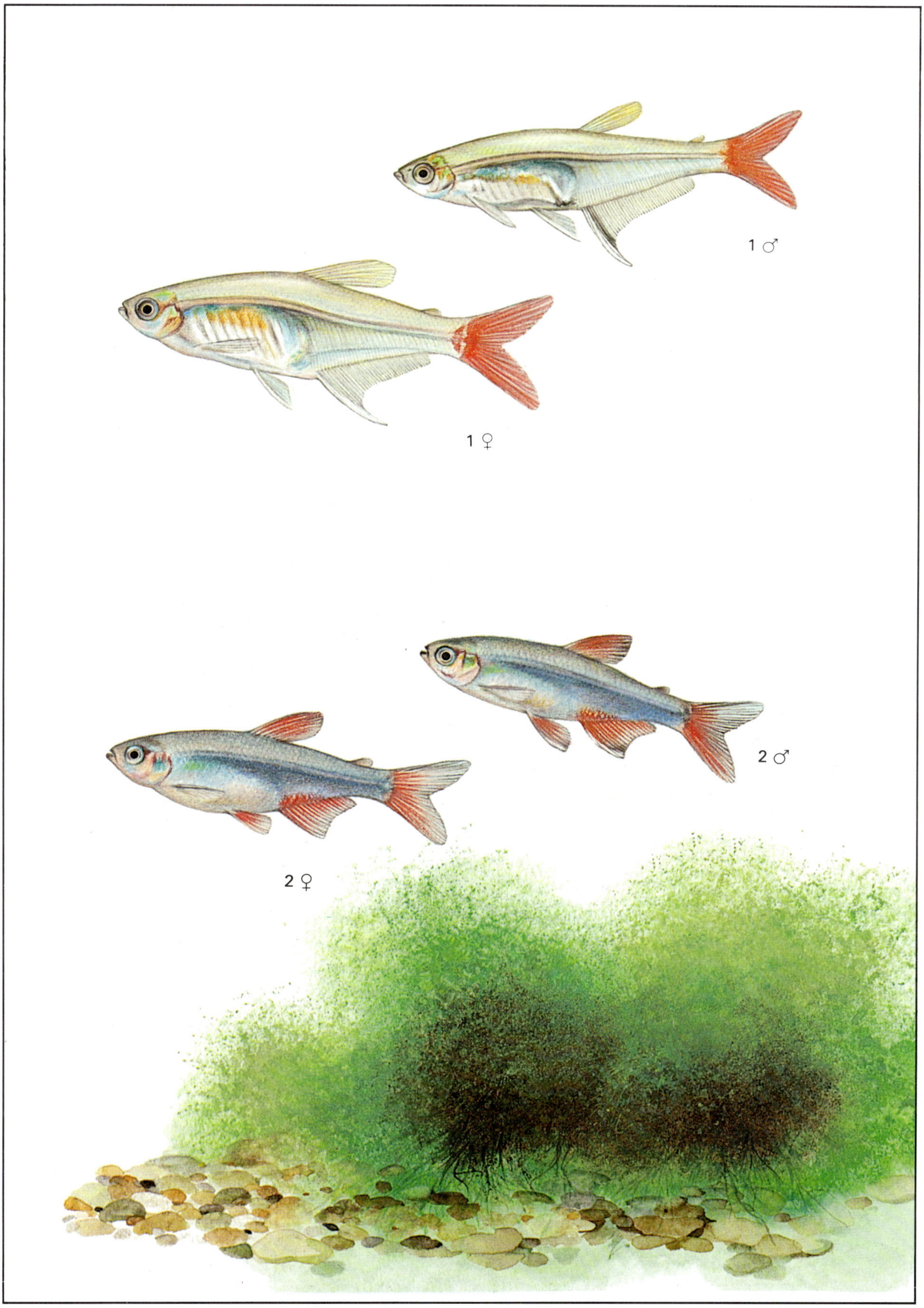
1 ♂
1 ♀
2 ♂
2 ♀

1 *Aphyocharax rathbuni* EIGENMANN, 1907

Nom commercial : « *Hyphessobrycon federalis* » *Characidae*

● Distribution : Paraguay ● Longueur : 4,5 cm ● Dimorphisme sexuel : les nageoires dorsale et anale du mâle sont plus pointues et sa nageoire caudale plus échancrée ; la femelle est moins colorée et plus massive ● Alimentation : accepte toutes les nourritures ● Aquarium d'ensemble accepté ● Première importation en 1977, en RDA, où cette espèce a été reproduite la même année par Franck ● **Reproduction** : un mâle pour une femelle. Bac de ponte : 10 litres, avec une grille de protection et des plantes à feuilles fines. Eau : environ 27 °C, pH de 7,0 à 7,6, TAC inférieur à 4°. Œuf translucide, d'un diamètre moyen de 0,86 mm. Incubation : 16 à 18 heures à 27 °C. Nourriture des alevins : nauplies d'artémias et de cyclopes.

Ces poissons préfèrent pondre sur les plantes. A 85 heures, les larves commencent à nager, puis, pendant deux à trois mois, les jeunes poissons « rampent » sur leur dos et effectuent des mouvements bizarres. Plus tard, ils prennent la position normale et nagent comme les adultes. A l'âge de 6 à 7 mois ils sont sexuellement mûrs. D'après le docteur S. Frank les jeunes poissons sont souvent attaqués par des champignons parasitaires. Cette maladie cause beaucoup de pertes.

2 *Hemigrammus ocellifer ocellifer* (STEINDACHNER, 1882)
« Feu-de-position »

Syn. : *Tetragonopterus ocellifer, Holopristis ocellifer* *Characidae*

● Distribution : Guyane française, Brésil (bassin de l'Amazone), Venezuela (bassin de l'Orénoque) et Bolivie ● Longueur : 4,5 cm ●Dimorphisme sexuel : mâle élancé, avec une vessie gazeuse pointue ; femelle un peu plus grande, au ventre plus rebondi, avec une vessie gazeuse arrondie et partiellement cachée ● Alimentation : toutes nourritures ● Aquarium d'ensemble accepté ● La première importation aurait été réalisée en 1910 par Blumenthal (Hambourg), mais il s'agissait probablement de *H. ocellifer falsus* ● **Reproduction** : un mâle pour une femelle. Bac de ponte : 6 à 10 litres, avec une grille de protection. Eau : 27 °C environ, pH 6,5, TAC Inférieur à 4°. Incubation : 24 heures. Nourriture des alevins : nauplies d'artémias et de cyclopes.

Ce poisson pacifique vit en groupes. Avant le frai, on sépare les mâles et les femelles pendant environ quinze jours et on les nourrit beaucoup. Les femelles sont très fécondes ; elles pondent plusieurs centaines d'œufs. L'incubation doit se faire à l'obscurité. On élève les alevins dans une hauteur d'eau de 10 cm environ. Avec le développement des jeunes poissons, on élève progressivement le niveau d'eau.

3 *Hemigrammus ocellifer falsus* (MEINKEN, 1958)
« Faux Feu-de-position »

H. ocellifer falsus est considéré par le Docteur Géry comme un synonyme de l'espèce *Hemigrammus mattei* Eigenmann, 1910. *Characidae*

● Distribution : bassins de l'Amazone (au Brésil) et de l'Orénoque (au Venezuela). Certains auteurs affirment qu'il vit aussi en Argentine.

A la différence de *H. ocellifer ocellifer*, ces poissons n'ont pas de tache sombre derrière le bord supérieur des opercules. Les autres caractéristiques morphologiques, la nourriture, l'élevage et le frai sont les mêmes que celles de *H. o. ocellifer*.

1 ♀
1 ♂
2 ♀
2 ♂
3

1 *Hemigrammus erythrozonus* DURBIN, 1909

« Gracilis », « Néon rose »

Syn. : *Hyphessobrycon gracilis*

Characidae

○ ◑

● Distribution : Guyane ● Longueur : 4,5 cm ● Dimorphisme sexuel: mâle élancé ; abdomen de la femelle fortement bombé ● Alimentation : toutes nourritures ● Aquarium d'ensemble accepté ● Première importation en 1933 ● **Reproduction** : un mâle pour une femelle. Bac de ponte : 3 à 6 litres, avec une grille de protection. Eau : environ 24 °C, pH de 6,5 à 7,0, TH entre 14 et 18°, TAC inférieur à 2°. Œuf d'un diamètre de 0,9 mm. Incubation : 19 heures. Nourriture des alevins : nauplies d'artémias et de cyclopes.

Pour le frai, une lumière tamisée est nécessaire ; on enlève les parents après la ponte. Pendant le développement des jeunes poissons il faut assurer une hygiène rigoureuse et faire des changements d'eau fréquents car ils sont très sensibles aux nitrates. Il faut également habituer lentement l'alevin aux carbonates ; dès le cinquième jour on ajoute progressivement de l'eau du robinet. Dans une eau trop douce, les œufs éclosent, mais les alevins souffrent d'hydropisie ; ils ne sont pas capables de remplir leur vessie gazeuse d'air et meurent en quelques jours.

Ce poisson a été confondu pendant des années avec une espèce semblable, *Hyphessobrycon gracilis.*

2 *Hemigrammus hyanuary* DURBIN, 1918

« Néon-vert »

Characidae

○ ◑

● Distribution : Amazone, d'Iquitos à São Paulo, en particulier dans le lac Hyanuary près de Manaus ● Longueur : 4 cm ● Dimorphisme sexuel : le mâle est élancé et possède un crochet tourné vers l'arrière, par lequel il s'attrape souvent dans le filet ; la femelle est plus trapue et plus grande ● Alimentation : toutes nourritures ● Aquarium d'ensemble accepté ● Première importation en 1957 ● **Reproduction** : un mâle pour une femelle. Bac de ponte : 3 à 6 litres pour un couple, avec une grille de protection. Eau : 24–26 °C, pH 6,0, TAC inférieur à 1° ; elle doit être neuve et enrichie d'extraits de tourbe, ou filtrée sur tourbe. Œuf jaunâtre. Incubation : 24 heures à 26 °C. Nourriture des alevins : paramécies pendant les deux premiers jours, puis jeunes nauplies de cyclopes et d'artémias.

Il fait partie des poissons qui fraient au crépuscule. Dans l'aquarium le frai a lieu l'après-midi (ou le soir en lumière artificielle). La femelle pond 100 à 200 œufs. L'incubation se passe dans une semi-obscurité. La vésicule vitelline se résorbe en six jours. Au début, on laisse une colonne d'eau pas trop haute et on l'augmente progressivement. Pendant le développement des jeunes poissons, on filtre l'eau sur tourbe et, environ tous les quinze jours, on remplace la moitié de l'eau par de l'eau fraîche. Les fermes d'élevage de Singapour élèvent et exportent cette espèce sud-américaine en grandes quantités.

3 *Hemigrammus unilineatus* (GILL, 1858)

Syn. : *Poecilurichthys hemigrammus unilineatus, Tetragonopterus unilineatus*

Characidae

○ ◑

● Distribution : Paraguay, Brésil, Guyane et île de Trinidad ● Longueur : 5 cm ● Dimorphisme sexuel : mâle plus élancé que la femelle, avec une vessie gazeuse plus pointue ● Alimentation : toutes nourritures ● Aquarium d'ensemble accepté ● Première importation en 1910 ● **Reproduction** : un ou deux mâles pour une femelle. Bac de ponte : 6 à 10 litres, avec une grille de protection et des plantes à feuilles fines ; ce bac doit être clair. Eau : 24–26 °C, pH de 6,0 à 6,5, TH inférieur à 18°, TAC inférieur à 2°. Incubation : 5 jours. Nourriture des alevins : paramécies, rotifères, puis nauplies de cyclopes et jeunes nauplies d'artémias.

Ce sont des poissons pacifiques vivant en bandes. Ils aiment les aquariums ensoleillés, mais densément garnis de plantes par endroits. La femelle pond entre les plantes jusqu'à 500 œufs. Les alevins prennent de la nourriture exogène 5 jours après leur naissance.

Characidae

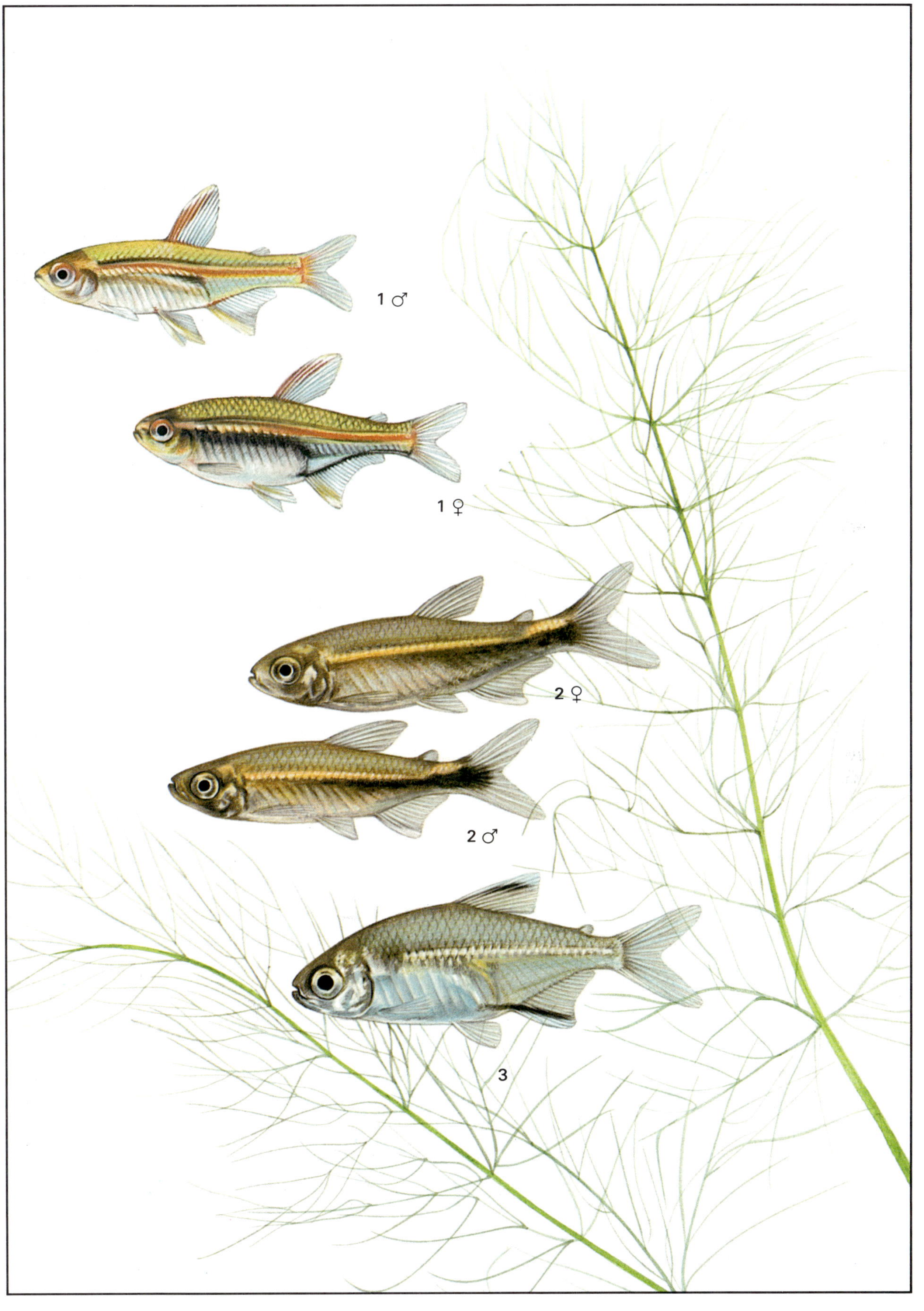

1 *Hemigrammus caudovittatus* Ahl, 1923

« Tétra de Buenos Aires »

Syn. : *Hyphessobrycon anisitsi* — *Characidae*

● Distribution : territoire de La Plata (Argentine) ● Longueur : 10 cm ● Dimorphisme sexuel : mâle élancé, abdomen de la femelle arrondi ● Alimentation : consomme aussi bien les proies vivantes que les nourritures artificielles ou les plantes ● Aquarium d'ensemble accepté ● Première importation en 1922, par Martin Vecker de Hambourg ● **Reproduction** : un mâle pour une femelle ; le frai est possible par couple ou en groupe. Bac de ponte : 50 litres au moins, avec une grille de protection. Eau : 20–24 °C, pH de 6,5 à 7,0, TAC inférieur à 4°. Incubation : 24 heures. Nourriture des alevins : nauplies d'artémias et de cyclopes, éventuellement poudres pour alevins.

Ces poissons grignotent la plupart des plantes. C'est pourquoi il ne faut placer dans les aquariums que des espèces résistantes et dures. On peut utiliser par exemple *Vesicularia dubyana, Microsorium pteropus* ou *Bolbitis heudeloti.*

H. caudovittatus est une espèce très prolifique ; la femelle adulte peut pondre plusieurs milliers d'œufs. On obtient les meilleurs résultats en laissant frayer régulièrement des femelles jeunes. Cette règle est valable également pour d'autres espèces de poissons. Lorsque des poissons de plus de 2 ans sont fécondés irrégulièrement (en raison d'une séparation prolongée des mâles et des femelles), le nombre d'œufs et de larves viables baisse. Ceci est dû avant tout à l'atrophie des ovaires, qui sont envahis par la graisse.

Dès la fin du frai, on retire les parents. On libère les œufs en tapant légèrement la grille sur la surface de l'eau. On soigne les œufs par du bleu de méthylène. Puis on place les alevins, qui grandissent vite, dans de grands aquariums d'élevage. Pour se développer rapidement et régulièrement, les jeunes poissons ont besoin d'espace, d'une eau renouvelée et de nourriture en suffisance. La densité des poissons dans l'aquarium ne doit pas être trop forte. Dès qu'ils mesurent 2 cm, on peut garder les jeunes poissons de juin à mi-septembre dans des bassins de jardin. *H. caudovittatus* est une espèce idéale pour servir d'aliment aux poissons carnivores.

2 *Hemigrammus caudovittatus* – forme albinos

Characidae

La forme albinos de 7 cm de long a été sélectionnée et génétiquement stabilisée dans les élevages. De même que la forme sauvage, elle est très prolifique.

1 ♂
1 ♀
2 ♀
2 ♂

1 *Hemigrammus pulcher pulcher* LADIGES, 1938

Characidae

○ ◑

● Distribution : Pérou et Brésil, dans l'Amazone et ses affluents ● Longueur : 4,5 cm ● Dimorphisme sexuel : femelle plus grande et moins svelte que le mâle ; vessie gazeuse plus pointue dans sa partie inférieure chez le mâle ● Alimentation : toutes nourritures ● Aquarium d'ensemble accepté ● Première importation en 1938, par l'aquarium de Hambourg ● **Reproduction** : un mâle pour une femelle. Bac de ponte : 6 litres pour un couple, avec grille de protection ; éclairage modéré. Eau : 26–28 °C, pH 6,5, TAC inférieur à 2°. Incubation : 24 heures. Nourriture des alevins : nauplies d'artémias et de cyclopes dès la nage libre.

La réussite de l'élevage réside dans le choix des couples. Beaucoup d'éleveurs recommandent de garder les couples éprouvés ensemble, car les couples formés au hasard par l'éleveur ne frayent pas. En 1961 Géry a décrit la sous-espèce *Hemigrammus pulcher haraldi,* mais elle n'est sans doute pas élevée en aquariums.

2 *Hemigrammus ulreyi* (BOULENGER, 1895)

Syn. : *Tetragonopterus ulreyi*

Characidae

○ ◑

● Distribution : fleuve Paraguay (Amérique du Sud). Longueur : 5 cm ● Dimorphisme sexuel : mâle élancé, femelle au ventre plus rebondi ● Alimentation : toutes nourritures. Aquarium d'ensemble accepté ● Première importation en 1905, par Oskar Kittler de Hambourg ● **Reproduction** : probablement jamais obtenue en captivité ; prévoir un mâle pour une femelle. Bac de ponte : 10 litres environ, avec une grille de protection et des plantes à feuilles fines. Eau : 24–26 °C, pH de 6,0 à 6,5, TH inférieur à 18°, TAC compris entre 0 et 2°. Nourriture des alevins : probablement nauplies d'artémias et de cyclopes.

Ce sont des poissons pacifiques et grégaires. Un aquarium clair ou même ensoleillé, garni de quelques plantes, spacieux, avec un léger courant est idéal. On élève ces poissons en bancs. L'espèce est rarement importée, car elle vit en dehors des terrains de pêche habituels. On la confond souvent avec l'espèce *Hyphessobrycon heterorhabdus* (Ulrey, 1895).

1 ♂
1 ♀
2

1 *Hemigrammus bleheri* GÉRY et MAHNERT, 1986
« Nez-rouge »

Characidae

● Distribution : delta de l'Amazone ● Longueur : 4,5 cm ● Dimorphisme sexuel : mâle plus petit et élancé que la femelle avec des nageoires ventrales plus petites ● Alimentation : toutes nourritures. Aquarium d'ensemble accepté ● Première importation en 1924–1925, par l'aquarium de Hambourg ● **Reproduction** : un mâle pour une femelle. Il vaut mieux faire frayer plusieurs couples ensemble. Bac de ponte : 50 à 100 litres, avec une grille de protection et des plantes (*Microsorium pteropus* par exemple). Eau : 26°C, pH 6,5, TAC inférieur à 1°. Diamètre de l'œuf : 0,98 mm en moyenne. Incubation : 15 heures. Nourriture des alevins : infusoires (paramécies) ou rotifères pendant 8 jours, puis jeunes nauplies de cyclopes ou d'artémias.

Les poissons fraient tôt le matin, avant les premières lueurs du jour. Le frai est stimulé par une température diurne élevée (30 °C), suivie d'un refroidissement nocturne progressif de 3 ou 4 °C. Pendant le frai, la femelle pond jusqu'à 300 œufs. Les larves mesurent 2,7 mm. A l'aide des glandes céphaliques adhésives, elles s'attachent sur le fond. Au bout de quatre jours, le sac vitellin épuisé, elles commencent à chercher leur nourriture. Pendant le développement des jeunes poissons, on ajoute progressivement de l'eau plus dure, et dès qu'un dessin noir et blanc apparaît sur la nageoire caudale, on les place dans un aquarium plus grand. Les jeunes poissons sont craintifs et sensibles à l'augmentation du taux de nitrates et nitrites dans l'eau. Ils se développent assez rapidement ; à l'âge de 6 mois, ils sont sexuellement mûrs.

Ce poisson a été longtemps confondu avec un autre tétra, *Petitella georgiae,* coloré de façon très proche, qui n'a été différencié et décrit qu'en 1964 par Géry et Boutière (voir description de cette espèce).

2 *Petitella georgiae* GÉRY et BOUTIÈRE, 1964
« Faux Nez-rouge »

Characidae

● Distribution : Pérou, rio Huallaga, Amazone en amont de Léticia, Marañón ● Longueur : 5 cm pour le mâle, 6 cm pour la femelle ● Dimorphisme sexuel : mâle plus élancé ● Alimentation : toutes nourritures ● Aquarium d'ensemble accepté ● Première importation en 1960 ● **Reproduction** : un mâle pour une femelle. Bac de ponte : 20 à 50 litres, avec une grille de protection et des plantes telles que *Microsorium pteropus.* Eau : 26 °C, pH 6,5, TAC inférieur à 1°. Incubation : 24 heures. Nourriture des alevins : paramécies et éventuellement rotifères pendant 8 jours, puis jeunes nauplies de cyclopes ou d'artémias.

On confond souvent cette espèce avec *Hemigrammus bleheri* ; *P. georgiae* est plus robuste, la coloration rouge sur la tête s'arrête à la hauteur des opercules (chez *H. bleheri* elle s'étend au-delà de la tête, le long de la ligne latérale et couvre presque la moitié du corps). *P. georgiae* se distingue également par la présence d'une seule tache à la base de la queue (contre deux chez *H. bleheri*). Les durées d'incubation des œufs ne sont pas les mêmes chez les deux espèces. A la différence de *H. bleheri,* qui est assez réticent au frai, *P. georgiae* pond en pleine lumière, dans la matinée. L'élevage est le même pour les deux espèces.

1
2 ♂
2 ♀

1 *Hasemania nana* (LÜTKEN, 1874)
« Tétra cuivré »

Syn. : *Hasemania marginata, Hemigrammus nanus*

Characidae

● Distribution : Brésil (bassin de São Francisco à l'est, au nord de la ville de Bahia et dans le rio Purus à l'ouest) ; aussi bien dans des « eaux blanches » que dans des « eaux noires » ● Longueur : 5 cm ● Dimorphisme sexuel : femelle jaunâtre à vert-olive ; mâle plus petit et élancé, d'une coloration cuivrée intense, avec la pointe de la nageoire anale blanche ● Aquarium d'ensemble accepté ● Première importation en 1937 par Heinrich Rös à Hambourg ● **Reproduction** : un mâle pour une femelle. Bac de ponte : 3 à 6 litres, avec une grille de protection et des plantes à feuilles fines ; éclairage tamisé. Eau : 24 °C, pH 6,5, TAC inférieur à 2°. Œuf petit et collant ; l'enveloppe est translucide, le vitellus brunâtre ou même noir. Incubation : 24 à 36 heures. Nourriture des alevins : infusoires (paramécies) ou rotifères pendant 8 jours, puis jeunes nauplies de cyclopes et, 5 jours plus tard, nauplies d'artémias juste écloses.

Cinq ou six jours après l'éclosion, les larves commencent à nager. Elles sont translucides et, quand elles ont épuisé le sac vitellin, elles sont très difficiles à voir. Elles se développent rapidement.

Cette espèce n'est pas encore clairement placée dans la classification. A la différence des genres *Hemigrammus* et *Hyphessobrycon,* les poissons du genre *Hasemania* n'ont pas de nageoire adipeuse (cependant on admet que chez certaines populations elle existe).

2 *Ctenobrycon spilurus spilurus*
(CUVIER et VALENCIENNES, 1848)

Syn. : *Tetragonopterus spilurus*

Characidae

● Distribution : nord de l'Amérique du Sud, entre le Surinam et le Venezuela ● Longueur : 8 cm ● Dimorphisme sexuel : mâle élancé et coloré plus intensément que la femelle, dont le ventre est plus rebondi ● Alimentation : proies vivantes, nourritures artificielles et végétaux ● Aquarium d'ensemble accepté. Première importation en 1912 ● **Reproduction** : un mâle pour une femelle. Bac de ponte : 50 litres environ pour un couple, avec une grille de protection et des fourrés de plantes. Eau : 24–26 °C, pH de 6,5 à 7,0, TAC inférieur à 4°. Incubation : 24 heures à 26 °C. Nourriture des alevins : petites nauplies de cyclopes ou d'artémias ; nourriture végétale à partir de 15 jours.

Ce sont des poissons robustes et prolifiques. Après des jeux nuptiaux violents, le frai a lieu dans les fourrés de plantes. La femelle pond jusqu'à 2 000 œufs. Les jeunes poissons se développent rapidement et il faut les transférer rapidement dans des aquariums d'élevage spacieux.

La sous-espèce *Ctenobrycon spilurus hauxwellianus* (Cuvier, 1870), de même taille, que l'on peut trouver dans l'Amazone, réclame les mêmes soins.

Characidae

1 *Hyphessobrycon herbertaxelrodi* GÉRY, 1961
« Néon noir »

Characidae

● Distribution : Brésil, rio Taquari (affluent du Paraguay), Mato Grosso ● Longueur : 4 cm ● Dimorphisme sexuel : mâle plus élancé et plus petit que la femelle ● Alimentation : toutes nourritures ● Aquarium d'ensemble accepté ● Première importation en 1960, aux États-Unis ● **Reproduction** : un mâle pour une femelle. Bac de ponte : 10 litres environ, avec une grille de protection et des plantes à feuilles fines ; éclairage tamisé. Eau : 26 °C, pH 6,5, dureté carbonatée (TAC) nulle. Œuf petit et translucide. Incubation : 18 heures à 26 °C. Nourriture des alevins : infusoires (paramécies) pendant trois jours, puis jeunes nauplies d'artémias.

A l'âge de 8 mois les poissons sont sexuellement mûrs ; avant le frai, on sépare pendant quinze jours les mâles et les femelles. On maintient une température de 20 à 22 °C. Les femelles mûres ne sont pas rebondies d'une façon frappante. Les couples sont timides dans un milieu nouveau, le frai a lieu 3 à 7 jours plus tard. Cinq jours après l'éclosion, l'alevin commence à nager librement et cherche sa nourriture. Les jeunes poissons se développent rapidement.

2 *Hyphessobrycon heterorhabdus* (ULREY, 1895)
« Drapeau belge »

Syn. : *Tetragonopterus heterorhabdus, T. ulreyi, Hemigrammus heterorhabdus*

Characidae

● Distribution : Brésil (rio Tocantins). Longueur : 5 cm ● Dimorphisme sexuel : femelle plus grande que le mâle, avec un ventre arrondi ● Alimentation : toutes nourritures. Aquarium d'ensemble accepté ● Première importation en 1910, par Blumenthal à Hambourg ● **Reproduction** : un mâle pour une femelle. Bac de ponte : 10 litres, avec une grille de protection. Eau : 24–26 °C, pH de 6,0 à 6,5, TAC inférieur à 2° ; filtration sur tourbe, ou adjonction d'extraits de tourbe. Incubation : 24 heures. Nourriture des alevins : nauplies de cyclopes ou d'artémias.

C'est un poisson pacifique et grégaire. Sa coloration est très semblable à celle de l'espèce *Hemigrammus ulreyi,* mais celui-ci a le corps plus haut. Avant le frai, on sépare les mâles et les femelles pendant une quinzaine de jours. Ces poissons sont assez peu prolifiques. Dans les grands aquariums, on peut les faire frayer en petits groupes. L'élevage est facile et identique à celui de beaucoup d'autres tétras.

3 *Hyphessobrycon simulans* GÉRY, 1963
« Faux néon »

Characidae

● Distribution : rio Lufaris, affluent du rio Negro (Brésil) ● Longueur : 2 à 3 cm ● Dimorphisme sexuel : mâle plus petit et plus svelte ● Alimentation : toutes nourritures de taille convenable ● Aquarium d'ensemble accepté, en compagnie de petits Tétras ● Première importation en 1962 ; rarement importés depuis ● **Reproduction** : un mâle pour une femelle ; le frai a lieu en bancs. Bac de ponte : 20 à 50 litres, avec une grille de protection ; éclairage tamisé. Eau : 24–26 °C, pH de 5,5 à 6,0, TH inférieur à 18° et TAC nul ; filtration sur tourbe ou adjonction d'extraits de tourbe. Les poissons sont très sensibles à la présence de nitrates. Incubation : 24 heures. Nourriture des alevins : paramécies pendant les 3 ou 4 premiers jours, puis jeunes nauplies de cyclopes ou d'artémias.

Ces poissons sont très semblables à l'espèce *Paracheirodon innesi ;* ils s'en distinguent par une bande latérale bleu-vert brillant s'étendant du museau à la base de la nageoire caudale en contournant l'œil. La couleur rouge en dessous d'elle est plus pâle. Les femelles sont peu prolifiques.

1
2 ♂
2 ♀
3

1 *Hyphessobrycon pulchripinnis* AHL, 1937
« Tétra citron »

Characidae

● Distribution : affluents du rio Tocantins (Brésil central) ; petits ruisseaux avec une abondante végétation ● Longueur : 4,5 cm ● Dimorphisme sexuel : mâle plus élancé que la femelle, avec les nageoires dorsale et anale d'un jaune vif et bordées de noir ● Aquarium d'ensemble accepté ● Première importation en 1937, par la Société Scholze et Pötzschke de Berlin ● **Reproduction** : un mâle pour une femelle. Bac de ponte : 6 litres environ, avec une grille de protection et des plantes à feuilles fines. Eau : 26 °C, pH 6,5, TAC inférieur à 2°. Incubation : 24 heures. Nourriture des alevins : nauplies de cyclopes ou d'artémias.

La réticence fréquente des poissons à frayer est due au temps très long que mettent les œufs à mûrir. Ceci pose certaines difficultés pour l'élevage. Avant le frai, on sépare les mâles des femelles pendant une quinzaine de jours et on leur donne une nourriture suffisante et composée surtout de larves de moustiques et de chironomes, ainsi que de cyclopes. Le frai devrait se produire au plus tard cinq jours après la réunion des partenaires. Une pression atmosphérique en hausse améliore les chances de succès. Après le frai, on retire les parents et on installe les œufs dans un endroit ombragé. Pendant leur développement, on ajoute progressivement de l'eau normale (plus dure), et on transfère assez vite les jeunes poissons dans des aquariums plus spacieux avec un niveau d'eau peu élevé, que l'on augmente régulièrement. Les poissons adultes vivent toujours en groupes plus ou moins nombreux.

2 *Hyphessobrycon pulchripinnis* – forme albinos
« Tétra citron albinos »

Characidae

Ce poisson a été créé dans les élevages. L'albinisme chez les poissons se caractérise par une perte générale de cellules pigmentaires de la peau (mélanocytes), mais aussi des organes ; les yeux sont rouges. La couleur rouge de certaines parties du corps est due au système dense des capillaires qui apparaissent à travers la peau non pigmentée.

3 *Hyphessobrycon scholzei* AHL, 1936

Characidae

● Distribution : Est du Brésil et Paraguay ● Longueur : 5 cm ● Dimorphisme sexuel : mâle plus petit et plus élancé, avec une nageoire caudale plus échancrée ● Alimentation : toutes nourritures, y compris végétaux ● Aquarium d'ensemble accepté ; ces poissons abîment les plantes à feuillage fin ● Première importation en 1907, par la société Scholze et Pötzschke de Berlin ● **Reproduction** : un mâle pour une femelle ; le frai en groupe est possible. Bac de ponte : 10 litres, avec une grille de protection. Eau : 24–26 °C, pH de 6,5 à 7,0, TAC inférieur à 4°. Incubation : 24 heures. Nourriture des alevins : nauplies d'artémias et de cyclopes, éventuellement aliments artificiels de qualité.

Ce sont des poissons grégaires et pacifiques, en partie herbivores. L'élevage est facile et identique à celui de *Hyphessobrycon flammeus*. Les femelles sont très prolifiques ; chacune produit 800 à 1 600 œufs par ponte. Des aquariums spacieux, quelques plantes éparses, une eau renouvelée régulièrement et une nourriture suffisante favorisent le développement rapide des jeunes poissons.

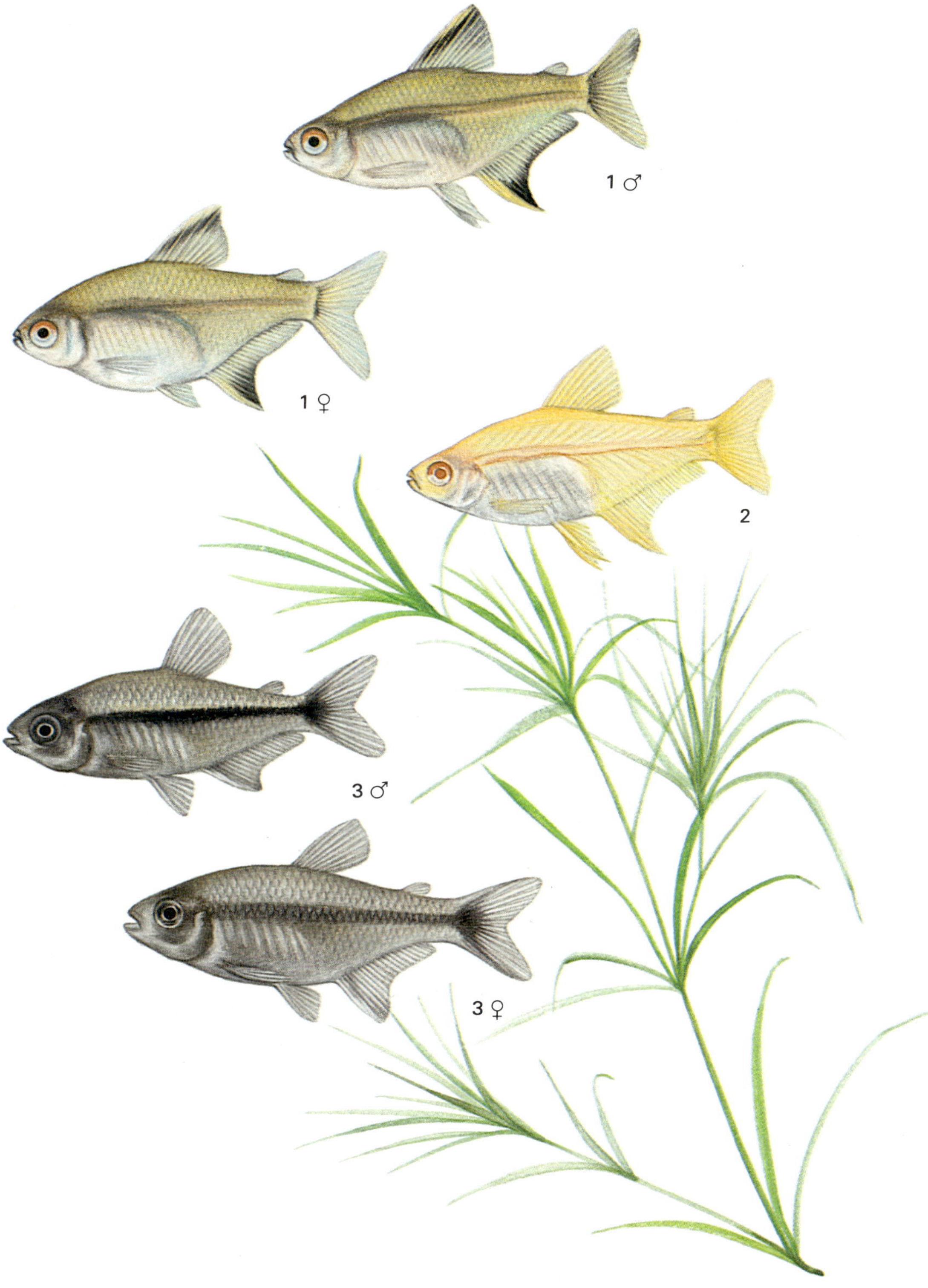
1 ♂
1 ♀
2
3 ♂
3 ♀

1 *Hyphessobrycon callistus* (BOULENGER, 1900)

Syn. : *Tetragonopterus callistus, Hyphessobrycon melanopterus, Hemigrammus melanopterus*

Characidae

○ ◑

• Distribution : bassin de l'Amazone et rivières du Paraguay • Longueur : 4 cm • Dimorphisme sexuel : mâle plus élancé que la femelle, et d'un rouge plus intense •Alimentation : toutes nourritures • Aquarium d'ensemble accepté • Première importation probablement en 1953 • **Reproduction** : un mâle pour une femelle. Bac de ponte : 6 à 10 litres, avec une grille de protection et des plantes à feuilles fines ; éclairage modéré. Eau : 24 °C, pH de 6,5 à 7,0, TAC inférieur à 2°. Œuf petit, grisâtre. Incubation : 24 heures. Nourriture des alevins : nauplies d'artémias et de cyclopes.

Ce sont des poissons prolifiques et grégaires. Les jeunes poissons s'attaquent parfois entre eux et se déchirent les nageoires. On limite en partie cette agressivité en leur donnant plus de nourriture vivante. Il existe plusieurs formes dans le « groupe *callistus* » ; de nombreux croisements entre elles ont donné naissance à des générations hybrides, très proches et très prolifiques. Il est impossible aujourd'hui de décrire un pur spécimen de *H. callistus.* La présence sur le marché de populations provenant aussi bien d'élevages asiatiques que d'élevages européens complique encore la classification de ces espèces. En 1954, Hoedeman proposa un classement en sous-espèces, mais en 1961 Géry considèra cette répartition comme inadmissible et proposa un « groupe *callistus* » qui comprendrait les espèces ressemblant étroitement à *H. callistus.* Sont représentées ici les espèces *H. callistus, H. serpae, H. minor, H. hasemani* et H. *haraldschultzi.* Ces espèces, ainsi que *H. georgettae* et *H. takasei,* se croisent facilement en captivité. Des doutes existent sur la validité du nom *H. hasemani (nomen nudum). H. minor* et *H. takasei* sont des espèces quasiment inconnues en aquariophilie. La question de la nomenclature de ce groupe reste actuellement ouverte.

2 *Hyphessobrycon erythrostigma* (FOWLER, 1943)
« Cœur saignant »

Syn. : *Hyphessobrycon callistus rubrostigma, H. rubrostigma*

Characidae

○ ◑

• Distribution : bassin de l'Amazone, Colombie • Longueur : 12 cm • Dimorphisme sexuel : mâle plus grand, avec les nageoires dorsale et anale pointues et allongées • Alimentation : toutes nourritures • Aquarium d'ensemble accepté • Première importation en 1956, par l'aquarium de Hambourg • **Reproduction** : un mâle pour une femelle. Bac de ponte : 50 à 100 litres, avec une grille de protection et des touffes de plantes ; éclairage modéré. Eau : 26 °C, pH 6,5, TAC inférieur à 2° ; filtration sur tourbe. Incubation : 48 à 72 heures. Nourriture des alevins : nauplies d'artémias.

Jusqu'en 1977, ce poisson a été confondu avec une espèce importée plus souvent, *H. socolofi,* décrite par l'ichtyologiste américain S. H. Weitzman. La multiplication de ce poisson est encore mal connue. D'après M. Reed, les adultes se nourrissent d'artémias et d'alevins de *Poecilia reticulata.* Il faut mettre à leur disposition des aquariums spacieux avec des fourrés de plantes assez épaisses dans les coins. Les poissons fraient dans ces touffes. La femelle pond à chaque fois 20 à 30 œufs. L'éclosion se produit au plus tard le troisième jour, et dès le quatrième jour les alevins commencent à chercher leur nourriture. Jusqu'à l'âge d'un mois l'alevin se développe très rapidement, puis son évolution se ralentit.

Hyphessobrycon socolofi

1 ♀
1 ♂
2 ♂
2 ♀

1 *Hyphessobrycon bentosi bentosi* DURBIN, 1908

« Tétra orné »

Syn. : *Hyphessobrycon ornatus, H. callistus bentosi* — *Characidae*

○ ◑

● Distribution : Guyane et Brésil (cours inférieur de l'Amazone). ● Longueur : 6 cm ● Dimorphisme sexuel : mâle plus grand, avec les nageoires dorsale et anale allongées en pointe ● Alimentation : toutes nourritures ● Aquarium d'ensemble accepté ● Première importation en 1933 ● **Reproduction** : un mâle pour une femelle. Bac de ponte : environ 6 litres pour un couple, avec une grille de protection et des plantes à feuilles fines (mousse de Java par exemple). Eau : 26 °C, pH 6,8, TAC inférieur à 2°. Œuf de couleur thé, d'un diamètre de 0,8 mm. Incubation : 24 heures. Nourriture des alevins : nauplies de cyclopes ou d'artémias.

Les couples refusent souvent de frayer, même si les femelles sont mûres et ont le ventre gonflé d'œufs. Les poissons sont très sensibles à la pression atmosphérique et commencent à frayer lorsqu'une haute pression prolongée commence à baisser. Un frai complet peut donner 1 200 œufs. Les larves peu développées se fixent à l'aide d'un fin filament sur les objets environnants, ou bien s'allongent sur le fond. Les jeunes poissons se développent rapidement s'ils sont bien et régulièrement nourris, et au bout de 3 mois on peut déjà reconnaître les mâles.

2 *Hyphessobrycon georgettae* GÉRY, 1961

« Tétra orange » — *Characidae*

○ ◑

● Distribution : Surinam, près de la frontière brésilienne ; petites étendues d'eau avec une végétation abondante, jamais en eau libre. ● Longueur : 4 cm dans la nature, mais pas plus de 2 cm pour le mâle et 3 cm pour la femelle en captivité ● Dimorphisme sexuel : bord antérieur de la nageoire anale du mâle liseré de blanc ; femelle plus rebondie ● Alimentation : toutes nourritures ● Aquarium d'ensemble, uniquement avec de petites espèces ● Décrit pour la première fois par l'ichtyologiste français J. Géry en 1961 ; s'est probablement répandu en Europe la même année ● **Reproduction** : un mâle pour une femelle. Bac de ponte : 6 litres environ, avec une grille de protection et des plantes à feuilles fines. Eau : 25 °C, pH 6,5, TAC inférieur à 2°. Œufs relativement grands pour la taille des poissons. Incubation : 18 à 24 heures. Nourriture des alevins : nauplies d'artémias et de cyclopes.

Il est possible d'élever les poissons adultes en association avec d'autres poissons, mais ils prospèrent mieux en bac spécifique, où on voit mieux leur coloration. Si le couple est sexuellement mûr, le frai a lieu en général au plus tard deux jours après le transfert dans le bac de reproduction. La femelle pond plus de 100 œufs. L'alevin commence à nager cinq jours après l'éclosion et, s'il est régulièrement nourri, se développe uniformément et rapidement. A l'âge de 3 semaines les poissons ont leur coloration définitive, et à trois mois ils sont sexuellement mûrs. Cette espèce est sensible à certaines maladies et sa durée de vie est relativement brève.

1 ♀
1 ♂
2

1 *Hyphessobrycon flammeus* MYERS, 1924
« Tétra-flamme », « Tétra de Rio »

Syn. : *Hyphessobrycon bifasciatus* (pas celui d'Ellis, 1911) *Characidae*

● Distribution : est du Brésil (environs de Rio de Janeiro) ● Longueur : 4 cm ● Dimorphisme sexuel : mâle élancé, avec les nageoires pelviennes et anale rouge sang, l'anale étant bordée de noir ● Alimentation : toutes nourritures. Aquarium d'ensemble accepté ● Première importation en 1920, par C. Brüning à Hambourg. ●**Reproduction** : un mâle pour une femelle. Bac de ponte : environ 6 litres pour un couple, avec une grille de protection et des plantes à feuilles fines ; éclairage modéré. Eau : 24 °C, pH de 6,5 à 7,0, TAC inférieur à 4°. Œuf petit et adhésif. Incubation : 24 heures. Nourriture des alevins : nauplies d'artémias ou de cyclopes.

Avant le frai, on sépare les mâles et les femelles pendant environ une semaine. Le frai a lieu en fin d'après-midi et dans la soirée. Des poissons sexuellement mûrs et sains sont pratiquement toujours prêts à se reproduire. Lorsqu'elles commencent à nager, les larves sont craintives et se cachent. On élève les jeunes poissons dans une faible profondeur d'eau, et toujours, en bancs assez nombreux.

2 *Hyphessobrycon griemi* HOEDEMAN, 1957
« Tétra vermillon » *Characidae*

● Distribution : alentours de la ville de Goiás, à l'ouest de Brasília ● Longueur : 3 à 5 cm ● Dimorphisme sexuel : nageoire anale rouge sang bordée de blanc chez le mâle, plus pâle chez la femelle ● Alimentation : toutes nourritures ● Aquarium d'ensemble accepté ● Première importation en 1956, par l'aquarium de Hambourg ● **Reproduction** : un mâle pour une femelle. Bac de ponte : 3 à 6 litres, avec une grille de protection. Eau : 24–26 °C, pH 6,5 à 7,0, TAC inférieur à 4°. Incubation : 24 heures. Nourriture des alevins : jeunes nauplies de cyclopes pendant 3 jours, puis nauplies d'artémias.

Avant le frai, on sépare les mâles des femelles pendant une quinzaine de jours. Une femelle peut pondre en une seule fois plus de 200 œufs. L'élevage est le même que celui de *H. flammeus,* qui est une espèce très proche.

3 *Hyphessobrycon bifasciatus* ELLIS, 1911
« Tétra jaune » *Characidae*

● Distribution : littoral sud-est du Brésil ● Longueur : 5 cm ● Dimorphisme sexuel : nageoires pelviennes et anale du mâle jaunâtres avec un fin liseré sombre, le bord de l'anale étant droit ; chez la femelle, la nageoire anale est translucide et incurvée ● Alimentation : toutes nourritures ● Aquarium d'ensemble accepté. Première importation en 1925, par Ramsperger à Brême ● **Reproduction** : un mâle pour une femelle. Bac de ponte : 10 litres, avec une grille de protection et des plantes à feuilles fines. Eau : 24 °C, pH 6,5 à 7,5, TAC inférieur à 5 °. Œufs petits et translucides, non adhésifs. Incubation : 24 heures. Nourriture des alevins : nauplies d'artémias ou de cyclopes.

Ce sont des poissons grégaires, robustes et d'une forte agressivité intraspécifique. A la nage libre, les larves sont craintives et se cachent. A l'âge de deux mois et demi une coloration juvénile rouge apparaît sur les nageoires dorsale, anale et caudale des jeunes poissons. Cette coloration disparaît quinze jours plus tard. Beaucoup de poissons pêchés directement dans leur milieu naturel ont une couleur argent très attractive. Mais dès la première génération en aquarium cette coloration disparaît.

1 ♂
1 ♀
2
3

1 *Hyphessobrycon takasei* GÉRY, 1964

Characidae

● Distribution : delta de l'Amazone, au nord-ouest de la ville de Macapá ● Longueur : 4 cm ● Dimorphisme sexuel : mâle élancé avec une nageoire dorsale allongée ; femelle plus rebondie ● Alimentation : nourritures vivantes ou artificielles. Aquarium d'ensemble accepté ● **Reproduction** : on ignore si cette espèce se reproduit en captivité ; prévoir un mâle pour une femelle. Bac de ponte : 6 à 10 litres, avec une grille de protection et des plantes à feuilles fines. Eau : 24–26 °C, pH de 6,0 à 6,5, TH inférieur à 18°, TAC inférieur à 2° ; filtration sur tourbe conseillée.

Par leur forme, ces poissons s'apparentent à *H. callistus,* mais leur corps est plus allongé. Ils s'en distinguent également par une grande tache foncée de la forme d'un grain de café sur le flanc. Peu d'aquariophiles en possèdent.

2 *Hyphessobrycon copelandi* DURBIN, 1909

Syn. : *Hyphessobrycon callistus copelandi*

Characidae

● Distribution : cours moyen et supérieur de l'Amazone (environs de Tabatingo) ● Longueur : 5 cm ● Dimorphisme sexuel : mâle plus élancé que la femelle, avec une nageoire dorsale plus allongée ● Alimentation : nourritures vivantes ou artificielles ● Aquarium d'ensemble accepté ● Première importation en 1934 ● **Reproduction** : un mâle pour une femelle. Bac de ponte : 10 à 20 litres, avec une grille de protection et des plantes fines. Eau : 24–26 °C, pH de 6,5 à 7,0, TH inférieur à 18 ° et TAC inférieur à 4 °. Œuf petit et jaunâtre. Incubation : 24 heures à 26 °C. Nourriture des alevins : nauplies d'artémias.

Le frai a lieu au milieu des plantes à feuilles fines près du fond, en général dans la soirée. La femelle pond plusieurs centaines d'œufs. Cinq jours après l'éclosion les alevins commencent à nager. Ils mesurent alors 3 mm, et sont très farouches. Ils se développent rapidement ; à l'âge de trois semaines, ils atteignent 1 cm et sont semblables aux poissons adultes.

3 *Hyphessobrycon peruvianus* LADIGES, 1938
« Tétra du Pérou »

Characidae

● Distribution : environs d'Iquitos, au nord-est du Pérou ● Longueur : 4 cm ● Dimorphisme sexuel : mâle plus svelte que la femelle ● Alimentation : nourritures vivantes ou artificielles ● Aquarium d'ensemble, à condition de ne lui adjoindre que des espèces de petite taille ● **Reproduction** : jamais reproduit en captivité, prévoir un mâle pour une femelle. Bac de ponte : 6 à 10 litres, avec une grille de protection et des plantes à feuilles fines ; éclairage modéré. Eau : 24–26 °C, pH 6,0 à 6,5, TH inférieur à 18°, TAC inférieur à 1° ; filtration sur tourbe.

C'est un poisson grégaire, pacifique et timide. En 1961, Géry a distingué *Hyphessobrycon peruvianus* de *H. metae* Eigenmann et Henn, 1914. Les deux espèces étaient vendues sous le nom commercial de *« Hemigrammus niger ».* Toutes deux sont proches de *Hyphessobrycon loretoensis* Ladiges, 1938.

1
2 ♂
2 ♀
3

1 *Hyphessobrycon metae* EIGENMANN et HENN, 1914

Characidae

○ ◑

• Distribution : bassin du rio Meta, à l'est de la Colombie • Longueur : 4,5 cm • Dimorphisme sexuel : femelle plus rebondie que le mâle • Alimentation : nourritures vivantes ou artificielles • Aquarium d'ensemble accepté • Première importation probablement dans les années 60 • **Reproduction** : probablement jamais reproduit en captivité ; prévoir un mâle pour une femelle. Bac de ponte : 6 à 10 litres, avec grille de protection et plantes fines ; éclairage modéré. Eau : 24–26 °C, pH 6 à 6,5, TH inférieur à 18°, TAC inférieur à 2° ; filtration sur tourbe. Nourriture des alevins : probablement infusoires, puis nauplies d'artémias.

On l'a longtemps confondu avec *H. loretoensis.* Selon Géry, il existe des différences entre les deux espèces, mais aucun auteur ne les a définies très clairement. On sait seulement que le corps de *H. metae* est plus comprimé et qu'il porte un dessin différent sur les opercules (voir *H. loretoensis*).

2 *Hyphessobrycon loretoensis* LADIGES, 1938

Characidae

○ ◑

• Distribution : rio Meta (Colombie) et territoire de Loreto (Amazonie péruvienne) • Longueur : 4 cm • Dimorphisme sexuel : femelle au ventre plus rebondi que le mâle • Alimentation : toutes nourritures • Aquarium d'ensemble accepté • Première importation en 1938, par l'Aquarium de Hambourg • **Reproduction** : mal connue ; prévoir un mâle pour une femelle. Bac de ponte : 6 à 10 litres, avec grille de protection et plantes fines ; éclairage modéré. Eau : 24 à 26 °C, pH 6,0 à 6,5, TH inférieur à 18° et TAC inférieur à 2°, voire nul ; filtration sur tourbe éventuellement. Nourriture des alevins : probablement infusoires puis nauplies d'artémias.

Ce sont des poissons grégaires. On peut les confondre très facilement avec *H. peruvianus* et *H. metae,* dont ils diffèrent par une nageoire caudale rouge-orangé et par le dessin sur les opercules : les opercules de *H. peruvianus* ne sont pratiquement pas pigmentés, ceux de *H. loretoensis* montrent une tache foncée et ceux de *H. metae* sont presque entièrement sombres (continuation de la bande longitudinale noirâtre). *Hyphessobrycon peruvianus* appartient selon Géry au genre *Hemigrammus.* Cet auteur estime par ailleurs que *Hyphessobrycon loretoensis* est très proche de *H. metae* et de *H. herbertaxelrodi.*

H. loretoensis est une espèce très fragile.

1
2 ♀
2 ♂

1 *Megalamphodus megalopterus* EIGENMANN, 1915
« Tétra fantôme »

Characidae

● Distribution : rio Guaporé (système fluvial de la Madeira, sud-ouest du Brésil) et rio Itém (Brésil central) ● Longueur : 4 cm ● Dimorphisme sexuel : mâle entièrement gris-noir avec la nageoire dorsale très développée ; nageoires pelviennes, anale et adipeuse de la femelle rouges ● Alimentation : nourritures vivantes aussi bien qu'artificielles ● Aquarium d'ensemble accepté ● Première importation en 1956 ● **Reproduction** : un mâle pour une femelle. Bac de ponte : 6 litres, avec une grille de protection ; il doit être très sombre. Eau : 26 °C, pH 6,0, TAC inférieur à 2° ; filtration sur tourbe. Œuf brun-rouge. Incubation : 24 heures. Nourriture des alevins : jeunes nauplies de cyclopes ou d'artémias.

La femelle pond environ 200 œufs. Après l'éclosion, les larves restent sur le fond, puis se fixent à la surface. Le sixième jour les alevins commencent à nager ; ils restent la plupart du temps cachés dans les plantes. On ajoute progressivement de l'eau plus dure et quinze jours plus tard on transfère les poissons dans des aquariums plus grands. Ils se développent lentement et demandent de la nourriture très fine pendant au moins cinq semaines.

2 *Megalamphodus sweglesi* GÉRY, 1961
« Tétra fantôme rouge »

Characidae

● Distribution : bassin supérieur de l'Orénoque, dans les rios Muco et Meta, en Colombie et au Venezuela ● Longueur : 4 cm ● Dimorphisme sexuel : nageoire dorsale entièrement rouge et allongée chez le mâle, plus courte, rouge, noire et blanche chez la femelle ● Alimentation : nourritures vivantes ou artificielles ● Aquarium d'ensemble accepté ● Première importation en 1961, en France ● **Reproduction** : un mâle pour une femelle. Bac de ponte : 6 à 10 litres, avec une grille de protection ; éclairage modéré. Eau : 24 °C, pH 6,0 à 6,5, TAC inférieur à 2° ; présence de substances humiques (extraits de tourbe) nécessaire. Œuf brun-rouge. Incubation : 24 heures. Nourriture des alevins : nauplies d'artémias ou de cyclopes.

3 *Nematobrycon lacortei* WEITZMAN et FINK, 1971
« Tétra Arc-en-Ciel »

Syn. : *Nematobrycon amphiloxus*

Characidae

● Distribution : rio Atrato (ouest de la Colombie) ● Longueur : 6 cm ● Dimorphisme sexuel : nageoire dorsale plus longue chez le mâle ● Alimentation : toutes nourritures ● Aquarium d'ensemble accepté ● Première importation en 1970, aux États-Unis ● **Reproduction** : un mâle pour une femelle. Bac de ponte : 10 à 50 litres, avec grille de protection ; fond tapissé de mousse de Java. Eau: 24–26 °C, pH 7,0 à 7,5, TH inférieur à 18°, TAC inférieur à 2 °. Incubation : 24 heures. Nourriture des alevins : nauplies d'artémias.

L'élevage de *N. lacortei* n'a pas été décrit, mais on peut supposer qu'il est identique à celui de *N. palmeri.* Les deux espèces sont très proches (elles ont par exemple en commun l'absence de nageoire adipeuse). Selon Géry le nombre des rayons des nageoires, la dentition et la coloration diffèrent. *N. lacortei* et *N. palmeri* se croisent entre eux, mais aucun auteur n'indique si les descendants sont fertiles. Ces deux espèces ne cohabitent pas dans la nature.

1
2
3

1 *Nematobrycon palmeri* EIGENMANN, 1911
« Tétra-empereur »

Syn. : *Nematobrycon amphiloxus* (une déviation de coloration de *N. palmeri*, considéré aussi comme *N. lacortei)*

Characidae

○ ◑ • Distribution : bassin du fleuve San Juan (ouest de la Colombie) • Longueur : 5,5 cm • Dimorphisme sexuel : femelle plus petite et plus rebondie que le mâle ; nageoires du mâle plus grandes que celles de la femelle, avec le bord inférieur de l'anale droit, et les rayons centraux et marginaux de la caudale très allongés (ce qui lui donne une forme de trident) • Alimentation : nourritures vivantes ou artificielles • Aquarium d'ensemble accepté • Première importation en 1959 • **Reproduction** : un mâle pour une femelle ; le frai est plus facile en groupe, et les femelles peuvent être un peu plus nombreuses que les mâles. Bac de ponte : 10 litres pour un couple, jusqu'à 50 litres pour un groupe, avec une grille de protection et des touffes de plantes ; éclairage modéré. Eau : 24–26 °C, pH de 7,0 à 7,5, TAC inférieur à 4°. Incubation : 24 heures. Nourriture des alevins : nauplies d'artémias.

Les femelles de *N. palmeri* sont peu prolifiques. Le succès de l'élevage dépend du choix des mâles. Avant le frai, on sépare les mâles et les femelles pendant une quinzaine de jours. Le meilleur milieu pour le développement des œufs est l'eau où ont séjourné les parents. Une eau trop acide ou trop douce entraîne la mort d'un grand nombre de larves par hydropisie. Si l'aquarium est spacieux et bien garni de plantes, on peut élever ensemble plusieurs générations de jeunes poissons en compagnie des parents.

1a : forme sombre

2 *Inpaichthys kerri* GÉRY et JUNK, 1977

Characidae

○ ◑ • Distribution : rio Aripuaná, dans le nord du Mato Grosso (Brésil) • Longueur : 5 cm • Dimorphisme sexuel : mâle à reflets azurés, avec une nageoire adipeuse bleu clair, des pelviennes développées et une anale plutôt arrondie ; femelle plus petite, de couleur jaune-brun avec une épaisse bande brune sur le flanc, avec une nageoire adipeuse orange ou même rouge et les extrémités de l'anale anguleuses • Alimentation : toutes nourritures • Aquarium d'ensemble accepté • **Reproduction** : un mâle pour une femelle. Bac de ponte: 5 à 6 litres, avec grille de protection et plantes fines ; éclairage modéré. Eau : 23–27 °C, pH 6,5, TH inférieur à 18°, TAC inférieur à 2° ; adjonction d'extraits de tourbe. Diamètre de l'œuf : 0,95 mm. Incubation : 24 heures. Nourriture des alevins : jeunes nauplies d'artémias.

Ce poisson a été découvert et importé en 1976 par l'ichtyologiste français J. Géry, en collaboration avec W. J. Junk. Les auteurs de la description ont créé le nom de genre *Inpaichthys* pour cette espèce ; ce nom de genre est inspiré du nom de l'Institut National pour l'Exploration de l'Amazonie (INPA), tandis que le nom d'espèce rend hommage au directeur de cet institut, le docteur Kerr.

Les femelles peuvent pondre dès qu'elles atteignent 2 cm de long, 50 œufs au début, puis jusqu'à 350. Les larves sont très petites et mesurent seulement 1,7 mm. Quatre à cinq jours plus tard, elles atteignent 3,2 mm, commencent à nager et se nourrissent de petits organismes vivants. L'alevin est craintif ; il reste sur le fond et il est difficile de l'apercevoir. Même avec une nourriture suffisante et appropriée, les poissons se développent lentement.

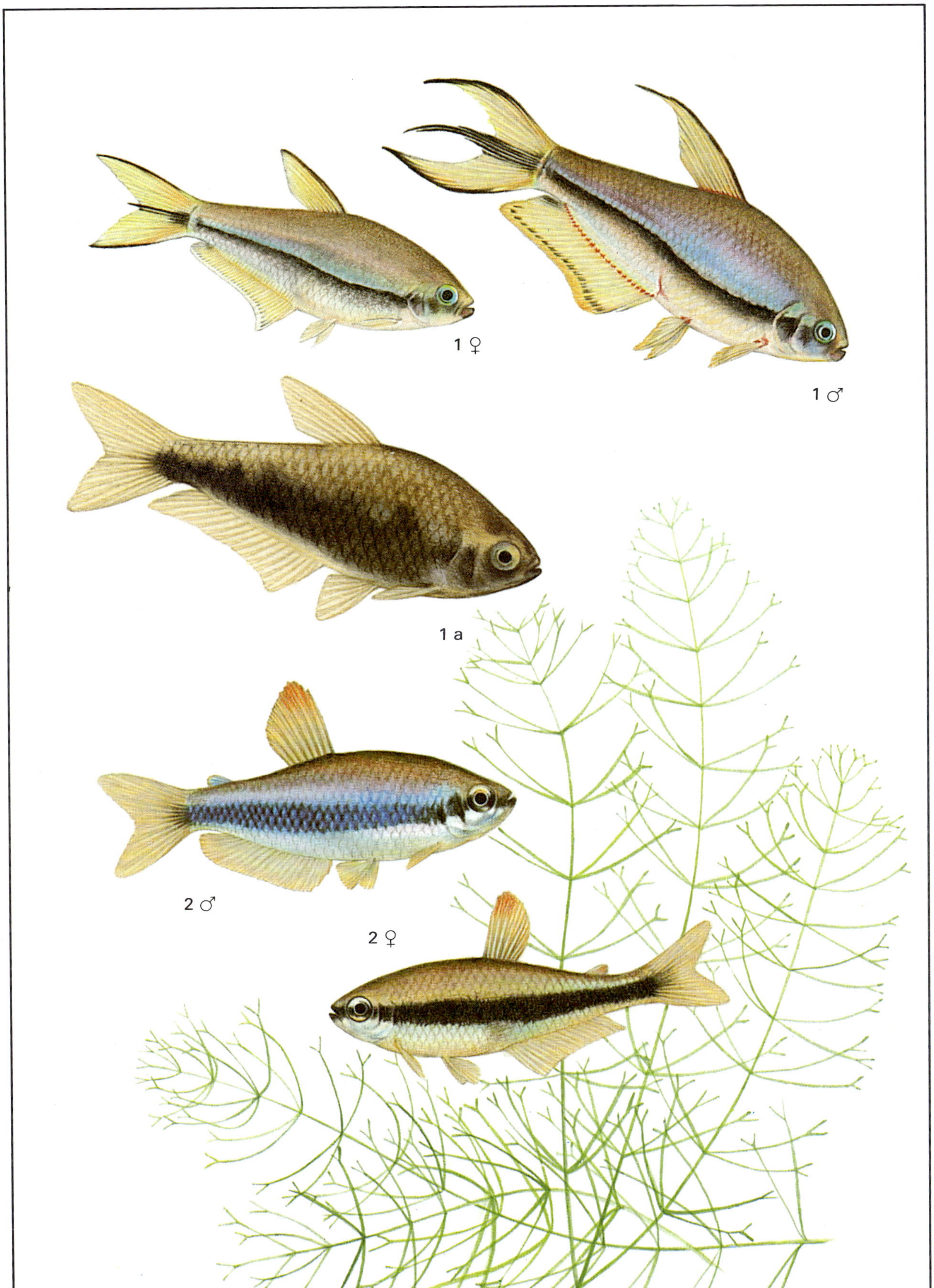
1 ♀
1 ♂
1 a
2 ♂
2 ♀

1 *Gymnocorymbus ternetzi* (BOULENGER, 1895)
« Tétra noir », « Veuve »

Syn. : *Tetragonopterus ternetzi, Moenkhausia ternetzi* — *Characidae*

○ ◑

● Distribution : Colombie, Brésil, rios Paraguay et Guaporé ● Longueur : 5 cm (pour la femelle) ● Dimorphisme sexuel : mâle habituellement plus petit et de coloration plus contrastée que la femelle ● Alimentation : toutes nourritures ● Aquarium d'ensemble accepté ● Première importation en 1935 ● **Reproduction** : un mâle pour une femelle ; frai en couple ou en groupe. Bac de ponte : 50 litres, avec une grille de protection. Eau : 24 °C, pH 6,5 à 7,0, TAC inférieur à 2 °C. Incubation : 20–24 heures. Nourriture des alevins : nauplies d'artémias ou de cyclopes.

Dans leur milieu naturel, les poissons habitent les « eaux blanches », troublées par des algues planctoniques. Pour la reproduction, on fait frayer quelques couples ou même plusieurs dizaines dans des bacs de 50 à 200 litres. Un frai régulier augmente la fécondité des femelles. Après le frai, on retire les parents et on abaisse la hauteur d'eau à 10 cm. Il est possible d'élever plusieurs milliers de jeunes poissons (les femelles sont très prolifiques) si on leur procure assez de nourriture ; les alevins apprécient les organismes vivants, en particulier les artémias. Le jeune poisson est noir foncé ; il se développe rapidement.

2 *Gymnocorymbus ternetzi* – forme à voiles
« Tétra noir voile »

Characidae

○ ◑

Cette forme a été sélectionnée et génétiquement stabilisée dans les élevages.

3 *Exodon paradoxus* (MÜLLER et TROSCHEL, 1845)

Syn. : *Epicyrtus exodon, E. paradoxus, Hystricodon paradoxus* — *Characidae*

◁ ●

● Distribution : Brésil et Guyane, fleuves Madeira, Marmelo, Branco et Rupunni ● Longueur : 15 cm ● Dimorphisme sexuel : femelle plus ventrue que le mâle ● Alimentation : proies vivantes (poissons, zooplancton, larves d'insectes, vers de terre, tubifex), granulés et paillettes ● Aquarium spécifique de préférence, assez grand et bien couvert. Première importation en 1935 ● **Reproduction** : un mâle pour une femelle ; frai en couple ou en groupe. Bac de ponte : 200 litres, avec des fourrés de plantes à feuilles fines. Eau : 24–28 °C, pH de 5,5 à 6,0, TH inférieur à 18°, TAC inférieur à 2° ; filtration sur tourbe. Incubation : 24 heures. Nourriture des alevins : nauplies d'artémias ou de cyclopes, puis zooplancton fin et tubifex ; risques de cannibalisme si la nourriture est insuffisante.

C'est un poisson agressif et féroce aussi bien à l'intérieur de l'espèce que vis-à-vis des autres poissons. Sa morsure est parfois si profonde qu'elle entame les écailles et les muscles. Ces attaques réciproques rendent l'élevage des jeunes poissons difficile. La quantité de poissons dans l'aquarium ne doit pas être trop élevée. Les poissons nagent rapidement et sautent très bien. Les jeunes sont plus colorés que les adultes. Pour devenir sexuellement mûrs, les poissons ont besoin d'espace, d'eau claire renouvelée et d'une nourriture suffisante. L'espèce est proche des espèces du genre *Roeboides*.

1 ♀
1 ♂
2
3

1 *Moenkhausia pittieri* EIGENMANN, 1920
« Tétra-diamant »

Characidae

● Distribution : Venezuela, lac Valencia et alentours (Bue, Tiquirito) ● Longueur : 6 cm ● Dimorphisme sexuel : nageoires du mâle plus développées, la dorsale allongée en faucille ● Alimentation : nourritures vivantes et artificielles ● Aquarium d'ensemble accepté ● Première importation en 1933, par Otto Winkelmann aux États-Unis ● **Reproduction** : un mâle pour une femelle. Bac de ponte : 6 à 10 litres, avec grille de protection ; lumière modérée. Eau : 24–26 °C, pH de 6,5 à 7,0, TAC inférieur à 4°. Œuf jaunâtre. Incubation : 30 heures. Nourriture des alevins : nauplies d'artémias ou de cyclopes.

C'est un poisson grégaire, qui devient moins craintif s'il est élevé avec d'autres tétras. Après des jeux nuptiaux violents, les poissons fraient au milieu des plantes ou en eau libre. A chaque ponte, la femelle émet 6 à 10 œufs, soit environ 300 pendant un frai complet. Quatre jours après l'éclosion, les larves commencent à nager et cherchent leur nourriture. Elles sont très craintives et se développent assez lentement.

2 *Moenkhausia sanctaefilomenae* (STEINDACHNER, 1907)
Syn. : *Tetragonopterus sanctaefilomenae, Poecilurichthys agassizi, Moenkhausia agassizi, M. australis, M. filomenae*

Characidae

● Distribution : Brésil, Paraguay et Argentine, dans les rivières Paraguay, Paranaibá et Paraná. Longueur : 7 cm ● Dimorphisme sexuel : femelle au ventre plus arrondi ● Alimentation : nourritures vivantes et artificielles ● Aquarium d'ensemble accepté ● Première importation en 1914, par C. Kropac à Hambourg ● **Reproduction** : un mâle pour une femelle. Bac de ponte : 6 à 10 litres, avec grille de protection et plantes à feuillage fin. Eau : 24 °C, pH de 6,5 à 7,0, TAC inférieur à 1°. Incubation : 24 heures. Nourriture des alevins : paramécies puis, 3 ou 4 jours plus tard, jeunes nauplies d'artémias ou de cyclopes.

Le nom du genre *Moenkhausia* a été créé en 1903 par Eigenmann en l'honneur du professeur William J. Moenkhaus, qui travaillait dans le musée de Paulisto à São Paulo.

Avant le frai, on sépare les sexes pendant une quinzaine de jours et on les nourrit abondamment. Cette espèce est très prolifique. L'alevin est très petit et, même avec une nourriture abondante, il se développe très lentement.

1 ♂
1 ♀
2 ♂
2 ♀

1 *Paracheirodon innesi* (MYERS, 1936)
« Tétra-néon »

Syn. : *Hyphessobrycon innesi* *Characidae*

○ ◑ • Distribution : Brésil, Colombie et Pérou, dans les rivières Putumayo, Purus, Igarapé, Preto (« eaux noires ») et dans le cours supérieur de l'Amazone • Longueur : 4 cm • Dimorphisme sexuel : mâle plus svelte • Alimentation : nourritures vivantes ou artificielles • Aquarium d'ensemble accepté • Première importation en 1936, par A. Rabaut à Paris • **Reproduction** : un mâle pour une femelle. Bac de ponte : 6 litres, avec une grille de protection et des plantes à feuilles fines ; éclairage modéré. Eau : 23–24 °C, pH de 6,2 à 6,5, TAC inférieur à 4°. Incubation : 24 heures. Nourriture des alevins : nauplies de cyclopes ou d'artémias.

On sépare les sexes pendant quinze jours avant le frai, et on les isole dans une eau plus fraîche, de 19 à 21 °C. Une femelle mûre peut pondre jusqu'à 300 œufs pendant un frai. Leur développement se passe dans une obscurité totale, car les larves craignent la lumière. On habitue les jeunes poissons au changement de composition chimique de l'eau en ajoutant progressivement de l'eau normale (plus dure). Ces poissons se sont peu à peu acclimatés à la vie en captivité et leur élevage ne pose plus de problèmes. Ils sont aujourd'hui résistants à une maladie jadis pernicieuse, la plistophorose.

Singapour est le premier fournisseur de ces poissons avec 95 % de la production mondiale.

2 *Cheirodon axelrodi* SCHULTZ, 1956
« Tétra Cardinal », « Néon rouge »

Syn. : *Hyphessobrycon cardinalis, Lamprocheirodon axelrodi* *Characidae*

○ ◑ • Distribution : cours supérieur du rio Negro (Brésil) et certains affluents de l'Orénoque (Venezuela) ; eaux très ombragées et peu accessibles • Longueur : 5 cm • Dimorphisme sexuel : femelle plus grande et rebondie que le mâle • Alimentation : toutes nourritures • Aquarium d'ensemble accepté, avec un fond sombre et une lumière modérée • Première importation en 1956 • **Reproduction** : un mâle pour une femelle. Bac de ponte : 10 litres, avec grille de protection. Eau : 24–28 °C, pH de 5,0 à 5,5, TAC nul ; adjonction d'extraits de tourbe. Diamètre de l'œuf : 0,8 mm. Incubation : 18–20 heures à 27–28 °C. Nourriture des alevins : jeunes nauplies d'artémias ; tubifex découpés au bout de 6 semaines.

Pendant les longues journées d'été les poissons ne fraient que rarement. La période principale se situe d'octobre à avril. Le couple doit s'accoutumer plusieurs jours au récipient de frai avant de pouvoir frayer. Le frai a lieu le plus souvent la nuit, avant le lever du jour, plus rarement dans la soirée. Une hausse de la pression atmosphérique stimule les poissons. La femelle est capable de pondre 500 œufs. Leur développement se passe dans l'obscurité, car les larves craignent la lumière. L'alevin qui a commencé à nager se tient près du fond, il est craintif et difficile à voir. On ajoute progressivement dans le récipient où sont élevés les jeunes de l'eau prélevée dans l'aquarium des adultes. Dès qu'ils atteignent 1 cm, on nourrit les alevins avec des tubifex découpés grâce auxquels ils se développent rapidement. La plupart de ces poissons proposés aux aquariophiles provenait jusqu'à présent des pêches au Brésil, mais la pêche directe est, depuis peu, fortement limitée.

1 ♀
1 ♂
2 ♂
2 ♀

1 *Roeboides caucae* EIGENMANN, 1922

Characidae

● Distribution : rio Cauca (Colombie) ● Longueur : 6 cm ● Dimorphisme sexuel : femelle plus robuste que le mâle, avec le dos plus élevé ● Alimentation : toutes nourritures ● Aquarium spécifique recommandé ● Première importation en 1950 ● **Reproduction** : un mâle pour une femelle. Bac de ponte : 20 litres, avec une grille de protection et des plantes fines. Eau : 24–26 °C, pH de 6,5 à 7,0, TAC inférieur à 4°. Incubation : 24 à 48 heures. Nourriture des alevins : nauplies d'artémias et zooplancton fin ; risques de cannibalisme si la nourriture est insuffisante. C'est un poisson carnivore.

2 *Roeboides microlepis* (REINHARDT, 1849)

Syn. : *Epicyrtus microlepis, Anacyrtus microlepis, Cynopotamus microlepis*

Characidae

● Distribution : Venezuela et Paraguay ● Longueur : 6 cm ● Dimorphisme sexuel : mâle élancé, avec une nageoire anale plus large que la femelle, et la gorge rouge-orangé au moment du frai ; dos de la femelle plus élevé que celui du mâle ● Aquarium d'ensemble accepté, de forme allongée et pas trop planté ● **Reproduction** : un mâle pour une femelle. Bac de ponte : 50 litres pour un couple, avec une grille de protection et des plantes à feuilles fines. Eau : 24–26 °C, pH de 6,5 à 7,0, TH inférieur à 18°, TAC inférieur à 4° ; adjonction d'extraits de tourbe. Œuf clair, petit. Incubation : 18 à 24 heures. Nourriture des alevins : nauplies d'artémias.

Ces poissons sont caractérisés par la position dans laquelle ils se déplacent, tête légèrement baissée. Le frai a lieu avant le crépuscule. Les femelles pondent quelques centaines d'œufs. Les alevins épuisent le sac vitellin en cinq jours. On prévient le cannibalisme en triant les poissons selon leur taille et en les nourrissant régulièrement et souvent. Les poissons un peu plus âgés supportent des baisses progressives de température allant jusqu'à 16 °C.

3 *Thayeria obliqua* EIGENMANN, 1908
« Poisson pingouin »

Syn. : *Thayeria santaemariae*

Characidae

● Distribution : Brésil, dans le rio Guaporé et la rivière Araguaia ● Longueur : 8 cm ● Alimentation : toutes nourritures ● Aquarium d'ensemble accepté ● Première importation en 1949 ● **Reproduction** : selon Géry (1977) cette espèce n'a pas été reproduite en captivité ; il est possible que l'élevage soit semblable à celui de *Thayeria boehlkei*. *T. obliqua* diffère de *T. boehlkei* par la longueur de la bande foncée.

4 *Thayeria boehlkei* WEITZMAN, 1957
« Poisson pingouin »

Characidae

● Distribution : Brésil, Pérou ● Longueur : 6 cm ● Dimorphisme sexuel : peu visible en dehors de la période de frai ; femelle plus grande, au ventre plus rebondi que le mâle ● Alimentation : nourritures vivantes ou artificielles ● Aquarium d'ensemble accepté. Première importation en 1935 ● **Reproduction** : un mâle pour trois femelles. Bac de ponte : 10 litres, avec une grille de protection. Eau : neuve, 26 °C, pH 7,0 à 7,5, TH inférieur à 18°, TAC inférieur à 2°. Œuf petit, brun foncé. Incubation : 12 heures. Nourriture des alevins : paramécies pendant 5 jours, puis nauplies d'artémias.

Ce sont des poissons grégaires, sensibles aux nitrates. Garder les poissons d'élevage dans des aquariums garnis de plantes et filtrer l'eau sur du charbon actif. La femelle pond plus de 1 000 œufs. Après le frai, renouveler l'eau sans changer sa composition. Au bout de quatre jours l'alevin a épuisé le sac vitellin ; pendant les cinq jours suivants on le nourrit une fois par nuit à l'éclairage artificiel.

Characidae

1 *Pristella maxillaris* (Ulrey, 1894)

Syn. : *Holopristes riddlei, Pristella riddlei*

Characidae

● Distribution : Venezuela, Guyane britannique, Brésil (cours inférieur de l'Amazone) ; vit même en eau saumâtre ● Longueur : 3,5 cm (mâles) à 4,5 cm (femelles) ● Dimorphisme sexuel : mâle plus petit et plus svelte que la femelle, avec des couleurs plus contrastées ● Alimentation : nourritures vivantes ou artificielles ● Aquarium d'ensemble accepté. Première importation en 1924 par W. Eimeke à Hambourg ● **Reproduction** : un mâle pour une femelle. Bac de ponte : 6 litres, avec une grille de protection et des plantes à feuilles fines. Eau : 25 °C, pH proche de 7,0, TH inférieur à 18°, TAC inférieur à 4° ; certains auteurs recommandent d'ajouter du sel (1/2 cuillerée pour 10 litres d'eau). Incubation : 24 heures. Nourriture des alevins : nauplies d'artémias ou de cyclopes.

C'est un poisson grégaire. Avant le frai, on sépare les sexes pendant une quinzaine de jours. Le frai a lieu dans les plantes à feuilles fines, généralement dans la matinée. La femelle pond environ 500 œufs. Le frai se poursuit à courts intervalles pendant environ une heure et demie ou deux heures ; on retire ensuite les parents. Les embryons se fixent après l'éclosion sur les plantes et les parois de l'aquarium. Le sac vitellin leur suffit pour quatre jours. Un alevin suffisamment nourri se développe rapidement et mesure 7 mm au bout d'une semaine et 15 mm quatre semaines plus tard ; il est semblable dans sa forme et dans sa coloration aux poissons adultes. Il est mûr à l'âge de 7 mois. Récemment, une forme albinos a été génétiquement stabilisée dans les élevages.

2 *Pseudocorynopoma doriae* Perugia, 1891

Syn. : *Bergia altipinnis, Chalcinopelecus argentinus*

Characidae

● Distribution : sud du Brésil, systèmes fluviaux du Paraguay et du Paraná ● Longueur : 8 cm ● Dimorphisme sexuel : nageoires dorsale et anale du mâle fortement allongées ● Alimentation : toutes nourritures ● Aquarium d'ensemble accepté (il doit être spacieux) ● Première importation en 1905, par Oskar Kittler à Hambourg ● **Reproduction** : un mâle pour une femelle. Bac de ponte : 50 litres, peu profond, de grande surface et bien couvert (les poissons sautent), avec grille de protection et plantes à feuilles fines ; bien éclairé, ou même ensoleillé. Eau : 20–24 °C, pH de 6,5 à 7,0, TH inférieur à 18°, TAC inférieur à 4° ; bien oxygénée. Incubation : 30 heures. Nourriture des alevins : paramécies, puis nauplies d'artémias ou de cyclopes.

Le frai a lieu après une longue parade du mâle, pendant laquelle il tourne autour de la femelle dans différentes positions. Il a lieu en eau libre entre les plantes. La femelle est très féconde et pond environ 1 000 œufs. Après le frai, on retire le couple. Le sac vitellin suffit aux embryons pour quatre jours. L'élevage des jeunes poissons est facile.

Une autre espèce moins connue, *P. heterandria* Eigenmann, 1914, provient du Brésil central. Les poissons atteignent une longueur totale de 9 cm. Les deux espèces sont des parents de *Corynopoma riisei,* mais la forme du corps et la nageoire adipeuse sont différentes et la fécondation est externe.

1 ♂
1 ♀
2 ♀
2 ♂

Famille *Alestidae*

Cette famille rassemble les poissons characoïdes africains. Elle n'est pas reconnue par tous : les tétras africains sont le plus souvent classés avec les tétras sud-américains, qui leur sont apparentés, dans la famille *Characidae*. La longueur des tétras africains dépasse souvent 10 cm.

1 *Brycinus longipinnis* (GÜNTHER, 1864)

Syn. : *Alestes longipinnis, Bryconalestes longipinnis* *Alestidae*

□ ◑

• Distribution : Afrique occidentale, de la Sierra Leone au Congo • Longueur : 13 cm • Dimorphisme sexuel : femelle plus petite que le mâle ; la nageoire dorsale du mâle est plus longue que celle de la femelle, sa nageoire anale est blanchâtre • Alimentation : proies vivantes, végétaux et aliments artificiels • Aquarium d'ensemble accepté • Première importation en 1928 • **Reproduction** : un mâle pour une femelle, y compris en groupe. Bac de ponte : 100 litres, avec une grille de protection. Eau : 26–28 °C, pH 6,5, TAC inférieur à 2°. Œuf non adhésif, dur et translucide, d'un diamètre de 2,5 mm. Incubation : 6 à 7 jours. Nourriture des alevins : nauplies d'artémias ou de cyclopes.

Le frai a lieu entre décembre et mai, il est très violent et se passe en général l'après-midi. Les couples fraient surtout dans les plantes, mais également près des parois verticales en eau libre. On retire le couple après le frai. L'incubation dure plus longtemps que celle des tétras américains et les embryons sont donc mieux développés. Le sac vitellin est petit. Dès l'éclosion les alevins nagent obliquement la tête vers le haut et, 6 à 8 heures plus tard, commencent à chercher leur nourriture. Leur croissance est rapide.

2 *Arnoldichthys spilopterus* (BOULENGER, 1909)

Syn. : *Petersius spilopterus* *Alestidae*

○ ◑

• Distribution : Afrique occidentale, du Lagos au delta du Niger. • Longueur : 8 cm • Dimorphisme sexuel : nageoire anale du mâle convexe, celle de la femelle étant concave avec une tache foncée • Alimentation : toutes nourritures. Aquarium d'ensemble accepté • Première importation en 1907, par C. Siggelkow à Hambourg • **Reproduction** : un mâle pour une femelle, même en groupe. Bac de ponte : 50 à 100 litres, avec grille de protection. Eau : 24–28 °C, pH de 6,0 à 6,5, TH inférieur à 18°. Œuf adhésif, d'un diamètre de 1,3 mm. Incubation : 30 à 36 heures à 25 °C. Nourriture des alevins : infusoires (paramécies), rotifères et nauplies de cyclopes puis, à partir du sixième jour, nauplies d'artémias.

Les écailles du genre *Arnoldichthys* sont caractéristiques : elles sont grandes dans la partie dorsale du tronc et petites dans la partie ventrale.

On recommande des aquariums avec une grande surface et une colonne d'eau de 25 à 30 cm ; une forte circulation d'eau est préférable et les plantes doivent être éparses. La femelle produit environ 100 œufs par ponte. Cinq jours plus tard, les embryons se rassemblent à la surface et commencent à nager deux jours après. Les jeunes poissons sont vite effrayés et se blessent facilement. Ils sont très sensibles à l'eau du robinet, surtout au chlore. Leur croissance est rapide.

1
2

1 *Phenacogrammus interruptus* (BOULENGER, 1899)
« Tétra du Congo »
Syn. : *Micralestes interruptus, Alestopetersius interruptus, Hemigrammalestes interruptus, Petersius codalus*

Alestidae

○ ◑ ● Distribution : Bassin du Congo (Zaïre) ● Longueur : 8 cm (mâles) ● Dimorphisme sexuel : mâles plus grands que les femelles, plus colorés et avec les nageoires pelviennes, dorsale, anale et caudale plus développées ● Alimentation : toutes nourritures ● Aquarium d'ensemble accepté ● Première importation en 1949 ● **Reproduction** : un mâle pour une femelle ; en groupe ; les mâles peuvent être plus nombreux. Bac de ponte : 100 litres, avec grille de protection. Eau : 26 °C, pH 6,5, TAC inférieur à 2°. Œuf non adhésif et translucide, d'un diamètre de 1,8 mm. Incubation : 6 jours. Nourriture des alevins : nauplies d'artémias ou de cyclopes. Première reproduction en 1951, sans qu'une longue acclimatation ait été nécessaire.

La réussite de cet élevage nécessite de grands aquariums. Pour que les poissons puissent frayer en bande, il faut un récipient d'au moins 200 litres. S'il n'y a pas suffisamment d'eau douce pour en remplir le bac de ponte, on doit transporter les œufs immédiatement après le frai dans un récipient plus petit avec de l'eau de qualité appropriée. Le frai se passe discrètement, donnant lieu simplement à quelques poursuites. Les femelles sont prolifiques, une seule donne souvent naissance à 400 jeunes. Dès que la larve quitte l'enveloppe de l'œuf, elle commence à nager rapidement et cherche sa nourriture. L'alevin, relativement aux dimensions de l'œuf, n'est pas très grand, et dans les premiers jours de sa vie il éprouve des difficultés à manger des nauplies d'artémias un peu grosses.

Famille *Curimatidae*

Les poissons de cette famille ont une sorte de « développement régressif » ; devenus vieux ils n'ont plus de dents (celles-ci en effet ne se renouvellent pas), et doivent se contenter de la nourriture qu'ils trouvent dans la boue du fond, principalement d'algues et de détritus ; certaines espèces ont une bouche qui leur permet de racler les micro-organismes benthiques et les algues des parois. Ces poissons nagent en position oblique, avec la tête vers le bas.

2 *Chilodus punctatus* MÜLLER et TROSCHEL, 1844
« Tête-en-bas »
Syn. : *Chaenotropus punctatus, Citharinus chilodus*

Curimatidae

▭ ◑ ● Distribution : Guyane, Surinam, Pérou ● Longueur : 12 cm (femelles) ● Dimorphisme sexuel : peu apparent ; femelles plus grandes et légèrement plus ventrues que les mâles ● Alimentation : proies vivantes, végétaux et aliments artificiels ● Aquarium d'ensemble accepté, pourvu qu'il soit spacieux avec un fond sombre ; la lumière doit être tamisée et des cachettes sont nécessaires ● Première importation en 1912, par J. S. Kropac à Hambourg ● **Reproduction** : un mâle pour une femelle ; frai possible en petit groupe. Bac de ponte : 30 à 50 litres, avec grille de protection ; lumière tamisée. Eau : 24–28 °C, pH 6,5, TH inférieur à 18°, TAC nul (la présence de carbonates ne permet pas un bon développement) ; adjonction d'extraits de tourbe, ou filtration sur tourbe. Œuf translucide ou légèrement jaunâtre, d'un diamètre de 2 mm ; une ou deux heures après la ponte, son volume double. Incubation : 3 jours. Nourriture des alevins : nauplies d'artémias ou de cyclopes et nourriture végétale fine (algues par exemple).

Ces poissons sont plutôt timides et forment de petits groupes. Ils préfèrent frayer dans les plantes, généralement dans un seul emplacement. On élève les alevins dans un aquarium avec une hauteur d'eau de 10 cm.

1 ♂
1 ♀
2 ♀
2 ♂

Famille *Serrasalmidae*

Cette famille regroupe des poissons de grande taille dont le corps a presque la forme d'un disque. Ils vivent dans les eaux douces d'Amérique du Sud. Cette famille comprend des genres herbivores comme *Metynnis, Myleus, Mylossoma, Calossoma,* et carnivores comme *Serrasalmus.* Les genres carnivores se caractérisent par une dentition acérée, commandée par de fortes mâchoires. Certaines espèces vivent en bancs, d'autres sont solitaires, comme par exemple *Serrasalmus hollandi, S. rhombeus, S. striolatus.* On sait peu de choses sur les poissons du genre *Catoprion* qui sont omnivores et qui, d'après certains auteurs, mangent même des écailles.

1 *Serrasalmus nattereri* (KNER, 1859)
« Piranha rouge »

Syn. : *Pygocentrus nattereri, P. altus, P. stigmaterythraeus, Rooseveltiella nattereri, Serrasalmo piranha*

Serrasalmidae

◁ ●

● Distribution : de la Guyane jusqu'à La Plata ● Longueur : 30 cm ● Dimorphisme sexuel : peu apparent ; mâles plus petits que les femelles, leur ventre vu de face ayant une forme de V, et non de U comme chez les femelles ● Alimentation : carnassier ; proies vivantes ou mortes, poissons principalement ● Aquarium spécifique nécessaire (ne peut pas cohabiter avec d'autres poissons) ; s'élève en petit groupe ● **Reproduction** : un mâle pour une femelle. Bac de reproduction : 500 litres par couple, avec de gros cailloux sur le fond ; ambiance calme et lumière tamisée. Eau : 24–26 °C, pH 6,5, TAC inférieur à 4°. Œuf transparent jaunâtre, d'un diamètre de 2 mm. Incubation : 36 heures. Nourriture des alevins : nauplies d'artémias, puis zooplancton fin, tubifex en morceaux, bœuf ou poissons hachés ; les alevins doivent être rassasiés en permanence.

S'ils sont insuffisamment nourris, les poissons adultes sont agressifs, s'attaquent mutuellement et se mutilent ou même s'entretuent. Ce sont pourtant des poissons farouches, voire craintifs. Ce ne sont pas non plus des chasseurs habiles et ils ignorent les poissons rapides ou de petite taille car ils sont incapables de les attraper. Il faut être très prudent en les manipulant car leur morsure peut causer une blessure grave, même en dehors de l'eau. Pour les captures, des filets métalliques s'imposent, car tout autre matériel est immédiatement percé.

Pendant le frai les poissons prennent une coloration bleu-noir. Un récipient spacieux, du calme, de l'eau renouvelée régulièrement et une nourriture suffisante, stimulent le couple. Les jeunes carassins constituent une nourriture idéale pour conditionner les reproducteurs. Le mâle creuse des trous dans le fond et la femelle y dépose 300 à 400 œufs. Le mâle garde ensuite le trou qui contient les alevins. Le larves restent sur le bord du trou. On peut les aspirer avec un tuyau pour les mettre dans un autre aquarium. Au bout de 7 jours l'alevin commence à nager et croît rapidement. Quand les jeunes poissons atteignent 1,5 à 2 cm de long, ils s'attaquent entre eux. On peut éviter cela en les triant selon leur taille.

Les nombreuses histoires relatant le comportement sanguinaire des piranhas sont fortement exagérées et souvent sans fondement. Cependant, les bancs de poissons confinés dans un espace clos en période de sécheresse peuvent être dangereux. Certains groupes habitués à s'attaquer à de grandes proies peuvent alors attaquer des hommes ou des animaux blessés. A l'aide de leurs dents acérées ils peuvent rapidement dépouiller leur proie de toute sa chair. Les pêcheurs les redoutent car ils dévorent les poissons dans les filets.

1 *Serrasalmus rhombeus* (LINNAEUS, 1766)
« Piranha tigré »

Syn. : *Serrasalmus paraense, S. niger, S. gibbus, S. gracilior, Salmo rhombeus, S. albus, S. caribi, S. humeralis, S. immaculatus, S. iridopsis* — *Serrasalmidae*

◁ ●

● Distribution : Guyane et bassin de l'Amazone ● Longueur : 40 cm ● Dimorphisme sexuel : nageoire anale du mâle allongée en pointe chez le mâle ● Alimentation : poissons ou chair de poisson, vers de terre, viande ou cœur de bœuf ● Aquarium spécifique impératif, d'un volume minimal de 500 litres, le fond étant garni de gravier, avec des cachettes ; lumière tamisée par des plantes flottantes ● Première importation en 1913, par Wilhelm Eimeke à Hambourg ● **Reproduction** : jamais obtenue en captivité ; prévoir un mâle pour une femelle. Bac de reproduction : comme ci-dessus. Eau : 24–26 °C, pH 6,5, TH inférieur à 18° et TAC inférieur à 4° ; filtration efficace.

S. rhombeus vit en bandes dans sa jeunesse, puis devient solitaire. Dans des aquariums exigus les poissons peuvent se blesser mortellement entre eux. Ils attaquent surtout des poissons malades ou affaiblis.

2 *Metynnis hypsauchen* (MÜLLER et TROSCHEL, 1844)

Syn. : *Myletes hypsauchen, Metynnis callichromus, M. erhardti, M. fasciatus, M. schreitmülleri, M. orinocensis* — *Serrasalmidae*

▭ ●

● Distribution : toute l'Amérique du Sud ; eaux dormantes à forte végétation ● Longueur : 15 cm ● Dimorphisme sexuel : peu apparent ● Alimentation : toutes nourritures acceptées, avec un complément régulier de végétaux ● Aquarium spécifique préférable, sans plantes (elles seraient immédiatement consommées) ● Première importation en 1912 ● **Reproduction** : un mâle pour une femelle. Bac de ponte : 200 litres, avec grille de protection : éclairage modéré. Eau : 26–28 °C, pH de 6,5 à 7,0, TH inférieur à 9°, TAC inférieur à 2° ; filtration sur tourbe. Œuf rond, d'une pureté cristalline, jaunâtre et d'un diamètre de 2 mm. Incubation : 70 heures à 28 °C. Nourriture des alevins : nauplies d'artémias ou de cyclopes.

Il s'agit d'un poisson pacifique vivant en banc. Il n'atteint la maturité sexuelle qu'au bout de 3 ans. Le frai a lieu en pleine eau et la femelle pond jusqu'à 2 000 œufs. L'alevin, assez grand, commence à nager cinq jours après l'éclosion et sa croissance est rapide.

3 *Myleus rubripinnis* (MÜLLER et TROSCHEL, 1844)

Syn. : *Myloplus rubripinnis, M. asterias, M. ellipticus, M. ternetzi* — *Serrasalmidae*

▭ ●

● Distribution : Guyane et bassin de l'Amazone ● Longueur : 25 cm ● Dimorphisme sexuel : chez le mâle mature, quelques rayons dépassent de la nageoire anale dans son milieu, la coloration rouge des flancs s'intensifie et la tête, elle, devient noir-rougeâtre jusqu'aux ouïes ● Alimentation : toutes nourritures ● Aquarium spécifique préférable ● **Reproduction** : un mâle pour une femelle. Bac de ponte : 300 à 500 litres pour un couple, avec une grille de protection sur le fond ; doit être assez long. Eau : 25–27 °C, pH 6,5 à 7,0, TH de 10°, TAC inférieur à 2° ; bonne oxygénation et filtration sur tourbe. Œuf légèrement jaunâtre, d'un diamètre de 1,8 à 2,2 mm. Incubation : 50 à 60 heures. Nourriture des alevins : nauplies d'artémias. Première reproduction en captivité obtenue en 1973–1974, par Hiroshi Azuma à Tokyo.

Ce poisson pacifique et assez fragile vit en banc ; séparé de ses congénères il est craintif. On place la femelle dans le récipient de frai 24 heures avant le mâle ; le frai a lieu en une quinzaine de jours au plus.

4 *Myleus gurupyensis* STEINDACHNER, 1911

Syn. : *Myloplus arnoldi, Myleus maculatus* — *Serrasalmidae*

▭ ●

On trouve ce poisson dans le bassin de l'Amazone. Il a les mêmes caractéristiques que *M. rubripinnis,* mais n'atteint que 20 cm. On ignore s'il a déjà été multiplié en captivité.

1 juv.
2
3
4

Famille *Ctenoluciidae*

Les poissons de cette famille ont une forme de brochet : un corps allongé, la base des nageoires dorsale et anale repoussée vers l'arrière, la tête pointue, la gueule largement fendue et garnie de fortes dents. Leur longueur totale se situe entre 20 et 100 cm, selon les espèces.

1 *Ctenolucius hujeta* (VALENCIENNES, 1849) **« Characin brochet »**

Syn. : *Luciocharax insculptus* — *Ctenoluciidae*

● Distribution : Amérique du Sud, Amérique centrale ● Longueur : 20 cm ; d'après l'ichtyologue péruvien Patrick de Rham, cette taille n'est pas dépassée dans la nature, bien que Arnold et Ahl, et plus tard Géry et Sterba, indiquent une longueur de 70 cm ; ces discordances sont probablement liées à une confusion entre espèces ● Dimorphisme sexuel : la femelle est plus petite et ventrue que le mâle ; elle possède une nageoire anale pointue, alors que celle du mâle est large et ovale ● Alimentation : proies vivantes de bonne taille, y compris petits poissons ● Aquarium spécifique fortement recommandé, couvert car les poissons sautent fréquemment ● Première importation en 1905 ● **Reproduction** : deux mâles pour une femelle. Bac de reproduction : 100 litres, avec des touffes de plantes. Eau : 26 °C, pH autour de 7,0, TAC inférieur à 4°. Œuf petit, d'un diamètre de 1 mm, translucide, garni de filaments de fixation avec lesquels il s'attache à un support, une plante en général. Incubation : 22 à 24 heures. Nourriture des alevins : nauplies d'artémias ou de cyclopes, puis zooplancton.

Cette espèce est très prolifique, la femelle pond jusqu'à 3 000 œufs. Les poissons sont sexuellement mûrs dès qu'ils atteignent 10 cm. Le frai a lieu près de la surface loin des plantes. Pendant l'activité de frai, les poissons sautent souvent hors de l'eau, dispersant les œufs sur les parois et le couvercle de l'aquarium ; il est nécessaire de les faire retomber dans l'eau en les aspergeant. Les embryons ont 6 mm de longueur et ils se fixent en grappes à la surface de l'eau. Au bout de trois jours l'alevin est complètement pigmenté et chasse activement les proies vivantes. Sa croissance est très rapide et à quatre semaines le jeune poisson atteint 5 cm. Pour prévenir le cannibalisme, les jeunes doivent être toujours rassasiés ; la quantité de nourriture doit être augmentée progressivement. Le tri des poissons est nécessaire, les plus grands devant être placés dans un récipient séparé. On peut habituer les jeunes poissons aux tubifex, qu'ils acceptent de ramasser au fond. Par leur forme et leur comportement ils rappellent le brochet *Esox lucius*.

Ctenoluciidae

1 ♀

1 ♂

Famille *Lebiasinidae*

On peut trouver les membres de cette famille dans une grande partie de l'Amérique du Sud. Ils vivent près de la surface de l'eau. Leur corps est fuselé, de section assez ronde, et allongé. C'est pourquoi ils sont parfois appelés « poissons crayons ». La tête est aplatie, la bouche terminale ou supère.

On élève les poissons de cette famille dans de grands aquariums garnis de plantes à grandes feuilles. L'eau doit être légèrement acide, douce et chaude (25 à 29 °C). Il faut couvrir les aquariums avec une plaque de verre car ces poissons sautent fréquemment.

1 *Copeina guttata* (STEINDACHNER, 1875)

Syn. : *Pyrrhulina guttata, Copeina argirops* — *Lebiasinidae*

○ ◑

● Distribution : bassin de l'Amazone ● Longueur : 15 cm ● Dimorphisme sexuel : femelle moins colorée que le mâle, et plus rebondie quand elle est mature ; chez le mâle, la tâche foncée du dos est plus visible, et le lobe supérieur de la nageoire caudale plus grand ● Alimentation : toutes sortes de nourritures ● Aquarium d'ensemble accepté ● Première importation en 1912 par Kropac à Hambourg ● **Reproduction** : un mâle pour une femelle. Bac de ponte : 50 litres pour un couple, avec une fine couche de sable sur le fond. Eau : 25 °C, pH 6,5 à 7,0, TAC inférieur à 4°. Incubation : 30 à 36 heures. Nourriture des alevins : paramécies ou très jeunes nauplies de cyclopes, puis d'artémias.

Pendant le frai les poissons se chassent violemment et pondent dans des dépressions du fond de sable. En un court laps de temps la femelle émet jusqu'à 2 500 œufs. Après la ponte on retire la femelle, le mâle gardant le lieu de frai. Le jour suivant on écarte aussi le mâle. L'alevin est foncé et il se fixe sur les parois. Il épuise le sac vitellin en 5 jours. Dès nage libre il se tient près de la surface. Les alevins sont nombreux et il faut les nourrir deux à trois fois par jour, et même une fois la nuit pendant la première semaine. Pendant la croissance, on trie les alevins selon leur taille.

2 *Copella arnoldi* (REGAN, 1912)

Syn. : *Copeina arnoldi, C. callolepis, C. carsevennensis, C. eigenmanni, Pyrrhulina filamentosa, P. rachoviana* — *Lebiasinidae*

○ ◑

● Distribution : nord-est du Brésil (rivière Pará) et cours inférieur de l'Amazone ; dans les ruisseaux, les fleuves et les zones inondées ● Longueur : 6 cm (femelle) à 8 cm (mâle) ● Dimorphisme sexuel : mâle plus grand, à nageoires plus développées que la femelle ● Alimentation : toutes nourritures ● Aquarium d'ensemble accepté ; doit être bien couvert ● Première importation par Oskar Kittler en 1905, pour le groupe Rohmaler à Hambourg ● **Reproduction** : en groupe, avec un peu plus de femelles que de mâles. Bac de ponte : 50 à 100 litres, avec 8 à 10 cm entre l'eau et le couvercle en verre. Eau : 26 °C, pH 6,0 à 7,0, TAC inférieur à 4°. Incubation : 26 heures. Nourriture des alevins : paramécies pendant 10 jours, puis nauplies d'artémias ou de cyclopes.

Le frai a lieu en dehors de l'eau. La femelle et le mâle sautent ensemble sur la paroi de l'aquarium ou sous le couvercle en verre ; la femelle libère alors quelques œufs que le mâle féconde. Ceci se répète jusqu'à ce que la femelle ait expulsé tous ses œufs. Ceux-ci restent hors de l'eau pendant toute la durée de leur développement. Pour qu'ils ne se dessèchent pas, le mâle les arrose à l'aide de sa nageoire caudale. Au cours du frai, le mâle peut se reproduire avec plusieurs femelles. A l'éclosion les embryons tombent dans l'eau et le mâle cesse alors de s'en occuper. Si le couple est dans un aquarium d'ensemble, on enlève les œufs à l'aide d'une plume d'oie pour les placer dans de petits récipients contenant 1 cm d'eau prélevée dans l'aquarium. On aère légèrement ces récipients ; dès la nage libre, on peut monter le niveau d'eau à 5 cm.

1
2

1 *Copella vilmae* GÉRY, 1963

Lebiasinidae

● Distribution : bassin supérieur de l'Amazone, surtout à proximité de Tabatingá, ville frontière brésilienne ● Longueur : 6 cm ● Dimorphisme sexuel : femelle plus petite, avec une bande latérale plus marquée ; nageoire caudale du mâle très allongée ● Alimentation : toutes nourritures vivantes ou artificielles ● Aquarium d'ensemble, uniquement avec des poissons plus petits et pacifiques ● Première importation en 1967 ● **Reproduction** : un mâle pour une femelle. Bac de ponte : 30 à 50 litres, avec une plante à grandes feuilles (*Echinodorus* de préférence) et des plantes flottantes ; couvrir d'une plaque de verre. Eau : 26 à 28 °C, pH 6,5 à 7,0, TH inférieur à 18° et TAC inférieur à 2° ; filtrer sur tourbe ou ajouter des extraits de tourbe. Œuf très petit. Incubation : 24 heures. Nourriture des alevins : nauplies de cyclopes ou très jeunes nauplies d'artémias.

La femelle pond les œufs sur une feuille nettoyée au préalable. Le frai fini, on retire le couple ou on prend la feuille pour la transporter dans un récipient séparé. Les poissons ne prennent pas soin des œufs. On élève les jeunes dans une hauteur d'eau n'excédant pas 5 cm au début.

2 *Copella metae* (EIGENMANN, 1914)

Syn. : *Copeina metae*

Lebiasinidae

● Distribution : fleuve Meta (Colombie) et Amazone (Pérou) ; dans les bras morts ● Longueur : 6 cm ● Dimorphisme sexuel : mâle plus grand que la femelle, avec la dorsale et le lobe supérieur de la caudale allongés en pointe ● Alimentation : toutes nourritures ● Aquarium d'ensemble accepté, en compagnie de poissons paisibles ● **Reproduction** : un mâle pour une femelle. Bac de ponte : 50 à 100 litres, garni de plantes flottantes diffusant la lumière, avec une grande plante (*Echinodorus* par exemple) ; ambiance calme. Eau : 25 °C, pH 6,5 à 7,0, TH inférieur à 18, TAC inférieur à 4° ; adjonction d'extraits de tourbe ou filtration sur tourbe. Incubation : 30 heures. Nourriture des alevins : paramécies, puis nauplies de cyclopes et d'artémias.

Ces poissons frayent sur les feuilles préalablement nettoyées par le mâle. La femelle pond 200 à 300 œufs jusqu'à l'éclosion. Quarante huit heures plus tard les alevins se dispersent et se fixent sur les plantes et divers supports. On retire alors le mâle. Le sac vitellin est épuisé au bout de cinq jours. Il faut alors abaisser la hauteur d'eau à 5 à 10 cm avant de nourrir les alevins.

Par sa forme, cette espèce s'apparente à *Copella arnoldi* ; elle se caractérise par une bande latérale sinueuse qui va de la bouche à la base de la nageoire caudale.

1
2

1 *Nannobrycon eques* (STEINDACHNER, 1876)
« Poisson-crayon »

Syn. : *Nannostomus eques, Poecilobrycon eques, P. auratus* — *Lebiasinidae*

○ ◑

• Distribution : Amazone et rio Negro (Brésil) • Longueur : 5 cm • Dimorphisme sexuel peu apparent : femelle plus rebondie ; pointes des nageoires pelviennes et bordure de la nageoire anale du mâle blanches • Alimentation : toutes nourritures, vivantes ou artificielles, de petite taille • Aquarium d'ensemble accepté, avec des poissons paisibles • Première importation en 1910 à Hambourg • **Reproduction** : un mâle pour une femelle. Bac de ponte : 6–10 litres, avec une grille de protection et une plante à grandes feuilles. Eau : 26–28 °C, pH 6,0 à 6,5, sans carbonates (TAC nul). Incubation : 24 heures. Nourriture des alevins : nauplies d'artémias.

N. eques peut présenter des caractéristiques morphologiques différentes selon les individus, notamment en ce qui concerne le développement de la nageoire adipeuse, bien développée chez de nombreux individus, alors que d'autres n'en ont pas du tout. Ce poisson adopte une coloration différente le jour et la nuit. Il nage toujours la tête vers le haut, sous un angle de 45° environ.

La femelle pond ses œufs sous de grandes feuilles. Mais la présence d'une grille de protection est indispensable, car beaucoup d'œufs tombent sur le fond. Au début du frai le mâle nage au-dessus de la femelle, leurs bouches étant en contact, les deux poissons dessinant un angle aigu. Le frai peut durer 10 heures. On écarte ensuite les parents et on laisse les œufs dans une semi-obscurité. Le nombre d'œufs peut varier de quelques dizaines à 300. Lorsque le sac vitellin est épuisé, les larves ont triplé en longueur et ressemblent à des fragments de plantes ; leur croissance est rapide.

2 *Nannobrycon unifasciatus* (STEINDACHNER, 1876)
« Poisson-crayon à une bande »

Syn. : *Nannostomus unifasciatus, N. eques* (pas celui de Steindachner), *Poecilobrycon unifasciatus, P. ocellatus, P. unifasciatus ocellatus, Nannobrycon ocellatus* — *Lebiasinidae*

○ ◑

• Distribution : Bassin moyen de l'Amazone et ses affluents (Brésil), cours supérieur de l'Orénoque (Venezuela) et Guyane • Longueur : 5 cm • Dimorphisme sexuel : nageoire anale rouge, noire et blanche chez le mâle, noire chez la femelle • Alimentation : proies vivantes principalement, aliments artificiels • Aquarium d'ensemble accepté • Première importation en 1910, par Johnny Wolmer à Hambourg • **Reproduction** : un mâle pour une femelle. Bac de ponte : 6–10 litres, avec une grille de protection et des plantes à grandes feuilles. Eau : 26–28 °C, pH 6,0 à 6,5, sans carbonates (TAC nul) ; adjonction d'extraits de tourbe. Incubation : 24 heures. Nourriture des alevins : très jeunes nauplies de cyclopes ou d'artémias.

N. unifasciatus est plus élancé que *N. eques.* Il est pacifique et on l'élève toujours en groupe. Certains spécimens des eaux de Guyane et de la rivière Madeira au Brésil sont plus grands ; leur coloration est plus intense, en particulier pour le rouge. Cette forme a été décrite par Eigenmann en 1909 comme une espèce séparée, *N. ocellatus,* mais Géry considère qu'il ne s'agit que d'une forme locale de *N. unifasciatus.*

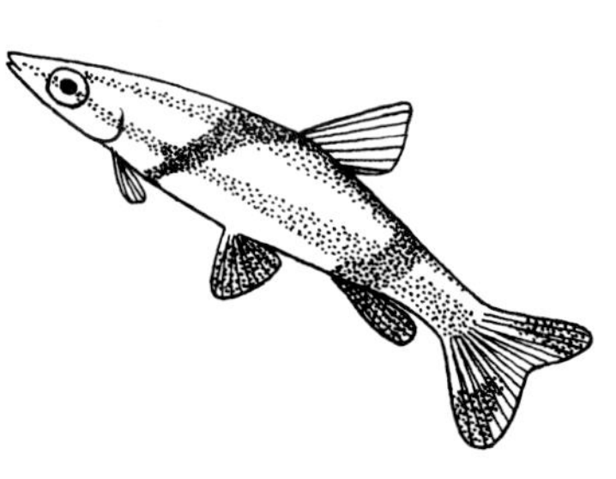

Nannobrycon eques – coloration de nuit

1 ♂
1 ♀
2 ♀
2 ♂

1 *Nannostomus beckfordi* (GÜNTHER, 1872)
« Poisson-crayon »

Syn. : *Nannostomus anomalus, N. aripirangensis, N. simplex, N. beckfordi aripirangensis, N. beckfordi anomalus*

Lebiasinidae

○ ◑

● Distribution : Guyane, Brésil dans le cours inférieur du rio Negro et les parties moyennes et inférieures du bassin de l'Amazone ● Longueur : 6,5 cm ● Dimorphisme sexuel : mâle plus grand, plus élancé, avec les nageoires pelviennes bordées de blanc ● Alimentation : nourriture fine, qu'elle soit vivante ou artificielle ● Aquarium d'ensemble accepté ● **Reproduction** : un mâle pour une femelle. Bac de ponte : 6 litres, avec une grille de protection et des plantes à feuillage fin ; lumière diffuse. Eau : 24–26 °C, pH 6,5 à 6,8, TH inférieur à 18°, TAC inférieur à 2°. Incubation : 30 heures. Nourriture des alevins : nauplies d'artémias et de cyclopes.

La nuit, les poissons ont une coloration différente. La femelle pond sur un fond de plantes, 1 à 3 œufs à chaque fois, jusqu'à un total d'environ 150. Le frai dure 5 à 6 heures et peut être répété tous les 6 à 8 jours. Le jeune alevin est minuscule ; au bout de 3 jours il commence à chercher sa nourriture.

2 *Nannostomus espei* (MEINKEN, 1956)
« Poisson-crayon »

Syn.: *Poecilobrycon espei*

Lebiasinidae

○ ●

●Distribution : Guyane ● Longueur : 3,5 cm ● Dimorphisme sexuel : bande dorée du mâle plus éclatante, sa nageoire anale foncée et disposée en éventail est plus grande que celle de la femelle ● Alimentation : petites proies vivantes (zooplancton, drosophiles, pucerons, collemboles) et fine nourriture artificielle ● Aquarium spécifique conseillé ● Première importation en 1955, par Zierfischzüchterei und Importfirma Espe à Brême ● **Reproduction** : un mâle pour une femelle. Bac de ponte : 6–10 litres, avec une touffe de plantes à grandes feuilles. Eau : 26 °C, pH 6,5, TAC inférieur à 2°. Incubation : 48 heures. Nourriture des alevins : infusoires (paramécies) pendant 3 à 5 jours, puis très jeunes nauplies d'artémias.

Ce poisson grégaire vit près de la surface ; on garde toujours au moins 10 exemplaires ensemble. Pendant le frai, la femelle fixe 40 à 50 œufs sous des feuilles. Si le frai a lieu en groupe, il vaut mieux enlever les plantes pour les placer dans un récipient d'élevage. Si les poissons fraient en couple, on les écarte dès la fin du frai. Quatre jours après l'éclosion les alevins commencent à se nourrir de façon autonome.

3 *Nannostomus marginatus* EIGENMANN, 1909
« Poisson-crayon nain »

Lebiasinidae

○ ◑

● Distribution : Surinam, Guyane et cours inférieur de l'Amazone ● Longueur : 3,5 cm ● Dimorphisme sexuel : chez le mâle, nageoire anale bordée de noir, et pelviennes de rouge vif ; femelle plus rebondie ● Alimentation : nourritures vivantes ou artificielles, très fines ● Aquarium d'ensemble accepté ● Première importation en 1928, par Scholze et Pötzsche à Berlin ● **Reproduction** : un mâle pour une femelle. Bac de ponte : 6–10 litres, avec une grille de protection et de la mousse de Java ; éclairage diffus. Eau : 26–28 °C, pH 6,0 à 6,5, sans carbonates (TAC nul). Incubation : 24 heures. Nourriture des alevins : nauplies d'artémias.

Avant le frai, on sépare les sexes pendant une quinzaine de jours. La femelle pond 100 œufs au maximum. Les embryons sont petits et translucides, avec un grand vitellus. Les larves, peu mobiles, ont des excroissances rappelant des fragments de plantes mortes, et se fondent parfaitement dans leur environnement. Au bout de cinq semaines leur coloration est identique à celle des adultes.

1 ♀
1 ♂
2
3 ♂
3 ♀

1 *Nannostomus trifasciatus* STEINDACHNER, 1876
« Poisson-crayon à 3 bandes »

Syn. : *Cyprinodon amazona, Poecilobrycon erythrurus, P. vittatus, P. auratus, P. trifasciatus, Nannostomus trilineatus* — *Lebiasinidae*

● Distribution : Brésil, dans les rios Tocantins et Madeira, les affluents du cours inférieur de l'Amazone et les fleuves du plateau de Mato Grosso ● Longueur : 5,5 cm ● Dimorphisme sexuel : femelle plus arrondie et moins colorée que le mâle ● Alimentation : nourritures vivantes ou artificielles ● Aquarium d'ensemble seulement en compagnie de petits poissons pacifiques ●Première importation en 1912, par W. Eimeke à Hambourg ● **Reproduction** : un mâle pour une femelle. Bac de ponte : 10 litres, avec une grille de protection et de la mousse de Java. Eau : 27–28 °C, pH 6,6 à 6,8, TH inférieur à 18°, TAC inférieur à 1°. Œuf d'un diamètre de 1,75 mm. Incubation : 25 heures. Nourriture des alevins : nauplies d'artémias.

Le frai a lieu le plus souvent l'après-midi ou le soir. Le nombre maximum d'œufs est de 200. Au début du frai, le mâle est au-dessus de la femelle et leurs bouches sont rapprochées comme chez *Nannobrycon eques.* Pour la reproduction, on choisit uniquement des femelles mûres, reconnaissables à la tache de couleur jaune ambré formée par les œufs, qui transparaît au-dessus de l'anus. Selon S. Frank on peut faire frayer ces poissons dans de l'eau du robinet neuve, que l'on a laissée reposer pendant un temps court, dans laquelle ils fraient mieux que dans une eau « travaillée ». Mais il est nécessaire de transporter immédiatement les œufs dans une eau douce et légèrement acide pour l'incubation ; ceci est valable également pour beaucoup d'autres poissons. Les embryons mesurent en moyenne 3,1 mm, les larves 5,2 mm. La croissance des jeunes poissons est rapide ; on peut augmenter progressivement la proportion d'eau du robinet.

2 *Pyrrhulina brevis brevis* STEINDACHNER, 1875 — *Lebiasinidae*

● Distribution : cours inférieur du rio Negro, autour de Manaus ● Longueur : 9 cm ● Dimorphisme sexuel : mâle plus grand que la femelle, avec des nageoires plus développées ● Alimentation : proies vivantes ● Aquarium d'ensemble accepté ● Première importation en 1910 ● **Reproduction** : un mâle pour une femelle. Bac de ponte : 50 litres pour un couple, avec des plantes à grandes feuilles *(Echinodorus)* et un éclairage diffus ; couvrir soigneusement d'une plaque de verre. Eau : 26 °C, pH 6,0, TH inférieur à 18° et TAC inférieur à 2°. Incubation : 30 heures. Nourriture des alevins : paramécies puis, successivement, nauplies de cyclopes et d'artémias.

Ce poisson, qui reste la plupart du temps en surface, a besoin d'un aquarium avec une grande zone dégagée. La femelle pond sur les grandes feuilles ; elle doit être ensuite retirée tandis que le mâle garde les œufs. Après l'éclosion, on écarte aussi le mâle, et on baisse le niveau d'eau jusqu'à une hauteur de 5 cm. Le développement est assez lent.

On trouve la sous-espèce *P. brevis australe* (Eigenmann et Kennedy, 1903) au sud du bassin du fleuve Paraná jusqu'à La Plata.

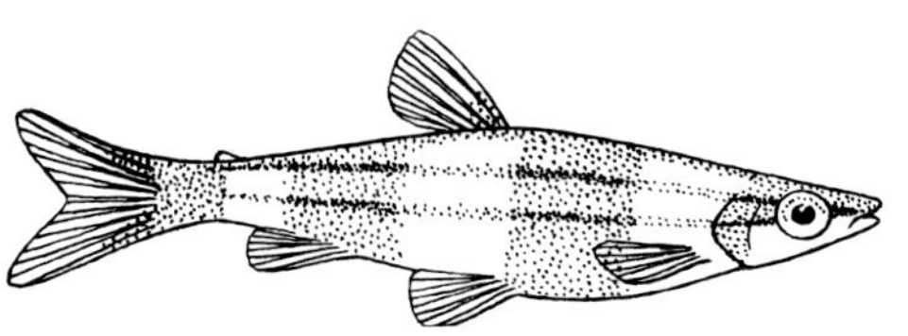

Nannostomus trifasciatus – coloration de nuit

1 ♀
1 ♂
2 ♀
2 ♂

Famille *Gasteropelecidae*

Les membres de cette famille vivent sur un vaste territoire qui s'étend des confins de l'Amérique centrale au delta du fleuve Paraná. Leur corps haut et aplati rappelle la forme d'une hache. Leur dos est presque droit, tandis que le ventre s'apparente à une sorte de quille. La musculature pectorale est très développée. Ces poissons effectuent des bonds de plusieurs mètres au-dessus de l'eau : ils volent réellement. Ce sont des espèces grégaires.

1 *Carnegiella marthae marthae* MYERS, 1929
« Poisson-hachette »

Gasteropelecidae

◁ ◑ • Distribution : entre le Venezuela et le cours supérieur de l'Amazone, au Pérou et au Brésil • Longueur : 3,5 cm • Dimorphisme sexuel inexistant • Alimentation : proies vivantes, en particulier zooplancton, drosophiles et pucerons • Aquarium d'ensemble accepté • Première importation en 1935 • **Reproduction** : inconnue ; probablement en groupe. Bac de ponte : comme pour *C. strigata.* Eau : 24–26 °C, pH 6,5, TH autour de 10°, TAC nul ; filtration sur tourbe.

2 *Carnegiella strigata* (GÜNTHER, 1864)
« Poisson-hachette marbré »

Syn. : *Gasteropelecus strigatus, Carnegiella vesca*

Gasteropelecidae

◁ ◑ • Distribution : Guyane, Colombie et Brésil (Amazone) • Longueur : 4 cm • Dimorphisme sexuel inexistant • Alimentation : nourritures vivantes, en particulier petits insectes • Aquarium d'ensemble, de préférence allongé. • Première importation en 1910 par F. Mayer à Hambourg • **Reproduction** : frai en bancs. Bac de ponte : 100 litres, bien couvert, avec des îlots de plantes près de la surface ; filtre assurant une bonne circulation d'eau ; lumière diffuse. Eau : 25 °C, pH 5,5 à 6,5, sans carbonates (TAC nul) ; filtration sur tourbe. Incubation : 36 heures. Nourriture des alevins : paramécies, rotifères, puis nauplies d'artémias et de cyclopes.

3 *Gasteropelecus levis* (EIGENMANN, 1909)
« Poisson-hachette »

Gasteropelecidae

◁ ◑ • Distribution : bassin inférieur de l'Amazone • Longueur : 6 cm • Dimorphisme sexuel inexistant • Alimentation : proies vivantes (zooplancton, drosophiles, ...) • Aquarium d'ensemble accepté • Première importation en 1933 • **Reproduction** : pas encore obtenue en captivité ; probablement en groupe. Bac de ponte : comme pour *C. strigata.* Eau : 26 °C (un peu moins la nuit), PH 5,5 à 6,5, TH inférieur à 18°, TAC nul ; filtration sur tourbe.

4 *Gasteropelecus sternicla* (LINNAEUS, 1758)
« Poisson-hachette »

Syn. : *Clupea sternicla, Gasteropelecus coronatus, Salmo gasteropelecus*

Gasteropelecidae

◁ ◑ • Habitat : fleuves grands ou petits et même marécages et fossés. • Longueur : 6,5 cm • Dimorphisme sexuel : inexistant • Alimentation : zooplancton, petits insectes et larves de moustiques • Aquarium d'ensemble accepté • Première importation en 1912 • **Reproduction** : frai en bancs importants. Bac de ponte : comme pour *C. strigata ;* le filtre doit assurer une circulation d'eau. Eau : pH 6,5 à 7,0, TH inférieur à 18°, TAC nul. Incubation : 30 à 36 heures. Alimentation des alevins : infusoires (paramécies), puis nauplies d'artémias ou de cyclopes et collemboles.

1
2
3
4

Famille *Hemiodidae*

La plupart des poissons de cette famille ont un corps allongé et une grande nageoire caudale, très échancrée. Du point de vue écologique on peut les diviser en trois groupes : ceux qui vivent en eau libre, ceux qui vivent sur fond rocheux et ceux qui vivent sur fond de sable. Tous nagent horizontalement. Ils se distinguent de la famille des *Characidae* principalement par leur dentition. La mâchoire inférieure est sans dents, d'où leur appellation « demi-dents ».

1 *Hemiodopsis quadrimaculatus* (PELLEGRIN, 1908)

Syn. : *Hemiodus quadrimaculatus* — *Hemiodidae*

● Distribution : Guyane française *(H. quadrimaculatus quadrimaculatus)*, Surinam, Guyane et bassin supérieur de l'Amazone autour de Leticia *(H. quadrimaculatus vorderwinkleri)* ● Longueur : 12 cm ● Dimorphisme sexuel inconnu ● Alimentation : nourritures vivantes ou artificielles, auxquelles on ajoute des végétaux ● Aquarium d'ensemble accepté, en compagnie de poissons de fond *(Corydoras* par exemple) ; d'un volume minimum de 500 litres, il doit être couvert et bien éclairé, voire ensoleillé ; y planter des îlots de plantes résistantes ● **Reproduction** : encore inconnue ; prévoir beaucoup d'espace. Bac de ponte : comme ci-dessus. Eau : 24–26 °C, pH 7,0 à 7,5, TH inférieur à 18°, TAC inférieur à 4° ; bien oxygénée, avec un courant créé par le filtre. Ces poissons sont surtout distribués aux États-Unis.

Ce sont de bons nageurs, pacifiques et craintifs. On les élève toujours en bancs, plus ou moins importants. Il faut les manipuler avec précaution et les capturer à l'aide de récipients transparents plutôt qu'avec des épuisettes qui les blesseraient facilement ; hors de l'eau ils meurent rapidement.

Hemiodopsis quadrimaculatus est divisé en deux sous-espèces *(H. q. quadrimaculatus* et *H. q. vorderwinkleri)* qui diffèrent par des caractères morphologiques et anatomiques, peu visibles à l'œil. Les poissons ont sur la moitié inférieure du corps une bande ocre beige ; les nageoires adipeuses sont souvent rougeâtres. On les confond facilement avec les espèces *H. gracilis* (Günther, 1864), *H. sterni* Géry, 1964 et *H. huarulti* Géry, 1964, qui ont des rayures du même type.

2 *Hemiodopsis semitaeniatus* (KNER, 1859)

Hemiodidae

● Distribution : bassin de l'Orénoque et affluents de la rive droite de l'Amazone ● Longueur : 20 cm ● La nourriture et l'élevage sont les mêmes que pour l'espèce précédente ● Ne pas planter l'aquarium, car cette espèce ronge la végétation.

Hemiodopsis semitaeniatus est un poisson pacifique et actif ; c'est un bon nageur au corps élancé. Une tâche noire ronde orne la moitié postérieure du corps. Elle est prolongée par une étroite bande latérale foncée qui s'étend jusqu'à l'extrémité du lobe supérieur de la nageoire caudale. Cette bande apparaît ou disparaît selon l'humeur du poisson. La coloration rouge est absente de la nageoire caudale.

3 *Hemiodopsis sterni* GÉRY, 1964

Hemiodidae

On trouve ce poisson de 12 cm autour d'une des sources du rio Tapajós – Juruena dans le Mato Grosso. Se reporter aux espèces précédentes pour les caractéristiques générales et l'élevage.

1
2
3 juv.

Famille *Anostomidae*

On trouve ces poissons en Amérique du Sud et centrale, y compris aux Antilles. Leur corps est fuselé, à l'exception des poissons du genre *Abramites* qui ont un dos assez élevé. La bouche étroite est dirigée chez beaucoup d'espèces vers le haut (bouche supère) ; les deux mâchoires sont garnies de dents. Plusieurs espèces nagent en position oblique, la tête vers le bas. Dans leur milieu naturel, les poissons restent pour la plupart du temps parmi les rochers ou les arbres tombés à l'eau, dans un environnement qui correspond à leur coloration. On sait peu de choses sur le comportement et l'écologie de ces poissons.

1 *Anostomus ternetzi* FERNANDEZ YEPEZ, 1949

Anostomidae

● Distribution : Venezuela (Orénoque), Guyane et Brésil (rios Xingú et Araguaiá, affluents sud du delta de l'Amazone) ● Longueur : 16 cm ● Dimorphisme sexuel : pratiquement inexistant ; mâle un peu plus petit et plus élancé ● Aquarium d'ensemble, moyennant quelques restrictions comme pour *A. anostomus* ● Première importation en 1965 ● **Reproduction** : jamais obtenue en captivité ; probablement en petit groupe, la proportion optimale des sexes n'étant pas connue. Bac de ponte : prévoir au moins 500 litres, avec beaucoup de cachettes.

On confond souvent cette espèce avec *A. anostomus* (voir ci-dessous).

2 *Anostomus anostomus* (LINNAEUS, 1758)

Syn. : *Salmo anostomus, Leporinus anostomus, Anostomus gronovii, A. salmoneus, Pithecocharax anostomus*

Anostomidae

● Distribution : cours supérieur de l'Amazone jusqu'à Manaus, système fluvial de l'Orénoque (Venezuela), Guyane et Colombie ; eaux courantes peu profondes ●Longueur : 18 cm ● Dimorphisme sexuel peu apparent ; chez les adultes, le mâle est plus élancé et plus petit, la femelle plus robuste. ● Alimentation : proies vivantes, aliments artificiels et végétaux, surtout des algues ● Aquarium d'ensemble, en évitant de lui adjoindre des espèces algivores (concurrents alimentaires) ou trop peu mobiles ● Première importation en 1924, par W. Eimeke à Hambourg ● **Reproduction** : un mâle pour une femelle. Bac de ponte : au moins 500 litres, avec de nombreuses cachettes, en particulier des racines (« racines de tourbières »). Eau : 24–28 °C, pH 6,0 à 6,5, TH inférieur à 18° et TAC inférieur à 2° ; filtration sur tourbe. La reproduction en captivité a été obtenue en 1984, par M. I. Likhatchev à Moscou, après une injection hormonale de gonadotropine humaine.

Ces poissons sont agressifs entre eux et défendent leur territoire. On les confond parfois avec l'espèce proche, plus petite, moins colorée, mais moins fragile, *A. ternetzi*. Selon Géry, les bandes latérales centrales et inférieures, sont dentelées chez *A. anostomus* et droites chez *A. ternetzi*.

1
2

1 *Abramites hypselonotus* (GÜNTHER, 1868)

Syn. : *Leporinus hypselonotus, Abramites microcephalus*

Anostomidae

● Distribution : Venezuela (bassin de l'Orénoque) et Brésil (affluents de la rive gauche de l'Amazone) ● Longueur : 14 cm ● Dimorphisme sexuel inexistant. ● Alimentation : nourritures vivantes ou artificielles ● Aquarium d'ensemble accepté, en compagnie d'espèces du même type ; volume minimal de 500 litres, avec une bonne filtration ● Première importation en 1912 ● **Reproduction** : pas encore obtenue en captivité. Eau : 24–28 °C, TH inférieur à 18° et TAC inférieur à 2°.

Il s'agit de poissons solitaires qui ne supportent pas leurs congénères. Le dessin et la coloration sont instables. Une sous-espèce légèrement différente, *A. hypselonotus ternetzi* (Norman, 1926) vit dans le bassin du fleuve Paraguay ; elle se caractérise par la position plus antérieure de sa nageoire dorsale et la plus grande largeur de la base de la nageoire caudale. Cette sous-espèce atteint 14 cm et a parfois reçu le nom de *Leporinus solarii* ou *L. nigripinnis.* Dans la rivière Magdalena, en Colombie, vit une espèce apparentée, *Abramites eques* (Steindachner, 1878).

2 *Leporinus striatus* KNER, 1859

Syn. : *Salmo tiririca*

Anostomidae

● Distribution : une grande partie de l'Amérique du Sud, Venezuela, Équateur, Brésil (Mato Grosso), Paraguay, Colombie et Bolivie ; surtout dans les eaux courantes, souvent sous les chutes d'eau ● Longueur : 25 cm ● Dimorphisme sexuel inconnu ● Alimentation : végétaux (fruits, salade, algues, etc.) ● Aquarium spécifique de préférence ; au moins 500 litres, avec un filtre créant un fort courant ● Première importation en 1935 par l'Aquarium de Hambourg ● **Reproduction** : jamais obtenue en aquarium (la seule espèce multipliée en captivité est *L. maculatus* Müller et Troschel, 1845). Eau : 24–26 °C, pH 6,5 à 7,0, TH inférieur à 18°, TAC inférieur à 2°.

Il s'agit de poissons peu sociables, qui en captivité n'arrivent généralement pas à la maturité sexuelle.

3 *Leporinus fasciatus fasciatus* (BLOCH, 1794)

Syn. : *Salmo fasciatus, S. timbure, Chalceus fasciatus, Leporinus novemfasciatus fasciatus*

Anostomidae

● Distribution : Venezuela (bassin de l'Orénoque), Argentine (rio Paraná), Brésil (bassin de l'Amazone), Guyane et Paraguay ● Longueur : 30 cm. ● Dimorphisme sexuel peu apparent ; mâle un peu plus élancé, parfois avec la gorge rouge ● Alimentation : végétaux principalement (épinards, salade, algues), complétés par des nourritures vivantes ou artificielles ● Aquarium spécifique de préférence ; au moins 500 litres, sans plantes, avec de nombreuses cachettes (branches, « racines de tourbières », pierres) ; un couvercle en verre est nécessaire ● Première importation en 1912, par Vereinigten Zierfischzücherein à Conradshöhe, Berlin ● **Reproduction** : jamais obtenue en captivité ; prévoir un mâle pour une femelle ; le frai a probablement lieu en groupe. Eau : 25 °C, pH 6,0 à 7,5, TH inférieur à 18°, TAC inférieur à 4° ; éviter l'eau vieille et assurer une forte circulation d'eau.

Isolés, ces poissons sont agressifs. La plupart des sous-espèces sont peu connues et leur classification reste provisoire, car beaucoup d'ambiguïtés subsistent.

1
2
3

Famille *Citharinidae*

Les principales caractéristiques de cette famille proche des *Characidae* sont une bouche allongée et une ligne latérale droite. Les *Citharinidae* vivent uniquement en Afrique. La famille est divisée en trois sous-familles, *Citharininae, Distichodinae* et *Ichthyoborinae.* Les espèces de ces sous-familles diffèrent beaucoup entre elles.

1 *Nannaethiops unitaeniatus* GÜNTHER, 1871

Citharinidae

● Distribution : sud du Zaïre, entre le Niger et le Nil Blanc ● Longueur : 6,5 cm ● Dimorphisme sexuel : mâle plus élancé et plus coloré que la femelle, avec les nageoires dorsale et caudale en partie rouges pendant la période de frai ● Alimentation : proies vivantes ● Aquarium spécifique préférable ● Première importation en 1931 ● **Reproduction** : un mâle pour une femelle. Bac de ponte : 10 litres, avec une grille de protection sur le fond. Eau : 26 °C, pH 6,0 à 6,5, TH inférieur à 18° et TAC inférieur à 2° ; filtration sur tourbe. Incubation : 30 heures. Nourriture des alevins : nauplies d'artémias et de cyclopes.

N. unitaeniatus est un poisson pacifique et grégaire qui aime des aquariums ensoleillés avec peu de plantes. Le frai a lieu en eau libre. Les œufs sont nombreux et dispersés sur le fond. Le sac vitellin est épuisé en cinq jours ; l'alevin commence alors à nager et croît rapidement. La hauteur d'eau, qui ne doit pas dépasser 10 cm au début, est augmentée progressivement.

2 *Nannocharax ansorgei* BOULENGER, 1911

Syn. : *Nannocharax parvus*

Citharinidae

● Distribution : région frontalière entre le Zaïre et la République Centrafricaine ● Longueur : 5 cm ● Dimorphisme sexuel : inconnu ● Alimentation : nourritures vivantes et artificielles, complétées par des éléments végétaux ● Aquarium spécifique préférable ● **Reproduction** : jamais obtenue en captivité. Eau : 24 °C, pH 6,5 à 7,0, TH inférieur à 18°, TAC inférieur à 2°.

Ce poisson diffère par son comportement de beaucoup d'autres espèces du genre *Nannocharax,* alors que les autres vivent sur le fond et utilisent leurs nageoires comme un appui. *N. ansorgei* vit en eau libre et ses nageoires ont une forme différente. C'est un poisson craintif qui recherche les cachettes. Un changement brutal de la composition de l'eau provoque généralement un choc important qui peut entraîner la mort. C'est pourquoi il faut être prudent quand on change l'eau de l'aquarium, ainsi qu'avec les poissons importés qu'il faut habituer progressivement à l'eau locale.

3 *Neolebias ansorgei* BOULENGER, 1912

Syn. : *Neolebias landgrafi, Micraethiops ansorgei*

Citharinidae

● Distribution : Angola, Cameroun et République Centrafricaine ; dans les marais ● Longueur : 3,5 cm ● Dimorphisme sexuel : femelle au ventre rebondi, moins élancée que le mâle ; robe nuptiale du mâle bigarrée ● Alimentation : toutes nourritures ● Aquarium spécifique de préférence, de forme allongée ● Première importation enregistrée en 1924 ● **Reproduction** : un mâle pour une femelle. Bac de ponte : 6–10 litres, avec une grille de protection et des plantes fines (mousse de Java par exemple). Eau : 24 °C, pH 6,5 à 7,0, TH inférieur à 18° et TAC inférieur à 2°. Incubation : 40 heures. Nourriture des alevins : paramécies, puis nauplies d'artémias et de cyclopes.

Il s'agit de poissons grégaires. Le frai, pendant lequel la femelle pond jusqu'à 300 œufs, a lieu en eau libre près des plantes.

1
2
3 ♂
3 ♀

1 *Neolebias trilineatus* BOULENGER, 1899

Syn. : *Rhabdaethiops trilineatus* (connu des aquariophiles sous le nom de *Nannaethiops tritaeniatus*) *Citharinidae*

● Distribution : bassin du Zaïre ● Longueur : 4 cm ● Dimorphisme sexuel : mâle plus petit et élancé ; pendant la période de frai, ses nageoires et la bande latérale située au-dessus de la bande centrale noire deviennent rouges ● Alimentation : toutes nourritures ● Aquarium spécifique de préférence ● **Reproduction** : un mâle pour une femelle. Bac de ponte : 6–10 litres, avec une grille de protection et de la mousse de Java. Eau : 28–30 °C, pH 6,5 à 7,5, TAC inférieur à 2° ; filtration sur tourbe ou adjonction d'extraits de tourbe. Œuf petit et translucide. Incubation : 34 heures à 30 °C. Nourriture des alevins : paramécies pendant la première semaine, puis nauplies d'artémias et de cyclopes.

N. trilineatus est un poisson pacifique et grégaire. Le frai, pendant lequel la femelle pond jusqu'à 300 œufs, se passe en général le matin. On écarte ensuite les parents et on place le récipient à l'ombre. L'alevin épuise le sac vitellin en cinq jours. Il est très petit et ses yeux sont fortement pigmentés. Au bout de dix semaines, il atteint 10 mm et il est sexuellement mûr à l'âge de 8 mois.

2 *Distichodus noboli* BOULENGER, 1899 *Citharinidae*

● Distribution : Zaïre. Longueur : 8 à 10 cm ● Alimentation : toutes nourritures ● Aquarium spacieux, spécifique de préférence ; il est cependant possible de l'élever avec certains cichlidés ● Première importation en 1911, par Fritz Mayer à Hambourg ● **Reproduction** : inconnue en captivité. Eau : 24–26 °C, pH 6,5 à 7,0, TAC inférieur à 2°.

On élève ces poissons en petits groupes. Sur les 30 espèces connues du genre *Distichodus,* seule une petite partie convient à l'élevage en aquarium. *D. noboli* est l'une des meilleures de ce point de vue, mais il est difficile de l'acquérir, car les importations du Zaïre sont de plus en plus limitées. La coloration intense de la nageoire caudale n'existe que chez certains spécimens.

Citharinidae

1 *Distichodus sexfasciatus* BOULENGER, 1897 *Citharinidae*

● Distribution : Afrique centrale et du Sud-Ouest, Zaïre et Angola ● Longueur : 25 cm ● Alimentation : nourriture végétale, complétée par du zooplancton ● Aquarium spécifique de préférence, sans plantes ● Première importation en 1953 ● **Reproduction** : pas encore obtenue en captivité. Eau : 24–26 °C, pH 6,5 à 7,0, TAC inférieur à 2° (au moins pour le développement des œufs) ; ces valeurs restent hypothétiques.

On élève ces poissons en petits groupes. Ils sont paisibles et pacifiques. La robe juvénile est très colorée : le corps est orange ou même doré, les nageoires sont rouge parfois très vif et la nageoire dorsale comporte souvent des points foncés. Six ou sept bandes verticales assez larges s'étendent du dos au ventre. La nageoire adipeuse est blanchâtre et bordée de noir. Adultes, ils deviennent gris-jaune et le rouge cède la place au gris.

Le métabolisme des poissons étant important, il faut filtrer abondamment les aquariums et les nettoyer souvent. De fréquents changements d'eau favorisent la santé de cette espèce.

2 *Distichodus lusosso* SCHILTHUIS, 1891 *Citharinidae*

● Distribution : Cameroun, Zaïre, Angola, Zambie ● Longueur : 40 cm ● Alimentation : végétaux, complétés par du zooplancton. ● Aquarium spécifique de préférence ● Première importation en 1953 ● **Reproduction** : inconnue en captivité. Eau : 24–26 °C, pH 6,5 à 7,0, TAC inférieur à 2° (valeurs hypothétiques).

Seuls de très grands aquariums ou des bassins conviennent pour cette espèce, que l'on élève toujours en petits groupes. En raison de sa taille, *D. lusosso* n'est pas un poisson d'aquarium accessible à tout le monde.

La reproduction de cette espèce ne pourrait être envisagée que dans des bassins, probablement par reproduction artificielle, ou en induisant le frai par voie hormonale. Des tentatives pourraient avoir un intérêt dans les États africains, vu la possibilité d'utilisation économique de cette espèce.

1 juv.

2 juv.

Famille *Rhamphichthyidae*

Ces poissons appelés « Poissons-couteaux » américains, vivent dans les eaux calmes, les lagunes, les lacs peu profonds, densément garnis de plantes. Il s'agit de poissons crépusculaires rappelant les « Poissons-couteaux » africains de la famille des *Notopteridae.* Une longue nageoire anale forme une frange qui permet aux poissons de nager aussi bien en avant qu'en arrière. Beaucoup d'espèces atteignent une taille considérable, mais leur croissance est lente. Généralement, ces poissons ne supportent pas leurs congénères.

1 *Eigenmannia virescens* (VALENCIENNES, 1849) **« Poisson-couteau »**

Syn. : *Sternarchus virescens, Cryptops humboldti, C. lineatus, C. virescens, Eigenmannia humboldti, Sternopygus humboldti, S. limbatus, S. lineatus, S. microstomus, S. tumifrons, S. virescens* — *Rhamphichthyidae*

◁ ●

● Distribution : une grande partie de l'Amérique du Sud, de la rivière Magdalena en Colombie au rio de La Plata ; uniquement dans les eaux douces ● Longueur : 20 cm (femelles) à 35–40 cm (mâles) ● Dimorphisme sexuel : ventre de la femelle plus rebondi au moment du frai ● Alimentation : toutes sortes de proies vivantes, en particulier vers de vase et larves de moustiques ● Aquarium spécifique préférable ; 300–500 litres, avec beaucoup de plantes flottantes et une lumière diffuse ● Première importation en 1909 ● **Reproduction** : frai en groupe ; femelles plus nombreuses que les mâles. Eau : 27 °C, pH 5,5 à 7,0, TH de 11°, TAC de 2°. Œuf adhésif, d'un diamètre de 1,5 mm. Incubation : 3 jours. Nourriture des alevins : nauplies d'artémias.

A la différence de la plupart des espèces de la famille, *E. virescens* est un poisson sociable ; le groupe forme une structure sociale solide. Le frai se passe uniquement pendant la période des pluies. La maturation des glandes sexuelles dépend en effet de la baisse progressive du taux de sels dissous dans l'eau, la baisse du pH et l'augmentation de la hauteur d'eau jouant un rôle moins important. C'est pourquoi une condition nécessaire à la bonne maturation des poissons est une simulation parfaite des périodes de pluie et de sécheresse pendant au moins 2 mois. La première reproduction a été réussie dans un laboratoire ouest-allemand à la fin des années 70. Le frai a lieu la nuit, la femelle pond 100 à 200 œufs parmi les racines des plantes flottantes. Les larves ont 6 mm de long ; elles consomment le sac vitellin en 8 jours. Les jeunes poissons se développent rapidement et ressemblent aux adultes dès qu'ils mesurent 2 cm ; ils atteignent leur maturité à 13 cm pour le mâle et 10 cm pour la femelle.

Famille *Cyprinidae*

Les cyprins sont une famille très riche en espèces, qu'on trouve partout dans les eaux douces de l'ancien monde. La nageoire adipeuse est absente. La bouche est plus ou moins protractile et les mâchoires ne portent pas de dents. Cependant, il existe à l'intérieur de la cavité buccale des rangées de dents qui servent à broyer la nourriture. La taille des *Cyprinidae* varie entre 2 cm et 2 mm. En dehors de la période de frai, la température de l'eau peut être de 2 à 4 °C inférieure à celle indiquée.

Le genre *Barbus,* fixé en 1816 par Curier et Cloquet, comprenait des espèces très différentes. En 1922, Hamilton a pour la première fois utilisé le nom générique *Puntius.* L. P. Schultz a fait une révision du genre *Barbus* pour le diviser en quatre genres : *Barbus, Barbodes, Capoeta, Puntius.*

1 *Brachydanio rerio* (HAMILTON-BUCHANAN, 1822)
« Zèbre », « Danio zèbre »

Syn. : *Cyprinus rerio, Perilampus striatus, Danio rerio* *Cyprinidae*

● Distribution : est de l'Inde ● Longueur : 6 cm ● Dimorphisme sexuel : mâle élancé, femelle beaucoup plus arrondie ● Alimentation : toutes nourritures ● Aquarium d'ensemble accepté ● Première importation en 1905, par P. Matte-Lankwitz ● **Reproduction** : deux mâles pour une femelle. Bac de ponte : 6 litres, avec une grille de protection sur le fond ; il doit être clair, voire ensoleillé. Eau : 22–24 °, pH 7,0, TAC inférieur à 4° si possible ; elle doit être neuve. Incubation : 67 heures à 27 °C, mais beaucoup plus longtemps à des températures moins élevées. Nourriture des alevins : paramécies, rotifères et aliments artificiels pour alevins pendant 5 à 7 jours, puis nauplies d'artémias et de cyclopes.

On sépare les sexes pendant une à deux semaines avant le frai. La femelle pond jusqu'à 2 000 œufs en début de matinée. Après, on retire les parents ainsi que la grille de protection, on renouvelle 50 % de l'eau et on traite les œufs au bleu de méthylène. Les jeunes poissons se développent bien dans des aquariums peu profonds.

2 *Brachydanio rerio* – forme à voiles
Cyprinidae

Sélectionnée dans les années 70 en URSS, elle n'est pas encore stabilisée génétiquement.

3 *Brachydanio frankei* MEINKEN, 1963
« Danio-léopard »

Syn. : *Danio frankei* *Cyprinidae*

● Distribution : inconnue ● Longueur : 3 cm. Semblable à *B. rerio* pour les autres caractéristiques ● Première importation en 1962 en RDA.

Le docteur Meinken a su par l'importateur de Brême H. Espe que ces poissons provenaient du Cambodge. Mais aucune autre importation n'a suivi et on se demande si *B. frankei* n'est pas une mutation de *B. rerio* obtenue en aquarium. En effet, *B. frankei* et *B. rerio* se croisent, et donnent naissance à des individus fertiles. Cependant, les études de Meinken (1963 et 1967) et Frank (1966) montrent que du point de vue morphologique et anatomique, il est beaucoup plus proche de *B. tweediei* et *B. nigrofasciatus.*

4 *Brachydanio frankei* – forme à voiles
Cyprinidae

La forme à voiles de *B. frankei* est apparue en même temps que celle de *B. rerio* en URSS.

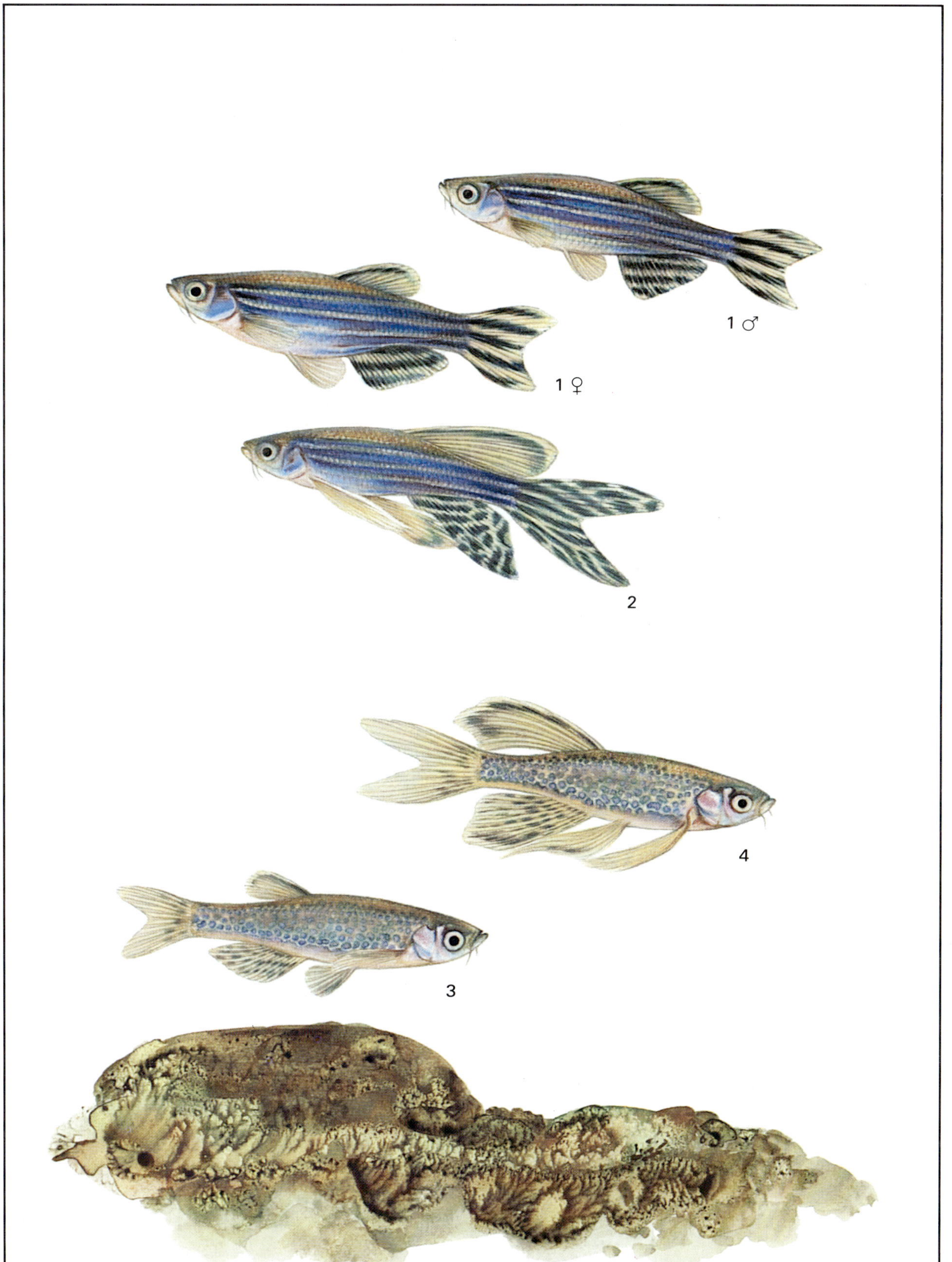
1 ♂
1 ♀
2
4
3

1 *Brachydanio albolineatus* (BLYTH, 1860)
« Danio perlé », « Danio Arc-en-ciel »
Syn. : *Nuria albolineata, Danio albolineata*

Cyprinidae

○ ◑

● Distribution : Birmanie, Thaïlande, Sumatra et presqu'île Malaise ● Longueur : 6 cm ● Dimorphisme sexuel : mâle élancé, avec une coloration intense, femelle plus corpulente ● Alimentation : toutes nourritures ● Aquarium d'ensemble accepté, bien couvert avec une plaque de verre ● Première importation en 1911 par Scholze et Pötzschke à Berlin ● **Reproduction** : en groupe ; 2 ou 3 mâles pour une femelle. Bac de ponte : 30–50 litres, avec une grille de protection et des plantes à feuilles fines ; hauteur d'eau de 10 à 15 cm ; il doit être clair, voire ensoleillé. Eau : 24–26 °C, pH 6,5 à 7,5, TAC inférieur à 4° si possible ; elle doit être neuve. Nourriture des alevins : paramécies et aliments artificiels pour alevins pendant 5 à 7 jours, puis nauplies de cyclopes ou d'artémias.

B. albolineatus est un poisson grégaire vivant près de la surface. On sépare les mâles et les femelles pendant environ une semaine avant le frai. Si on ne permet pas aux femelles de frayer, elles deviennent stériles ou même meurent. Le sac vitellin est consommé au bout de 5 à 6 jours et la croissance est très irrégulière.

2 *Brachydanio kerri* (SMITH, 1931)
Syn. : *Danio kerri*

Cyprinidae

○ ◑

● Distribution : sud de la Thaïlande ● Longueur : 6 cm. Autres caractéristiques : voir *B. albolineatus* ● Première importation en 1956, par Erhard Roloff à Karlsruhe ● **Reproduction** : voir *B. albolineatus*. Eau : 24 °C, pH autour de 7,0, TH inférieur à 18°, TAC inférieur à 4° ; bonne oxygénation. Incubation : 4 jours.

Ces poissons grégaires et pacifiques ont deux paires de barbillons assez longs. Le frai a lieu en eau libre près du fond. La femelle pond jusqu'à 400 œufs.

3 *Brachydanio nigrofasciatus* (HAMILTON-BUCHANAN, 1822)
« Danio tacheté »
Syn. : *Barilius nigrofasciatus, Brachydanio analipunctatus, Danio nigrofasciatus*

Cyprinidae

○ ◑

● Distribution : Birmanie ; rivières, ruisseaux et rizières. ● Longueur : 6,5 cm ● Dimorphisme sexuel : femelle robuste, mâle plus élancé, avec la nageoire anale bordée de brun ● Alimentation : toutes nourritures ● Aquarium d'ensemble accepté ● Première importation en 1911 par Scholze et Pötzschke à Berlin ●**Reproduction** : deux mâles pour une femelle. Bac de ponte : 6–10 litres, avec une grille de protection sur le fond. Eau : 26–28 °C, pH 7,0, TAC inférieur à 4° ; elle doit être neuve. Nourriture des alevins : paramécies et aliments artificiels pour alevins pendant 5 à 7 jours, puis nauplies d'artémias et de cyclopes.

Ces poissons adorent les aquariums éclairés par le soleil matinal ; ils vivent en bande et sont plus thermophiles (aiment des eaux plus chaudes) que les autres espèces du genre *Brachydanio*. On sépare les sexes pendant une période de trois semaines avant le frai. La femelle pond parmi les plantes jusqu'à 300 œufs. On écarte les parents après la ponte. L'alevin nage au bout de 3 jours et se tient près de la surface. Sa croissance est rapide.

1 ♂
1 ♀
2
3

1 *Danio aequipinnatus* (McClelland, 1839)
« Danio Malabar »

Syn. : *Perilampus malabaricus, P. aurolineatus, P. canarensis, P. mysorius, Paradanio aurolineatus, Danio alburnus, D. aurolineatus, D. lineolatus, D. micronema, D. osteographus, D. malabaricus, Leuciscus lineolatus* — *Cyprinidae*

○ ◑

● Distribution : Sri Lanka et côte occidentale de l'Inde ● Longueur : 12 cm ● Dimorphisme sexuel : mâle plus élancé que la femelle, et plus vivement coloré ● Alimentation : toutes nourritures, vivantes ou artificielles ● Aquarium d'ensemble accepté. Espèce élevée depuis 1909 ● **Reproduction** : frai en bancs ; deux mâles pour une femelle. Bac de ponte : 50–100 litres selon le nombre de poissons, avec une grille de protection ; doit être bien éclairé ou exposé au soleil, et couvert d'une plaque de verre. Eau : 23–26 °C, pH 7,0, TAC inférieur à 4° ; elle doit être neuve. Incubation : 30 heures à 26 °C. Nourriture des alevins : paramécies et fine nourriture artificielle, puis nauplies d'artémias ou de cyclopes.

On introduit les poissons dans l'aquarium de ponte le soir avant d'éteindre les lumières ; le frai se produit en général le lendemain matin. Les œufs sont très nombreux. On retire alors les parents et la grille de protection, puis on remplace le tiers, voire la moitié de l'eau par de l'eau neuve, que l'on traite au bleu de méthylène. Les alevins se fixent sur les parois latérales de l'aquarium à l'aide de la sécrétion gluante de leurs glandes céphaliques.

D. aequipinnatus vit en bandes, adore le soleil et l'espace. Il est possible de le garder de juin à septembre dans des bassins extérieurs. Si l'été est froid il supporte des baisses de température jusqu'à 10 °C, mais ne se développe pas ; il se rattrape alors à l'automne dans les aquariums chauffés.

2 *Danio devario* (Hamilton-Buchanan, 1822)

Syn. : *Cyprinus devario* — *Cyprinidae*

○ ◑

● Distribution : Pakistan, nord de l'Inde et du Bangladesh jusqu'à l'Assam ● Longueur : 15 cm ● Dimorphisme sexuel : femelle plus grande et plus élevée que le mâle, avec un ventre plus gros ● Alimentation : toutes nourritures ● Aquarium d'ensemble accepté ● Première importation en 1939, et première reproduction en 1940 en Allemagne ● **Reproduction** : en groupe ; deux mâles pour une femelle. Bac de ponte : 50–100 litres selon le nombre de poissons, avec une grille de protection et un couvercle en verre. Eau : 23–26 °C, pH proche de 7,0, TAC inférieur à 4° si possible. Œuf d'un diamètre de 1,5 mm. Incubation : 30 heures. Nourriture des alevins : paramécies et aliments artificiels pour alevins pendant les premiers jours, puis nauplies d'artémias ou de cyclopes.

C'est un poisson grégaire qui se croise facilement avec *D. aequipinnatus*. Les hybrides ressemblent aux mâles de *D. aequipinnatus* et sont stériles. Ce poisson supporte sans problème les températures basses (15 °C), et il est donc possible de les mettre en été dans les bassins extérieurs. Les larves se fixent sur des supports ou bien restent sur le fond. L'alevin croît rapidement et il est sexuellement mûr à 6 ou 8 mois.

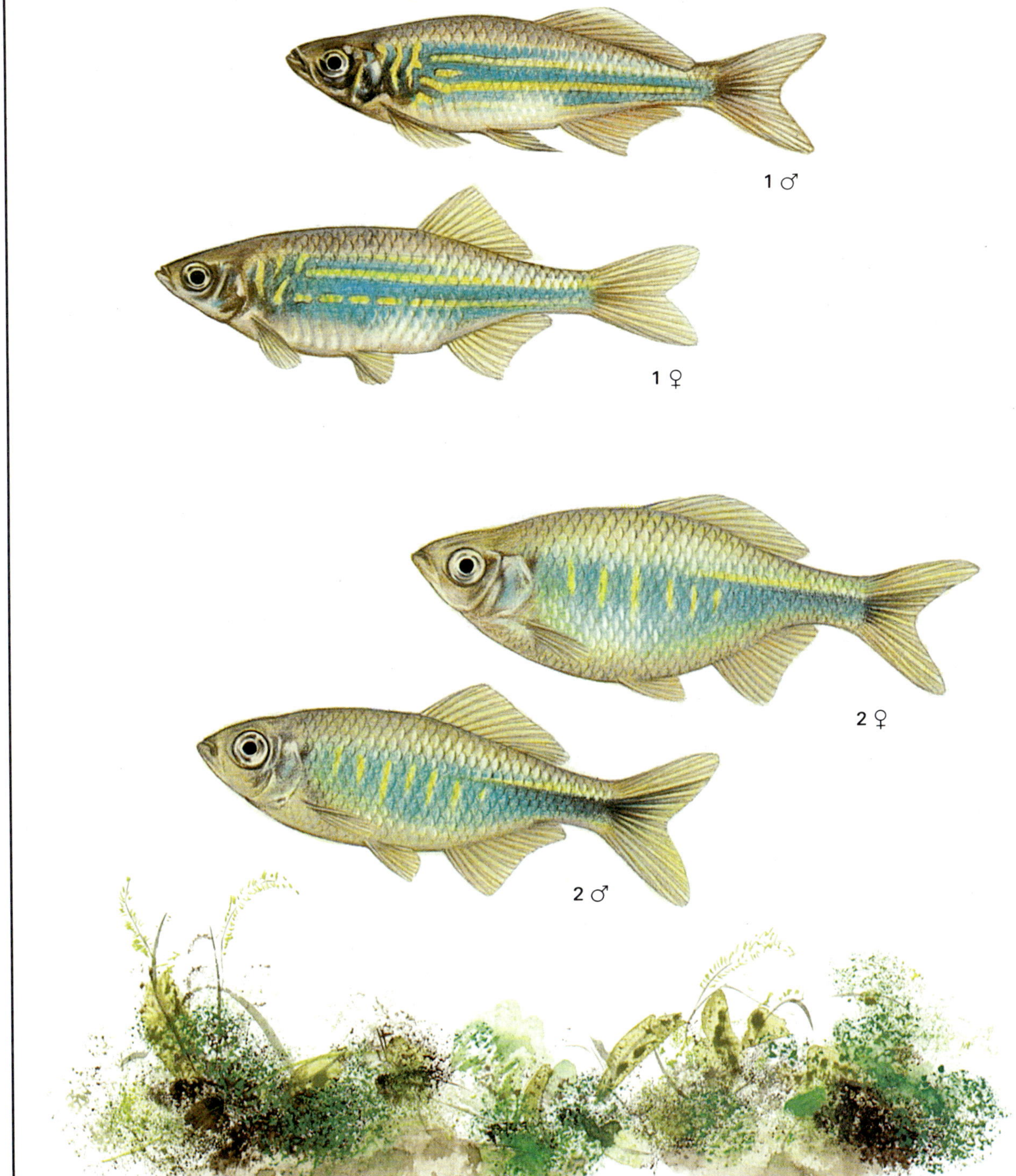
1 ♂
1 ♀
2 ♀
2 ♂

1 *Balantiocheilus melanopterus* (BLEEKER, 1850)

Syn. : *Barbus melanopterus, Puntius melanopterus, Systomus melanopterus* — *Cyprinidae*

● Distribution : Thaïlande, presqu'île Malaise, Sumatra et Bornéo ● Longueur : 35 cm ● Dimorphisme sexuel : nageoires du mâle plus intensément colorées ; femelle mûre plus ventrue ● Alimentation : toutes nourritures ● Aquarium d'ensemble accepté, d'un volume de 500 à 1 000 litres, clair et bien couvert ● Première importation en 1955, par le Tropicarium de Francfort ● **Reproduction** : en bancs ; deux mâles pour une femelle. Bac de ponte : 500 litres au moins, avec une grille de protection sur le fond. Eau : 25–27 °C, pH 6,5 à 7,0, TH inférieur à 18° et TAC inférieur à 4°. Nourriture des alevins : nauplies d'artémias.

Les poissons de cette espèce sont de très bons nageurs, rapides, vivant en bandes. Ils sont sexuellement mûrs lorsqu'ils atteignent 15 cm de longueur. On élève intensivement cette espèce à Singapour, mais rien n'a été publié sur sa reproduction en aquarium.

2 *Barbodes ablabes* (BLEEKER, 1863)

Syn. : *Barbodes gambiensis, Barbus gambiensis* — *Cyprinidae*

● Distribution : Sénégambie et Guinée ● Longueur : 10 cm ● Dimorphisme sexuel : mâle plus petit et plus élancé que la femelle, avec une coloration orange plus intense des nageoires ● Alimentation : nourritures vivantes ou artificielles ● Aquarium d'ensemble accepté. ● **Reproduction** : en couple. Bac de ponte : 50 litres, avec une grille de protection et des plantes à feuilles fines. Eau : 24 °C, pH 6,5 à 7,0, TAC inférieur à 4°. Œuf d'un diamètre de 1 mm. Incubation : 18 à 24 heures. Nourriture des alevins : nauplies d'artémias ou de cyclopes.

B. ablabes est une espèce très prolifique. On écarte le couple après le frai et on traite les œufs au bleu de méthylène. La première semaine, on nourrit les alevins même la nuit, sous un éclairage modéré. Pendant trois semaines, la croissance est rapide, puis elle se ralentit.

3 *Barbodes pentazona pentazona* BOULENGER, 1894

Syn. : *Puntius pentazona, Barbus pentazona* — *Cyprinidae*

● Distribution : Sumatra, Bornéo, presqu'île Malaise, Singapour ; dans les eaux calmes des plaines ● Longueur : 5 cm ● Dimorphisme sexuel : mâle plus petit, plus élancé et plus intensément coloré que la femelle ● Alimentation : toutes nourritures ● Aquarium d'ensemble accepté ● Première importation en 1911, à Conradshöhe, près de Berlin ● **Reproduction** : un mâle pour une femelle. Bac de ponte : 10 litres, avec une grille de protection et des plantes à feuillage fin. Eau : 26 °C, pH 6,0 à 7,0, TH inférieur à 18° et TAC inférieur à 4°. Œufs jaunes ou orangés, de grande taille. Incubation : 26 à 30 heures. Nourriture des alevins : nauplies d'artémias ou de cyclopes.

Une femelle pond 300 à 400 œufs. Tous les couples ne sont cependant pas disposés à frayer. On ne conseille pas de séparer les sexes avant le frai. Une fois le frai fini, on écarte les reproducteurs. Le sac vitellin est consommé au bout de six jours. La croissance de l'alevin est rapide au début, elle se ralentit au bout de 2 à 3 mois. La maturité sexuelle est atteinte à l'âge de 10 à 12 mois.

1
2
3

1 *Barbodes everetti* BOULENGER, 1894
Syn. : *Puntius everetti*

Cyprinidae

● Distribution : Singapour, Bornéo, île Kalimatan ● Longueur : 13 cm ● Dimorphisme sexuel : mâle plus élancé et plus vivement coloré que la femelle, qui est plus ventrue ● Alimentation : proies vivantes, aliments artificiels, mais aussi végétaux ● Aquarium d'ensemble accepté ● Première importation en 1913, par K. Siggelkow à Hambourg ● **Reproduction** : un ou deux mâles pour une femelle. Bac de ponte : peu élevé, avec une grande surface ; il doit être clair ou ensoleillé, et comporter une grille de protection et des plantes fines. Eau : 26–28 °C, pH 6,0 à 7,0, TH inférieur à 18° et TAC inférieur à 4°. Incubation 26–30 heures.

B. everetti est un poisson grégaire et pacifique. Dans des aquariums de petite taille, il est craintif et refuse de frayer. On sépare les couples une quinzaine de jours avant le frai. Il est recommandé d'utiliser des mâles plus âgés que les femelles, car ils sont sexuellement mûrs à partir d'un an et demi, contre un an pour les femelles.

2 *Barbodes bariloides* BOULENGER, 1914
Syn. : *Barbus bariloides*

Cyprinidae

● Distribution : Angola, Mozambique, Zaïre ; dans les petites pièces d'eau à végétation dense ● Longueur : 5 cm ● Dimorphisme sexuel : mâle d'un rouge roussâtre vif avec 12 à 15 bandes transversales bleues ou même noires ; femelle plus robuste et moins colorée ● Alimentation : toutes nourritures ● Aquarium d'ensemble accepté ● Première importation en 1963 ● **Reproduction** : un mâle pour une femelle. Bac de ponte : 6 litres, avec une grille de protection et des plantes à feuilles fines. Eau : 24 °C, pH autour de 7, TAC inférieur à 2°. Incubation : 24 heures. Nourriture des alevins : nauplies de cyclopes ou d'artémias.

De juin à septembre les jeunes poissons peuvent être placés dans des bassins en plein air. Ils sont sexuellement mûrs au bout de quatre mois. Il faut toujours les élever en bancs assez importants.

3 *Barbodes eugrammus* SILAS, 1956
Syn. : *Barbus eugrammus, Puntius eugrammus*

Cyprinidae

● Distribution : presqu'île Malaise, Bornéo et Sumatra ● Dimorphisme sexuel : la femelle a le dos élevé et le ventre arrondi ; les bandes longitudinales sont plus foncées chez le mâle, qui est en outre plus élancé ● Alimentation : ajouter de la nourriture végétale aux proies vivantes et aliments artificiels ● Aquarium d'ensemble accepté ● Première importation en 1934 par Häertel de Dresde ● **Reproduction** : un mâle pour une femelle. Bac de ponte : 50–100 litres, pour une hauteur d'eau de 20 cm environ ; mettre une grille de protection et des plantes. Eau : 25–26 °C, pH 6,0 à 6,5, TH inférieur à 9°, TAC inférieur à 2°. Incubation : 24–30 heures. Nourriture des alevins : nauplies d'artémias et de cyclopes.

Ce cyprin à bandes longitudinales avec des barbillons fut décrit en 1853 par Bleeker et nommé *Barbus fasciatus* ; or, quatre ans auparavant un autre poisson à bandes longitudinales mais sans barbillons avait été nommé *Cirrhinus (Barbus) fasciatus* par Jerdon ; le nom était donc invalide (homonyme secondaire). L'espèce fut renommée 100 ans plus tard *Barbodes eugrammus.*

1
2
3 ♀
3 ♂

1 *Puntius nigrofasciatus* GÜNTHER, 1868
« Barbus nigro »
Syn. : *Barbus nigrofasciatus* *Cyprinidae*

● Distribution : Sri Lanka ; eaux calmes et peu profondes, à végétation abondante ● Longueur : 6,5 cm ● Dimorphisme sexuel : le mâle est plus grand, plus intensément coloré, et possède un dos plus élevé que la femelle ● Alimentation : nourritures vivantes ou artificielles ● Aquarium d'ensemble accepté ● Première importation en 1935, par Mlle Wagner à Hambourg ● **Reproduction** : un mâle pour une femelle. Bac de ponte : 10 litres, avec une grille de protection et des plantes à feuilles fines ; éclairage modéré. Eau : 24 °C, pH 6,5 à 7,0, TH de 14 à 18°, TAC inférieur à 2°. Incubation : 24 heures. Nourriture des alevins : nauplies d'artémias et de cyclopes, ainsi que des aliments artificiels pour alevins.

Il s'agit de poissons grégaires et pacifiques ; cependant ils peuvent se révéler d'humeur ombrageuse dans de petits espaces. Dans des aquariums trop éclairés avec un fond clair, les poissons sont craintifs et peu colorés. Le frai a lieu, dans la majorité des cas, tôt le matin au milieu des plantes. Il dure environ 2 heures. On écarte ensuite les parents. La résorption du sac vitellin dure 7 jours. Certains éleveurs préconisent de maintenir en hiver une température de 14 à 16 °C : des poissons vivant dans de telles conditions frayeraient facilement dès que la température atteindrait 18 à 22 °C. Par contre les poissons élevés en permanence dans une eau chaude seraient moins colorés et refuseraient de frayer.

2 *Puntius ticto stoliczkae* (DAY, 1869)
Syn. : *Barbus ticto stoliczkae* (appelé incorrectement *Puntius stoliczkanus* ou *Barbus stoliczkanus*) *Cyprinidae*

● Distribution : sud de la Birmanie, bassin de la rivière Irrawaddy ● Longueur : 6 cm ● Dimorphisme sexuel : la nageoire dorsale du mâle est rouge bordée de noir, avec une tache rouge en forme de faucille ou quelques taches sombres ; la nageoire dorsale de la femelle n'est que rougeâtre, ses autres nageoires étant transparentes et son ventre plus rond ● Alimentation : nourritures vivantes et artificielles ● Aquarium d'ensemble accepté ● Première importation en 1925 ● **Reproduction** : un mâle pour une femelle. Bac de ponte : 10 litres, avec une grille de protection et des plantes fines. Eau 24–26 °C, pH 6,5 à 7,0, TAC de 4°. Œufs brunâtres ou gris-jaune, d'un diamètre de 1 à 1,2 mm. Incubation : 24–30 heures. Nourriture des alevins : paramécies pendant 3 à 4 jours, puis nauplies de cyclopes et d'artémias.

L'espèce n'a pas une appellation bien déterminée. *P. ticto stoliczkae* ne diffère peut-être de la forme de base *P. ticto ticto* (Hamilton-Buchanan, 1822) que par le nombre d'écailles en ligne transversale. Il n'est donc pas exclu qu'il s'agisse d'un simple « écotype » de *P. ticto.*

Les larves sont petites et translucides. Le sac vitellin est consommé au bout de cinq jours et l'alevin croît rapidement. A l'âge de trois mois, les jeunes poissons atteignent 4 cm et les sexes commencent à se différencier. La maturité sexuelle est atteinte à 7 mois. *P. ticto stoliczkae* vit en bandes, comme *P. conchonius ;* les deux espèces peuvent se croiser dans des conditions artificielles.

1 ♀
1 ♂
2 ♂
2 ♀

1 *Puntius conchonius* (HAMILTON-BUCHANAN, 1822)
« Barbus rosé », « Barbeau rosé »

Syn. : *Cyprinus conchonius, Systomus conchonius, Barbus conchonius* *Cyprinidae*

● Distribution : Inde du Nord, Bangladesh, Assam ; rivières, étangs, fossés. Il n'est pas exclu qu'il ait été également introduit dans d'autres régions ● Longueur : 15 cm ● Dimorphisme sexuel : le mâle est pourpre, les nageoires dorsale, ventrales et anale étant noires ; les femelles, beaucoup moins colorées, ont le ventre plus rond ● Alimentation : nourritures vivantes ou artificielles, auxquelles on ajoute des éléments végétaux ● Aquarium d'ensemble accepté. Première importation en 1903, par H. Stüve à Hambourg ● **Reproduction** : frai en couple ou en banc, les mâles pouvant être alors un peu plus nombreux. Bac de ponte : 20 à 100 litres selon la taille et le nombre des poissons, avec grille de protection. Eau : 24 °C, pH proche de 7 et TAC inférieur à 4°. Œuf translucide, fortement adhésif. Incubation : 24 heures à 24 °C. Nourriture des alevins : nauplies d'artémias et de cyclopes, aliments artificiels pour alevins.

Les poissons sont plus petits en aquarium que dans leur milieu naturel. Certaines populations, suite à de nombreux croisements consanguins, sont chétives et atteignent la maturité sexuelle dès 4 cm de longueur.

Après le frai, on enlève le couple et on remplace 50 % de l'eau par de l'eau neuve. On traite les œufs au bleu de méthylène. Dès que l'alevin commence à nager, on le nourrit intensément, trois à quatre fois par jour, et même une fois la nuit pendant la première semaine. Les alevins se développent rapidement dans des aquariums spacieux. Il est possible de mettre en été les poissons de taille supérieure à 1 cm dans les bassins en plein air. Toutes les conditions sont alors réunies pour que les alevins puissent atteindre la taille optimale ; ils supportent sans difficultés des baisses de température de l'ordre de 10 °C.

2 *Puntius conchonius* – forme à voiles *Cyprinidae*

Cette mutation a été sélectionnée et génétiquement fixée en URSS à la fin des années 60. A cause de la consanguinité liée à la sélection, ces poissons sont chétifs et atteignent au maximum 5 cm.

3 *Puntius conchonius* forme xanthochromique (dorée) *Cyprinidae*

Sélectionnée en Tchécoslovaquie et en RDA, cette forme supporte moins le froid que les autres, mais n'atteint elle aussi que 5 cm au maximum.

4 *Puntius conchonius* forme xanthochromique (dorée) à voiles *Cyprinidae*

Au début des années 70, en croisant les poissons à voiles avec la forme xanthochromique à nageoires courtes, on a obtenu ces poissons très impressionnants. Il sont toujours sélectionnés en URSS, RDA et Tchécoslovaquie. Les nageoires longues ne sont apparemment pas encore génétiquement stables. Ces poissons, ne supportant pas une eau trop froide ne dépassent pas 5 cm.

Pour pouvoir les conserver, on ne croise jamais ces formes sélectionnées avec la forme originale, dont les caractères sont génétiquement dominants.

1 ♂
1 ♀
2
3 ♂
3 ♀
4

1 *Puntius filamentosus* (CUVIER et VALENCIENNES, 1844)

Syn. : *Leuciscus filamentosus, Barbus mahecola, B. filamentosus, Systomus assimilis*

Cyprinidae

○ ◑

● Distribution : Inde du Sud et du Sud-Ouest, Sri Lanka ; dans les rivières de montagne ● Longueur 15 cm ● Dimorphisme sexuel : les rayons de la nageoire dorsale sont allongés en filaments chez le mâle ; à maturité il porte de plus des boutons nuptiaux sur le museau ● Alimentation : toutes nourritures ● Aquarium d'ensemble, mais avec des poissons plus grands, ou très mobiles ● Première importation en 1950 ● **Reproduction** : frai en petits groupes, avec éventuellement une légère prépondérance de femelles. Bac de ponte : 100–200 litres, avec grille de protection. Eau : 26 °C, pH autour de 7, et peu de carbonates (TAC inférieur à 2°). Œuf jaunâtre, petit et légèrement adhésif. Incubation : 48 heures. Nourriture des alevins : nauplies d'artémias ou de cyclopes.

Les poissons sont sexuellement mûrs à l'âge d'un an et demi. Le frai se produit parmi les plantes, près de la surface et il est très violent. Pendant l'acte lui-même, qui est assez court, le mâle est accolé à la femelle et l'entoure légèrement de sa nageoire caudale.

P. filamentosus est un poisson robuste et il est possible de pratiquer la reproduction artificielle ; cela exige une manipulation prudente du poisson et une propreté parfaite des outils. La reproduction artificielle par la méthode sèche doit être faite avec calme, rapidement et sans blesser le poisson. On la pratique toujours au début de la période naturelle de frai. L'œuf ne doit pas être en contact avec l'eau avant la fécondation (le détail de la fécondation artificielle est décrit pour *Carassius auratus*).

Les œufs sont très nombreux. On écarte les parents après le frai et on remplace la moitié de l'eau par de l'eau neuve de même composition, traitée au bleu de méthylène. Le grand nombre de jeunes poissons impose une surveillance accrue. Il leur faut suffisamment de nourriture en permanence, et de fréquents changements d'eau. Plus tard, on les répartit dans plusieurs aquariums afin de favoriser leur croissance. La coloration juvénile n'a rien de commun avec celle des poissons adultes. Au bout de 7 mois, cette coloration disparaît et la troisième bande transversale se transforme en une tache en forme de goutte.

1 ♂
1 ♀
1 juv.

1 *Capoeta bimaculata* (Bleeker, 1864)

Syn. : *Barbus bimaculatus, Barbodes bimaculatus*

Cyprinidae

● Distribution : Sri Lanka principalement ● Longueur : 7 cm ● Dimorphisme sexuel : mâle plus élancé que la femelle, avec les flancs rougeâtres ● Alimentation : nourritures artificielles, proies vivantes et végétaux ● Aquarium d'ensemble accepté ● **Reproduction** : un mâle pour une femelle ; éventuellement frai en groupe dans un aquarium assez grand. Bac de ponte : 10 litres, avec une grille de protection et des plantes à feuilles fines ; il doit être bien éclairé, voire ensoleillé. Eau : 24 °C, pH 6,5 à 7,0, TAC inférieur à 4°. Œuf petit et translucide, adhésif. Incubation : 24 heures. Nourriture des alevins : paramécies pendant 2 jours, puis nauplies d'artémias et de cyclopes.

Le frai a lieu le plus souvent dans la matinée. La femelle est très prolifique et peut pondre quelques centaines d'œufs en 2 heures. On peut espérer élever jusqu'à 500 jeunes à partir de la ponte d'une seule femelle. Les larves se fixent sur les parois, les plantes et les pierres. Le sac vitellin est consommé au bout de deux jours. Bien que la croissance soit assez lente il faut déplacer périodiquement les alevins dans des aquariums plus grands vu leur nombre important. Pendant cette période, ils préfèrent une température de 20 à 22 °C, et on les nourrit principalement avec de la purée d'épinards.

2 *Puntius* sp. « Odessa » (espèce indéterminée)
« Barbus d'Odessa »

Cyprinidae

● Distribution : inconnue ; le Docteur H. R. Axelrod estime que l'espèce est originaire du Nord du Viêt-nam ● Longueur : 6 cm ● Dimorphisme sexuel : le mâle a une bande latérale rouge très marquée ; la femelle a le ventre plus rond ● Alimentation : toutes sortes de nourritures ● Aquarium d'ensemble accepté ● Première importation : cette espèce a été vue pour la première fois en 1971, au « marché aux poissons » d'Odessa ● **Reproduction** : un mâle pour une femelle ; le frai a lieu en couple ou en groupe. Bac de ponte : 10–50 litres, avec une grille de protection sur le fond et des plantes à feuilles fines. Eau : 25 °C, pH proche de 7, TAC inférieur à 4° ; certains aquariophiles disent avoir obtenu un développement normal avec un TAC atteignant 13°. Œuf d'un diamètre de 0,9 mm. Incubation : 18–20 heures à 28°, 24 heures à 25 °C. Nourriture des alevins : nauplies d'artémias.

L'élevage de cette espèce est très facile ; elle est en plus très prolifique. Pour obtenir une bonne croissance, il convient d'élever les jeunes en densité assez faible.

1 ♂
1 ♀
2 ♂
2 ♀

1 *Puntius lateristriga* CUVIER et VALENCIENNES, 1844

Syn. : *Barbus zelleri, B. lateristriga, Systomus lateristriga* — *Cyprinidae*

● Distribution : Thaïlande, Singapour, Sumatra, Java, Bornéo et autres îles d'Asie du Sud-Est ; dans les ruisseaux rapides et propres, et dans les étangs ● Longueur : 20 cm ● Dimorphisme sexuel : mâle plus élancé et plus intensément coloré que la femelle ● Alimentation : organismes vivants et aliments artificiels complétés par des végétaux ● Aquarium d'ensemble, seulement en compagnie de poissons à la taille et au comportement analogues ● Première importation en 1914, par J. Wolmer à Hambourg ● **Reproduction** : un mâle pour une femelle, même si on les laisse frayer en groupe. Bac de ponte : 100–120 litres, avec une grille de protection et des touffes de plantes ; la hauteur d'eau ne devrait pas dépasser 25 à 30 cm. Eau : 26–28 °C, pH 6,5 à 7,0, TH inférieur à 18°, TAC inférieur à 4°. Œuf adhésif. Incubation : 48 heures. Nourriture des alevins : nauplies d'artémias et fin zooplancton.

Ce sont des poissons peu exigeants, robustes et très mobiles. Les jeunes vivent en bancs, les adultes sont plutôt solitaires. Pendant le frai, qui a lieu en général tôt le matin au milieu des plantes, la femelle pond quelques centaines d'œufs. Le mâle poursuit la femelle très activement. Après le frai, on écarte le couple. En cours de croissance, on trie les jeunes poissons selon leur taille et on les répartit dans des aquariums différents. De grands bassins chauffés sont un milieu idéal pour le développement des jeunes poissons.

2 *Capoeta arulia* (JERDON, 1849)

Syn. : *Barbus arulius, Puntius arulius* — *Cyprinidae*

● Distribution : Sud-Est de l'Inde ● Longueur : 12 cm ● Dimorphisme sexuel : femelle moins élancée et plus grosse que le mâle, dont les rayons de la nageoire caudale sont allongés en éventail, et qui peut présenter des boutons nuptiaux autour de la bouche ● Alimentation : ajouter des éléments végétaux aux autres nourritures habituelles ● Aquarium d'ensemble accepté ● Première importation en 1954 ● **Reproduction** : un mâle pour une femelle ; frai en groupe. Bac de ponte : 100 litres, avec une grille de protection et des plantes fines ; il doit être bien éclairé, voire ensoleillé. Eau : 24–26 °C, pH 6,5 à 7,0, TAC inférieur à 4°. Œuf de couleur thé, légèrement adhésif, d'un diamètre de 1,5 mm. Incubation : 25 heures à 26 °C. Nourriture des alevins : nauplies d'artémias ou de cyclopes.

C. arulia est un poisson très actif vivant en bancs. Le frai a lieu au crépuscule, près du fond, le plus souvent parmi les plantes, parfois en eau libre. Dans un espace trop restreint, le mâle peut molester, et même tuer la femelle. Les larves se fixent à l'ombre, sur les parois et les plantes. Sept jours après la nage libre, l'alevin atteint 3,5 mm. Sa croissance est relativement rapide.

1 ♀
1 ♂
2 ♂
2 ♀

1 *Capoeta oligolepis* (BLEEKER, 1853)

Syn. : *Barbus oligolepis, Puntius oligolepis, Systomus oligolepis* — *Cyprinidae*

○ ◑

● Distribution : Sumatra ● Longueur : 5 cm ● Dimorphisme sexuel : la femelle a le ventre arrondi, le mâle étant plus élancé avec les nageoires (dorsale et anale principalement) rouge brique bordées de noir ● Alimentation : toutes sortes de nourritures ● Aquarium d'ensemble accepté ● Première importation en 1923, par Jonny Wolmer à Hambourg ● **Reproduction** : un mâle pour une femelle ; éventuellement frai en groupe. Bac de ponte : 10–50 litres, avec une grille de protection, des plantes à feuilles fines. Eau : 24 °C, pH 6,5, TAC de 4°. Incubation : 36 heures. Nourriture des alevins : nauplies d'artémias.

Cette espèce s'élève très facilement, de préférence en bancs. Certains auteurs indiquent qu'il est possible de croiser *C. oligolepis* avec un grand nombre d'espèces *(Puntius conchonius, Barbus dunckeri, Capoeta semifasciolata, Puntius ticto stoliczkae, Puntius ticto ticto, Puntius vittatus, Brachydanio albolineatus, B. rerio* ou *Danio aequipinnatus)* et d'obtenir des hybrides viables. H. Frey signale l'existence de poissons avec une ou deux paires de barbillons. Une forme xanthochronique de ce poisson a été sélectionnée et fixée dans les élevages.

2 *Capoeta titteya* (DERANIYAGALA, 1929)
« Barbus cerise »

Syn. : *Barbus frenatus, Puntius titteya, Barbus titteya* — *Cyprinidae*

▭ ●

● Distribution : Sri Lanka ; rivières et ruisseaux ombragés ● Longueur : 5 cm ● Dimorphisme sexuel : mâle rouge ; femelle brunâtre avec une bande latérale clairement visible ● Alimentation : toutes nourritures de petite taille ● Aquarium spécifique préférable ; en bac d'ensemble, ces poissons timides n'ont pas un comportement naturel ● Première importation en 1936, par W. Odenwald à Hambourg ● **Reproduction** : un mâle pour une femelle. Bac de ponte : 10 litres, avec une grille de protection, des plantes fines et des plantes flottantes pour tamiser la lumière ; la hauteur d'eau ne doit pas dépasser 10 à 15 cm, et le fond doit être sombre. Eau : 25–27 °C, pH 6,5 à 7,0 avec peu de carbonates (TAC faible). Œufs de couleur thé, fixés aux plantes par un filament. Incubation : 24 heures. Nourriture des alevins : nauplies d'artémias et de cyclopes.

Il existe une grande variété de couleurs chez cette espèce. Ce sont des poissons pacifiques, vivant d'une façon plutôt dispersée ; les mâles se battent cependant entre eux. Le frai dure environ 3 heures ; la femelle peut pondre jusqu'à 300 œufs, à raison de 1 ou 2 à la fois. Les larves restent sur le fond jusqu'à la nage libre. On abaisse le niveau d'eau à 5 cm quand les alevins commencent à nager, puis on le relève progressivement.

1 ♂
1 ♀
2 ♂
2 ♀

1 *Capoeta semifasciolata* GÜNTHER, 1868

Syn. : *Capoeta guentheri, Puntius guentheri, P. semifasciolatus, Barbus semifasciolatus*

Cyprinidae

• Distribution : Chine du Sud-Est • Longueur : 10 cm • Dimorphisme sexuel : mâle plus coloré et plus élancé que la femelle • Alimentation : nourritures vivantes ou artificielles • Bac d'ensemble accepté • Première importation en 1909 à Berlin, en provenance de Hong-Kong • **Reproduction** : un mâle pour une femelle ; on peut faire frayer plusieurs couples à la fois. Bac de ponte : 10–50 litres selon le nombre de poissons, avec une grille de protection et des plantes à feuilles fines. Eau : 24 °C, pH 6,5 à 7,0, TAC inférieur à 4°. Œuf petit. Incubation : 30–36 heures. Nourriture des alevins : nauplies d'artémias ou de cyclopes.

Le frai a lieu dans la plupart des cas tôt le matin. Il est très violent, la femelle pond jusqu'à 300 œufs. On écarte les parents après le frai et on traite les œufs au bleu de méthylène. On n'enlève la grille de protection que lorsque l'alevin commence à nager.

2 *Capoeta semifasciolata « schuberti »*

Nom commercial : *Barbus « schuberti », Puntius « schuberti »*

Cyprinidae

Voir *Capoeta semifasciolata* pour les caractéristiques générales et l'élevage.

Capoeta semifasciolata a été décrite en 1868 par Günther ; en 1923, Ahl décrit l'espèce *Puntius sachsi.* Il n'y a pratiquement pas de différence entre les deux espèces, si ce n'est leur origine, leur coloration, et le fait que *C. semifasciolata* a une paire de barbillons, absente chez *P. sachsi. C. semifasciolata « schuberti »* a été considéré tour à tour comme une forme xanthochromique des deux espèces. En réalité il y a trois formes de *C. « schuberti » ;* la première n'est pas typiquement xanthochromique car elle a des taches noires (comme le montre le dessin) ; la deuxième a été créée dans les élevages européens, elle est jaune-noire, sans tâche, avec les yeux foncés, et c'est donc une forme xanthochromique typique. La troisième forme est une forme albinos avec les yeux rouges. Il apparaît qu'il s'agit dans les trois cas d'aberrations de couleur de *C. semifasciolata,* mais en aucun cas de formes issues de *Puntius sachsi.*

1 ♂
1 ♀
2 ♂
2 ♀

1 *Capoeta tetrazona tetrazona* (BLEEKER, 1855)
« Barbus de Sumatra »

Syn. : *Puntius tetrazona, Barbus tetrazona* *Cyprinidae*

● Distribution : Indonésie, Sumatra, Bornéo ● Longueur 7 cm ● Dimorphisme sexuel : chez le mâle, les nageoires pelviennes sont entièrement rouges, le dessus du museau est rougeâtre et le bord de la nageoire dorsale est rouge vif ; chez la femelle, plus trapue et plus terne, le bord des nageoires pelviennes est transparent ● Aquarium d'ensemble, mais pas en compagnie de poissons trop placides ou dotés de nageoires trop longues, qui risquent de se faire mordiller ● Première importation en 1935 ● **Reproduction** : un mâle pour une femelle. Bac de ponte : 10 litres pour un couple, avec une grille de protection et des plantes à feuilles fines. Eau : 26 °C, pH 6,5 à 7,0 et TAC inférieur à 2° ; ajouter éventuellement des extraits de tourbe. Œuf adhésif, d'un diamètre de 1 mm. Incubation : 36 heures. Nourriture des alevins : nauplies d'artémias et de cyclopes.

Les mâles sont agressifs pendant le frai ; dans un espace restreint, ils peuvent même tuer des femelles qui ne sont pas prêtes à pondre. Si le frai n'a pas lieu dans les 24 heures, il vaut mieux séparer le couple et essayer à nouveau plus tard. Le développement des œufs dépend dans une large mesure de la dureté carbonatée de l'eau (TAC) : si elle est supérieure à 2°, le pourcentage d'échecs augmente. Les femelles sont prolifiques, surtout si elles pondent régulièrement. La croissance des jeunes poissons est rapide et au bout de quinze jours ils atteignent 1 cm et leurs rayures sont très apparentes. Cette espèce est assez sensible aux maladies.

2 *Capoeta tetrazona* – forme « mousseuse »
« Sumatra noir », « Sumatra vert » *Cyprinidae*

En 1975, Gustav Struck-Manching de RFA a obtenu une intéressante mutation de couleur de *C. tetrazona,* sous le nom de « barbus mousseux » (en français « sumatra noir » ou « sumatra vert »). Elevée ensuite en RDA et en Tchécoslovaquie, cette forme a été sensiblement améliorée. La première génération, provenant fort probablement d'élevages asiatiques, n'était pas génétiquement pure : si certains descendants présentaient effectivement la coloration noire attendue, beaucoup avaient des couleurs différentes, allant de la forme naturelle jusqu'à une forme albinos, en passant par la forme xanthochromique de type Hong Kong et une forme rayée atypiquement. En choisissant les reproducteurs, il faut impérativement éliminer tous ceux qui n'ont pas parfaitement la coloration recherchée, car la coloration noire a toujours un caractère récessif : elle laisse facilement place à la coloration naturelle dominante. L'élevage est le même que pour la forme naturelle ; les femelles pondent cependant moins d'œufs et la croissance des jeunes est beaucoup plus lente.

1 ♂
1 ♀
2 ♂
2 ♀

1 *Capoeta tetrazona* – forme albinos

Cyprinidae

Cette forme dépigmentée, caractérisée par ses yeux rouges et pourvue d'écailles sur tout le corps (à la différence de la forme suivante), a été obtenue par de patientes sélections.

2 *Capoeta tetrazona* forme xanthochromique de Hong Kong **« Sumatra doré »**

Cyprinidae

Cette forme a probablement été sélectionnée en Asie. Elle se caractérise par l'absence de pigments noirs sur le corps (bandes verticales dépigmentées), l'œil reste noir et n'a que peu ou pas d'écailles. Les souches provenant d'Asie sont génétiquement fixées et il ne subsiste pratiquement plus de déviations.

Il est déconseillé (et sans intérêt) de croiser entre elles les différentes formes de *C. tetrazona*, car on obtient alors des poissons qui se rapprochent du type naturel.

3 *Capoeta hulstaerti* (Pool, 1945)

Syn. : *Barbus hulstaerti*

Cyprinidae

• Distribution : cours inférieur du Zaïre (Congo), Angola • Longueur : 3,5 cm • Dimorphisme sexuel : mâle élancé, avec une tache antérieure en forme de faucille sur le flanc ; femelle plus robuste, avec cette tache moins apparente et ronde • Alimentation : nourritures vivantes et artificielles additionnées de végétaux • Aquarium spécifique préférable • Première importation en 1956 • **Reproduction** : un mâle pour une femelle, la proportion de mâles pouvant être un peu plus forte pour une ponte en groupe. Bac de ponte : 10–12 litres, avec une grille de protection et des plantes fines ; il doit être peu éclairé et sombre de préférence. Eau : 24 °C, pH 6,0 à 6,5, dureté carbonatée nulle, TH autour de 10° ; selon certains, l'alevin ne supporterait pas plus de 22 °C.

On a peu d'informations sur l'élevage de ces poissons. On les élève toujours en bancs assez importants. En bac d'ensemble, ils sont craintifs et bougent peu. Certains spécialistes recommandent d'aménager dans le fond de l'aquarium des zones sombres alternant avec des zones claires. Il semblerait que les poissons fraient dans les endroits les plus sombres du bac. Ils sont très sensibles aux variations de la composition chimique de l'eau.

1 – *Barbodes pentazona pentazona*
2 – *Barbodes pentazona kahajani*
3 – *Barbodes pentazona hexazona*
4 – *Capoeta tetrazona partipentazona*

1
2
3

1 *Carassius auratus* var. *bicaudatus* « Télescope »

Cyprinidae

Des carassins aux yeux hypertrophiés ont été sélectionnés en Chine entre 1547 et 1643. Au Japon cette forme existe en différentes couleurs, rouge, bigarré (Kaliko) et même avec des écailles transparentes. Leur signe caractéristique est de posséder des yeux très saillants ; les deux yeux doivent être symétriques. La forme télescopique des yeux est une conséquence de la dégénérescence de la rétine due à la sécrétion des hormones thyroïdiennes. Le corps est assez court ; la nageoire caudale était courte à l'origine, mais elle a été allongée dans les dernières années. Le Télescope noir a été sélectionné en Chine entre 1848 et 1925, il est également très répandu au Japon.

L'élevage, la nourriture, l'eau et les aquariums sont les mêmes que pour *Carassius auratus auratus.*

2 *Carassius auratus* var. *bicaudatus* « Uranoscope »

Cyprinidae

Cette forme a pris naissance en Chine vers 1895. La sélection a été achevée au Japon.

3 *Carassius auratus* var. *bicaudatus* « Tête de lion »

Cyprinidae

Le Tête de lion hollandais, appelé également «Oranda », est une des formes les plus grandes ; elle atteint 60 cm de longueur. La nageoire caudale a une longueur égale à celle du corps. Toutes les nageoires sont allongées. Ce poisson a probablement été introduit au XVIIe siècle par les marchands hollandais, de la Chine au Japon (Nagasaki) où s'est poursuivie la sélection. A la différence du Tête de lion chinois, sélectionné en Chine vers 1846, qui n'a pas de nageoire dorsale et possède un corps ovoïde, cette variété possède une nageoire dorsale développée, et sa nageoire caudale est fortement découpée en quatre lobes, ou avec des franges. Les excroissances boursouflées de la tête n'apparaissent qu'à partir de la deuxième année. Ces poissons peuvent être de couleur jaune, orange ou de diverses nuances de rouge et de noir.

1
2
3

1 *Cyprinus carpio carpio* LINNAEUS, 1758
« Carpe »

Syn. : *Cyprinus acuminatus, C. coriaceus, C. elatus, C. hungaricus, C. macrolepidotus, C. rex cyprinorum, C. specularis, C. regina*

Cyprinidae

○ ● • Distribution (forme sauvage) : fleuves côtiers de la Méditerranée, de la mer Noire, de la mer Caspienne et de la mer d'Aral • Longueur : jusqu'à 1 m • Dimorphisme sexuel : vue de dessus la femelle est plus épaisse que le mâle ; discrets boutons nuptiaux chez le mâle en période de reproduction • Alimentation : aliments artificiels spécifiques • Élevage en bassin ou étang, avec une légère déclivité sur un des côtés ; profondeur 0,80 à 1,20 m ; fond solide ; plantation de nénuphars • **Reproduction** : en groupe, avec un peu plus de mâles que de femelles ; reproduction artificielle possible. Eau : 15–20 °C, pH 7,0 à 7,5, TH entre 18 et 27°, TAC de 4° ; bonne oxygénation. Œuf adhésif, d'un diamètre de 1 mm. Incubation : 5 jours à 15 °C, 3 jours à 20 °C. Nourriture des alevins : zooplancton fin.

La forme sauvage possède un corps allongé, 3,5 à 4 fois plus long que haut. A partir de cette forme, on a sélectionné une carpe à dos élevé (qui n'est que 2,5 à 3 fois plus longue que haute) et une forme colorée ornementale, la carpe Koi, sélectionnée au Japon. Ce poisson a le dos allongé de la carpe sauvage, et n'atteint que 50 cm ; d'après certaines sources, il serait redevenu sauvage dans certaines eaux européennes.

La carpe est un poisson à croissance rapide. Idéalement, sa nourriture doit comprendre 70 % de protéines (nourritures animales), 20 % d'hydrates de carbone (flocons d'avoine, déchets de céréales, pâtes), 9 % de végétaux et 1 % de minéraux. La consommation de nourriture, qui dépend de la température, est maximale en été ; si la température est inférieure à 15 °C, on réduit la proportion des protéines ; en dessous de 8 °C, on ne nourrit plus, le métabolisme des poissons étant alors fortement réduit.

Les femelles sont sexuellement mûres entre 2 et 4 ans, les mâles plus tôt. Une femelle peut pondre jusqu'à un million cinq cent mille œufs, collés sur les plantes immergées. Les embryons se fixent sur les plantes à l'aide de leurs glandes adhésives céphaliques. La résorption du sac vitellin dure environ cinq jours. Il faut être très prudent en manipulant les poissons ; on utilise des filets très fins et de grande taille.

L'origine des carpes colorées (Koi) est très ancienne. Un manuscrit datant du IIIe siècle parle de carpes bleues, rouges et blanches. Mais les différentes formes que l'on connaît aujourd'hui n'ont été sélectionnées qu'à la fin du siècle dernier.

La température optimale d'élevage des carpes Koi est de 16 à 20 °C. Si la température est plus élevée, on est obligé d'ombrager les bassins et de changer partiellement l'eau ; en hiver, par contre, on recommande de garder ces poissons à l'intérieur.

D'après la forme de leur corps, on distingue deux formes principales de carpes Koi : d'une part, des poissons élancés originaires d'Asie, sélectionnés probablement à partir de la sous-espèce asiatique *C. carpio haematopterus* et, d'autre part, des poissons d'ascendance européenne, plus massifs, provenant surtout d'Allemagne. Par une sélection méthodique et des croisements successifs, on a obtenu une incroyable gamme de couleurs, chaque dessin ayant un nom. Citons au moins trois formes, Tancho Sanke, blanche avec des marbrures rouges et noires (1a), Taisho Sanke, au corps tacheté de noir avec une marque rouge sur la tête (1b), et Kin Showa, rouge et orange marbrée de noir (1c).

1 a
1 b
1 c

1 *Epalzeorhynchus kallopterus* (BLEEKER, 1850)

Syn. : *Barbus kallopterus* *Cyprinidae*

□ ●

● Distribution : est de l'Inde, Indonésie, Thaïlande, Sumatra et Bornéo ; dans les eaux courantes ● Longueur : 16 cm ● Dimorphisme sexuel inexistant ● Alimentation : ajouter des végétaux aux nourritures vivantes ou artificielles ; selon certains auteurs, il se nourrit aussi de turbellariés (planaires) ● Bac spécifique si possible ● Première importation en 1935 par Werner Ladiges à Hambourg ● **Reproduction** : inconnue. Eau : 24–26 °C, pH 6,5 à 7,0, TH de 9 à 14°, TAC inférieur à 2°.

Il faut fournir à cette espèce un grand aquarium de quelque 500 litres, avec une plantation offrant de nombreuses cachettes. Les poissons âgés sont agressifs et défendent jalousement leur territoire. *E. kallopterus* est un poisson de fond, et c'est là qu'il cherche sa nourriture. Il a deux paires de barbillons. Au repos il aime s'appuyer sur ses nageoires pelviennes.

2 *Epalzeorhynchus siamensis* SMITH, 1931

Cyprinidae

□ ●

● Distribution : Thaïlande et presqu'île Malaise ; dans les eaux courantes ● Longueur : 14 cm ● Dimorphisme sexuel : inexistant ● Alimentation : toutes sortes d'aliments, en particulier les algues ● Première importation par la société Andreas Werner à Munich ● **Reproduction** : inconnue en captivité ; on peut probablement s'inspirer des expériences de reproduction du genre Labeo. Eau : 24–26 °C, pH 6,5 à 7,0, TH entre 9 et 14°, TAC inférieur à 2°.

Ces poissons sont agressifs vis-à-vis de leurs congénères et nécessitent par conséquent un aquarium spacieux avec suffisamment de cachettes et peu de plantes.

A la différence de l'espèce proche *E. kallopterus, E. siamensis* a des nageoires transparentes avec des nuances de blanc ; la bande foncée latérale s'arrête à la base de la nageoire caudale, tandis que chez *E. kallopterus* elle se prolonge jusqu'à la fourche de cette nageoire. La partie ventrale du corps est blanche. La bouche est infère et porte deux paires de barbillons sur la mâchoire supérieure. Ces poissons consomment avant tout des algues, y compris des algues filamenteuses ; il ne prêtent pas attention aux plantes supérieures. Ils se nourrissent aussi de turbellariés (planaires), ce qui permet de les utiliser dans la lutte contre ces hôtes indésirables. Dans son pays d'origine, cette espèce est consommée.

1
2

1 *Chela laubuca* (Hamilton-Buchanan, 1822)

Syn. : *Cyprinus laubuca, Laubuca laubuca, L. siamensis, Leuciscus laubuca, Perilampus guttatus, P. laubuca*

Cyprinidae

● Distribution : Sri Lanka, Birmanie, Thaïlande, presqu'île Malaise et Sumatra ● Longueur : 6 cm ● Dimorphisme sexuel : mâle élancé, femelle plus robuste et rebondie ● Alimentation : nourritures vivantes ou artificielles ● Aquarium d'ensemble accepté ● Première importation en 1925 par A. Ramsperger à Brême ● **Reproduction** : deux mâles pour une femelle ; frai en groupe. Bac de ponte : 50 litres, avec une grille de protection et un couvercle en verre bien ajusté ; 15 à 20 cm de hauteur d'eau ; il doit être bien éclairé, voire ensoleillé. Eau : 24–26 °C, pH 6,5, TAC inférieur à 4° ; elle doit être neuve. Nourriture des alevins : paramécies les premiers jours, puis jeunes nauplies de cyclopes et d'artémias, et éventuellement des aliments artificiels pour alevins.

Le frai a lieu avant le crépuscule. La femelle pond quelques centaines d'œufs. Le sac vitellin est consommé au bout de 3 jours. On nourrit les poissons, aussi bien les jeunes que les adultes, plusieurs fois par jour mais en petites quantités. Une suralimentation des poissons peut leur causer de graves problèmes de santé, voire la mort.

2 *Esomus danrica* (Hamilton-Buchanan, 1822)

Syn. : *Nuria danrica*

Cyprinidae

● Distribution : Inde, Sri Lanka, Thaïlande ; étendues d'eau peu profondes et rizières ● Longueur : 18 cm ● Dimorphisme sexuel : mâle plus petit et plus élancé que la femelle ● Alimentation : nourritures vivantes et artificielles ● Aquarium d'ensemble accepté ● Première importation en 1904 ● **Reproduction** : un ou deux mâles pour une femelle ; frai en groupe. Bac de ponte : 200 litres, de forme allongée, avec une grille de protection et des plantes à feuilles fines ; 30 cm de hauteur d'eau. Eau : 25–28 °C, pH de 6,5 à 7,0, TAC inférieur à 4°. Œuf petit et transparent. Incubation : 20 heures. Nourriture des alevins : paramécies, rotifères et très jeunes nauplies d'artémias ou de cyclopes.

Esomus danrica est un poisson crépusculaire vivant près de la surface ; c'est un très bon nageur (et sauteur). Ses nageoires pectorales sont très développées et lui permettent de sauter hors de l'eau pour attraper les insectes.

Avant le frai, on sépare les sexes pendant une quinzaine de jours environ. Le frai a lieu tôt le matin, souvent à l'aube. Il dure environ deux heures et la femelle pond jusqu'à 700 œufs ; ensuite on écarte les parents. Dès que l'alevin commence à nager, on abaisse la hauteur d'eau à environ 5 cm. Les jeunes poissons ont une croissance rapide, ils sont sexuellement mûrs au bout de 4 mois. Une eau souvent renouvelée, oxygénée et pure, favorise la croissance et la bonne santé des poissons.

3 *Esomus malayensis* (Mandée, 1909)

Syn. : *Nuria danrica* var. *malayensis*

Cyprinidae

● Distribution : Inde orientale et presqu'île Malaise ● Longueur : 8 cm ● Nourriture, aquarium et élevage : voir *E. danrica* ● Première importation en 1925.

1
2
3

1 *Labeo bicolor* SMITH, 1931 — *Cyprinidae*

● Distribution : Thaïlande, dans les affluents rapides du fleuve Menam ● Longueur : 12 cm ● Dimorphisme sexuel : la nageoire caudale du mâle est rouge vif ; la femelle est plus grande, plus rebondie (surtout si elle est mûre), et sa nageoire caudale est moins colorée ● Alimentation : ajouter des éléments végétaux aux autres nourritures, vivantes ou artificielles ● Aquarium spécifique conseillé ● Première importation en 1902 par la société Eimeke de Hambourg ● Première reproduction en URSS, par A. Noznov à la fin des années 70 ● **Reproduction** : un mâle pour une femelle. Bac de ponte : au moins 200 litres, avec de nombreuses cachettes et des touffes de plantes ; créer un fort courant d'eau à l'aide du filtre. Eau : 22–24 °C, pH 6,5 à 7,0, TAC inférieur à 2°. Œuf non adhésif. Nourriture des alevins : paramécies, puis nauplies de cyclopes et d'artémias.

L. bicolor est un espèce agressive, très territoriale. La reproduction en captivité n'a été réussie que grâce à l'injection aux parents de broyat d'hypophyse de carpe (à raison de 0,2 mg d'hypophyse pour 10 grammes de poids). L'hypophyse est prélevée sur des carpes d'élevage (éventuellement destinées à la vente), broyée finement dans un mortier en porcelaine, puis diluée dans une solution physiologique (une hypophyse pour 2 ml de solution). Cette solution est obtenue en mélangeant 6,5 g de sel à 1 litre d'eau distillée, puis en faisant bouillir 20 minutes dans un récipient en verre. Avec une seringue, on injecte la quantité de broyat nécessaire sous l'un des trois premiers rayons de la nageoire dorsale. Tous les instruments doivent être stérilisés et secs. Dépasser la dose d'hypophyse est dangereux ; le ventre devient dur, les œufs aqueux, et le poisson meurt. L'injection de broyat d'hypophyse n'est effective que si les poissons sont pleinement matures ; en cas de réussite, le frai a lieu dans les 24 heures.

D'abord, les deux poissons paradent mutuellement et cherchent un fort courant d'eau. Quelques heures plus tard, le frai commence. La femelle pond jusqu'à 1 000 œufs, qui flottent en pleine eau ; ceux qui tombent sur le fond ne se développent pas. On prélève les œufs en les siphonnant à l'aide d'un petit tuyau, et on les transporte dans un récipient séparé, où une forte agitation les maintient en mouvement. A l'éclosion, les larves sont petites et ont une coloration bleu-gris. Dès l'âge d'un mois, on ajoute des aliments végétaux à leur nourriture.

2 *Labeo frenatus* FOWLER, 1934 — *Cyprinidae*

● Distribution : Thaïlande du Nord ● Longueur : 15 cm ● Dimorphisme sexuel : la nageoire anale du mâle a une bordure noire qui est absente chez la femelle, par ailleurs plus massive et plus ventrue ● Alimentation, aquarium et élevage : voir *L. bicolor* ● Première importation en 1953 ● **Reproduction** : obtenue régulièrement en Tchécoslovaquie depuis les années 80.

Cette espèce est beaucoup plus tolérante que *L. bicolor.* L'adjonction de broyat d'hypophyse est nécessaire pour obtenir la reproduction.

Cyprinidae

2

1

1 *Rasbora borapetensis* H. M. Smith, 1934
« Rasbora à queue rouge » *Cyprinidae*

○ ◑

● Distribution : Thaïlande et ouest de Malaisie ● Longueur : 5 cm ● Dimorphisme sexuel : mâle plus élancé que la femelle ● Alimentation : toutes nourritures ● Aquarium d'ensemble accepté ● Première importation en 1954 ● **Reproduction** : un mâle pour une femelle. Bac de ponte : 10 litres, avec une grille de protection et des plantes à feuilles fines. Eau : 26–28 °C, pH proche de 7,0, TH autour de 7°, TAC inférieur à 4° ; ajouter des extraits de tourbe. Œuf translucide non adhésif, d'un diamètre de 0,5 mm. Incubation : 23–24 heures. Nourriture des alevins : paramécies pendant 7 jours, puis rotifères et jeunes nauplies de cyclopes et, au bout de 4 semaines, des nauplies d'artémias.

R. borapetensis vit essentiellement en bancs. Les femelles pondent plus de 500 œufs. Après le frai, on écarte les adultes. Les larves se fixent sur les parois ; leur sac vitellin est assez grand. Elles commencent à nager trois jours après l'éclosion. Les alevins sont très petits, et on a essayé en vain de les nourrir avec des aliments artificiels. La croissance est lente au début ; après un mois elle s'accélère et, à l'âge de cinq mois, les poissons commencent à être sexuellement mûrs.

2 *Rasbora hengeli* Meinken, 1956 *Cyprinidae*

◁ ●

● Distribution : Sumatra ● Longueur : 3,5 cm ● Dimorphisme sexuel : mâle plus élancé et plus intensément coloré que la femelle, dont le dos est plus élevé et le ventre plus arrondi ● Alimentation : proies vivantes de préférence, éventuellement nourritures artificielles ● Aquarium spécifique préférable ; sinon, en compagnie de petites espèces ● Première importation en 1956 par J. van Hengel d'Amsterdam ● **Reproduction** : Bac de ponte : 6–10 litres, avec une grille de protection et des plantes du genre *Cryptocoryne ;* lumière tamisée. Eau : 26–28 °C, pH 6,0 à 6,5, TH inférieur à 6°, TAC nul ; adjonction d'extraits de tourbe. Incubation : 24 heures à 26 °C. Nourriture des alevins : paramécies pendant 4 à 5 jours, puis nauplies d'artémias.

Ces poissons sont très proches de l'espèce *R. heteromorpha,* mais ils sont plus élancés et leur coloration est moins intense. Meinken a observé chez eux un comportement assez intéressant qu'il a appelé « la mise en place de sentinelles ». Lorsque le banc s'arrête, certains poissons se tournent vers l'extérieur et observent les environs ; quand un danger survient, ils incitent tous les autres à la fuite.

3 *Rasbora dorsiocellata dorsiocellata* Duncker, 1904 *Cyprinidae*

○ ◑

● Distribution : Sumatra et presqu'île Malaise ● Longueur : 6,5 cm ● Dimorphisme sexuel, nourriture, aquarium : voir *R. borapetensis.* ● Première importation en 1935, par W. Schreitmüller à Paris ● **Reproduction** : voir *R. borapetensis.* Œuf translucide, d'un diamètre de 1 mm. Incubation : 24 heures. Nourriture des alevins : paramécies pendant les 7 premiers jours, puis nauplies de cyclopes ; nauplies d'artémias à partir de 15 jours.

Il s'agit de poissons grégaires. On recommande de ne laisser que 8 à 10 cm d'eau entre la grille de protection et la surface pour que les adultes n'aient pas le temps de manger les œufs. On écarte les parents après le frai. Le sac vitellin est consommé au bout de trois jours. La sous-espèce *R. dorsiocellata macrophthalma* Meinken, 1951, atteint une longueur de 3,5 cm.

Cyprinidae

1 *Rasbora heteromorpha* DUNCKER, 1904
« Rasbora Arlequin »

Cyprinidae

● Distribution : Asie du Sud-Est (sud-est de la Thaïlande, ouest de la Malaisie, Singapour et Sumatra) ● Longueur : 4,5 cm ● Dimorphisme sexuel : mâle plus élancé. Alimentation : nourritures vivantes ou artificielles ● Aquarium d'ensemble accepté ● Première importation en 1906, par Julius Reichelt à Berlin ● **Reproduction** : un mâle pour une femelle ; frai en groupe possible. Bac de ponte : 6 litres, avec une grille de protection et une plante à larges feuilles (Cryptocoryne par exemple). Eau : 26–28 °C, pH 6,5, TH de 11° et TAC nul ; filtration sur tourbe. Incubation : 24 heures à 28 °C. Nourriture des alevins : nauplies d'artémias ou de cyclopes.

C'est une espèce déjà parfaitement acclimatée en captivité et sa reproduction ne pose plus de problèmes. La meilleure méthode pour le frai, est de mettre les poissons en bandes dans de très grands aquariums. Les mâles et les femelles doivent être séparés pandant une quinzaine de jours auparavant. La femelle colle ses œufs à la face inférieure des feuilles ; une partie d'entre eux tombe sur le fond. Les larves sont assez grandes (environ 4 mm). Le sac vitellin est consommé au bout de cinq jours. L'alevin doit d'abord être maintenu dans une hauteur d'eau de 5 à 10 cm. Progressivement, on ajoute de l'eau du robinet de façon à habituer l'alevin à une plus grande dureté. Après une quinzaine de jours, on commence à voir apparaître la tache triangulaire caractéristique des adultes. A l'âge de 3 mois, les poissons atteignent 3 cm. Cette espèce est souvent atteinte d'*Oodinium.*

2 *Rasbora kalochroma* (BLEEKER, 1850)
« Rasbora Clown »

Syn. : *Leuciscus kalochroma*

Cyprinidae

● Distribution : presqu'île Malaise, Bornéo ● Longueur : 5 cm (10 cm selon certains) ● Dimorphisme sexuel : mâle plus élancé et plus intensément coloré que la femelle ● Alimentation : nourritures vivantes ou artificielles ● Aquarium d'ensemble accepté ● Première importation en 1965, par H. Espe à Brême ● **Reproduction** : inconnue en captivité ; probablement un mâle pour une femelle. Bac de ponte : prévoir 20 à 50 litres, avec une grille de protection, des plantes fines et quelques plantes à grandes feuilles ; lumière diffuse. Eau : 26–28 °C, pH 6,0 à 6,5, TH entre 10 et 20°, TAC nul ou au moins inférieur à 2°.

Ce poisson pacifique vit en bandes quand il est jeune ; les poissons plus âgés vivent plutôt dispersés. Selon Meinken, les poissons créent des territoires de 30 à 35 cm de diamètre d'où ils chassent les autres poissons y compris leurs congénères. *Rasbora elegans,* Volz, 1903, est une espèce proche, mais moins colorée.

1 ♂
1 ♀
2 ♂
2 ♀

1 *Rasbora pauciperforata* WEBER ET DE BEAUFORT, 1916
« Rasbora à ligne rouge »
Syn. : *Rasbora leptosoma*

Cyprinidae

○ ◑

● Distribution : grandes îles de la Sonde ● Longueur : 7 cm ● Dimorphisme sexuel : mâle plus élancé ● Alimentation : toutes nourritures, vivantes ou artificielles ● Aquarium d'ensemble, uniquement avec des poissons du même type ● Première importation par la société Scholze et Pötzschke à Berlin ● **Reproduction** : en groupe, avec plus de mâles que de femelles. Bac de ponte : 100 litres, avec un couvercle en verre ; fond sombre, grille de protection et plantes à feuilles fines ; lumière diffuse. Eau : 24–26 °C, pH de 6,0 à 6,5, TH inférieur à 10° et TAC inférieur à 2° ; filtration sur tourbe, ou adjonction d'extraits de tourbe. Incubation : 24 heures à 23 °C. Nourriture des alevins : très jeunes nauplies d'artémias ou de cyclopes.

R. pauciperforata est un poisson craintif vivant en groupes. Les couples se forment d'eux-mêmes dans les aquariums où les poissons restent en bancs importants. Une fois le frai fini, on écarte les adultes. Ce poisson est un exemple type de Rasbora élancé avec une ligne latérale réduite et une bande latérale sombre. Ce groupe comprend *R. urophthalma, R. beauforti, R. wegae, R. palustris, R. semilineata.*

2 *Rasbora trilineata* STEINDACHNER, 1870
« Rasbora-ciseaux »
Syn. : *Rasbora calliura, R. stigmatura*

Cyprinidae

○ ◑

● Distribution : ouest de la Malaisie, Sumatra, Bornéo ● Longueur : 15 cm ● Dimorphisme sexuel : mâle plus petit et plus élancé ● Alimentation : nourritures artificielles et proies vivantes ● Aquarium d'ensemble accepté ● Première importation en 1932, par l'aquarium de Hambourg ● **Reproduction** : un mâle (ou un peu plus) pour une femelle. Bac de ponte : 50 litres, avec grille de protection et plantes à feuilles fines. Eau : 25–28 °C, pH 6,5 à 7,0, TAC inférieur à 4°. Incubation : 18–20 heures à 28 °C. Nourriture des alevins : nauplies d'artémias.

On sépare les mâles pendant une quinzaine de jours avant le frai. On favorise le frai en augmentant la température, jusqu'à 28 ou 30 °C. Une dureté en carbonates (TAC) supérieure à 4° nuit au développement des œufs et des larves, et induit de nombreuses malformations. *R. trilineata* est une espèce très prolifique ; les jeunes ont une croissance rapide.

3 *Rasbora vaterifloris* DERANIYAGALA, 1930

Cyprinidae

○ ●

● Distribution : sud de Sri Lanka ; dans les eaux courantes ● Longueur : 4 cm ● Dimorphisme sexuel : mâle plus intensément coloré, avec des nageoires dorsale et anale plus grandes que la femelle, au ventre plus rebondi ● Alimentation : nourritures vivantes ou artificielles ● Aquarium spécifique de préférence ● Première importation probablement dans les années 30 ● **Reproduction** : en groupe, avec plus de mâles que de femelles. Bac de ponte : 30–50 litres, allongé, muni d'une grille de protection et garni de plantes fines. Eau : 22–24 °C, pH 6,5 à 7,0, TH de 10 à 15°, TAC nul ; filtre créant un courant d'eau. Incubation : 36–40 heures. Nourriture des alevins : nauplies de cyclopes ou d'artémias.

Cette espèce vit en bancs. On sépare les mâles et les femelles pendant une quinzaine de jours avant le frai. Dans la nature, les poissons fraient en période de pluies, alors qu'une eau froide afflue des montagnes ; c'est pourquoi une température supérieure à 26 °C perturbe, ou même arrête, le développement des œufs. Pendant la croissance, on renouvelle tous les quinze jours le quart ou la moitié de l'eau par de l'eau fraîche.

1
2
3

1 *Rasbora maculata* DUNCKER, 1904
« Rasbora pygmée »

Cyprinidae

● Distribution : est de l'Inde, presqu'île Malaise, Sumatra et Singapour ; dans les trous d'eau ou les fossés, les eaux courantes ou stagnantes ● Longueur : 3,5 cm ● Dimorphisme sexuel : mâle plus petit et plus élancé que la femelle, au ventre nettement plus rond ● Alimentation : nourritures vivantes ou artificielles de petite taille ● Aquarium spécifique de préférence, ou en compagnie de petits poissons ● Première importation en 1905, par Julius Reichelt à Berlin ● **Reproduction** : un mâle pour une femelle. Bac de ponte : 3–6 litres, avec une grille de protection et des plantes fines ; lumière tamisée. Eau : 26–28 °C, pH 6,5, TAC nul. Incubation : 24 heures à 28 °C. Nourriture des alevins : infusoires (paramécies) pendant 4–5 jours, puis nauplies de cyclopes et rotifères ; nauplies d'artémias à partir de la deuxième semaine.

R. maculata est un des membres les plus petits de la famille des *Cyprinidae.* Dans la presqu'île Malaise il est souvent en compagnie de grandes bandes de poissons de l'espèce *Capoeta tetrazona.* Avant le frai on sépare les sexes et on nourrit copieusement les poissons. Dès que la femelle est prête (elle a le ventre gonflé) on isole un ou deux couples pour le frai. La femelle pond 30 à 200 œufs. Une fois le frai terminé on écarte les adultes. L'alevin commence à nager quatre jours après l'éclosion, il est lucifuge (fuit la lumière), et se tient près du fond où il est très peu visible. La croissance des jeunes est très rapide et ils sont sexuellement mûrs au bout de deux mois et demi.

2 *Rasbora urophthalma* AHL, 1922

Cyprinidae

● Distribution : Sumatra et sud du Viêt-nam (près de Saïgon) ● Longueur : 3,5 cm ● Dimorphisme sexuel : mâle plus petit, plus élancé, et plus intensément coloré que la femelle, avec une tâche blanche surmontée d'une zone noire sur la nageoire dorsale ● Alimentation : toutes nourritures de petite taille ● Aquarium spécifique, ou bien avec des poissons pacifiques de même taille ● Première importation en 1913, par la société Scholze et Pötzschke de Berlin ● **Reproduction** : un mâle pour une femelle. Bac de ponte : 3–6 litres, avec une grille de protection et des petites plantes à feuilles larges (Cryptocoryne par exemple) ; lumière diffuse. Eau : 26–28 °C, pH 6,5, TAC nul ; elle doit être neuve, et filtrée sur tourbe. Incubation : 48 heures. Nourriture des alevins : paramécies puis nauplies de cyclopes et d'artémias.

On garde les poissons destinés à frayer en grands bancs dans des aquariums garnis de nombreuses plantes. Avant le frai on sépare les mâles et les femelles jusqu'à ce que le ventre de la femelle soit bien rebondi. La femelle dépose pendant le frai 50 œufs à la face inférieure des feuilles. Ensuite on écarte les adultes. L'alevin, dès qu'il commence à nager, est lucifuge (craint la lumière) et difficilement visible. La croissance des jeunes est relativement rapide.

1 ♂
1 ♀
2

1 *Rhodeus sericeus amarus* (Bloch, 1782)
« Bouvière »
Syn. : *Rhodeus amarus*

Cyprinidae

● Distribution : toute l'Europe jusqu'à l'Oural, à l'exception des îles Britanniques, des régions les plus méridionales (Italie, Espagne) et les plus septentrionales (Danemark, Scandinavie) ● Longueur : 7 à 10 cm ● Dimorphisme sexuel : mâle plus coloré et plus élancé que la femelle ; au moment du frai, le mâle porte des boutons nuptiaux sur le museau et le dessus de la tête, tandis que la femelle montre une papille urogénitale hyperdéveloppée en un fin tube (l'ovipositeur) qui est parfois plus long que son corps ● Aquarium spécifique de préférence ● **Reproduction** : en couple. Bac de ponte : au moins 100 litres, avec un pot contenant du gravier et une moule d'eau douce vivante (*Anodonta* ou *Unio*). Eau : 18–21 °C, pH 7,0 à 7,5, TAC inférieur à 4°. Incubation : 3 à 4 semaines (avant la sortie des alevins). Nourriture des alevins : nauplies de cyclopes ou d'artémias, zooplancton fin.

C'est un poisson idéal pour les grands aquariums d'eau froide. Dans de bonnes conditions, il accepte même de se reproduire en captivité. La période de frai s'étend d'avril à mai. La femelle pond 30 à 40 œufs au milieu des branchies du bivalve grâce à son long ovipositeur. Le mâle émet sa laitance dans l'eau libre au-dessus du bivalve. Celui-ci aspire l'eau où se trouvent les spermatozoïdes, qui, en passant parmi les branchies fécondent les œufs. Les alevins naissent au milieu des branchies du bivalve et y restent jusqu'à ce qu'ils soient autonomes et partent alors par l'orifice exhalant. C'est le moment propice pour enlever le bivalve afin d'empêcher ses propres larves de parasiter les poissons. Il peut en effet libérer des larves (glochidies) qui se fixent par un filament collant sur les branchies et les nageoires des poissons, puis s'y enkystent pendant quelques semaines avant de tomber sur le fond. Si les glochidies sont nombreuses, elles peuvent entraîner de graves troubles de santé pour les poissons.

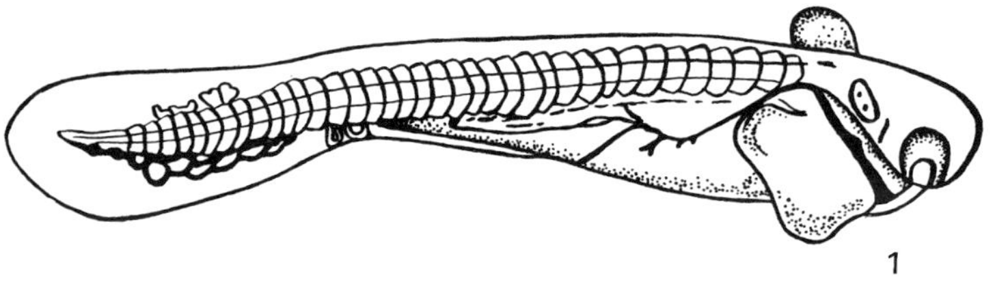

1

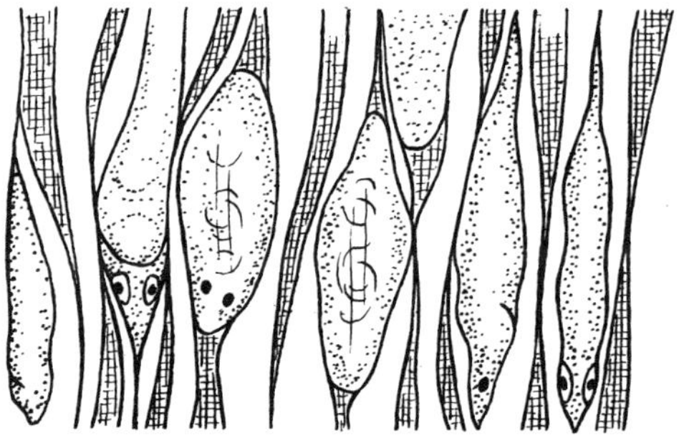

2

1 – Embryon de *Rhodeus sericeus*
2 – Position des embryons entre les branchies du gastéropode

1 ♂
1 ♀

1 *Tanichthys albonubes* Lin Shu-Yen, 1932
« Néon du pauvre »
Syn. : *Aphyocypris pooni* — *Cyprinidae*

○ ◑

● Distribution : ruisseaux du sud de la Chine, aux alentours de Canton et de Hong-Kong ● Longueur : 4 cm ● Dimorphisme sexuel : mâle élancé, avec des nageoires dorsale et anale plus développées et plus colorées que chez la femelle ● Alimentation : nourritures vivantes et artificielles ● Aquarium spécifique de préférence ● Première importation en 1938 par l'aquarium de Hambourg ● **Reproduction** : en couple, ou en groupe avec un peu plus de mâles que de femelles. Bac de ponte : 100 litres, avec des touffes de plantes. Eau : 22 °C, pH proche de 7, TAC inférieur à 4°. Œuf petit et jaunâtre. Incubation : 72 heures. Nourriture des alevins : paramécies, nauplies d'artémias et de cyclopes, aliments artificiels pour alevins.

Les parents ne mangeant pas les alevins, on peut les laisser dans l'aquarium, et n'enlever que les alevins assez grands. Les jeunes poissons ont une coloration très caractéristique avec une bande brillante qui est à l'origine du surnom « faux néon » ou « néon du pauvre » qu'on lui donne parfois. En été, on peut très bien mettre *T. albonubes* dans les bassins de plein air.

2 *Tanichthys albonubes* – forme à voiles
Cyprinidae

○ ◑

Cette forme a été sélectionnée et génétiquement fixée dans la deuxième moitié des années 60, fort probablement en Pologne. Des croisements avec la forme sauvage, des prix bas et une demande faible, expliquent que les lignées génétiquement fixées soient actuellement très rares ou même inexistantes. L'élevage et la multiplication sont les mêmes que pour la forme classique. Il faut absolument éliminer de l'élevage tout poisson avec des nageoires courtes.

Famille *Gyrinocheilidae*

La caractéristique principale de cette famille est l'attachement du bord postérieur de l'opercule qui délimite deux orifices : l'eau qui baigne les branchies entre par celui du haut et sort par celui du bas ; la bouche est ainsi débarrassée de sa fonction respiratoire. Les poissons ne possèdent pas de dents à l'intérieur de la cavité buccale, à la différence des Cyprinidés. La bouche est circulaire et fait office de ventouse ; elle est garnie de grandes lèvres et de plaques cornées. Le poisson s'en sert pour brouter la couche algale ou pour se fixer sur un support.

3 *Gyrinocheilus aymonieri* (Tirant, 1883)
« Gyrino »
Syn. : *Psilorhynchus aymonieri, Gyrinocheilus kaznakovi* — *Gyrinocheilidae*

▭ ●

● Distribution : Thaïlande ● Longueur : 27 cm ● Dimorphisme sexuel : femelle plus robuste, boutons nuptiaux sur la tête du mâle en période de frai ● Alimentation : toutes nourritures ● Aquarium spécifique si on veut l'élever convenablement ● Première importation faite par A. Werner à Munich en 1956 ● **Reproduction** : inconnue en aquarium. Eau : 20–25 °C, pH 6,5 à 7,0, TH inférieur à 18°, TAC inférieur à 4°.

Les poissons défendent leur territoire et sont très agressifs. Ils peuvent être élevés en bancs, à condition d'être dispersés dans un grand espace. La systématique du genre *Gyrinocheilus* est incertaine. Actuellement on distingue quatre espèces : *G. kaznakovi* Berg, 1906, *G. aymonieri* (Tirant, 1883), *G. pustulosus* Vaillant, 1902 et *G. pennocki* Fowler, 1937. Certains auteurs indiquent qu'on importe surtout *G. kaznakovi* ; selon d'autres *G. kaznakovi* ne serait qu'un synonyme de *G. aymonieri*.

Cyprinidae / Gyrinocheilidae

Famille *Cobitidae*

On trouve des membres de cette famille dans toute l'Eurasie. Ce sont de proches parents de la famille des *Cyprinidae*. Ils vivent sur le fond, dans des eaux vives ou dormantes ; certaines espèces s'enterrent dans la boue, d'autres se cachent sous des pierres ou des branches. Leur activité commence au crépuscule. Le corps est dépourvu d'écailles, ou couvert de très petites écailles insérées profondément dans la peau. Dans la plupart des cas la bouche est protractile et entourée de 6 à 12 barbillons. Sous les yeux se trouvent souvent des épines érectiles qui leur servent à se défendre. Certaines espèces ont développé un organe respiratoire auxiliaire au niveau de l'intestin.

1 *Botia macracantha* (BLEEKER, 1852)
« Loche-clown »

Syn. : *Cobitis macracanthus, Hymenophysa macracantha* « Loche-clown » *Cobitidae*

○ ●

• Distribution : Sumatra et Bornéo ; dans les eaux courantes ou dormantes • Longueur : 30 cm • Dimorphisme sexuel inconnu • Alimentation : toutes nourritures • Aquarium de 300 à 500 litres, avec de nombreuses cachettes • Première importation en 1935 • **Reproduction** : inconnue. Eau : probablement 24–26 °C, pH 6,5 à 7,0, TH inférieur à 18° et TAC inférieur à 2° ; neuve et bien oxygénée.

Il semble qu'on ait réussi à multiplier ce poisson en URSS, mais les résultats n'ont pas été publiés. Dans la nature, le frai a lieu au début de la saison des pluies dans des torrents ou des ruisseaux à courant rapide. Les jeunes poissons se rassemblent en grands bancs et poursuivent leur croissance dans des eaux plus calmes. Les adultes forment des groupes moins importants.

2 *Botia lohachata* CHAUDHURI, 1912 *Cobitidae*

○ ●

• Distribution : Inde du Nord • Longueur : 10 cm • Dimorphisme sexuel inconnu • Alimentation : surtout nourriture vivante (vers), ainsi que des aliments artificiels • Aquarium spacieux, pourvu de nombreuses cachettes • Première importation par la maison Tropicarium de Francfort • **Reproduction** : inconnue.

B. lohachata est un poisson nocturne qui vit en bancs. A la différence des autres espèces du genre *Botia* il est peu farouche et se montre même de jour.

3 *Botia sidthimuntki* KLAUZEWITZ, 1959 *Cobitidae*

○ ●

• Distribution : Thaïlande du Nord ; dans de petites étendues d'eau boueuse • Longueur : 6 cm • Dimorphisme sexuel inconnu • Alimentation : nourritures vivantes et artificielles • Aquarium spacieux (200 litres, hauteur d'eau 30 cm) avec de nombreuses cachettes • Première importation en 1959, par A. Werner à Munich • **Reproduction** : inconnue.

La coloration damier est variable. Des poissons foncés ou mal colorés sont en mauvaise santé. Les jeunes poissons importés sont souvent rachitiques, attaqués par le parasite *Ichthyophthirius multifiliis*, et ils meurent rapidement. Des poissons en bonne santé peuvent vivre plusieurs années. L'intensité de la lumière, la composition chimique et la température de l'eau et la composition de la nourriture sont des facteurs que l'on ne sait pas encore combiner pour obtenir la reproduction en captivité.

1
2
3

1 *Botia modesta* BLEEKER, 1864

Cobitidae

○ ● ● Distribution : Thaïlande, presqu'île de Malacca et Viêt-nam ● Longueur : 24 cm ● Dimorphisme sexuel inconnu ● Alimentation : nourriture vivante (vers) avant tout ; aliments artificiels ● Aquarium spacieux avec de nombreuses cachettes ● Première importation par le Tropicarium de Francfort ● **Reproduction** : inconnue. Eau : probablement 24–25 °C, pH 6,5 à 7,0, TH inférieur à 18° et TAC inférieur à 2° ; neuve et bien oxygénée.

B. modesta est un poisson crépusculaire à activité nocturne. On le confond souvent avec *B. lecontei.* Dans son pays d'origine, il est consommé ; les autochtones l'appellent « pla mu khao » (le poisson-cochon blanc).

2 *Botia hymenophysa* (BLEEKER, 1852)

Cobitidae

○ ● ● Distribution : Inde, presqu'île Malaise ; grandes îles de la Sonde ● Longueur : 20 cm ● Dimorphisme sexuel inconnu ● Alimentation : nourritures vivantes (vers) à laquelle on peut ajouter des aliments artificiels ● Aquarium spacieux avec des cachettes ● Première importation par Edmund Riechers à Hambourg ● **Reproduction** : inconnue.

B. hymenophysa a le corps plus long que les autres espèces du genre *Botia ;* le pédoncule caudal est assez haut comme chez *B. berdmorei* (Blyth, 1860). On élève ces poissons en bancs ; les poissons seuls ou en groupes trop petits sont à la fois craintifs et agressifs.

3 *Botia lecontei* FOWLER, 1937

Cobitidae

○ ● ● Distribution : Thaïlande ● Longueur : 7 cm ● Dimorphisme sexuel inconnu ● Alimentation : surtout proies vivantes (vers) ; éventuellement aliments artificiels ● Aquarium spécifique de préférence ● Première importation en 1954 ● **Reproduction** : inconnue. Eau : voir *B. modesta.*

Il s'agit d'un poisson pacifique, grégaire avec une acvitité crépusculaire, qui se cache dans la journée.

Par sa coloration, cette espèce se rapproche de *B. modesta.* Les deux espèces sont gris souris ; cependant, *B. lecontei* a des reflets rouges, tandis que *B. modesta* a des nuances bleu-violet. La couleur rouge-orange des nageoires des deux espèces est variable ; cependant, les nageoires sont plus claires et nuancées de jaune chez *B. modesta. B. lecontei* a le ventre plus droit que *B. modesta. B. lecontei* a une grande tache noire à la base de la queue, *B. modesta* a un anneau foncé. L'intensité de la tache ou de l'anneau change selon l'humeur des poissons.

1 – *Botia lecontei*
2 – *Botia modesta*

1
2
3

1 *Botia horae* SMITH, 1931

Syn. : *Botia modesta* (pas celui de Bleeker).

Cobitidae

◁ ◑

• Distribution : Thaïlande • Longueur : 10 cm • Dimorphisme sexuel inconnu • Alimentation : proies vivantes consommées sur le fond • Aquarium d'ensemble, avec de nombreuses cachettes, un fond de sable fin et une lumière tamisée par des plantes flottantes • Première importation en 1955 par le Tropicarium de Francfort • **Reproduction** : inconnue.

Ces poissons sont pacifiques et leur activité commence au crépuscule. Ils se différencient des autres espèces du genre *Botia* par leur coloration particulière. Des bandes transversales pâles apparaissent sur les flancs selon l'humeur du poisson.

2 *Acanthopsis choirorhynchus* (BLEEKER, 1854)

Syn. : *Cobitis choirorhynchus, Acanthopsis choerorhynchus, A. biaculeata, A. diazona*

Cobitidae

◁ ●

• Distribution : Asie du Sud-Est, îles de la Sonde • Longueur : 22 cm • Alimentation : tout ce qui tombe sur le fond, en particulier vers et larves d'insectes • Aquarium spécifique de préférence, avec 5 à 10 cm de sable fin ; éclairage tamisé par des plantes flottantes ; nombreuses cachettes, par exemple des bouts de bois couverts de mousse de Java *(Vesicularia)* ou de fougères *(Bolbitis, Microsorium)* • Première importation par Edmund Riechers à Hambourg • **Reproduction** : inconnue.

Il s'agit fort probablement de la seule espèce du genre *Acanthopsis.* C'est un poisson pacifique et solitaire vivant la nuit. Son corps est allongé et sa tête est grande ; sa coloration est variable. Il nage assez mal, creuse le sable avec vigueur et s'y enterre ; on ne voit plus alors que les deux yeux rapprochés. La bouche comporte trois paires de barbillons. Le gravier ou le sable du fond ne doit être ni tranchant ni trop gros, compte tenu des habitudes du poisson. Les plantes avec racines doivent être mises en pots et entourées de pierres.

En Thaïlande ce poisson est bien connu et a plusieurs noms populaires, par exemple « Pla rak kluey » (poisson-banane).

1 juv.
2

1 *Acanthophthalmus myersi* HARRY, 1949
« Kuhli »

Cobitidae

● Distribution : Thaïlande, Singapour, Sumatra, ouest de la Malaisie, Java et Bornéo ● Longueur : 12 cm ● Dimorphisme sexuel : le mâle est plus fin que la femelle, qui a un ventre bien rebondi au moment du frai, les ovaires verts étant alors visibles par transparence ● Alimentation : on peut ajouter des nourritures artificielles aux proies vivantes (vers surtout) ● Aquarium d'ensemble accepté ● Première importation probablement en 1909 ; première reproduction en URSS, par Lev Gudkov en 1975 ● **Reproduction** : un mâle pour une femelle ; plusieurs couples peuvent frayer ensemble. Bac de ponte : 100–200 litres, allongé, avec grille de protection ; lumière diffuse et îlots de plantes flottantes. Eau : 26 °C, pH 6,5, TH inférieur à 18°, TAC inférieur à 2°. Œuf verdâtre, d'un diamètre de 1 mm. Incubation : 24 heures. Nourriture des alevins : nauplies d'artémias, puis tubifex découpés.

Selon Klausewitz il s'agit d'une sous-espèce de *A. kuhli* et son nom correct serait *Acanthophthalmus kuhli myersi.*

Le frai est provoqué par une injection intramusculaire de gonadotrophine synthétique. On peut également injecter un broyat d'hypophyse de carpe quand la femelle est mûre, ce que l'on voit à son ventre très gonflé et par sa nage agitée le long des parois de l'aquarium. Certaines femelles pondent toutes seules en passant à travers des fourrés de plantes. Une pression atmosphérique en baisse augmente les chances de succès. Pendant le frai, les poissons remontent ensemble à la surface et nagent côte à côte si rapidement, qu'ils provoquent des vagues et des tourbillons. Après l'expulsion des spermatozoïdes et des œufs, ils plongent vers le fond en entraînant des bulles d'air. Ceci se répète à intervalles de 5 à 10 minutes pendant deux à quatre heures. Les femelles pondent plus de 1 000 œufs. Après le frai on écarte les parents. Les larves ont des branchies extérieures en forme d'arbustes, qui disparaissent au bout de quinze jours.

2 *Acanthophthalmus kuhli sumatranus* FRASER-BRUNNER, 1940
« Kuhli »

Cobitidae

● Distribution : Sumatra ● Longueur : 8 cm ● Les autres caractéristiques sont les mêmes que pour *A. myersi* ● Première importation en 1909.

Ce sont des poissons crépusculaires qui vivent la nuit et se cachent le jour. Leur croisement avec *A. myersi* est possible.

3 *Acanthophthalmus shelfordi* POPTA, 1901

Cobitidae

● Distribution : Bornéo et Sarawak (est de la Malaisie) ● Longueur : 8 cm ● Les autres caractéristiques sont les mêmes que pour *A. myersi* ● Première importation en 1939.

Cette espèce est également souvent classée dans le groupe « kuhli », dont les membres sont plus grands : *A. kuhli, A. semicinctus, A. myersi, A. shelfordi.* Un autre groupe est celui des « cuneovirgatus », dont les membres sont plus petits et différents par la forme des écailles *(A. cuneovirgatus* et *A. robiginosus).* Les écailles des poissons du groupe « kuhli » sont presque rondes et plus larges sur les côtés ; celles des poissons du groupe « *cuneovirgatus* » sont elliptiques et se rétrécissent sur les côtés.

1
2
3

Famille *Bagridae*

Les membres de cette famille sont répandus dans les eaux de l'Afrique et de l'Asie, y compris dans la presqu'île Malaise. En cas de danger, ils émettent des sons évoquant un croassement ou un grésillement. Le corps de ces poissons ne porte ni plaques osseuses ni écailles. Les mâchoires supérieure et inférieure et souvent même le palais portent des dents. Les lèvres supérieure et inférieure comportent deux à quatre paires de barbillons. La nageoire dorsale est très en avant, le premier rayon formant une épine puissante, souvent marquée de serratures en dents de scie. La nageoire adipeuse est allongée, la nageoire anale petite. Les yeux sont petits et couverts le plus souvent par la peau. Cette famille comprend de nombreuses espèces.

1 *Mystus vittatus* (BLOCH, 1794)

Syn. : *Silurus vittatus, Macrones tengara, Mystus tengara, M. atrifasciatus, Hypselobagrus tengara*

Bagridae

○ ◑

● Distribution : ouest de l'Inde et Birmanie ● Longueur : 20 cm ● Dimorphisme sexuel inconnu ● Alimentation : toutes nourritures (y compris les poissons vivants) ● Aquarium d'ensemble accepté, avec des poissons d'au moins 8 cm de long ● Première importation en 1903, par H. Stüve à Hambourg ● **Reproduction** : inconnue. Bac de ponte : prévoir au moins 200 litres, avec de nombreuses cachettes ; lumière tamisée. Eau : 24–28 °C, pH proche de 7, TAC inférieur à 2°.

M. vittatus est un silure actif dans la journée. Dans le milieu naturel, le frai a lieu au milieu des racines et des plantes, sur le fond, où la femelle pond de grands œufs blanc-jaunâtre.

Famille *Siluridae*

Les membres de cette famille sont appelés « vrais silures ». Leur aire d'extension s'étend de l'Europe centrale à l'est de l'Asie, et couvre l'Asie du Sud et du Sud-Est. Leur peau est complètement nue, ils ont 3 à 6 paires de barbillons assez longs. La nageoire dorsale est petite ou absente. La nageoire anale est assez allongée, formant une frange souvent unie à la nageoire caudale. La nageoire adipeuse est absente. Les yeux sont petits. Beaucoup d'espèces ressemblent aux membres de la famille des *Schilbeidae.*

2 *Kryptopterus bicirrhis* (CUVIER et VALENCIENNES, 1839)

« Silure de verre »

Syn. : *Cryptopterichthys bicirrhis, Cryptopterus amboinensis, Kryptopterichthys palembangensis, Silurus bicirrhis, S. palembangensis*

Siluridae

○ ◑

● Distribution : Asie du Sud-Est, entre la Thaïlande et les grandes îles de la Sonde ; dans les eaux douces uniquement ● Alimentation : petites proies vivantes, auxquelles on peut ajouter des aliments artificiels ● Aquarium d'ensemble accepté, en compagnie de poissons pacifiques de petite taille ● Première importation en 1934, par Winkelmann à Hambourg ● **Reproduction** : frai en bancs. Bac de ponte : 100–200 litres, avec des fourrés de végétation et des plantes flottantes ; il doit être clair, avec un fond sombre ; le filtre doit entraîner une circulation d'eau sensible. Eau : 25–28 °C, pH proche de 7, TH inférieur à 18°, TAC inférieur à 4°.

Kryptopterus bicirrhis ne supporte pas les températures inférieures à 20 °C ; il est pacifique et grégaire.

1
2

Famille *Schilbeidae*

Les poissons de cette famille vivent en Afrique et en Asie. Ce sont de très bons nageurs. Leur corps est allongé et compressé latéralement. La nageoire dorsale, petite et placée en avant, possède une forte épine, qui est cependant absente chez certaines espèces. Les nageoires pectorales ont elles aussi une épine solide. La nageoire anale est très longue, la nageoire caudale est souvent échancrée. Certaines espèces ont une nageoire adipeuse. Les yeux se trouvent presque au niveau de la bouche. Plusieurs espèces sont actives dans la journée.

1 *Eutropiellus debauwi* (BOULENGER, 1900)

Syn. : *Eutropius debauwi*

Schilbeidae

● Distribution : fleuve Zaïre (Congo) et Malebo Pool ● Longueur : 8 cm ● Dimorphisme sexuel : la femelle a le ventre plus rond que le mâle, et des bandes longitudinales claires ● Alimentation : organismes vivants, et éventuellement nourritures artificielles ● Aquarium d'ensemble, avec des poissons pacifiques ● Première importation en 1954 : ● **Reproduction** : un mâle pour une femelle, ces dernières pouvant être un peu plus nombreuses. Bac de ponte : plus de 200 litres, avec beaucoup d'espace libre, un fond sombre et une lumière diffuse ; filtration entraînant un courant d'eau. Eau : 24 °C, pH 6,0 à 7,0, TH inférieur à 18°, TAC inférieur à 4° ; bonne oxygénation et filtration sur tourbe. Première reproduction en 1983–1984 par A. Kotchetov au jardin zoologique de Moscou.

Il s'agit d'un poisson grégaire typique qui ne survit que péniblement s'il se retrouve seul. Il est actif dans la journée, en perpétuel mouvement dans toutes les couches d'eau. Il nage dans une position légèrement oblique, la nageoire caudale, tournée vers le bas, oscillant en permanence. La nageoire adipeuse est développée et la bouche porte trois paires de barbillons.

Famille *Pangasiidae*

Il s'agit de silures proches de la famille des *Schilbeidae.* Les jeunes ont des dents parfaitement développées, absentes chez les adultes.

2 *Pangasius sutchi* FOWLER, 1937

Pangasiidae

● Distribution : Thaïlande, aux environs de Bangkok dans la rivière Chao Phraya (Menam) ● Longueur : 1 m ● Dimorphisme sexuel inconnu ● Alimentation : proies vivantes de toutes sortes (y compris petits poissons) et aliments végétaux divers (riz bouilli, maïs, morceaux de banane, ...) ; les adultes, ayant perdu leurs dents, sont végétariens ● Première importation en 1964, par la société Tropicarium de Francfort ● **Reproduction** : inconnue. Eau : 22–28 °C, pH 6,5 à 7,5, TH de 18° et TAC de 4° ; ces poissons ne se sentent pas bien dans une eau trop douce.

Les jeunes poissons se rassemblent en bancs ; c'est pourquoi il ne faut jamais élever de spécimens isolés. Ils sont toujours en mouvement, à tous les niveaux de l'aquarium. S'ils sont effrayés, ils nagent de façon désordonnée et se cognent contre les objets environnants et les vitres, pour enfin retomber sur le fond où ils restent pendant un certain temps. Ces poissons prennent de l'air à la surface ; on suppose donc qu'ils ont une respiration auxiliaire, dont la fonction n'a cependant pas encore été étudiée semble-t-il. Si les yeux sont très développés, les autres sens (y compris les barbillons) le sont également. Ces poissons remarquent la nourriture à une distance assez importante.

1
2

Famille *Mochocidae*

Ces poissons vivent dans les fleuves et lagunes africaines au sud du Sahara. La famille est riche en espèces ; certaines atteignent 60 cm de longueur. Dans leur milieu naturel, ces poissons se rassemblent en grands bancs. Leur activité est nocturne. Leur nageoire adipeuse est bien développée. Ils ont trois paires de barbillons. Les barbillons de la lèvre supérieure sont remarquablement longs ; ceux de la lèvre inférieure ont souvent de fines franges.

1 *Synodontis nigriventris* DAVID, 1938

Syn. : *Synodontis ornatipinnis* (pas celui de Boulenger, 1899) *Mochocidae*

● Distribution : Zaïre, dans la cuvette entre Kinshasa et le Bosong ● Longueur : 8 cm (mâles) à 10 cm (femelles) ● Dimorphisme sexuel : femelle plus robuste ● Alimentation : nourritures vivantes ou artificielles ● Aquarium d'ensemble accepté ● Première importation en 1950 à Amsterdam ● **Reproduction** : en couple. Bac de ponte : 50 litres par couple, avec des plantes flottantes, avec un tube en brique ou en PVC sur le fond ; lumière tamisée. Eau : 24–26 °C, pH 6,5 à 7,5, TAC inférieur à 4°. Œuf petit, légèrement jaunâtre. Incubation : 7 jours. Nourriture des alevins : nauplies d'artémias.

S. nigriventris est une espèce crépusculaire qui fraie dans les cavités. Peu avant le frai, les poissons, habituellement brun clair, deviennent bleu-vert. Les deux adultes prennent soin du lieu de ponte. Le sac vitellin est consommé au bout de quatre jours ; les larves ont déjà des barbillons sur la lèvre supérieure. Ces barbillons sont jaunâtres et se développent lentement ; ceux de la lèvre inférieure n'apparaissent qu'à l'âge de quatre semaines. A partir de sept semaines, les poissons commencent à nager le ventre en l'air et leur coloration de protection caractéristique (dos clair, ventre foncé, parfois noir) apparaît. Les jeunes poissons se rassemblent en bancs. Ils atteignent la maturité sexuelle à l'âge de trois ou quatre ans, certains individus plus tard. La reproduction en captivité est très rare, un grand nombre de femelles n'atteignant pas la maturité sexuelle.

2 *Synodontis angelicus* SCHILTHUIS, 1891

Mochocidae

● Distribution : Zaïre et Cameroun ● Longueur : 18 cm ● Alimentation : proies vivantes (vers, larves de moustiques), ainsi que des nourritures artificielles ; il faut nourrir le soir ● Bac spécifique, spacieux, avec un fond de sable fin et suffisamment de cavités et cachettes (racines de tourbières par exemple) ● Première importation en 1954 ● **Reproduction** : inconnue. Eau : 24 °C, pH 6,5 à 7,0, TH inférieur à 18° et TAC inférieur à 4° ; elle doit être neuve, un filtre assurant une bonne circulation d'eau.

Les poissons se cachent le jour et sont actifs la nuit. Leur corps est recouvert d'une épaisse couche de mucus ; ils ont trois paires de barbillons sur la bouche ; ceux de la mâchoire inférieure étant moins longs. Ces silures cherchent l'eau courante, et fouillent la boue. Ils sont sensibles aux substances chimiques, surtout au chlore, aux nitrites et aux nitrates. Une nage agitée dans la journée indique que les poissons ne se portent pas bien. Ces poissons sont chers, car ils sont rares et de pêche parfois difficile ; de plus, ils ne sont toujours pas reproduits en captivité.

Mochocidae

Famille *Doradidae*

Ce sont des silures répandus en Amérique du Sud. Ils sont principalement actifs au crépuscule et pendant la nuit, certaines espèces même le jour. Le toucher et l'odorat sont très développés. Ils ont une grande tête fortement ossifiée, avec de petits yeux. La bouche comporte trois paires de barbillons assez longs. Les flancs sont dépourvus d'écailles, ou portent des lignes de plaquettes osseuses. Les premiers rayons des nageoires dorsale et pectorale sont transformés en épines osseuses, souvent dentelées. La nageoire adipeuse est développée. Beaucoup d'espèces sont capables de s'enterrer rapidement dans le fond en cas de danger ; certaines émettent des grondements.

1 *Amblydoras hancocki* CUVIER et VALENCIENNES, 1840 — *Doradidae*

◁ ●

• Distribution : petits affluents des rios Branco et Guaporé (Brésil), en particulier s'ils sont riches en algues ; en bancs d'un millier d'individus dans certaines localités • Longueur : 15 cm • Dimorphisme sexuel : taches brunes sur le ventre du mâle, alors que celui de la femelle est blanc sale • Alimentation : proies vivantes (vers de terre, gros zooplancton, etc.) et nourritures artificielles (granulés de qualité par exemple) • Aquarium spécifique de 100 à 300 litres, avec 30 cm de hauteur d'eau ; de nombreuses cachettes et une lumière tamisée sont nécessaires • Première importation en 1950 aux Pays-Bas • **Reproduction** : inconnue en captivité ; probablement un mâle pour une femelle, le frai se faisant en groupe. Bac de ponte : voir plus haut. Eau : 24–25 °C, pH 6,5 à 7,0, TH inférieur à 18°, TAC inférieur à 4°.

Ces poissons sont actifs pendant la nuit et doivent être nourris le soir ; ils sont très gloutons. Les jeunes cherchent leur nourriture souvent même le jour.

Dans son milieu naturel *A. hancocki* construit des nids à l'aide de matériaux végétaux à la surface de l'eau. Le mâle défend le lieu de ponte. Quand on sort ces poissons de l'eau, ils émettent des bruits semblables à des croassements.

2 *Acanthodoras spinosissimus* (EIGENMANN et EIGENMANN, 1888)

Syn. : *Doras spinosissimus* — *Doradidae*

◁ ◑

• Distribution : bassin central de l'Amazone ; dans les fleuves importants et les terrains inondés • Longueur : 15 cm • Dimorphisme sexuel : mâle plus svelte, avec le ventre marbré alors que celui de la femelle est brun uni • Alimentation : nourritures vivantes ou artificielles (lombrics, granulés, etc.) • Aquarium d'ensemble accepté • Première importation en 1921 • **Reproduction** : inconnue ; prévoir un mâle pour une femelle, et peut-être plus de mâles dans un groupe. Bac de ponte : prévoir 100–200 litres, avec des cachettes (racines de tourbières, tubes de brique, PVC,...) ; éclairage tamisé. Eau : 24–26 °C, pH 6,5 à 7,0, TH inférieur à 18°, TAC inférieur à 4° ; filtration sur tourbe.

A. spinosissimus est un poisson à l'activité nocturne, parfois diurne dans sa jeunesse. Les plaquettes osseuses qui couvrent le corps sont épineuses, de même que les nageoires dorsale et pectorale. Dérangé, le poisson peut serrer fortement ses épines pectorales contre le corps, comme une pince ; cela peut éventuellement surprendre un attaquant, laissant au poisson le temps de s'échapper. Si le poisson s'embrouille dans l'épuisette, il ne faut pas chercher à l'en détacher, mais retourner l'épuisette pour que le poisson se trouve à l'extérieur et la plonger de nouveau dans l'eau ; au bout d'un certain temps le poisson se libère lui-même.

1
2

Famille *Aspredinidae*

Les membres de cette famille proviennent du bassin de l'Amazone. Leur corps a une forme particulière : il est plat, court et large, et la partie caudale, allongée, est comprimée latéralement. La nageoire adipeuse est absente. La peau est nue et couverte de sortes de verrues. Les yeux sont très petits. La bouche porte des barbillons. Le toucher et l'odorat sont très bien développés. Ces poissons vivent surtout la nuit. On divise la famille en deux sous-familles, les *Aspredininae* et les *Bunocephalinae.* Il est souvent difficile de distinguer les espèces, et les spécimens du commerce sont rarement identifiés convenablement.

1 *Bunocephalus bicolor* STEINDACHNER, 1882
« Poisson banjo »

Aspredinidae

◁ ● Distribution : Amazone jusqu'à La Plata ● Longueur : 15 cm ● Dimorphisme sexuel : mâle plus petit et plus élancé que la femelle ● Alimentation : tubifex, lombrics découpés, granulés artificiels, etc. ● Aquarium d'ensemble accepté ● Première importation en 1907 ; première reproduction en 1985, par I. Petrovický à Prague ● **Reproduction** : en groupe ; un mâle pour une femelle. Bac de ponte : 100 litres, avec des morceaux de briques creuses ; lumière tamisée. Eau : 24–26 °C, pH 6,5 à 7,0, TH inférieur à 18°, TAC inférieur à 4° ; filtration sur tourbe. Œuf gris-blanc, d'un diamètre de 1 mm, protégé par un mucus translucide, gélatineux et légèrement collant. Incubation : 50 à 72 heures. Nourriture des alevins : nauplies d'artémias uniquement, en petite quantité, deux fois dans la journée et une fois avant d'éteindre la lumière.

Ces poissons nocturnes se nourrissent la nuit, sous une lumière très faible. Une particularité unique chez ce poisson est le renouvellement périodique de la couche extérieure de la peau (cuticule). Les organes du goût sont très développés, surtout dans et autour de la bouche, et sur les trois paires de barbillons ; ils compensent une vue très faible. Les poissons détectent immédiatement la nourriture (qu'on leur donne toujours juste avant d'éteindre la lumière) en ouvrant et en fermant la bouche ; au bout d'un certain temps ils viennent directement vers elle.

L'âge de la maturité sexuelle est de l'ordre de 2 ans. Le frai peut être provoqué par une baisse de la température de 3 à 4 °C et par une chute soudaine de la pression atmosphérique. Les poissons fraient dans la nuit ou juste avant l'aube. La femelle pond quelques centaines d'œufs sur le fond et les parents ne s'en occupent plus. On retire les œufs en les siphonnant à l'aide d'un tuyau de 3 mm de diamètre, et on les traite au bleu de méthylène ; l'incubation doit être effectuée dans la pénombre. Les larves, translucides, mesurent 5 mm à l'éclosion. Elles se tiennent dans les endroits obscurs du fond. Trois jours après l'éclosion l'alevin accepte la nourriture, qu'on lui donne dans la journée. A l'âge de dix jours il atteint 10 mm et ressemble aux poissons adultes ; le jour il reste immobile et n'ingurgite que la nourriture qui se trouve juste à côté de lui. Dès qu'il atteint 15 mm on peut lui donner des tubifex découpés, mais avec précaution. Un fond sale et souillé de restes d'aliments peut provoquer chez les adultes et les jeunes des moisissures et des inflammations de la peau.

Famille *Pimelodidae*

On trouve les poissons de cette famille entre le sud du Mexique et le sud de l'Amérique latine, à l'exception des régions les plus méridionales. La plupart des espèces atteignent des dimensions considérables. Le corps est en général allongé. La peau est nue, sans écailles. Tous les membres de la famille sont de bons nageurs. Le premier rayon des nageoires pectorales est transformé en une épine osseuse. La nageoire adipeuse est développée, parfois même assez longue chez certaines espèces ; la bouche porte trois paires de barbillons, qui sont la plupart du temps rigides, et orientés vers l'avant. Les mâchoires portent des dents.

1 *Sorubim lima* (Bloch et Schneider, 1806)

Syn. : *Platystoma lima, P. luceri, Silurus gerupensis, S. lima, Sorubim infraocularis, S. luceri* — *Pimelodidae*

◁ ● Distribution : bassin de l'Amazone (territoire de La Plata) ● Longueur : 60 cm ● Alimentation : proies vivantes en grande quantité (zooplancton, larves d'insectes, vers de terre, petits poissons, etc.) auxquelles on peut ajouter de la chair de poisson ou de bœuf, du cœur de bœuf et des granulés ● Aquarium spécifique de 500 à 1 000 litres, dans lequel on l'élève en groupe ● Première importation en 1929, par la société Scholze et Pötzschke à Berlin ● **Reproduction** : inconnue. Eau : prévoir 24–28 °C, pH 6,5 à 7,0, TH inférieur à 18° et TAC inférieur à 2°.

S. lima est un poisson crépusculaire ou nocturne. Il a besoin de cachettes, de plantes et d'une lumière tamisée. C'est un poisson solitaire et vorace qui cherche sa nourriture pendant la nuit, et est capable de creuser le fond jusqu'à une profondeur de 5 cm ; les barbillons sont alors plaqués au corps. Le ventre est pratiquement blanc. La peau a la rugosité de la toile émeri. Hors de l'eau le poisson émet des grondements. La bouche comporte des petites dents, la mâchoire supérieure dépasse largement la mâchoire inférieure. La grande nageoire adipeuse est située à la verticale de la nageoire anale. Les premiers rayons des nageoires pectorales sont dentelés, d'où le nom spécifique : *lima* veut dire « lime » en espagnol.

2 *Microglanis parahybae* (Steindachner, 1880)

Syn. : *Pseudopimelodus parahybae* — *Pimelodidae*

◁ ● Distribution : sud-est du Brésil, Paraguay et nord de l'Argentine ● Longueur : 8 cm ● Alimentation : proies vivantes surtout (vers, larves d'insectes) ● Aquarium spécifique de 100 à 200 litres, avec de nombreuses cachettes et des plantes flottantes ● **Reproduction** : inconnue ; probablement en petit groupe. Eau : 24–28 °C, pH 6,5 à 7,0, TH inférieur à 18°, TAC inférieur à 4°.

C'est un poisson crépusculaire, très mobile la nuit, qui se cache le jour. La coloration est variable ; le poisson est souvent brun-jaune avec des bandes irrégulières et des taches. La tête est grande et aplatie ; les yeux sont petits, dirigés vers l'avant et couverts d'une peau translucide. Le corps, comprimé latéralement à l'arrière, est nu et sans écailles. Les premiers rayons des nageoires dorsale et anale sont transformés en une épine au bord en dents de scie.

1
2

Famille *Callichthyidae*

Il s'agit de petits silures avec une activité principalement crépusculaire. On les trouve dans les régions tropicales et subtropicales de l'Amérique du Sud. La partie ventrale est plate, la partie dorsale est bombée. La nageoire adipeuse, caractéristique de cette famille, se trouve derrière la nageoire dorsale. La nageoire pectorale, dont le premier rayon est transformé en une grande épine, joue un rôle important dans la reproduction. Des plaques osseuses, qui se recouvrent comme des tuiles, couvrent les flancs, la tête et le dos. On divise cette famille en deux groupes selon la nature de ce « blindage ». Le premier réunit les genres *Callichthys, Cascadura, Dianema* et *Hoplosternum,* l'autre les genres *Aspidoras, Brochis, Chaenothorax* et *Corydoras.* La famille est également caractérisée par une paire de barbillons sur la mâchoire inférieure. Les yeux sont généralement grands et mobiles. Ce sont des poissons de fond. Le genre *Corydoras* est celui qui contient le plus d'espèces (presque cent) ; il est cependant souvent difficile de les distinguer, car les différences sont très ténues et montrent une forte variation intraspécifique. Le genre *Brochis,* qui comprend deux espèces, est très proche de *Corydoras* ; il en diffère par le nombre de rayons de la nageoire dorsale.

Pour survivre dans les eaux pauvres en oxygène, ces poissons peuvent utiliser l'air atmosphérique au niveau du tube digestif. Lors de remontées rapides vers la surface, ils avalent des bulles d'air, qui sont ensuite repoussées jusqu'au rectum, dont la muqueuse contient de nombreux capillaires sanguins, grâce auxquels l'oxygène passe dans le sang. Tous les membres de la famille vivent en bancs.

1 *Corydoras punctatus* (BLOCH, 1794)

Syn.: *Cataphractus punctatus, Corydoras geoffroy, C. punctatus julii* — *Callichthyidae*

○ ◑

• Distribution : Orénoque, Essequibo et Amazone • Longueur : 6 cm • Dimorphisme sexuel : mâle plus élancé et plus petit que la femelle • Alimentation : nourritures vivantes ou artificielles • Aquarium d'ensemble accepté • Première importation en 1935 • **Reproduction** : inconnue ; prévoir 2 à 3 mâles pour une femelle. Bac de ponte : 50 litres, avec une lumière tamisée. Eau : 24–28 °C, pH 6,0 à 7,0, TH inférieur à 18 °, TAC inférieur à 4°.

La répartition des taches est assez variable. *C. punctatus* est un parent proche de l'espèce *C. julii* ; chez les deux espèces, les taches s'organisent en une ligne plus marquée sur le flanc.

2 *Corydoras melini* LÖNNBERG et RENDAHL, 1930

Callichthyidae

○ ◑

• Distribution : sud-ouest du bassin du rio Negro et, plus en amont, dans la rivière Vaupès, à la frontière du Brésil et de la Colombie • Longueur : 6 cm • Alimentation : nourritures vivantes ou artificielles • Aquarium d'ensemble accepté • **Reproduction** : inconnue. Eau : 22–26 °C, pH 6,0 à 7,0, TH inférieur à 18°, TAC inférieur à 4° ; la dureté carbonatée doit sans doute être encore plus basse pour le développement des œufs.

Cette espèce est très proche de *C. metae* et on peut très facilement les confondre. Ainsi, Hoedeman considérait en 1952 *C. melini* comme une sous-espèce de *C. metae,* mais il a plus tard corrigé cette opinion.

1
2

1 *Corydoras reticulatus* FRASER–BRUNNER, 1938

Callichthyidae

● Distribution : bassin de l'Amazone, vers Monte Alegre ● Longueur : 7 cm ● Dimorphisme sexuel : mâle plus coloré que la femelle, avec une nageoire dorsale plus haute et pointue portant des raies noires, et des nageoires pelviennes remarquablement allongées en pointes ● Alimentation : nourritures vivantes et artificielles ● Première importation en 1938 ● **Reproduction** : deux mâles pour une femelle. Bac de ponte : 50 litres au moins, avec des plantes à feuilles larges ; éclairage modéré. Eau : 26 °C, pH 6,5 à 7,0, TAC inférieur à 4°. Incubation : 3 jours. Nourriture des alevins : nauplies d'artémias.

Les mâles nettoient la face inférieure des feuilles. Pendant le frai la femelle maintient sa bouche au-dessus des nageoires pelviennes du mâle. Quand elle s'en détache, elle laisse échapper les œufs entre ses deux nageoires pelviennes qui s'accolent en une sorte de poche. Ensuite elle dépose les œufs, très collants, sous les feuilles des plantes. On transporte les feuilles ou les tiges des plantes où sont fixés les œufs dans le récipient de développement. Les trois premières semaines, on élève les alevins dans des aquariums ayant une grande surface, une hauteur d'eau réduite et une importante circulation d'eau.

2 *Corydoras schwartzi* RÖSSEL, 1963

Callichthyidae

● Distribution : zones de confluence entre l'Amazone et divers affluents ● Longueur : 6,5 cm ● Dimorphisme sexuel : mâle plus élancé et plus petit que la femelle ● Alimentation : nourritures vivantes ou artificielles ● Aquarium d'ensemble accepté, avec une lumière tamisée ● **Reproduction** : inconnue en captivité ; probablement 2 à 3 mâles pour une femelle. Eau : 22–24 °C, pH 6,0 à 7,0, TAC inférieur à 4°.

Il s'agit d'une espèce très variable.

3 *Corydoras pygmaeus* KNAAK, 1966

Syn. : *Corydoras hastatus australe*

Callichthyidae

● Distribution : Brésil, rio Madeira et affluents ● Longueur : 2,5 cm. ● Dimorphisme sexuel : mâle plus élancé et plus petit que la femelle ● Alimentation : nourritures vivantes ou artificielles ● Aquarium d'ensemble accepté, mais seulement avec des petits poissons ● Première importation en 1912 ● **Reproduction** : 2–3 mâles pour une femelle. Bac de ponte : 50–100 litres. Eau : 24 °C, pH 6,5 à 7,0, TAC inférieur à 4°. Œuf adhésif d'un gris laiteux, d'un diamètre de 1,2 mm. Incubation : 6 jours. Nourriture des alevins : toutes jeunes nauplies d'artémias.

C. pygmaeus est parmi les plus petits des poissons-chats cuirassés. L'espèce *C. hastatus* est très semblable et fraie d'ailleurs de la même façon ; cependant, *C. pygmaeus* se distingue par une bande latérale sombre bien marquée, qui se prolonge en une tache de petite taille à la base de la caudale (laquelle ne montre pas d'autres dessins).

A la différence des autres espèces, ces silures nagent parfois en bancs, sans contact avec le fond.

Les larves sont petites et translucides. On les siphonne à l'aide d'un petit tuyau de 3 mm de diamètre pour les transférer dans des bacs d'élevage. On obtient un taux de réussite plus important en ajoutant une cuillère à café de sel pour 10 litres d'eau, et en abaissant la hauteur de l'eau à 1 cm. Pendant la période critique des dix premiers jours, il est également possible d'élever l'alevin sur une sorte de cadre de bois dont le fond est garni d'un tissu de nylon, que l'on met à flotter à la surface des grands aquariums. Au bout de dix jours on commence à augmenter lentement la hauteur de l'eau, et les jeunes poissons se développent rapidement et sans problème.

Callichthyidae

1 *Corydoras elegans* STEINDACHNER, 1877

Syn. : *Gastrodermus elegans, Corydoras pestai*

Callichthyidae

● Distribution : Amazonie centrale ● Longueur : 6 cm ● Dimorphisme sexuel : la bande la plus haute, d'un vert métallique chez le mâle, est vert-noir chez la femelle, qui a par ailleurs le ventre plus rond ● Alimentation : nourritures vivantes et artificielles ● Aquarium d'ensemble accepté ● Première importation en 1938 ●**Reproduction** : 2–3 mâles pour une femelle. Bac de ponte : 50 litres environ ; éclairage fortement tamisé. Eau : 20–24 °C, pH 6,5 à 7,0, TAC inférieur à 4°. Incubation : 4 jours. Nourriture des alevins : nauplies d'artémias.

On connaît peu de choses sur l'élevage et la multiplication de cette espèce ; ils sont à peu près les mêmes que pour *C. paleatus.*

2 *Corydoras arcuatus* ELWIN, 1939

Callichthyidae

● Distribution : environs du lac Tefé, en Amazonie centrale (Brésil) ● Longueur : 5 cm ● Dimorphisme sexuel : mâle avec une nageoire dorsale pointue, plus petit que la femelle ● Alimentation : nourritures vivantes ou artificielles ● Aquarium d'ensemble accepté, avec une lumière tamisée ● Première importation en 1938 ● **Reproduction** : inconnue ; prévoir 2–3 mâles pour une femelle. Bac de ponte : 50–100 litres. Eau : 25–28 °C, pH 6,0 à 7,0, TH inférieur à 18°, TAC inférieur à 4°.

Le mâle est farouche, facilement effrayé et très sensible aux baisses de température. On connaît également une forme de cette espèce dont la coloration est complètement différente. La bande latérale foncée est remplacée par une série de taches et la nageoire caudale est également tachetée.

On sait que la composition et la température de l'eau, la saison, la pression atmosphérique et la nourriture jouent un rôle important dans le déclenchement de la reproduction. Plus une espèce est adaptée à un milieu précis, et plus ces conditions sont difficiles à reconstituer en captivité. *C. arcuatus* est un exemple de poisson délicat, dont on peut espérer, comme cela s'est déjà vu pour de nombreuses espèces, que des générations futures issues de reproduction en aquarium aient des exigences moins strictes.

3 *Corydoras axelrodi* RÖSSEL, 1962

Callichthyidae

● Distribution : rio Meta (Colombie) ● Longueur : 5 cm ● Alimentation : proies vivantes et nourritures artificielles ● Aquarium d'ensemble accepté ● **Reproduction** : inconnue. Eau : 22–26 °C, pH 6,0 à 7,0, TH inférieur à 18°, TAC inférieur à 4° (TH et TAC peuvent être plus élevés pour l'élevage des adultes).

Cette espèce peu connue se reconnaît à une bande oblique latérale, parallèle au profil dorsal, qui va de l'arrière de la tête à la base de la nageoire caudale, et se poursuit en s'estompant dans les rayons inférieurs.

Callichthyidae

1 *Corydoras aeneus* (GILL, 1858)

Syn. : *Hoplosternum aeneum, Callichthys aeneus, Corydoras macrosteus, C. microps, C. venezuelanus, C. schultzei*

Callichthyidae

● Distribution : Venezuela, île de Trinidad, petits affluents de l'Amazone au Brésil, et jusqu'à La Plata en Argentine ● Longueur : 7 cm ● Dimorphisme sexuel : mâle plus élancé et plus petit que la femelle ●Alimentation : nourritures vivantes et artificielles ● Aquarium d'ensemble accepté ● Première importation en 1933 ● **Reproduction** : 2–3 mâles pour une femelle ; frai en groupe possible. Bac de ponte : 50 litres au moins ; lumière tamisée. Eau : 20–24 °C, pH proche de 7, TAC inférieur à 4°. Œuf d'un diamètre de 1,5 mm. Incubation : 4 jours. Nourriture des alevins : nauplies d'artémias.

Il s'agit d'une espèce dont la coloration varie, ainsi que la largeur de la bande foncée. C'est pourquoi *C. schultzei* a été longtemps considéré comme une espèce distincte. Les éleveurs asiatiques ont sélectionné une forme albinos et une forme avec les nageoires dorsale et anale allongées.

Il est presque impossible de prévoir le moment du frai. Une baisse de la pression atmosphérique suivie de pluie et une baisse de température de 5° (obtenue en ajoutant de l'eau plus froide à l'eau de l'aquarium) peuvent stimuler la ponte. Le frai lui-même se passe de la même façon que pour les autres espèces du genre *Corydoras* (voir *C. paleatus*). La femelle dépose les œufs, très collants, sur des supports ou les parois de l'aquarium, surtout dans sa partie supérieure. On les retire à l'aide d'une lame de rasoir s'ils sont fixés sur les parois de l'aquarium ou avec le pouce et l'index s'ils se trouvent sur des objets. Les œufs sont résistants. On les fixe ensuite par une légère pression de l'index sur les parois du bac de développement, de façon qu'ils ne se touchent pas. On y met un diffuseur et on traite l'eau au bleu de méthylène. En ajoutant une cuillère de sel pour 50 litres on élève le taux de réussite de l'élevage. Dès que l'alevin éclot, on abaisse la hauteur d'eau à 10 cm. Il vaut mieux éviter de donner aux alevins du zooplancton vivant, car il leur est difficile de le saisir ; on les nourrit donc de zooplancton congelé (ou ébouillanté). Les alevins cherchent la nourriture au fond, mais également à la surface, où ils nagent rapidement le ventre en l'air. En renouvelant régulièrement (toutes les semaines ou quinzaines) deux tiers de l'eau on favorise le développement des jeunes. L'alevin est cependant parfois sensible à l'eau du robinet, et il est préférable de laisser reposer l'eau neuve pendant 24 heures avant de l'utiliser.

1a ♀
1a ♂
1b ♂
1b ♀

1 *Corydoras rabauti* LA MONTE, 1941

Syn. : *Corydoras myersi, C. zygatus*

Callichthyidae

● Distribution : affluents de l'Amazone, en amont de sa jonction avec le rio Negro ● Longueur : 6 cm ● Dimorphisme sexuel : femelle plus grande et plus robuste que le mâle ● Alimentation : toutes nourritures. ● Aquarium d'ensemble accepté ● Première importation en 1948 ● **Reproduction** : 2–3 mâles pour une femelle. Bac de ponte : 50 litres au moins ; lumière tamisée. Eau : 24 °C, pH 6,5 à 7,0, TAC inférieur à 4°. Œuf gris. Incubation : 4 jours. Nourriture des alevins : nauplies d'artémias.

La multiplication de cette espèce en captivité est difficile, car les poissons ne fraient que rarement ou pas du tout. Dans un groupe d'individus sexuellement mûrs observé depuis 1976, la première ponte n'a eu lieu qu'en 1977, pendant une baisse soudaine de la pression atmosphérique. Quatre femelles ont déposé sur les parois de l'aquarium un total de 200 œufs environ. Les œufs ont été traités au bleu de méthylène et neuf jours après le frai les alevins commençaient à se nourrir ; ils ont été élevés sans difficulté. Au bout de trois mois ils atteignaient 2,5 cm. Le groupe de six mâles et quatre femelles a de nouveau frayé après une pause de trois mois. Le nombre d'œufs a été à peu près le même. Les poissons n'ont plus frayé jusqu'en 1984, bien que les femelles aient été pleines. Certains auteurs indiquent que les femelles pondent les œufs non fécondés en dehors de la présence des mâles (ceci n'a pas eu lieu dans le groupe observé).

2 *Corydoras metae* EIGENMANN, 1914

Callichthyidae

● Distribution : rio Meta (Colombie) ● Longueur : 5,5 cm ● Dimorphisme sexuel : mâle plus petit et plus élancé que la femelle ● Alimentation : nourritures vivantes et artificielles ● Bac d'ensemble accepté ● Première importation en 1963 ● **Reproduction** : inconnue ; prévoir 2–3 mâles pour une femelle. Bac de ponte : 50 litres au moins ; lumière tamisée. Eau : 22–26 °C, pH 6,0 à 7,0, TH inférieur à 18°, TAC inférieur à 4°.

Un groupe de poissons a été observé pendant six ans. On a changé le milieu, la température et la composition chimique de l'eau, l'intensité de la lumière, en vain. L'injection de broyat d'hypophyse est elle aussi restée sans résultat. Au bout de six ans on a procédé à l'autopsie de quelques poissons. Chez les petits on a trouvé des testicules. Les poissons plus grands apparaissaient indifférenciés ; il s'agissait probablement de femelles qui n'avaient pas atteint, pour des raisons inconnues, leur maturité en captivité.

Le frai chez le genre *Corydoras*

1 ♂
1 ♀
2 ♂
2 ♀

1 *Corydoras hastatus* EIGENMANN et EIGENMANN, 1888

Syn. : *Microcorydoras hastatus, Corydoras australe* *Callichthyidae*

● Distribution : Brésil ● Longueur : 3 cm ● Dimorphisme sexuel : mâle plus petit et plus élancé que la femelle ● Alimentation : nourritures vivantes et artificielles ● Aquarium d'ensemble, en compagnie de petites espèces uniquement ● Première importation en 1912 ● **Reproduction** : 2–3 mâles pour une femelle. Bac de ponte : 10–50 litres selon le nombre de poissons. Eau : 24 °C, pH 6,5 à 7,0, TAC inférieur à 4°. Œuf petit, blanc laiteux. Incubation : 6 jours. Nourriture des alevins : nauplies d'artémias.

Le frai a lieu le plus souvent en bancs à la fin de la journée. Les mâles nagent autour des femelles en agitant vigoureusement leur nageoire caudale. Juste avant l'accouplement le mâle courbe le corps, côté convexe vers la bouche de la femelle, puis la position se renverse et la bouche de la femelle se trouve du côté concave de la courbure du mâle. Le mâle attrape ensuite les barbillons de la femelle avec ses nageoires pectorales et la presse contre son corps en se tordant en « S ». La femelle émet alors un œuf qu'elle recueille avec ses nageoires pectorales unies en une sorte de poche, et la fécondation a lieu. Après une courte pause elle dépose l'œuf sur le fond, ou le colle sur une paroi de l'aquarium, une plante ou un caillou. Ceci se répète jusqu'à ce que la femelle n'ait plus d'œufs. Les œufs ne sont pas très nombreux. Dès que les poissons cessent de frayer, on les place dans un autre récipient. La larve est grande (4,8 mm de long). Pendant les dix premiers jours la hauteur d'eau ne doit pas dépasser 2 cm. L'alevin croît rapidement et régulièrement.

Les poissons sont très proches de l'espèce *C. pygmaeus*; la différence principale réside dans la tache noire de la nageoire caudale, marquée de deux taches claires chez *C. hastatus.*

2 *Corydoras julii* STEINDACHNER, 1906

Callichthyidae

● Distribution : cours supérieur de l'Amazone et ses affluents ● Longueur : 6 cm ● Dimorphisme sexuel : mâle plus petit et plus élancé que la femelle ● Alimentation : nourritures vivantes et artificielles ● Aquarium d'ensemble accepté. Première importation en 1933 ● **Reproduction** : inconnue ; prévoir 2–3 mâles pour une femelle. Bac de ponte : 50–100 litres. Eau : 28 °C, pH 6,0 à 7,0, TH inférieur à 18° et TAC inférieur à 4°.

C. julii est une espèce craintive, qui a besoin d'une température élevée. Il est souvent confondu avec *C. trilineatus,* dont la coloration varie beaucoup.

3 *Corydoras melanistius melanistius* REGAN, 1912

Callichthyidae

● Distribution : Guyane française ● Longueur : 6 cm ● Dimorphisme sexuel : mâle plus élancé et plus petit que la femelle ● Alimentation : nourritures vivantes et artificielles ● Première importation en 1934 ● **Reproduction** : inconnue ; prévoir 2–3 mâles pour une femelle. Eau : 25–28 °C, pH 6,0 à 7,0, TH inférieur à 18°, TAC inférieur à 4°.

Il s'agit d'une espèce dont la coloration varie beaucoup. En 1974 Fraser-Brunner en a décrit une sous-espèce, *C. melanistius brevirostris* (Syn. : *C. wotroi*).

Callichthyidae

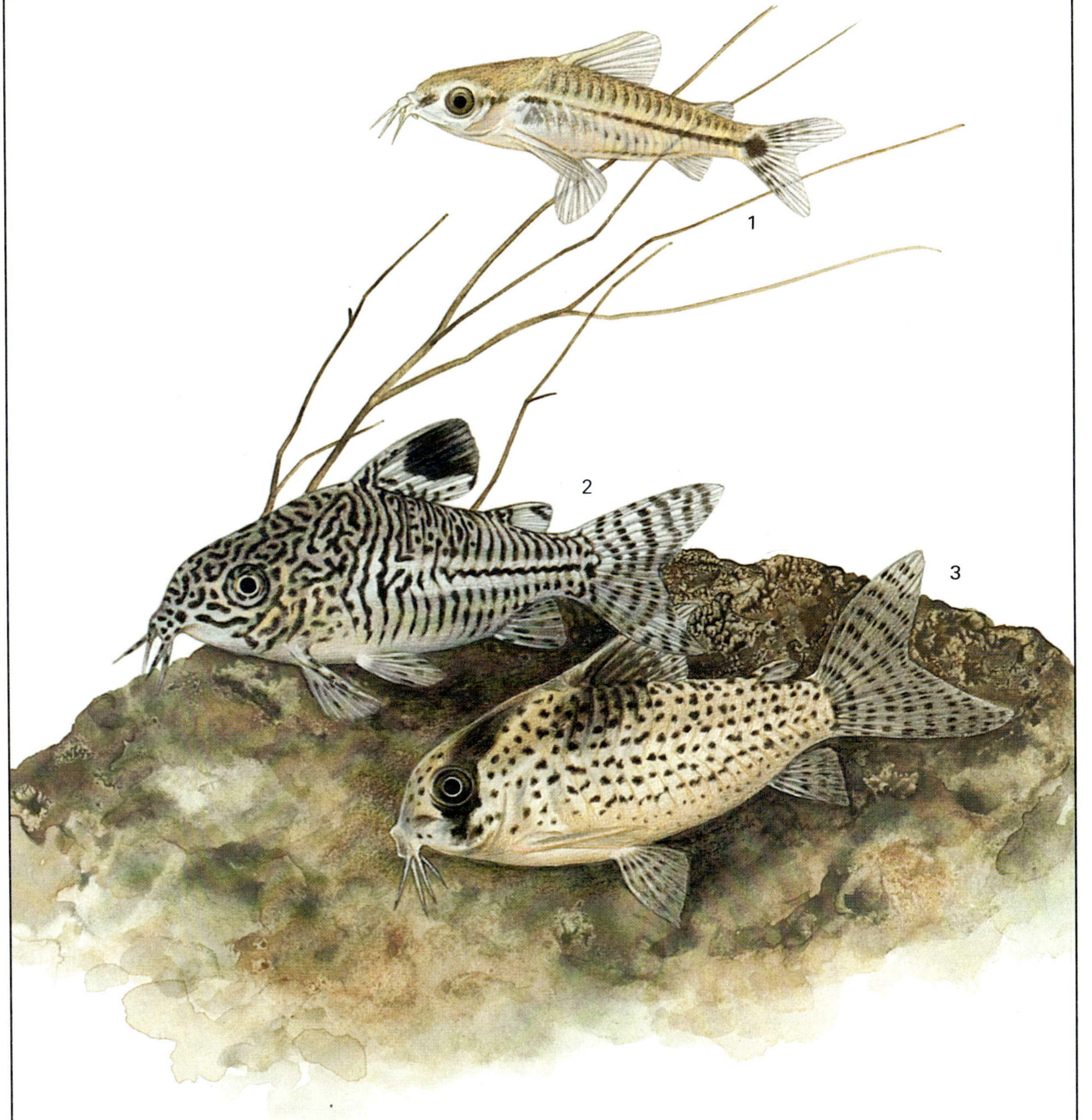

1 *Corydoras paleatus* (JENYNS, 1842)

Syn. : *Callichthys paleatus, Corydoras marmoratus, C. maculatus, C. punctatus* var. *argentina, C. microcephalus*

Callichthyidae

○ ◑

● Distribution : sud-est du Brésil, Uruguay ● Longueur : 7 cm ● Dimorphisme sexuel : femelle plus robuste que le mâle, dont le premier rayon de la nageoire dorsale est plus allongé ● Alimentation : toutes nourritures ● Aquarium d'ensemble accepté ● Première importation en 1878 à Paris ; première reproduction dès la même année par Carbonnier ● **Reproduction** : 2–3 mâles pour une femelle. Bac de ponte : 50 litres au moins ; lumière tamisée. Eau : 20–24 °C, pH 6,5 à 7,0, TAC inférieur à 4°. Incubation : 4 jours. Nourriture des alevins : nauplies d'artémias.

Avant le frai les mâles nagent nerveusement dans l'aquarium, puis la femelle descend vers le fond, poursuivie par quelques mâles. Un des mâles prend position de façon à avoir son flanc contre la tête de la femelle et, avec une nageoire pectorale, serre le museau de la femelle contre son ventre. Les poissons forment ainsi un « T ». Avec une forte vibration le mâle laisse échapper sa laitance tandis que la femelle émet quelques œufs dans la « poche » que forment les nageoires pectorales accolées. Par la fente entre les nageoires, les spermatozoïdes peuvent atteindre les œufs. La femelle cherche ensuite un lieu convenable, qu'elle examine avec ses barbillons et nettoie, avant d'ouvrir la « poche » et d'y fixer les œufs fécondés avec un mouvement oscillatoire. Après une courte pause l'acte est répété. La période de frai se prolonge parfois plusieurs semaines, et la femelle pond jusqu' à 50 œufs par jours.

2 *Corydoras barbatus* (QUOY et GAIMARD, 1824)

Syn. : *Callichthys barbatus, Scleromystae barbatus, S. kronei, Corydoras eigenmanni, C. kronei*

Callichthyidae

○ ◑

● Distribution : de Rio de Janeiro à São Paulo ● Longueur : 12 cm ● Alimentation : nourritures vivantes et artificielles ● Aquarium d'ensemble accepté ● **Reproduction** : inconnue. Eau : 22–26°C, pH 6,0 à 7,0, TH inférieur à 18° et TAC inférieur à 4°.

C. barbatus a un corps très élancé et une tête allongée. Le dessin varie selon l'âge et l'origine géographique du poisson.

3 *Brochis splendens* (DE CASTENAU, 1855)

Syn. : *Brochis coeruleus, B. dipterus, Callichthys splendens, Chaenothorax bicarinatus, Ch. semiscutatus*

Callichthyidae

○ ◑

● Distribution : Équateur, Pérou, Brésil ● Longueur : 8 cm ● Alimentation : toutes nourritures ● Aquarium d'ensemble accepté ● Première importation en 1938, par Munchener Tierpark AG, à Hellabrunn ● **Reproduction** : inconnue ; prévoir 2–3 mâles pour une femelle. Bac de ponte : 50–100 litres. Eau : 22–28 °C, pH 6,0 à 7,0, TH inférieur à 18°, TAC inférieur à 4°.

Le genre *Brochis* est proche du genre *Corydoras* ; cependant la bouche comporte des plaques osseuses et la base de la nageoire dorsale, qui comporte plus de rayons est plus longue. La coloration de *B. splendens* est variable, en particulier selon le pH de l'eau.

Callichthyidae

1 *Dianema longibarbis* COPE, 1871

Syn. : *Callichthys adspersus, Decapogon adspersus*

Callichthyidae

● Distribution : Colombie, Brésil, Pérou ● Longueur : 9 cm ● Dimorphisme sexuel : mâle plus petit et plus élancé que la femelle, avec les premiers rayons des nageoires un peu plus grands ● Alimentation : nourritures vivantes et artificielles ● Aquarium d'ensemble accepté ● **Reproduction** : les reproducteurs doivent être en groupe, avec une légère prépondérance de femelles ; élaboration d'un nid de bulles par le mâle. Bac de ponte : 50 litres, avec des plantes flottantes ou un pot retourné ; éclairage tamisé. Eau : 24 °C, pH proche de 7, TAC inférieur à 4°. Œuf jaunâtre, d'un diamètre de 1,5 mm. Incubation : 5 jours. Nourriture des alevins : nauplies d'artémias.

Le mâle bâtit un nid d'écume sous des feuilles (ou sous un pot retourné). Le frai a le plus souvent lieu pendant une baisse de pression atmosphérique. La femelle pond dans le nid environ 300 œufs. Le mâle s'occupe du nid, dont l'écume contient des substances protectrices importantes pour le développement des œufs. Lorsque la couleur des œufs s'assombrit, on transfère le nid avec les œufs dans l'aquarium d'élevage (d'où l'intérêt du pot), et les larves naissent environ 24 heures plus tard. Pendant les premiers jours les alevins sont souvent attaqués par des champignons et meurent en grand nombre. On prévient l'apparition de ces parasites en traitant les œufs au bleu de méthylène et en ajoutant une cuillère à café de sel pour 10 litres d'eau ; de plus, il faut maintenir une température constante. Les deux premières semaines on garde une faible hauteur d'eau, de l'ordre de 2 à 3 cm. Après cette période critique, l'alevin a une croissance rapide.

2 *Dianema urostriata* MIRANDA RIBERIO, 1912

Syn. : *Decapogon urostriatum*

Callichthyidae

● Distribution : Amazone et ses affluents aux environs de Manaus (Brésil) ● Longueur : 10 cm ● Alimentation : nourritures vivantes et artificielles ● Aquarium d'ensemble accepté ● Première importation en 1963 aux États-Unis, en 1972 aux Pays-Bas ● **Reproduction** : probablement jamais obtenue en captivité ; peut être tentée dans les mêmes conditions que pour *D. longibarbis.*

C'est un poisson pacifique et grégaire, rarement importé.

3 *Hoplosternum thoracatum* (CUVIER et VALENCIENNES, 1840)

Syn. : *Callichthys thoracatus, C. longifilis, C. personatus, C. exaratus, Hoplosternum thorae, H. longifilis*

Callichthyidae

● Distribution : île de Trinidad, Martinique, Guyane, Venezuela, Brésil, Pérou, Paraguay ; dans les eaux boueuses peu profondes, riches en plantes ● Longueur : 18 cm ● Dimorphisme sexuel : chez le mâle, la face ventrale est gris-violet, et le premier rayon des nageoires pectorales forme une grande épine denticulée ; chez la femelle, le ventre est blanc avec des taches rondes foncées ● Alimentation : nourritures vivantes et artificielles ● Aquarium d'ensemble accepté ● Première importation en 1911, par Vereinigten Zierfischzüchtereien à Conradshöhe près de Berlin ● **Reproduction** : un mâle pour une femelle ; en groupe, mettre un peu plus de femelles. Bac de ponte : voir *D. longibarbis.* Eau : 24 °C, pH 6,5 à 7,0, TAC inférieur à 4°. Œuf légèrement jaunâtre, d'un diamètre de 2,5 mm. Incubation : 3 à 5 jours. Nourriture des alevins : nauplies d'artémias.

Le mâle construit un grand nid d'écume sur la face inférieure de feuilles flottant à la surface. La femelle peut pondre jusqu'à 1 000 œufs. Le mâle défend énergiquement le nid. Les larves ont une longueur de 6 mm, des nageoires et des barbillons développés et consomment le sac vitellin très rapidement. Au bout de 48 heures les alevins commencent à nager. Ils sont lucifuges et cherchent des cachettes à l'abri de la lumière.

1
2
3

Famille *Loricariidae*

Les poissons de cette famille vivent dans les ruisseaux de montagne de l'Amérique du Sud. Peu de spécialistes sont capables d'en distinguer les différentes espèces. Certaines ont par exemple une coloration caractéristique mais qu'on peut confondre avec la coloration des juvéniles d'autres espèces ; de même, des poissons d'une même espèce provenant de régions différentes peuvent avoir une coloration différente. C'est pourquoi on ne peut différencier les espèces avec certitude qu'en étudiant les caractères morphologiques et anatomiques, par exemple la disposition des plaquettes osseuses sur la partie ventrale du corps, la disposition et la forme des nageoires dorsale, anale, etc. A quelques exceptions près ces silures ont le corps aplati dorsoventralement. La cuirasse constituée de plaques osseuses est complète chez certaines espèces, partielle chez d'autres, parfois totalement absente. La bouche ventrale est pourvue de fortes lèvres avec des plaques cornées. Ceci permet aux poissons de racler les algues du fond. Beaucoup d'espèces vivent dans les eaux vives et leur bouche faisant office de ventouse leur permet de se fixer au fond. Les branchies sont, à cause de l'aplatissement du corps, situées dans sa partie inférieure. A l'exception de la nageoire caudale, toutes les autres comportent des épines.

1 *Ancistrus multispinnis* (REGAN, 1912)

Syn. : *Xenocara multispinnis* — *Loricariidae*

● Distribution : Guyane, Brésil ; dans les rapides ● Longueur : 15 cm ● Dimorphisme sexuel : des excroissances cutanées (« tentacules ») se développent sur la tête du mâle ; elles sont réduites ou absentes chez la femelle ● Alimentation : végétaux et proies vivantes, auxquels on peut ajouter des aliments en paillettes ● Aquarium d'ensemble accepté ● Première importation en 1934 ; première reproduction probablement en Tchécoslovaquie en 1977 ● **Reproduction** : un mâle pour une femelle (les femelles peuvent être légèrement plus nombreuses). Bac de ponte : 50–100 litres, avec des morceaux de tubes sur le fond (diamètre de l'ordre de 4 cm) ; lumière diffuse. Eau : 24 °C, pH proche de 7, TH inférieur à 18°, TAC inférieur à 4°. Œuf jaune ou orangé, adhésif, d'un diamètre de 3 mm. Incubation : 6 jours. Nourriture des alevins : nauplies d'artémias ou aliments artificiels spécifiques.

Ce sont des poissons crépusculaires, qui pendant le jour se cachent dans des fentes, des cavités et des trous qu'ils creusent sous les cailloux. C'est dans ce genre d'endroit qu'ils choisissent un lieu de ponte, que le mâle défend avec ardeur. Les femelles collent leurs œufs en grappes de 50 à 100 œufs ; puis c'est le mâle qui s'en occupe. On retire ces grappes et on les place dans un aquarium séparé pour l'éclosion.

2 *Ancistrus hoplogenys* (GÜNTHER, ?)

Loricariidae

● Distribution : de la Guyane à la rivière Paraguay ● Longueur : 12 cm ● Dimorphisme sexuel : tentacules sur la tête du mâle ● Alimentation : toutes nourritures, en particulier végétales ● Aquarium spécifique préférable, compte tenu de la rareté de l'espèce ; aménager de nombreuses cachettes et éclairer faiblement ● Importations très rares, principalement aux États-Unis ● **Reproduction** : inconnue ; voir *A. multispinnis* pour les conditions. Eau : 20–24 °C, pH proche de 7, TAC inférieur à 4°.

Ce sont des poissons nocturnes qui font partie des plus colorés de leur genre.

1
2

1 *Ancistrus dolichopterus* KNER, 1854

Syn. : *Ancistrus cirrhosus* (pas celui de Valenciennes), *A. temmincki* (pas celui de Valenciennes), *Chaetostomus dolichopterus, Xenocara dolichopterus*

Loricariidae

● Distribution : Guyane, Amazonie, Mato Grosso ; dans les ruisseaux à cours rapide ● Longueur : 13 cm ● Dimorphisme sexuel : le mâle a une coloration plus claire et porte, sur la tête et le museau, de grandes excroissances (tentacules) dont certaines sont ramifiées ; les excroissances de la femelle sont peu développées et rangées en une ligne autour de la bouche ● Alimentation : proies vivantes et végétaux, ainsi que des nourritures artificielles ● Aquarium d'ensemble accepté ● Première importation en 1911, à Hambourg ● **Reproduction** : un mâle pour une, éventuellement 2 ou 3 femelles. Bac de ponte : 50–100 litres, avec des tubes (en brique, en PVC, etc.) sur le fond ; éclairage diffus. Eau : 24 °C, pH proche de 7, TAC de 4°, de petites variations étant sans importance. Incubation : 5 jours. Nourriture des alevins : nauplies d'artémias et nourriture végétale en flocons ; après une semaine, on peut ajouter des épinards.

Ce poisson se cache dans la journée et est actif la nuit. Le frai a lieu dans des morceaux de tubes ou des cavités que les poissons creusent sous les cailloux ou sous les bouts de bois. Le mâle s'occupe des œufs, mais sa présence n'est pas nécessaire. *A. dolichopterus,* comme la plupart des espèces de ce genre, se nourrit des détritus végétaux et des algues présents dans l'aquarium.

2 *Panaque nigrolineatus* (PETERS, 1877)

Syn. : *Cochliodon nigrolineatus, Chaetostomus nigrolineatus*

Loricariidae

● Distribution : Colombie, Brésil, Venezuela ● Longueur : 25 cm en aquarium, certainement plus dans la nature ● Alimentation : proies vivantes et végétaux, auxquels on peut ajouter de la nourriture artificielle ● Aquarium d'ensemble, mais uniquement avec des poissons pacifiques ● Première importation en 1974, par Heiko Bleher à Francfort ● **Reproduction** : on dispose de peu de détails, mais des pontes occasionnelles ont été observées ; prévoir un mâle pour une femelle. Bac de ponte : 500 litres au moins, avec de nombreuses cachettes, éclairage diffus. Eau : 24 °C, pH 6,5 à 7,0, TH inférieur à 27°, TAC de 4°.

Ces poissons sont actifs la nuit. Leur coloration, en général peu attractive, varie du gris au vert-brun en passant par le brun. Cependant, leurs yeux brun-rouge ou totalement rouges sont très marquants. Ils raclent les algues de l'aquarium. En bac d'ensemble, ils perdent leur timidité naturelle. Chaque individu a son territoire qu'il défend contre ses congénères. L'espèce est rarement importée.

1
2

1 *Otocinclus affinis* STEINDACHNER, 1877

Syn. : *Otocinclus arnoldi*

Loricariidae

● Distribution : sud-est du Brésil, près de Rio de Janeiro ; dans les ruisseaux rapides et clairs garnis d'algues et de plantes ● Longueur : 4 cm ● Dimorphisme sexuel : mâle plus élancé et plus petit que la femelle ● Alimentation : toutes nourritures, y compris végétales ; cette espèce consomme préférentiellement la couverture biologique du substrat (algues et organismes benthiques compris) ● Aquarium d'ensemble accepté. Première importation en 1911 ● **Reproduction** : frai en groupe, avec une prépondérance de mâles. Bac de ponte : 50 litres au moins, avec une partie bien éclairée et une partie ombragée. Eau : 23 °C, pH 6,5, TH inférieur à 18° et TAC inférieur à 4° ; bonne oxygénation et filtration sur charbon actif créant un fort courant d'eau. Œuf petit, adhésif. Incubation : 2–3 jours à 20 °C. Nourriture des alevins : paramécies et toutes jeunes nauplies d'artémias.

O. affinis est un poisson crépusculaire, qui reste cependant actif dans la journée. Les femelles sont peu prolifiques ; elles collent les œufs sur les plantes, les cailloux ou les parois de l'aquarium. On prélève les larves en les siphonnant à l'aide d'un tuyau d'un diamètre de 3 mm et on les transfère dans des aquariums d'élevage, avec une hauteur d'eau n'excédant pas 3 à 5 cm au début. Les jeunes recherchent les zones à fort courant.

2 *Otocinclus vittatus* REGAN, 1904

Loricariidae

● Distribution : Mato Grosso et bassin du rio Paraguay ; dans les eaux courantes ● Longueur : 5,5 à 6 cm ● Dimorphisme sexuel : femelle plus robuste et plus ventrue que le mâle ● Alimentation : algues et petits organismes du fond ; accepte toutes autres sortes de nourritures ● Aquarium d'ensemble accepté ● Première importation en 1921 ● **Reproduction** : en bancs, avec une prépondérance de mâles. Bac de ponte : 50 litres, avec des touffes de plantes et un fond sombre par endroits. Eau : 20–23 °C, pH 6,5, TH inférieur à 18°, TAC inférieur à 4°, filtre créant un fort courant. Œuf petit, adhésif. Incubation : 2–3 jours. Nourriture des alevins : paramécies ou très petites nauplies d'artémias ; éventuellement aliments artificiels très fins.

On a décrit à ce jour vingt espèces du genre *Otocinclus,* dont certaines se ressemblent beaucoup et sont souvent confondues. La plupart sont pêchées directement dans leur milieu naturel, par exemple les espèces *O. flexilis* Cope, 1894, *O. maculicauda* Steindachner, 1876, *O. maculipinnis* Regan, 1912, *O. nigricauda* Boulenger, 1891. Il est impossible de distinguer les espèces par leur forme et, comme les noms dans le commerce sont parfois erronés, on ignore souvent quelle espèce on élève.

1
2

1 *Farlowella gracilis* (REGAN, 1904) *Loricariidae*

● Distribution : rio Caquetá, Canca et Japurá en Colombie ● Longueur : 20 cm ● Dimorphisme sexuel inconnu ● Alimentation : algues du fond et organismes qui y vivent ; en aquarium, on peut donner de la purée d'épinards, et des aliments artificiels en tablettes ou en flocons ● Aquarium spécifique de préférence ; 100–200 litres, garni de nombreuses plantes (y compris flottantes), avec un fond sombre ● Première importation en 1954 ● **Reproduction** : frai en petit groupe. Bac de ponte : voir ci-dessus. Eau : 22–26 °C, pH 6,5 à 7,0, TH inférieur à 18°, TAC inférieur à 4° ; neuve mais reposée, bien oxygénée et filtrée sur tourbe.

F. gracilis est un poisson de fond pacifique. Il est très sensible aux changements de milieu et nécessite plus de temps pour s'acclimater que d'autres espèces de *Farlowella,* qui ont déjà été élevées et reproduites avec succès.

F. gracilis ressemble à l'espèce *F. acus* (Kner, 1853), mais son rostre est plus long et les plaquettes osseuses du ventre sont différentes. Les poissons du genre *Farlowella* ont la nageoire dorsale à la verticale de la nageoire anale, tandis que ceux du genre *Dasyloricaria* l'ont en avant, ce qui permet de les distinguer.

2 *Dasyloricaria filamentosa* (STEINDACHNER, 1878)

Syn. : *Loricaria filamentosa* *Loricariidae*

● Distribution : bassin du rio Magdalena en Colombie ● Longueur : 25 cm ● Dimorphisme sexuel : le mâle possède, sur la partie antérieure des nageoires pectorales, des « brosses » constituées de petites soies rigides ● Alimentation : nourritures vivantes ou artificielles ● Aquarium d'ensemble accepté ● Première importation en 1938 ● **Reproduction** : un mâle pour une femelle. Bac de ponte : 30–50 litres, avec des morceaux de tuyau d'environ 3 cm de diamètre. Eau : 24 °C, pH proche de 7, TAC inférieur à 4°. Œuf d'un diamètre de 2 mm. Incubation : 9 jours. Nourriture des alevins : nauplies d'artémias.

Les différentes espèces de ce genre sont très difficiles à distinguer. On y parvient en observant la disposition des plaquettes osseuses sur la face ventrale. Le rayon supérieur de la nageoire caudale de *D. filamentosa* est allongé en filament ; chez d'autres espèces, le rayon inférieur est lui aussi allongé ; chez d'autres enfin, la caudale ne montre aucun prolongement. Les poissons se cachent dans la journée et leur activité commence après le crépuscule. La principale et souvent unique période de frai est en hiver. Les adultes cherchent pour le frai des cavités étroites (morceaux de tuyau par exemple). Le mâle s'occupe des œufs et il peut être transporté en même temps que son abri dans un autre récipient ; il devra être enlevé dès que les alevins commencent à nager. Les alevins atteignent alors 7 mm de long et ils sont très sensibles aux matières organiques dans l'eau. Il est donc absolument nécessaire de filtrer l'eau sur charbon actif et de la renouveler tous les deux jours, par une eau neuve de mêmes température et composition. En général, l'eau du robinet suffit. La hauteur d'eau initiale doit être d'environ 10 cm. La croissance des alevins est rapide et leur sensibilité à la pollution organique diminue progressivement.

1

2

Famille *Atherinidae*

La plupart des membres de cette famille vivent dans les eaux peu profondes des mers chaudes ou tempérées. Quelques-uns vivent dans les eaux saumâtres et dans les deltas des fleuves. Ces poissons se caractérisent par la présence de deux nageoires dorsales. Les œufs sont grands, garnis de filaments adhésifs qui leur permettent de se fixer sur les plantes.

L'ichtyologiste Munro a divisé cette famille, à l'origine très importante, en quatre familles distinctes : *Atherinidae, Melanotaeniidae, Telmatherinidae* et *Pseudomugilidae.* Mais les spécialistes diffèrent dans leurs opinions sur cette division.

1 *Bedotia geayi* PELLEGRIN, 1907

Atherinidae

○ ●

● Distribution : Madagascar ● Longueur : 12 à 15 cm ● Dimorphisme sexuel : mâle plus grand et plus coloré ● Alimentation : proies vivantes (drosophiles, alevins, etc.) et aliments artificiels ● Aquarium spécifique préférable, avec un fond sombre ● Première importation en 1958 par l'Aquarium Westhandel d'Amsterdam ● **Reproduction** : un mâle pour une femelle ; frai en groupe possible, avec une légère prépondérance de femelles. Bac de ponte : 100 litres au moins, avec des touffes de plantes. Eau : 25–28 °C, pH 7,0 à 7,5, TAC inférieur à 5°. Œuf jaune clair, d'un diamètre de 1,4 mm, avec un faisceau de filaments. Incubation : 6–8 jours. Nourriture des alevins : nauplies d'artémias ou de cyclopes.

Les poissons fraient plusieurs jours de suite avec de courtes poses. Le frai a lieu entre les plantes ou en eau libre. A l'éclosion, les larves nagent en position oblique, tête vers le haut, et montent vers la surface pour remplir leur vessie gazeuse. Vingt-quatre heures après l'éclosion les alevins cherchent activement leur nourriture. Au bout d'une semaine on place les parents dans un autre aquarium. Une autre possibilité est d'extraire régulièrement les plantes portant des œufs, de façon à les élever à part.

Famille *Melanotaeniidae*

Tous les membres de la famille vivent en bancs dans les rivières, marécages et lacs de la Nouvelle-Guinée et de l'Australie du Nord. Bien que la famille comprenne environ 40 espèces, la plupart reçoivent erronément le nom de *Melanotaenia fluviatilis* ou *M. maccullochi.*

2 *Melanotaenia nigrans* (RICHARDSON, 1834)

Syn. : *Nematocentris nigrans*

Melanotaeniidae

○ ◑

● Distribution : est et sud de l'Australie ● Longueur : 10 cm ● Dimorphisme sexuel : mâle élancé, plus grand et plus coloré que la femelle ● Alimentation : nourritures vivantes ou artificielles ● Aquarium d'ensemble accepté ● Première importation en 1927 ● **Reproduction** : un mâle pour deux femelles. Bac de ponte : 60–100 litres, avec des plantes flottantes à feuilles fines. Eau : 20–24 °C, pH 7,0 à 7,5, TAC inférieur à 4° ; ajouter une cuillère à café de sel par 10 litres d'eau. Incubation : 7 à 10 jours. Nourriture des alevins : infusoires (paramécies) puis nauplies d'artémias et de cyclopes.

Le frai a lieu dans des plantes à feuilles fines. Les adultes ne mangent les œufs que très rarement, c'est pourquoi il n'est pas nécessaire de les enlever du bac de ponte avant la nage libre des alevins.

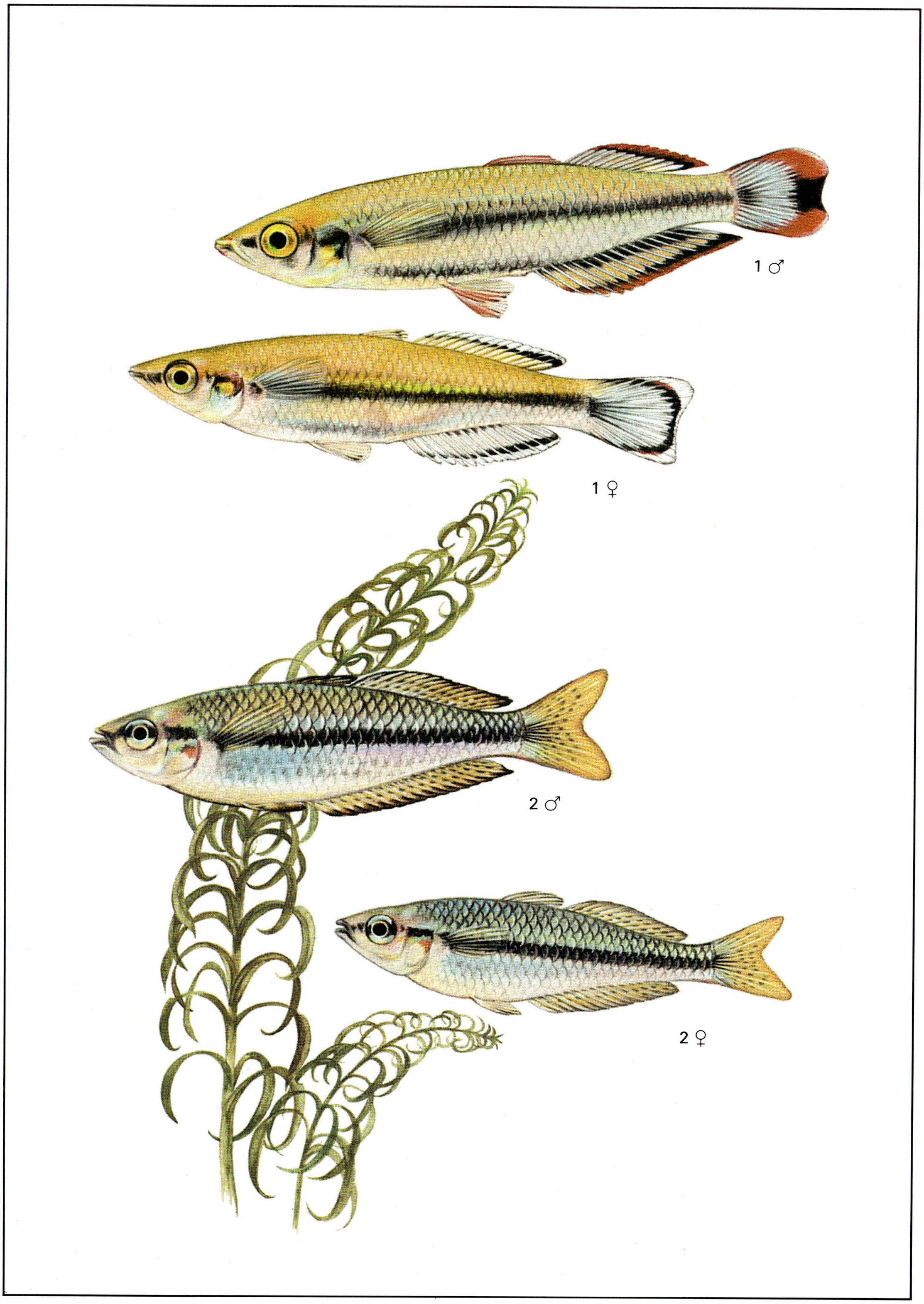
1 ♂
1 ♀
2 ♂
2 ♀

1 *Melanotaenia maccullochi* (OGILBY, 1915)

Syn. : *Nematocentris maccullochi* — *Melanotaeniidae*

● Distribution : nord-est de l'Australie, jusqu'à Sydney vers le sud ; en eau douce ● Longueur : 7 cm ● Dimorphisme sexuel : mâle plus élancé et plus coloré ● Alimentation : nourritures vivantes et artificielles ● Aquarium d'ensemble accepté ● Première importation en 1934 par l'Aquarium de Hambourg ● **Reproduction** : un mâle pour une femelle ; frai en bancs. Bac de ponte : 50 litres ou plus selon le nombre des poissons, avec des touffes de plantes ; il doit être bien éclairé, voire ensoleillé. Eau : 23–25 °C, pH 7,0 à 7,5, TAC inférieur à 5° ; ajouter une cuillerée à soupe de sel pour 10 litres d'eau (ou un litre d'eau de mer pour 50 litres). Incubation 7–10 jours. Nourriture des alevins : jeunes nauplies d'artémias.

Pendant le frai, la femelle pond environ 200 œufs qui se fixent sur les plantes par de courts filaments. Plus tard, les larves se fixent sur les parois de l'aquarium. Au bout de quelques jours l'alevin commence à nager et on le trouve près de la surface où il s'agite sans cesse. En transvasant régulièrement les touffes de plantes dans un aquarium d'élevage, on peut obtenir une grande quantité d'alevins.

2 *Melanotaenia fluviatilis* CASTELNAU, 1878

Syn. : *Nematocentris fluviatilis* — *Melanotaeniidae*

● Distribution : nord de l'Australie, Queensland et sud de la Nouvelle-Guinée ● Longueur : 10 cm ● Dimorphisme sexuel : mâle plus coloré que la femelle, avec les nageoires dorsale et anale allongées en pointe et bordées de noir ● Alimentation : toutes nourritures ● Aquarium d'ensemble accepté, uniquement avec des compagnons ayant les mêmes exigences d'eau ● Première importation en 1961 par le Tropicarium de Francfort ● **Reproduction** : un mâle pour 2–3 femelles ; frai en banc possible. Bac de ponte : 60 litres au moins, avec des plantes à feuillage fin ; bon éclairage (soleil du matin si possible). Eau : 22–25 °C, pH 7,0 à 7,5, TH inférieur à 18°, TAC inférieur à 4° ; elle doit être propre, neuve et bien oxygénée ; on peut ajouter une cuillerée à soupe de sel pour 10 litres d'eau. Incubation : 7–10 jours à 25 °C. Nourriture des alevins : paramécies, rotifères et petites nauplies de cyclopes pendant 4–5 jours, puis nauplies d'artémias.

Ce poisson a été longtemps confondu avec *M. nigrans,* mais ses nageoires dorsale, anale et pectorale ont un bord noir très marqué, et les opercules ont une tache rouge-orangé. Sa coloration est variable selon l'origine géographique : pendant le frai, certains sont rougeâtres, d'autres bleuâtres. On l'élève toujours en bancs assez importants. Les poissons fraient toute l'année à intervalles plus ou moins longs. Le soleil du matin stimule la ponte, qui dure plusieurs jours ; la femelle peut pondre quelques centaines d'œufs. Tous les cinq jours, on transfère les plantes portant les œufs dans un aquarium l'élevage.

1
2

1 *Glossolepis incisus* WEBER, 1908 — *Melanotaeniidae*

○ ● • Distribution : nord de la Nouvelle-Guinée et lac Sentani • Longueur : 15 cm • Dimorphisme sexuel : mâle plus grand que la femelle, de couleur rouge ; chez les mâles âgés (à partir de 2–3 ans), le dos devient très haut, la tête restant petite et fine • Alimentation : nourritures vivantes et artificielles • Aquarium d'ensemble accepté • Première importation en 1973 • **Reproduction** : frai en banc, avec une légère prépondérance de femelles. Bac de ponte : 200 litres, avec des plantes en touffes denses ; des obstacles (filets de nylon par exemple) doivent être disposés pour protéger les œufs de la voracité des parents, tout en laissant suffisamment d'espace pour nager. Eau : 24 °C, pH 7,0 à 7,5, TAC inférieur à 5° ; ajouter une cuillère à soupe de sel par 50 litres d'eau. Œuf d'un diamètre de 1,3 mm. Incubation : 6 jours. Nourriture des alevins : rotifères, éventuellement certains aliments très fins pour alevins ; nauplies d'artémias au bout de 20 jours.

Le nombre d'œufs pondus est relativement faible (environ 70). Chaque œuf porte, au niveau d'un des pôles, 8 à 16 filaments ; au contact d'un support, ces filaments s'attachent et se contractent pour fixer l'œuf. Avant de tomber, les œufs flottent un certain temps dans l'eau et sont alors exposés au cannibalisme des parents ; c'est pourquoi il est nécessaire de placer, en protection, des obstacles entravant les déplacements des adultes. On laisse les parents une semaine dans l'aquarium avant de les transférer ailleurs. Les premiers alevins nagent au bout d'une dizaine de jours ; leur élevage est difficile et la croissance est lente. La maturité sexuelle apparaît à l'âge de un an.

2 *Glossolepis wanamensis* ALLEN et KAILOLA, 1979 — *Melanotaeniidae*

○ ● • Découverte dans le lac Wanama près de la ville de Lae au sud-est de la Papouasie-Nouvelle-Guinée, cette nouvelle espèce a été décrite par Allen et Kailola en 1979. Sa coloration verte scintillante est très attractive mais elle est peu connue et on peut espérer qu'elle sera plus répandue dans l'avenir. On suppose que son élevage est semblable à celui de *G. incisus.*

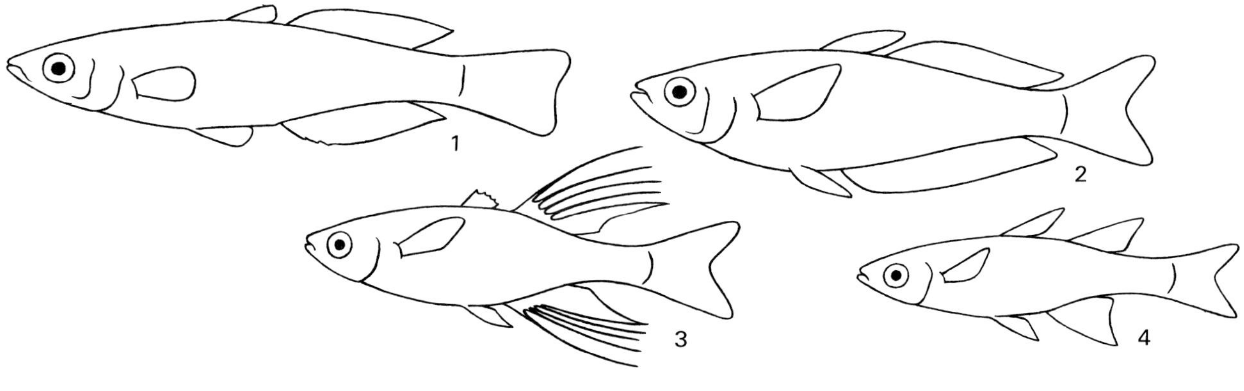

1 – *Atherinidae*
2 – *Melanotaeniidae*
3 – *Telmatherinidae*
4 – *Pseudomugilidae*

1 ♀
1 ♂ juv.
2

Famille *Pseudomugilidae*

Les poissons de cette famille, qui vivaient à l'origine dans l'eau saumâtre, se trouvent également de nos jours dans les eaux douces du nord et de l'est de l'Australie, de la Nouvelle-Guinée et de l'île d'Aru (au sud-ouest de la Nouvelle-Guinée). Les nageoires des mâles sont plus longues et plus intensément colorées que celles des femelles, surtout pendant le frai. Dans leur pays d'origine, on les introduit volontiers dans les régions infestées de moustiques, car ils en détruisent les larves et les nymphes en grandes quantités. Le frai s'étend sur deux mois, la femelle pondant chaque jour une vingtaine d'œufs dotés d'un filament adhésif qui leur permet de se fixer sur les plantes.

1 *Pseudomugil signifer* KNER, 1864

Syn. : *Atherina signata, Pseudomugil signatus*

Pseudomugilidae

○ ● Distribution : nord et est du Queensland (Australie) ● Longueur : 4,5 cm ● Dimorphisme sexuel : mâle plus coloré que la femelle ● Alimentation : nourritures vivantes et artificielles ● Aquarium d'ensemble accepté ● Première importation en 1936, par Fritz Mayer à Hambourg ● **Reproduction** : en banc important, avec un mâle pour 2–3 femelles. Bac de ponte : 50 litres, avec des plantes à feuilles fines. Eau : 24–26 °C, pH 7,0 à 8,5, TH de 20 à 30°, TAC de 4° ; pour obtenir ces conditions, il est nécessaire d'ajouter une cuillerée à soupe de sel pour 10 litres d'eau. Incubation : 16–20 jours. Nourriture des alevins : nauplies d'artémias.

Les poissons fraient au milieu des plantes à feuilles fines, pendant toute l'année avec des panses plus ou moins longues. Dès qu'ils nagent, les alevins restent près de la surface et se rassemblent volontiers dans les zones de courant. On les place dans un aquarium séparé. La croissance est lente ; au bout de huit mois on commence à reconnaître le dimorphisme sexuel ; à l'âge de un an le jeune est sexuellement mûr.

Famille *Telmatherinidae*

Ces poissons vivent dans la région australo-malaise et dans l'île indonésienne Sulawesi (Célèbes). La faune et la flore de ce territoire diffèrent de celles de la région indo-malaise. Elles sont plus proches de celles de Nouvelle-Guinée et d'Australie. Malgré des ancêtres marins, tous les poissons de cette famille vivent en eau douce. La seule espèce que l'on connaisse bien est *Telmatherina ladigesi*.

2 *Telmatherina ladigesi* AHL, 1936

Telmatherinidae

○ ● Distribution : intérieur de l'île Sulawesi (Célèbes) ● Longueur : 8 cm ● Dimorphisme sexuel : les rayons de la nageoire anale et de la deuxième dorsale du mâle sont allongés ● Alimentation : nourritures vivantes et artificielles ● Aquarium spécifique préférable ● Première importation par Otto Winkelman à Altoona (États-Unis) ● **Reproduction** : un mâle pour 2–3 femelles ; frai en banc. Bac de ponte : 50 litres, avec des touffes de plantes fines. Eau : 24–26 °C, pH 7,5 à 8,5, TH proche de 20°, TAC de 4° ; filtrer sur du marbre concassé et ajouter une cuillerée à soupe de sel pour 10 litres d'eau. Œuf jaunâtre. Incubation : 10 jours. Nourriture des alevins : nauplies d'artémias.

Le frai a lieu pendant toute l'année, avec de courtes interruptions, dans des plantes à feuilles fines. Dès qu'ils commencent à nager, les alevins se rassemblent près de la surface. On les retire régulièrement pour les placer dans un récipient d'élevage. Même s'ils sont nourris régulièrement et suffisamment, les jeunes poissons ont une croissance très lente. Ils atteignent la maturité sexuelle à l'âge de sept mois.

2 ♂
2 ♀
1 ♂
1 ♀

1 *Iratherina werneri* MEINKEN, 1974
Syn. *Iratherina jardinensis*

Telmatherinidae

◁ ● Distribution : Nouvelle-Guinée près de la ville de Merauke, au nord vers la rivière Fly, à l'est vers Daru (Papouasie-Nouvelle-Guinée) ; Australie (Cap York) ● Longueur : 5 cm ● Dimorphisme sexuel : chez le mâle, le quatrième rayon de la nageoire dorsale et le cinquième rayon de la nageoire anale sont allongés, la queue ayant une forme de lyre ; toutes les nageoires de la femelle sont plus courtes ● Alimentation : petites proies vivantes (en particulier nauplies de cyclopes) ● Aquarium spécifique préférable ● Première importation en 1973 par Werner et Frech ● **Reproduction** : un mâle pour une femelle ; éventuellement frai en petit groupe avec une légère prépondérance de femelles. Bac de ponte : 20–50 litres, avec des plantes à feuilles fines. Eau : 25 °C, pH 7,5 à 8,5, TH de 27°, TAC de 5°; filtration sur marbre concassé. Œuf d'un diamètre de 1 mm, translucide avec des filaments adhésifs. Incubation : 7 jours. Nourriture des alevins : rotifères ou, si ce n'est pas possible, paramécies et aliments artificiels très fins.

Ce poisson a été importé en même temps que l'espèce *Glossolepis incisus.* Il est rarement importé et on ne trouve pratiquement que des femelles sur le marché. Le frai a lieu dans les plantes à feuilles fines. Cinq jours après le frai, les yeux des embryons sont visibles ; les alevins éclosent au bout de sept jours et commencent tout de suite à chercher activement leur nourriture. Ils se développent rapidement et à l'âge de huit semaines on peut reconnaître le sexe des jeunes poissons.

Famille *Hemirhamphidae*

Les membres de cette famille, appelés couramment « demi-becs » vivent en Asie du Sud-Est dans les eaux douces, saumâtres ou marines. Ils sont proches des poissons de la famille des Belonidae, dont la forme est très semblable. La mâchoire inférieure est beaucoup plus longue que la mâchoire supérieure, qui est mobile. Certaines espèces sont vivipares et l'organe copulateur du mâle, assez différent du gonopode des Poeciliidae, s'appelle andropode ; il est issu de la transformation des quatre premiers rayons de la nageoire anale.

2 *Nomorhamphus celebensis*
WEBER et de BEAUFORT, 1922
« Demi-bec »

Hemirhamphidae

◁ ● Distribution : île de Sulawesi (Célèbes), dans le lac Poso et certains ruisseaux près de Lappa Kenru ● Longueur : 8 cm (mâle) à 12 cm (femelle) ● Dimorphisme sexuel : la mâchoire inférieure du mâle est allongée et recourbée vers le bas ; ses nageoires dorsale, anale et pectorales sont bordées de noir et il possède un organe copulateur (andropode) ● Alimentation : organismes vivants essentiellement ● Aquarium d'ensemble accepté ● **Reproduction** : un mâle pour 2 femelles ; espèce vivipare. Bac de reproduction : 100 litres, de forme allongée, avec des ilôts de plantes flottantes. Eau : 25 °C, pH 6,5 à 7,5, TAC inférieur à 18°. Gestation : 28 jours.

La plupart du temps les poissons vivent près de la surface, mais ils restent parfois aussi dans les eaux plus profondes où ils chassent leur nourriture assez habilement. On reconnaît les femelles prêtes à « accoucher » au volume de leur ventre. La femelle donne naissance de huit à seize petits de 2 à 2,5 cm ; on peut immédiatement reconnaître les sexes. On enlève les jeunes, ou bien on utilise un pondoir. Les jeunes préfèrent une nourriture assez grosse et leur croissance est rapide.

1
2 ♀
2 ♂

1 *Dermogenys pusillus* VAN HASSELT, 1823
« Demi-bec »
Syn. : *Hemirhamphus fluviatilis* *Hemirhamphidae*

◁ ◑

● Distribution : Thaïlande, Malaisie, Singapour et Indonésie ; dans les eaux douces et saumâtres. ● Longueur : 6 cm (mâle) à 7 cm (femelle) ● Dimorphisme sexuel : partie antérieure de la nageoire anale du mâle transformée en organe copulateur ● Alimentation : proies vivantes, en surface surtout (drosophiles, moustiques, chironomes, pucerons, larves d'insectes, cyclopes etc.) ; ajouter de la vitamine D une fois par semaine ● Aquarium d'ensemble accepté ● Première importation en 1905, par J. Reichelt à Dresde ● **Reproduction** : en groupe important, avec plus de femelles que de mâles ; espèce vivipare. Bac de ponte : 100–200 litres, peu profond et allongé avec de grandes surfaces d'eau libre, garni de plantes sur les bords pour les alevins. Eau : 26–28 °C, pH 7,0 à 8,0, TAC inférieur à 18 ° ; ajouter une cuillerée à soupe de sel pour 10 litres d'eau, et créer un courant important avec le filtre. Gestation : 6 à 8 semaines. Nourriture des alevins : nauplies d'artémias et zooplancton.

Dans leur milieu naturel ces poissons se tiennent souvent au soleil, qui aide à la formation de la vitamine D. Cette vitamine est nécessaire au développement des embryons dans le corps de la femelle. Il est impossible d'utiliser des pondoirs, car les femelles s'y cassent le bec (de même que dans des aquariums trop petits). Une femelle donne naissance à 50 jeunes. On les transfère régulièrement dans un aquarium d'élevage. Leur croissance est rapide.

2 *Hemirhamphodon pogonognathus* BLEEKER, 1853
« Demi-bec » *Hemirhamphidae*

◁ ●

● Distribution : Thaïlande et Indonésie ; dans de petits ruisseaux sans plantes ● Longueur : 9 cm ● Dimorphisme sexuel : le mâle possède un organe copulateur (andropode) ● Alimentation : proies vivantes essentiellement (insectes divers, drosophiles, larves et nymphes de moustiques, zooplancton, etc.) ● Aquarium spécifique de préférence, peu profond avec une grande surface. Cette espèce n'est pas importée commercialement ● **Reproduction** : inconnue en captivité ; espèce vivipare. Eau : dans la nature, 26–28 °C, douce et colorée par les substances humiques provenant de débris de végétation.

D. Vogt affirme que près de Palembang (Sumatra) les moustiques sont probablement la nourriture de base de ces poissons. *H. Pogonognathus* est une espèce plus colorée que *Dermogenys pusillus.* Ces poissons ont besoin d'un espace vital important ; sinon ils sont agressifs et se mordent parfois jusqu'à la mort.

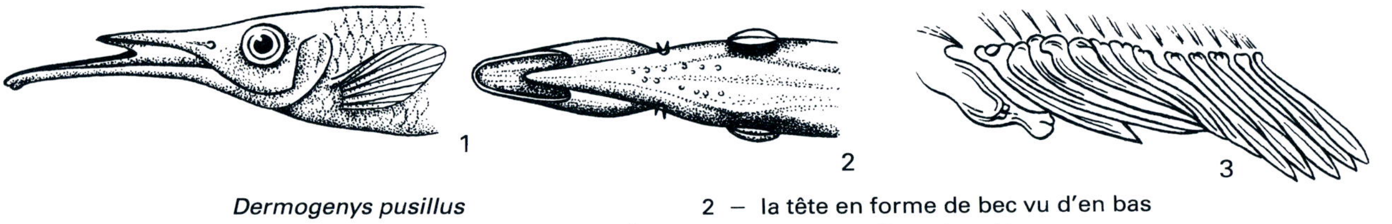

Dermogenys pusillus
1 – la tête en forme de bec vu de côté
2 – la tête en forme de bec vu d'en bas
3 – l'andropodium du mâle

Hemirhamphidae

Famille *Belonidae*

Les membres de cette famille sont surtout des poissons carnivores. On les trouve partout dans le monde. Ils sont caractérisés par un corps allongé en forme de brochet et par des nageoires dorsale, ventrale et anale placées très en arrière. Les yeux sont grands ; les mâchoires, allongées en forme de bec, portent de nombreuses dents.

1 *Xenotodon cancila* (HAMILTON – BUCHANAN, 1822)

Syn. : *Esox cancila, Belone cancila, Mastemcembalus cancila* — *Belonidae*

● Distribution : Inde, Birmanie, Sri Lanka, Thaïlande, Malaisie, Bornéo, Cambodge ; dans les eaux douces ou saumâtres ● Longueur : 30 cm ● Dimorphisme sexuel : mâle plus élancé que la femelle ● Alimentation : proies vivantes, principalement petits poissons ● Aquarium spécifique préférable, d'un volume de 500 litres, allongé et bien couvert ● Première importation en 1910 ● **Reproduction** : un mâle pour une femelle. Bac de ponte 200 litres pour un couple, avec des touffes de plantes. Eau : 26 °C, pH 6,5 à 7,5, TAC inférieur à 4°. Œuf doté de filaments de 2 mm. Incubation : 9 jours. Nourriture des alevins : nauplies d'artémias et zooplancton fin, puis larves de moustiques, gros zooplancton et petits poissons.

La mâchoire supérieure des jeunes poissons est deux fois plus courte que la mâchoire inférieure, alors qu'elle atteint la même taille chez l'adulte. Les poissons sont sexuellement mûrs quand ils ont atteint 15 cm. Le frai a lieu dans les touffes de plantes. Une nourriture suffisante et beaucoup d'espace préviennent le cannibalisme chez les adultes.

Famille *Gasterosteidae*

Ces poissons vivent dans les eaux douces, saumâtres ou marines des zones froides et tempérées de l'hémisphère Nord. Ils sont petits, couverts de plaques osseuses et portent des épines. Les espèces diffèrent par le nombre d'épines qui se trouvent au début de la nageoire dorsale, placée en arrière, presque au niveau de la nageoire anale.

2 *Gasterosteus aculeatus* LINNAEUS, 1758
« Épinoche »

Syn. : *Gasterosteus argyropomus, G. biaculeatus, G. brachycentrus, G. bispinosus, G. cataphractus, G. cuvieri, G. gymnurus, G. leiurus, G. niger, G. noveboracensis, G. obolarius, G. ponticus, G. semiarmatus, G. semiloricatus, G. spinulosus, G. teraculeatus, G. tetracanthus, G. trachurus, Leiurus aculeatus* — *Gasterosteidae*

● Distribution : Europe, Amérique et Asie ; principalement près des côtes, mais aussi vers l'intérieur, dans les eaux courantes ou stagnantes ● Longueur : 12 cm ● Dimorphisme sexuel : mâle plus petit et plus élancé que la femelle, et très coloré en période de frai ; le ventre de la femelle mûre est très volumineux ● Alimentation : proies vivantes ● Aquarium spécifique ou bassin de plein air ● **Reproduction** : un mâle pour 3 à 4 femelles. Bac de ponte : 100 litres, avec des plantes fines et des cailloux sur le fond. Eau : 18–22 °C, pH 6,5 à 8,5, TAC inférieur à 4°. Incubation : 4 à 10 jours. Nourriture des alevins : nauplies d'artémias ou de cyclopes, puis zooplancton fin.

Les poissons fraient entre mars et juillet. Dans un petit espace les mâles sont agressifs entre eux. Le mâle construit sur le fond un nid à partir de bouts de plantes, qu'il consolide par une sécrétion glandulaire. Puis il attire les femelles mûres dans le nid. Une femelle pond jusqu'à 250 œufs. Après le frai, on écarte les femelles. Le mâle garde le nid encore une semaine après l'éclosion des larves.

1
2 ♀
2 ♂

Famille *Syngnathidae*

La plupart des espèces de cette famille sont marines, mais on en trouve beaucoup aussi dans les eaux saumâtres et douces. Ce sont des poissons bizarres caractérisés par un corps très fin, de section hexagonale. La nageoire ne possède pas d'épine, et peut être tout à fait absente. Ces poissons ne sont pas de bons nageurs, ils se meuvent à l'aide des nageoires pectorales, éventuellement par un mouvement ondulatoire de la nageoire dorsale. Ils sont capables de se fixer aux plantes par la partie caudale. Ils ont des yeux qui bougent indépendamment et deux narines de chaque côté de la tête. Chez la plupart des espèces, le mâle a sur le ventre une poche ou des replis de peau destinés à recevoir les œufs pour la durée de leur développement.

1 *Syngnathus pulchellus* BOULENGER, 1915 — *Syngnathidae*

● Distribution : Cameroun, Zaïre, Gabon ; eaux douces et saumâtres ● Longueur : 15 cm ● Dimorphisme sexuel : le mâle possède un repli de peau de chaque côté du ventre au niveau de la nageoire dorsale, ce qui le fait apparaître plus large vu de dessus ● Alimentation : il est important de fournir de la nourriture vivante (larves de moustiques, cyclopes, alevins) ● Aquarium spécifique préférable ● Première importation en 1973 ; première reproduction en 1977, par O. Gartner en Autriche. ● **Reproduction** : un mâle pour une femelle ; les mâles peuvent éventuellement être un peu plus nombreux. Bac de ponte : 50 litres au moins. Eau : 25–28 °C, pH 7,0 à 7,5, TAC supérieur à 4° ; elle doit être neuve, et salée à raison d'une cuillerée à soupe de sel par 10 litres d'eau. Œuf jaune orangé, en forme de cube aux coins arrondis. Incubation : dans la poche incubatrice du mâle, 18–20 jours à 25 °C. Nourriture des alevins : toutes jeunes nauplies d'artémias.

La coloration de ces poissons pacifiques est variable selon leur origine ; ils capturent leurs proies en les aspirant, et ont du mal à les attraper si elles bougent trop vite. C'est la femelle qui prend l'initiative du frai, paradant devant le mâle de son choix. Les deux partenaires s'accolent ensuite par le ventre ; en une minute environ, la femelle pond quelque 70 œufs dans la poche incubatrice du mâle, formée par deux replis cutanés ventraux. Les œufs sont enfoncés dans le tissu gluant qui garnit la poche ; ils ne sont pas eux-mêmes adhésifs. Pendant l'incubation, la poche du mâle augmente de volume et vire au brun. A la naissance, les alevins ont 15 mm de long pour seulement 0,7 mm de large ; ils sont déjà colorés et ressemblent par leur forme aux adultes. L'élevage est délicat au début, la période critique durant une quinzaine de jours. Les alevins ont ensuite une croissance rapide et sont sexuellement mûrs à l'âge de 8 mois.

Famille *Batrachoididae*

Ces poissons sont parfois vendus dans le commerce comme des poissons d'eau douce, mais en fait il s'agit de poissons de mer. Les différentes espèces de cette famille migrent pour frayer de la mer jusqu'à l'embouchure des fleuves, parfois plus en amont. Bien que de petite taille, ce sont des carnivores voraces qui s'attaquent même à des poissons bien plus grands qu'eux, grâce à une grande bouche largement fendue, garnie de nombreuses dents. Ils vivent près du fond.

On connaît environ une trentaine d'espèces dans la famille, dont certaines ont des épines venimeuses. Les nageoires ventrales s'insèrent en avant des nageoires pectorales, la nageoire dorsale est en deux parties. Seule l'espèce *Halophryne trispinosus* paraît intéressante pour les aquariophiles.

1 *Halophryne trispinosus* (GÜNTHER, 1861)

Syn. : *Batrachus grunniens*

Batrachoididae

◁ ●

● Distribution : littoral de l'Inde, de Sri Lanka et de l'Asie du Sud-Est ● Longueur : 30 cm ● Dimorphisme sexuel inconnu ● Alimentation : proies vivantes (poissons, vers de terre, grandes larves d'insectes, etc.) ● Aquarium spécifique préférable, avec une lumière tamisée et de nombreuses cachettes (trous) ● **Reproduction** : déjà obtenue en captivité (aux Etats-Unis semble-t-il), mais les alevins n'ont pas été élevés. Eau : 24 °C, pH 7,5 à 8,0 ; ajouter une cuillerée à soupe de sel pour 10 litres d'eau.

Il semble que la ponte a lieu dans une cavité, et que la femelle prend soin des œufs, qui seraient assez grands.

H. trispinosus appartient à la sous-famille des Batrachoidinae, proche de la sous-famille des Thalassophryninae dont toutes les espèces sont venimeuses. Il existe toujours un risque de confusion entre les deux sous-familles et la prudence s'impose dans la manipulation de ces poissons. Les espèces de la sous-famille des Batrachoidinae (non venimeuses) se caractérisent par la présence de 3 épines à la nageoire dorsale.

H. trispinosus est un poisson vorace à activité essentiellement nocturne, qui reste caché dans la journée. Il peut attraper et ingurgiter aussi bien des poissons de grande taille que des jeunes de sa propre espèce. Il convient donc d'élever des individus de taille semblable dans un aquarium spacieux. Les écailles de la ligne latérale, épineuses, s'accrochent facilement dans les épuisettes.

Batrachoididae

Famille *Cyprinodontidae*

Les poissons de cette famille vivent dans les eaux douces de tous les continents à l'exception de l'Australie. On peut les trouver dans des milieux extrêmes tels que mares temporaires, flaques, champs inondés, caniveaux... A la différence des poissons cypriniformes, auxquels ils ressemblent, ils ont des mâchoires bordées de petites dents et une bouche protactile ; ils n'ont ni barbillons, ni nageoire adipeuse. Chez un grand nombre d'espèces, les œufs peuvent survivre à l'assèchement alors que les adultes meurent ; cette particularité peut d'ailleurs être exploitée dans les échanges entre aquariophiles, les œufs pouvant aisément voyager à sec, par la poste ! Selon le type de développement des œufs, on divise ces poissons en 3 catégories :

A) Des poissons vivant dans des milieux jamais asséchés, dont les œufs ont un développement continu, en milieu aquatique.

B) Des poissons vivant dans des « eaux périodiques » (milieux s'asséchant périodiquement), chez lesquels le développement des œufs est interrompu par une ou plusieurs diapauses. Selon les espèces, on peut observer une première interruption du développement embryonnaire après la fécondation, qui dure jusqu'à l'assèchement total du milieu, l'augmentation du taux d'oxygène qui en découle permettant alors une reprise du développement ; la deuxième période de diapause intervient lorsque l'embryon a atteint un certain stade de développement, et dure jusqu'à ce que l'eau revienne, entraînant une baisse du taux d'oxygène qui déclenche la phase finale du développement, suivie d'une éclosion rapide.

C) Un groupe d'espèces habitant des milieux où le dessèchement est incomplet ou irrégulier, qui montrent un développement embryonnaire intermédiaire, inclinant vers l'une ou l'autre des catégories définies ci-dessus.

1 *Rivulus cryptocallus* HUBERT et SEEGERS, 1980

Cyprinodontidae

◁ ●

● Distribution : Martinique, Caraïbes ● Longueur : 6,5 cm (femelle) à 7,5 cm (mâle) ● Dimorphisme sexuel : mâle plus coloré que la femelle, qui est élancée, brunâtre avec une tache noire sur la partie supérieure de la queue ● Alimentation : proies vivantes ● Aquarium spécifique préférable, bien couvert ● Première importation en 1976 ● **Reproduction** : un mâle pour 2 femelles. Bac de ponte : 10 litres, avec des plantes fines (mousse de Java). Eau : 20–25 °C, pH 6,5, TH inférieur à 18°, TAC inférieur à 4°. Œuf brun jaunâtre, d'un diamètre de 1,8 à 2 mm. Incubation : 2–3 semaines, sans diapause. Nourriture des alevins : nauplies d'artémias ou de cyclopes.

On laisse le groupe reproducteur pendant une semaine dans l'aquarium de ponte. Pendant ce temps, chaque femelle pond une quarantaine d'œufs, qui se développent dans l'eau ; ils survivent cependant même dans de la tourbe mouillée. Les poissons sont sexuellement mûrs au bout de six mois.

2 *Rivulus cylindraceus* POEY, 1861

Syn. : *Rivulus marmoratus*

Cyprinodontidae

◁ ●

● Distribution : Cuba, dans les ruisseaux de montagne ● Longueur : 5,5 cm ● Dimorphisme sexuel : mâle plus coloré que la femelle, plus grande avec une tache noire bordée de blanc à la base de la queue ● Aquarium spécifique préférable, bien couvert ● Première importation en 1930, par la société Fritz Mayer à Hambourg ● **Reproduction** : un mâle pour 2 femelles. Bac de ponte : 10 litres, avec des plantes fines. Eau : 23–24 °C, pH proche de 7,0, TAC inférieur à 4°. Œuf d'un diamètre de 3 mm. Incubation : 12–14 jours (sans diapause). Nourriture des alevins : nauplies d'artémias.

Ce poisson mord facilement les autres. On laisse les reproducteurs ensemble pendant 5 à 7 jours, puis on les sépare pendant au moins 2 semaines avant un nouveau frai. Les jeunes atteignent la maturité sexuelle à 3 mois.

1 ♂
1 ♀
2 ♂
2 ♀

1 *Rivulus holmiae* (EIGENMANN, 1909)

Cyprinodontidae

○ ● Distribution : Guyane, Surinam ● Longueur : 10 cm ● Dimorphisme sexuel : mâle d'un bleu intense, la nageoire caudale bleu-noir étant bordée en haut et en bas d'un liseré orange ; nageoire caudale de la femelle noirâtre, plus claire à la base et sans tache ● Alimentation : proies vivantes et nourriture artificielle éventuellement ● Aquarium spécifique préférable ● Première importation en 1956 ● **Reproduction** : un mâle pour 3 femelles. Bac de ponte : 20–50 litres, de forme allongée, avec une grille de protection ; lumière diffuse. Eau : 26 °C, pH 7,0, TAC inférieur à 4°. Œuf d'un diamètre de 2 mm environ. Incubation : 10–14 jours, sans diapause. Nourriture des alevins : nauplies d'artémias ou de cyclopes.

Il s'agit de poissons aisément effrayés et il est préférable de ne remplir qu'à moitié leur aquarium, car ils sautent facilement. On laisse frayer les adultes pendant environ deux jours avant de les transférer dans un autre aquarium. Chaque femelle pond une centaine d'œufs, qui se fixent sur la grille de protection et sur les plantes. Les alevins restent près de la surface et leur croissance est rapide.

2 *Roloffia geryi* (LAMBERT, 1958)

Cyprinodontidae

◁ ● Distribution : Afrique de l'Ouest, Guinée et Sierra Leone ; savane et zones forestières ● Longueur : 4,5 cm ● Dimorphisme sexuel : mâle coloré, avec des reflets bleus ou verts sur les flancs ; femelle brunâtre avec un dessin marbré le long de la ligne latérale ● Alimentation : nourriture vivante ● Première importation en 1962 ● **Reproduction** : un mâle pour 3 femelles. Bac de ponte : 6–10 litres, avec une grille de protection et des plantes à feuilles fines ; 10 cm de hauteur d'eau. Eau : 24 °C, pH 5,5 à 6,5, TAC inférieur à 2°. Œuf d'un diamètre de 1,1 mm. Incubation : 12 jours (sans diapause). Nourriture des alevins : nauplies d'artémias ou de cyclopes.

On laisse les reproducteurs frayer pendant 7 jours avant de les séparer ; nourris, ils peuvent frayer à nouveau au bout de 10 jours. Les parents mangent souvent les œufs ; il est intéressant de les nourrir abondamment de larves et nymphes de moustiques pendant le frai. La grille de protection doit être laissée dans l'aquarium jusqu'à l'éclosion, c'est-à-dire au moins 20 jours après le début du frai. Les jeunes ont une croissance rapide et sont sexuellement mûrs au bout de 3 mois.

Cyprinodontidae

1 *Roloffia occidentalis* Clausen, 1965

Syn. : *Aphyosemion occidentalis* (espèce longtemps nommée *A. sjoestedti*) *Cyprinodontidae*

◁ ●

● Distribution : Sierra Leone, dans la jungle et les savanes ● Longueur : 9 cm ● Dimorphisme sexuel : mâle multicolore ; femelle brun-rouge avec des nageoires transparentes ● Alimentation : proies vivantes ● Aquarium spécifique préférable ● Première importation en 1911 ● **Reproduction** : un mâle pour 2 femelles. Bac de ponte : 20–50 litres, le fond couvert d'une couche de tourbe ; éclairage diffus. Eau : 22–24 °C, pH 6,5, TH inférieur à 18° et TAC inférieur à 4°. Œuf d'un diamètre de 1,5 mm. Incubation : diapause assez longue : durée variable selon les populations, entre 4 et 9 mois ; il faut contrôler périodiquement le développement des œufs. Nourriture des alevins : nauplies d'artémias.

C'est une espèce très agressive. Les adultes sont sensibles à la tuberculose.

Clausen a décrit une sous-espèce encore plus intensément colorée et qui porte un dessin différent sur les nageoires : *R. occidentalis toddi*, que l'on considère actuellement comme une espèce à part entière, *Aphyosemion toddi* (Clausen, 1966).

2 *Aphyosemion sjoestedti* (Loennberg, 1895)

Syn. : *Fundulus sjoestedti, Fundulopanchax sjoestedti, Nothobranchius sjoestedti, Aphyosemion coeruleum* *Cyprinodontidae*

◁ ●

● Distribution : Afrique de l'Ouest, entre l'ouest du Cameroun, le sud du Nigeria et le Ghana ; dans les fossés s'asséchant périodiquement ● Longueur : 12 cm ● Dimorphisme sexuel : mâle plus grand et plus coloré ● Alimentation : proies vivantes assez grandes, y compris petits poissons ● Aquarium spécifique de préférence ● Première importation en 1909, par J. Wolmer de Hambourg ● **Reproduction** : un mâle pour 2–3 femelles. Bac de ponte : 20 litres, avec une couche de 2 cm de tourbe fibreuse et une hauteur d'eau de 20 à 30 cm ; lumière diffuse. Eau : 23–25 °C, pH 6,5, TH inférieur à 18°, TAC inférieur à 4° ; ajouter une cuillère à café de sel. Œuf jaune ambré, résistant. Incubation : avec ou sans diapause ; durée de 8 à 10 semaines dans le premier cas, de 19 à 21 jours (en été) dans le second (cette durée atteint 25 jours environ au printemps et en automne). Nourriture des alevins : nauplies d'artémias et zooplancton fin.

C'est un poisson agressif, de coloration assez variable. On laisse les reproducteurs frayer pendant une dizaine de jours dans des aquariums bien couverts. On enlève ensuite la tourbe pour la mettre dans des sachets en plastique que l'on place dans un endroit obscur à une température de 18 à 20 °C. Au bout de 8 à 10 semaines, on verse de l'eau douce sur la tourbe ; l'éclosion a lieu après quelques heures. On peut ensuite récupérer la tourbe et répéter l'opération plusieurs fois à une semaine d'intervalle, car tous les œufs n'éclosent pas en même temps. Si le récipient de frai est tapissé de sable fin et non de tourbe, on peut facilement prélever les œufs en rinçant le sable à l'aide d'un tamis ; le sable s'en va, les œufs restent sur le tamis et on peut alors les placer sur une couche de tourbe. Les poissons sont mûrs au bout de deux mois.

Une forme bleue avec des nageoires allongées a été sélectionnée aux États-Unis.

1 ♀
1 ♂
2

1 *Aphyosemion australe* (RACHOW, 1921) **« Cap Lopez »**

Syn. : *Haplochilus calliuris* var. *australis, H. calliurus, Panchax polychromus, P. australe*

Cyprinodontidae

○ ●

● Distribution : Afrique de l'Ouest, dans les eaux douces littorales boueuses ● Longueur : 6 cm (mâle) ● Dimorphisme sexuel : femelle plus petite et moins colorée que le mâle ● Alimentation : organismes vivants auxquels on peut ajouter de la nourriture artificielle ● Aquarium spécifique de préférence ● Première importation en 1913, par J. Wolmer à Hambourg ● **Reproduction** : un mâle pour 3–4 femelles. Bac de ponte : 10–15 litres, avec une grille de protection sur le fond. Eau : 24°C, pH 6,5 à 7,0, TAC inférieur à 4°. Incubation : 15 jours, sans diapause. Nourriture des alevins : nauplies d'artémias. On sépare les sexes pendant une semaine avant le frai. Les reproducteurs doivent ensuite être laissés ensemble pendant environ une semaine ; ils fraient facilement. On n'enlève la grille de protection qu'après l'éclosion de tous les alevins. Dès que les jeunes poissons atteignent 2 cm, on les place dans un aquarium plus spacieux ; on peut abaisser progressivement la température de l'eau à 20 °C. La croissance est rapide et les jeunes poissons sont sexuellement mûrs au bout de trois mois.

2 *Aphyosemion bivittatum* (LOENNBERG, 1895)

Syn. : *Fundulus bivittatus, Fundulopanchax bivittatum, Aphyosemion bitaeniatum, A. multicolor, A. loennbergi, A. pappenheimi, A. riggenbachi, A. splendopleuris, A. unistrigatum, A. bivittatum holyi*

Cyprinodontidae

◁ ●

● Distribution : Afrique de l'Ouest, dans les eaux des savanes et forêts vierges ● Longueur : 7 cm ● Dimorphisme sexuel : pointes des nageoires caudale, dorsale et anale plus effilées chez le mâle ; mâle plus coloré que la femelle ● Alimentation : proies vivantes ● Aquarium spécifique de préférence ● Première importation par la société Siggelkow à Hambourg ● **Reproduction** : un mâle pour 2 femelles. Bac de ponte : 15 litres, avec une grille de protection et des plantes à feuilles fines, bien couvert ; éclairage tamisé. Eau : 20–24 °C, pH 6,5, TH inférieur à 14°, TAC inférieur à 2°. Incubation : 10–20 jours, sans diapause. Nourriture des alevins : nauplies d'artémias.

Ce sont des poissons pacifiques. Les mâles se battent cependant parfois entre eux. La période de frai dure environ 3 semaines.

3 *Aphyosemion walkeri walkeri* (BOULENGER, 1911)

Syn. : *Haplochilus walkeri, Aphyosemion spurelli, A. litoriseboris*

Cyprinodontidae

○ ●

● Distribution : sud-est de la Côte d'Ivoire et sud-ouest du Ghana ● Longueur : 6,5 cm ● Dimorphisme sexuel : mâle plus grand et plus coloré que la femelle ● Alimentation : proies vivantes auxquelles on peut ajouter des aliments artificiels ● Aquarium spécifique de préférence ● Première importation en 1952 par L. Scheljuzhko, à la demande de la société A. Werner de Munich ● **Reproduction** : un mâle pour 2–3 femelles. Bac de ponte : 6 litres, avec une fine couche de tourbe, couvert par des plaques de verre. Eau : 20–24 °C, pH 6,5 à 7,0, TAC inférieur à 2°. Incubation : 6 à 8 semaines, avec une diapause. Nourriture des alevins : nauplies d'artémias.

On laisse frayer les poissons pendant une dizaine de jours. On place ensuite la tourbe et les œufs dans des sachets en plastique que l'on garde à la température de 18 à 20 °C. La tourbe doit rester constamment humide. Au bout de six semaines, on émiette la tourbe dans un bac, puis on la couvre d'eau de pluie (15 °C, pH de 6,5 à 7,0, TAC inférieur à 2°). On augmente progressivement la température jusqu' à 22 à 24 °C, et au bout de 24 heures les alevins éclosent. Ils sont sexuellement mûrs à l'âge de deux mois.

1 ♂
1 ♀
2
3

1 *Aphyosemion mirabile* Radda, 1970

Cyprinodontidae

◁ ●

● Distribution : Cameroun ● Longueur : 6 cm ● Dimorphisme sexuel : mâle vivement coloré ● Alimentation : proies vivantes ● Aquarium spécifique de préférence ● **Reproduction** : un mâle pour 2 femelles. Bac de ponte : 10–15 litres, garni de plantes à feuilles fines ; éclairage diffus. Eau : 22–24 °C, pH 6,5, TH inférieur à 18°, TAC inférieur à 4°. Incubation : 21 jours, sans diapause. Nourriture des alevins : nauplies d'artémias.

Radda a distingué, en dehors de la forme de base, les sous-espèces suivantes : *A mirabile moense, A. mirabile intermitteus* et *A. mirabile traudeae.* La forme la plus répandue chez les aquariophiles est *A. mirabile* « taikwa », ce nom dérivant sans doute du nom de la localité d'origine.

2 *Aphyosemion amieti* Radda, 1976

Cyprinodontidae

○ ●

● Distribution : ouest du Cameroun, dans la plaine en aval de la rivière Sanaga, près d'Edéa à environ 70 km du golfe de Guinée ; eaux peu profondes des ruisseaux et marécages de la forêt pluviale ● Longueur : 6 cm (femelle) à 7,5 cm (mâle) ● Dimorphisme sexuel : mâle coloré ; femelle brun-jaune avec des rangées de taches rouges sur les flancs, et des nageoires arrondies d'un jaune transparent (on peut la confondre avec le mâle de *Aphyosemion gardneri)* ● Alimentation : organismes vivants, ainsi que des aliments artificiels ● Aquarium spécifique de préférence ● **Reproduction** : un mâle pour 2–4 femelles. Bac de ponte : 6 litres, avec une couche de tourbe sur le fond ou bien des plantes à feuillage fin. Eau : 23–27 °C, pH 6,0 à 6,5, TH inférieur à 18°, TAC inférieur à 4° ; elle doit être neuve. Incubation avec ou sans diapause ; 3 à 5 semaines dans le premier cas (dans l'eau), 6 à 8 semaines dans le second (dans de la tourbe humide). Nourriture des alevins : nauplies d'artémias.

Le pourcentage d'éclosion est plus élevé si l'incubation est faite sur tourbe humide. Le développement est plus rapide entre avril et août. Si les œufs conservés hors de l'eau sont immergés trop tard (3 à 4 mois), les alevins naissent mais ne survivent pas. Les alevins éclos ont une longueur de 4 mm et une croissance lente. Au bout de quatre semaines ils atteignent 1 cm et quatre semaines plus tard, les mâles commencent à avoir une coloration différente. Les poissons sont sexuellement mûrs à l'âge de 14 semaines. Ils peuvent vivre trois ans.

Ce poisson est pacifique, même à l'intérieur de l'espèce.

1 ♂
1 ♀
2 ♂
2 ♀

1 *Aphyosemion striatum* (BOULENGER, 1911)

Syn. : *Haplochilus striatus* — *Cyprinodontidae*

◁ ●

● Distribution : Gabon, Zaïre ● Longueur : 5 cm ● Dimorphisme sexuel : mâle plus bigarré que la femelle, avec des rangées de taches rouges ● Alimentation : organismes vivants ● Aquarium spécifique préférable ● Première importation probablement en 1961 ● **Reproduction** : un mâle pour 3 femelles. Bac de ponte : 6–10 litres, avec des plantes à feuillage fin et des plantes flottantes, couvert par des plaques de verre ; lumière diffuse. Eau : 22–24 °C, pH 6,5, TH inférieur à 18°, TAC inférieur à 4°. Œuf doté de filaments s'attachant aux plantes. Incubation : 10–15 jours, sans diapause ; les œufs supportent cependant une courte période d'assèchement. Nourriture des alevins : nauplies d'artémias.

La période de frai dure plusieurs semaines. Une femelle pond environ 30 œufs en 12 à 24 heures.

Une espèce proche, *A. ogoense* (Pellegrin, 1930), a souvent reçu le nom de *A. striatum* ; la femelle de cette espèce pond moins d'œufs et leur développement n'est possible que dans l'eau.

2 *Aphyosemion gabuense boehmi* RADDA et HUBER, 1977 — *Cyprinodontidae*

◁ ●

● Distribution : forêts de l'ouest du Gabon ● Longueur : 4 cm (femelle) à 5 cm (mâle) ● Dimorphisme sexuel : le mâle, coloré, possède une nageoire caudale en forme de lyre ; la femelle est brun clair, avec des nageoires transparentes et des taches rouges peu apparentes sur les flancs ● Nourriture : proies vivantes ● Aquarium spécifique de préférence ● Première importation probablement vers la fin des années 70. ● **Reproduction** : un mâle pour 3 femelles. Bac de ponte : 10 litres, le fond tapissé de tourbe fibreuse, et bien couvert ; lumière tamisée par des plantes flottantes. Eau : 22–26 °C, pH 6,5 à 7,5, et TAC inférieur à 4°. Incubation : sans diapause ; durée de 14 à 18 jours à 22 °C, 8 à 10 jours à 26 °C ; un pH acide allonge l'incubation. Nourriture des alevins : nauplies d'artémias.

L'espèce est divisée en trois sous-espèces, *A. gabuense gabuense, A. gabuense marginatum* et *A. gabuense boehmi.* C'est un poisson peu prolifique. On laisse les poissons frayer pendant une journée. Puis, après une pause de quelques jours, on les réunit de nouveau. Les alevins éclos ont une longueur d'environ 3 mm ; leur croissance est lente ; au bout de quatre semaines, ils atteignent 1 cm environ. Les poissons sont mûrs à l'âge de 14 à 16 semaines et atteignent leur taille maximale au bout de six mois.

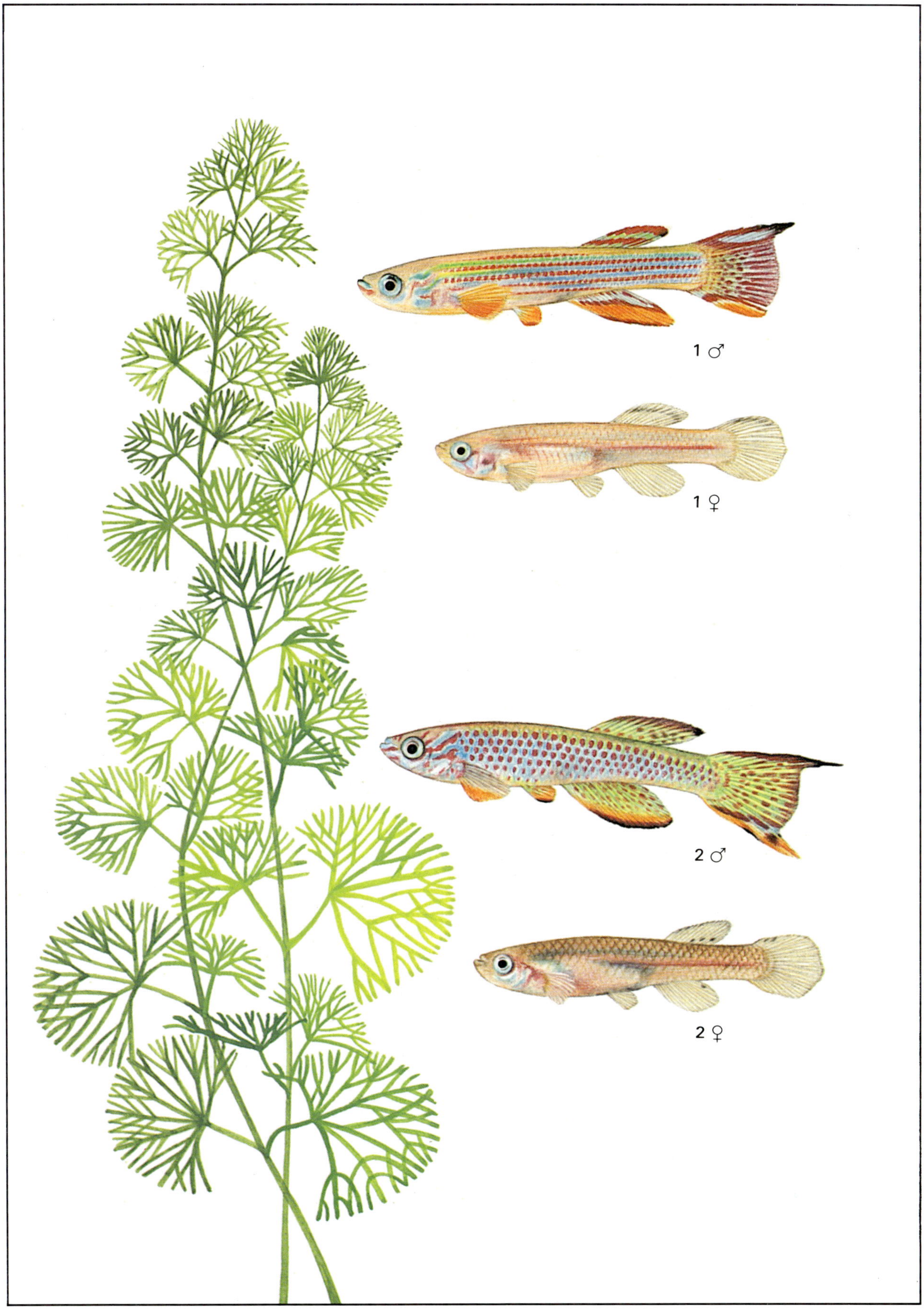
1 ♂
1 ♀
2 ♂
2 ♀

1 *Aphyosemion cinnamomeum* CLAUSEN, 1963

Cyprinodontidae

◁

●

• Distribution : Cameroun ; dans une zone assez limitée de la région montagneuse de l'ouest du pays • Longueur : 5 cm • Dimorphisme sexuel : mâle plus coloré que la femelle • Alimentation : proies vivantes • Aquarium spécifique de préférence • Première importation en 1959 •**Reproduction** : un mâle pour 2 femelles. Bac de ponte : 10–15 litres, avec une couche de tourbe ; lumière diffuse. Eau : 20–24 °C, pH 6,5, TH inférieur à 14°, TAC inférieur à 2°. Incubation : de type intermédiaire ; durée de 3 à 4 semaines en milieu aquatique. Nourriture des alevins : nauplies d'artémias.

A. cinnamomeum n'est semblable à aucune autre espèce des genres *Roloffia* ou *Aphyosemion.* Il a un corps brun cannelle, des nageoires arrondies très larges, bordées de doré et colorées de bleu. Il fraie sur un fond de tourbe qu'il vaut mieux garder dans l'eau en permanence. La croissance des jeunes poissons est plus lente que celle des autres espèces ; ils atteignent la maturité sexuelle plus tard mais vivent plus longtemps.

2 *Aphyosemion filamentosum* (MEINKEN, 1933)

Syn. : *Fundulopanchax filamentosus*

Cyprinodontidae

◁

●

• Distribution : sud-ouest du Nigeria • Longueur : 5,5 cm • Dimorphisme sexuel : mâle plus grand et plus coloré que la femelle, les rayons de ses nageoires caudale et anale étant plus longs • Alimentation : organismes vivants • Aquarium spécifique préférable • Première importation en 1913 • **Reproduction** : un mâle pour 3 femelles. Bac de ponte : 6–10 litres, bien couvert, et garni de tourbe lavée et stérilisée ; plantes flottantes et éclairage diffus. Eau : 22–24 °C, pH 6,0 à 6,5, TAC inférieur à 4°. Incubation : de type intermédiaire, avec diapause facultative ; durée de 4 à 6 semaines dans l'eau, et de 3 semaines dans de la tourbe mouillée à 20 °C ; il vaut mieux laisser les œufs dans l'eau que de courir le risque d'un dessèchement de la tourbe. Nourriture des alevins : nauplies d'artémias.

Il existe plusieurs formes locales. Chacune a une coloration, un dessin et une forme de nageoire différents. Les poissons ont sur la partie inférieure de la nageoire caudale une bande rouge qui peut être absente chez certaines formes. En 1961, une forme naturelle aux nageoires rouges a été importée ; elle a été vendue sous le nom commercial « *A. ruwenzori* ».

1 ♂
1 ♀
2 ♀
2 ♂

1 *Aphyosemion gardneri gardneri* (BOULENGER, 1911)

Syn. : *Fundulus gardneri, Aphyosemion nigerianum, Fundulopanchax gardneri*

Cyprinodontidae

● Distribution : du Nigeria au Cameroun occidental ● Longueur : 6 cm ● Dimorphisme sexuel : mâle coloré ; femelle plus petite, brun-olive avec les nageoires tachetées de rouge sombre ● Alimentation : proies vivantes auxquelles on peut ajouter des aliments artificiels ● Aquarium spécifique de préférence ● Première importation en 1913, par Brandt à Leipzig. ●**Reproduction** : un mâle pour 3 femelles. Bac de ponte : 6–10 litres, bien couvert, avec une couche de tourbe et des plantes fines ; lumière diffuse. Eau 22–24 °C, pH 6,5 à 7,0, TAC inférieur à 4°. Incubation : de type intermédiaire ; durée de 15–20 jours dans l'eau. Nourriture des alevins : nauplies d'artémias.

A. gardneri a une coloration très variable, responsable de plusieurs erreurs scientifiques dans la description des espèces. Actuellement sont reconnues les sous-espèces *A. gardneri nigerianum* Clausen, 1963 et *A. gardneri lacustre* Radda, 1974. Toutes deux proviennent du Cameroun de l'ouest. A la fin des années 70, les éleveurs de ce type de poissons se sont procuré des variétés non encore décrites, considérées comme des sous-espèces ou des formes de *A. gardneri.* On les différencie par leur localité d'origine : il s'agit de *A. gardneri* « Akure » (provenant de l'Ouest du Nigeria, autour de Akure) et de *A. gardneri* « Makurdi » du Nigeria de l'Est autour de Makurdi et dans le Bénoué). *A. gardneri* se croise avec *A. australe* mais les hybrides sont de qualité inférieure et souvent anormaux morphologiquement.

2 *Aphyosemion marmoratum* RADDA, 1974

Cyprinodontidae

● Distribution : Cameroun occidental ● Longueur : 5 cm ● Dimorphisme sexuel : femelle brun-olive, plus petite et moins bigarrée que le mâle ● Alimentation : nourritures vivantes, éventuellement artificielles ● Aquarium spécifique préférable ● Première importation en 1972, par le Docteur A. Radda à Vienne ● **Reproduction** : un mâle pour 3 femelles. Bac de ponte : 6–10 litres, bien couvert, avec une lumière diffuse ; selon le mode d'incubation envisagé, garnir de plantes fines, ou bien de tourbe lavée et stérilisée. Eau : 22–24 °C, pH 6,5 à 7,0 et TAC inférieur à 4°. Incubation : de type intermédiaire ; dans l'eau, elle dure 15 à 20 jours selon la température, les éclosions étant échelonnées ; dans de la tourbe humide, elle dure plus longtemps, mais les œufs éclosent tous en même temps lors de la remise en eau. Nourriture des alevins : nauplies d'artémias.

Le développement peut être interrompu par une diapause, facultative selon les conditions de l'incubation. On peut donc installer l'aquarium de ponte de façons différentes : quelques plantes et une grille de protection, ou bien de nombreuses plantes à feuillage fin, si l'on désire élever les œufs en milieu aquatique ; un fond de tourbe si l'on veut élever les œufs « à sec » (en fait sur la tourbe humide, après avoir enlevé l'eau du bac). Les alevins nagent tout de suite après l'éclosion et acceptent de la nourriture. Leur croissance est rapide et ils sont sexuellement mûrs au bout de deux à trois mois.

1 ♂
1 ♀
2 ♂
2 ♀

1 *Aplocheilus lineatus* (CUVIER et VALENCIENNES, 1846)

Syn. : *Aplocheilus affinis, A. rubrostigma, A. vittatus, Haplochilus lineatus, H. lineolatus, Panchax lineatus*

Cyprinodontidae

● Distribution : Inde et Sri Lanka ● Longueur : 10 cm ● Dimorphisme sexuel : femelle portant 6 à 8 bandes transversales sombres à l'arrière du corps ; mâle plus grand et coloré, avec des nageoires dorsale et anale plus développées ● Alimentation : proies vivantes, y compris petits poissons ● Aquarium spécifique de préférence ● Première importation en 1909, à Conradshohe près de Berlin ● **Reproduction** : un mâle pour une femelle, les femelles pouvant être un peu plus nombreuses. Bac de ponte : 30–50 litres, bien couvert et garni de plantes fines et de plantes flottantes ; environ 20 cm de hauteur d'eau. Eau : 25 °C, pH 6,5, TH inférieur à 18° et TAC inférieur à 4°. Œuf grand, adhésif. Incubation : 11–14 jours, mais il arrive qu'une partie des alevins n'éclose qu'au bout d'une trentaine de jours. Nourriture des alevins : nauplies d'artémias ou de cyclopes.

Avant le frai, on sépare les sexes pendant environ une quinzaine de jours. Le frai a lieu aussitôt après leur réunion, le plus souvent dans les plantes près de la surface. On laisse les poissons frayer pendant une huitaine de jours, puis on sépare les mâles des femelles pour deux semaines. Le frai peut alors de nouveau avoir lieu. La femelle pond environ 200 œufs. Les alevins ont une croissance rapide ; on les trie selon leur taille pour prévenir le cannibalisme.

2 *Aplocheilus blocki* (ARNOLD, 1911)

Syn. : *Haplochilus panchax* var. *blockii, Aplocheilus parvus, Panchax panchax* var. *blockii*

Cyprinodontidae

● Distribution : Sri Lanka et littoral de l'Inde de l'Est ; dans les fossés et les flaques d'eau ● Longueur : 5 cm ● Dimorphisme sexuel : mâle plus coloré que la femelle ● Alimentation : proies vivantes, surtout drosophiles et larves de moustiques ● Aquarium spécifique de préférence. ● Première importation en 1909, par le Capitaine Block ● **Reproduction** : en banc, avec une légère prépondérance des femelles. Bac de ponte : 30–50 litres, avec des touffes de plantes près des parois et de la surface. Eau : 24–26 °C, pH 7,0 à 7,5, TH inférieur à 18°, TAC inférieur à 4°. Incubation : 12 à 17 jours selon la température. Nourriture des alevins : nauplies d'artémias ou de cyclopes.

C'est le plus petit poisson du genre *Aplocheilus.* Pacifique et grégaire, il reste la plupart du temps dans les couches d'eau centrales et supérieures. Il fraie pendant plusieurs jours dans les plantes, la femelle pondant 10 à 20 œufs chaque jour. On enlève les alevins qui nagent à l'aide d'une cloche de verre et on les place dans un aquarium séparé avec une hauteur plus faible d'environ 10 cm. Un tri régulier des jeunes poissons accélère leur croissance. Ces poissons sont sensibles à *l'Oodinium.*

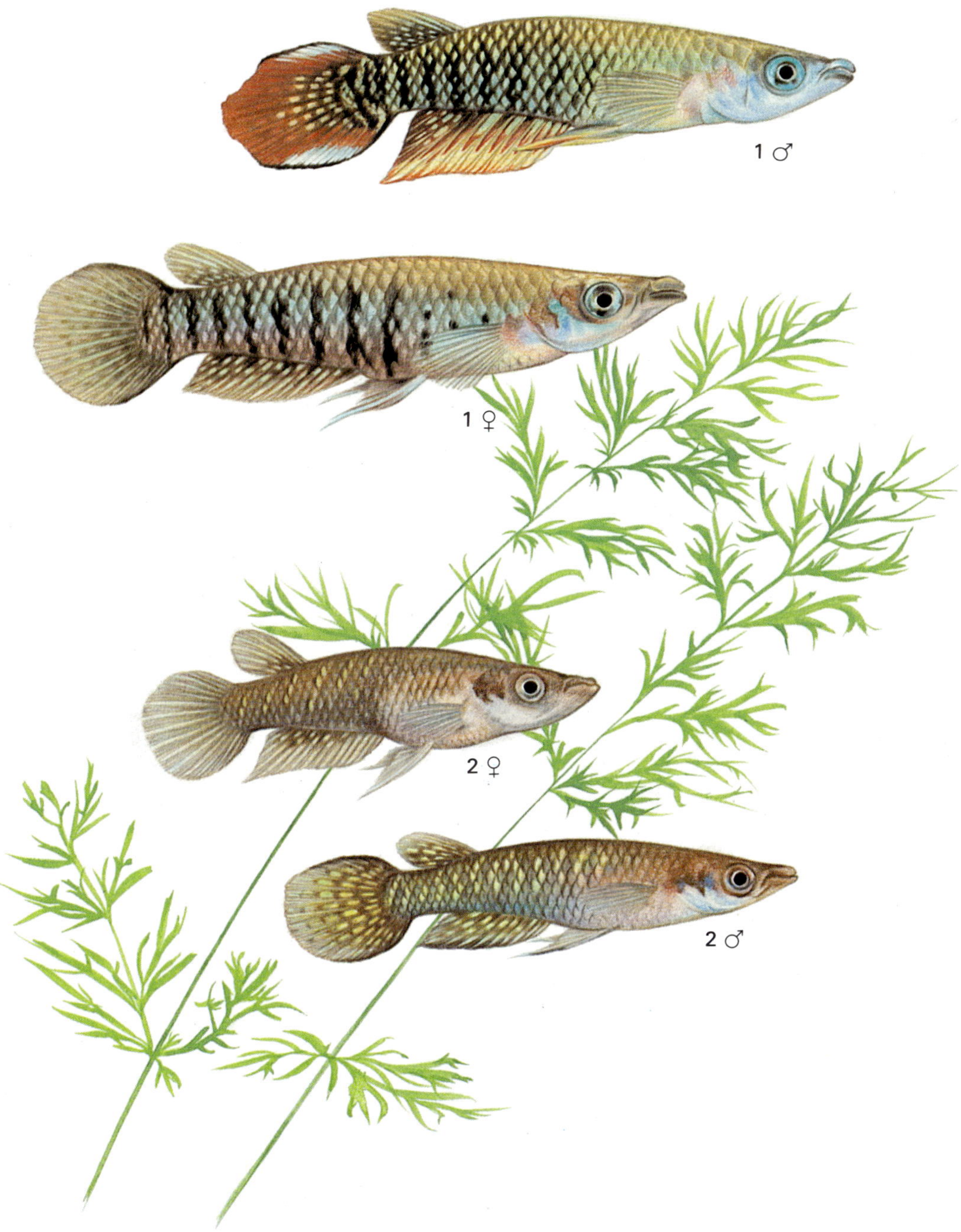
1 ♂
1 ♀
2 ♀
2 ♂

1 *Cynolebias whitei* MYERS, 1942

Cyprinodontidae

● Distribution : Brésil autour de Rio de Janeiro ; dans des eaux s'asséchant périodiquement ● Longueur : 5,5 cm (femelle) à 8 cm (mâle) ● Dimorphisme sexuel : mâle coloré ; la femelle porte une tache noire au milieu du flanc ● Alimentation : nourriture artificielle complétée de proies vivantes ● Aquarium spécifique préférable ● Première importation en Europe en 1958 ; découverte en 1942 par Thomas Whit ● **Reproduction** : un mâle pour 3 femelles. Bac de ponte : 3–6 litres, le fond couvert de tourbe. Eau : 20–24 °C, pH 6,5 et TAC inférieur à 4°. Incubation : 6 à 20 semaines, avec diapause. Nourriture des alevins : nauplies d'artémias, puis plancton fin au bout d'une semaine.

Pendant le frai, les poissons entrent dans la couche de tourbe. On les laisse frayer pendant une semaine en les nourrissant copieusement (surtout de larves de moustiques), puis on enlève les poissons et l'eau, et on laisse partiellement sécher la tourbe. On la place ensuite dans des sachets en plastique que l'on dispose dans un endroit obscur à une température de 18 à 20 °C (la nuit la température de l'air peut baisser jusqu'à 10 °C). La période d'incubation finie, on couvre la tourbe avec une eau très douce à une température de 16–18 °C et on augmente progressivement la température jusqu'à 25 °C. Les larves prêtes à éclore éclosent en moins de 24 heures ; pour les autres, on peut remettre la tourbe à sécher et répéter l'opération. Par la suite, on peut ajouter progressivement de l'eau normale (plus dure). Les poissons sont sexuellement mûrs au bout de un mois.

2 *Cynolebias melanotaenia* (REGAN, 1912)

Syn. : *Cynopoecilus melanotaenia, Cynolebias melanotaenia*

Cyprinodontidae

● Distribution : sud-est du Brésil et nord-est de l'Uruguay ; dans des eaux s'asséchant périodiquement ● Longueur : 3,5 à 4 cm (femelle) à 4,5 à 5 cm (mâle) ● Dimorphisme sexuel : femelle moins colorée que le mâle, les nageoires dorsale et anale étant plus arrondies et sans coloration rouge ● Alimentation : proies vivantes ● Aquarium spécifique de préférence ● **Reproduction** : un mâle pour 3 femelles ; ne pas placer plusieurs mâles ensemble, car ils sont très agressifs. Bac de ponte : 30 litres, avec des plantes à feuilles fines ; on y place un récipient contenant au moins 5 cm de tourbe, à bords hauts (8–10 cm au dessus de la tourbe) de façon à ce que les poissons ne puissent pas la disperser. Eau : 20–24 °C, pH 6,5 à 7,0 et TAC inférieur à 4°C. Œuf d'un diamètre de 1 mm, non adhésif mais comportant des filaments qui s'attachent à la tourbe, les rendant difficiles à détecter. Incubation : 12 semaines, avec diapause. Nourriture des alevins : nauplies d'artémias.

La plupart des œufs éclosent très rapidement ; tous les alevins sont nés au bout de deux à trois jours. On incube les œufs comme pour *C. whitei* ; lors de la remise en eau, la couche d'eau doit être de 5 à 7 cm. La croissance est rapide, et on distingue les premiers mâles au bout de quinze jours ; à l'âge de quatre semaines les poissons atteignent une longueur de 2 à 2,5 cm.

1 ♀
1 ♂
2 ♂
2 ♀

1 *Cynolebias alexandri* CASTELLO et LOPEZ, 1974 *Cyprinodontidae*

• Distribution : Argentine ; eaux s'asséchant périodiquement • Longueur ; 9 cm • Dimorphisme sexuel : mâle plus coloré, surtout au niveau des nageoires dorsale et caudale • Alimentation : proies vivantes • Aquarium spécifique préférable • Première importation en 1974 • **Reproduction** : un mâle pour 2 femelles. Bac de ponte : 10 litres, avec des plantes flottantes ; y placer un récipient profond contenant de la tourbe. Eau : 24 °C, pH 6,5 à 7,0 et TAC inférieur à 4 °C. Incubation : 3 à 4 mois au moins, avec diapause. Nourriture des alevins : nauplies d'artémias.

Avant le frai, on sépare les mâles et les femelles pendant quelques jours seulement, car les femelles isolées trop longtemps perdent leurs œufs. Pendant le frai, les poissons s'enfouissent à moitié dans la tourbe molle. Au bout d'une semaine, on place la tourbe, humide mais se dissociant aisément, dans des sachets en plastique que l'on garde à une température de 18 à 22 °C. Trois mois plus tard, on arrose le substrat avec une eau douce, de 18 à 22 °C. Douze heures après on retire les alevins éclos, on assèche de nouveau la tourbe puis on la remet dans les sachets. On répète cette opération pendant 9 mois, à intervalles de quatre semaines. On élève les alevins dans une faible hauteur d'eau. Les poissons sont sexuellement mûrs à l'âge de 6 à 8 semaines.

2 *Cynolebias heloplites* HUBER, 1981 *Cyprinodontidae*

• Distribution : nord-est du Brésil, dans les étangs peut profonds. • Longueur : 4 cm en aquarium, 7 cm dans la nature • Dimorphisme sexuel : mâle plus petit que la femelle et proportionellement plus haut, avec les nageoires dorsale et anale plus importantes et plus pointues ; femelle portant des bandes verticales bien visibles, et une à trois taches foncées entourées de clair au milieu du corps • Alimentation : organismes vivants • Aquarium spécifique de préférence • Première importation en 1952 •**Reproduction** : un mâle pour 3–4 femelles. Bac de ponte : 15–30 litres selon le nombre de poissons, avec des plantes flottantes ; y placer un récipient profond contenant de la tourbe. Eau : 20–24 °C, pH 7,0 à 7,5, TH inférieur à 18° et TAC inférieur à 4°. Incubation : 16 à 23 semaines, avec diapause. Nourriture des alevins : nauplies d'artémias.

La multiplication en captivité est la même que celle de *C. alexandri*.

3 *Cynolebias nigripinnis* REGAN, 1912 *Cyprinodontidae*

• Distribution : Argentine • Longueur : 5 cm • Dimorphisme sexuel : mâle noir ou bleu-noir velouté avec des petites taches verdâtres scintillantes ; femelle marbrée, brune à gris-clair • Alimentation : nourriture vivante • Aquarium spécifique préférable • Première importation à Hambourg, par la société Wilhelm Eimeke • **Reproduction** : en groupe, avec un mâle pour 2–3 femelles. Bac de ponte : 50 litres, avec des plantes à feuilles fines ; y placer un récipient profond avec de la tourbe. Eau : 22–24 °C, pH 6,5 à 7,0 et TAC inférieur à 4°. Incubation : 6–8 semaines au moins (avec diapause), des alevins pouvant encore naître au bout de 5 mois. Nourriture des alevins : nauplies d'artémias.

Les pampas d'Amérique du Sud connaissent deux saisons : la saison des pluies, entre avril et octobre, et la saison sèche, entre novembre et mars. Après la pluie, beaucoup de dépressions se remplissent d'eau. Les alevins y naissent et croissent rapidement à la fin de la période des pluies, lorsque ces dépressions s'assèchent ; les adultes meurent alors et les œufs restent dans le substrat humide.

1
2
3 ♂
3 ♀

1 *Cyprinodon macularius* BAIRD et GIRARD, 1853

Syn. : *Cyprinodon californiensis*

Cyprinodontidae

● Distribution : sud des États-Unis et nord du Mexique ● Longueur : 6,5 cm ● Dimorphisme sexuel : le mâle est d'un bleu brillant alors que la femelle est brun tacheté ● Alimentation : organismes vivants et végétaux ● Aquarium spécifique de préférence ● Première importation en Europe en 1963 par le Docteur Haas ● **Reproduction** : un mâle pour une femelle. Bac de ponte : 10–30 litres, avec une grille de protection et de la mousse de Java ; 20 cm de hauteur d'eau. Eau : 25 °C, pH 7,5 à 8,0, TH dépassant 25° et TAC de 4 à 5° ; ajouter une cuillerée à café de sel pour 10 litres d'eau. Incubation : 6–10 jours. Nourriture des alevins : toutes jeunes nauplies de cyclopes ou d'artémias.

Les mâles sont agressifs et défendent jalousement leur territoire. Les poissons ont l'habitude, dans une eau peu profonde, de creuser des trous dans le sable et de s'y reposer. Avant le frai, on sépare les sexes pendant environ trois jours et on nourrit copieusement les poissons (larves de moustiques, tubifex, etc.). Les adultes supportent bien des variations de température, mais ne tolèrent pas une eau acide et douce.

2 *Germanella pulchra* HUBBS, 1936

Cyprinodontidae

● Distribution : Mexique et presqu'île du Yucatan ; dans les eaux saumâtres du delta des fleuves ● Longueur : 4 cm ● Dimorphisme sexuel : mâle plus coloré que la femelle ● Alimentation : végétaux et proies vivantes ● Aquarium spécifique préférable ● **Reproduction** : un mâle pour une femelle. Bac de ponte : comme pour *Cyprinodon macularius.* Eau : saumâtre (7 g de sel par litre) ; 24 °C, pH 7,5 à 8,0. Incubation : 9–10 jours. Nourriture des alevins : toutes jeunes nauplies de cyclopes ou d'artémias.

Les poissons adultes résistent bien aux changements de température entre 16 et 24 °C. Avant le frai, on sépare les sexes pendant quelques jours et on nourrit copieusement les poissons. On les laisse frayer pendant un ou deux jours. Les œufs sont d'abord transparents, puis prennent une coloration laiteuse. Les larves écloses restent sur le fond, et consomment le sac vitellin en une semaine. On élève les alevins dans des aquariums bien éclairés où poussent des algues. Une eau renouvellée et additionnée d'un peu de sel est indispensable pour le bon développement des poissons.

3 *Jordanella floridae* GOODE et BEAN, 1879

Syn. *Cyprinodon floridae*

Cyprinodontidae

● Distribution : littoral de la Floride ; dans les eaux peu profondes légèrement saumâtres ● Longueur : 4,5 cm (femelle) à 6 cm (mâle) ● Dimorphisme sexuel : femelle plus discrètement colorée que le mâle ● Alimentation : proies vivantes et végétaux. Aquarium spécifique de préférence ● Première importation en 1914, par F. Kurich à Berlin. ● **Reproduction** : un mâle pour 3 femelles. Bac de ponte : 20–50 litres, avec des algues et des plantes à feuilles fines, et une grille de protection. Eau : 24 °C, pH 7,0 à 7,5, TAC inférieur à 4°. Ajouter une cuillerée à soupe de sel par litre d'eau. Œuf translucide, d'un diamètre de 0,9 à 1 mm. Incubation : 6–14 semaines, l'éclosion s'étalant sur plusieurs jours. Nourriture des alevins : paramécies pendant 3 jours, puis nauplies de cyclopes ou d'artémias et algues.

Avant le frai, on sépare les mâles et les femelles pendant environ une semaine. Le frai dure une vingtaine de minutes près du fond ou en eau libre. Chaque femelle pond une centaine d'œufs. On écarte les géniteurs tout de suite après le frai.

1
2 ♂
2 ♀
3 ♂
3 ♀

1 *Epiplatys dageti monroviae* DAGET et ARNOULD

Syn. : *Epiplatys chaperi* — *Cyprinodontidae*

◁ ● Distribution : Liberia, dans la savane près du littoral au nord de Monrovia ; dans les eaux douces et peu profondes des flaques, fossés ou mares comportant beaucoup de plantes, en particulier des nénuphars ● Longueur : 6 cm ● Dimorphisme sexuel : femelle plus petite et plus discrètement colorée que le mâle ● Alimentation : nourriture vivante ● Aquarium spécifique préférable ● Première importation en 1909, par C. Siggelkow à Hambourg ● **Reproduction** : un mâle pour 3–4 femelles. Bac de ponte : 50 litres, avec des plantes à feuilles fines ; éclairage tamisé. Eau : 24–26 °C, pH 6,5 à 7,0 et TAC inférieur à 4°. Incubation : 10 jours. Nourriture des alevins : nauplies d'artémias ou de cyclopes.

La période de frai dure plusieurs semaines et la femelle pond les œufs dans les touffes de plantes. Les alevins mesurent environ 1,5 cm et restent près de la surface. Pour l'élevage, on peut retirer les alevins à l'aide d'une cloche de verre au fur et à mesure de leur apparition, ou retirer chaque semaine pendant le frai les touffes de plantes qui portent les œufs. Dans le second cas, on place les plantes avec les œufs dans un aquarium séparé. On obtient de toute façon des alevins d'âges différents que l'on doit trier selon la taille pour prévenir le cannibalisme. La croissance des jeunes est rapide et, à l'âge de huit semaines, on commence à reconnaître les sexes. Les mâles ont la gorge rouge, les deux sexes portent en général sur le flanc six (parfois cinq ou sept) bandes transversales. Il existe plusieurs formes peu connues proches de cette espèce : *E. dageti dageti* Poll, 1953, *E. chaperi* (Sauvage, 1882) et *E. chaperi sheljuzhkoi* Poll, 1953.

2 *Epiplatys annulatus* (BOULENGER, 1915)

Syn. : *Haplochilus annulatus* — *Cyprinodontidae*

◁ ● Distribution : Afrique occidentale, entre la Guinée et le Niger ● Longueur : 4 cm ● Dimorphisme sexuel : mâle plus grand que la femelle, avec des nageoires colorées, la caudale étant pointue ● Alimentation : nourriture vivante ● Aquarium spécifique de préférence ● Première importation en 1955, en Belgique ● **Reproduction** : en groupe d'une vingtaine de poissons au moins ; un mâle pour 2–3 femelles. Bac de ponte : 10–50 litres selon le nombre de poissons, avec des plantes flottantes. Eau : 25°C, pH 6,5 à 7,0, TH inférieur à 18° et TAC inférieur à 4°. Œuf d'un diamètre de 1 mm, doté d'un court appendice filamenteux. Incubation : 8–10 jours. Nourriture des alevins : nauplies d'artémias.

Le frai a lieu pendant toute l'année. Les femelles pondent les œufs parmi les plantes et leurs racines. Les alevins se tiennent le plus souvent près de la surface, le long des parois ; ils sont très discrets mais ils portent sur le dessus de la tête une tache au reflet métallique bien visible. On les enlève régulièrement à l'aide d'une petite cloche de verre pour les transférer dans un bac d'élevage. Ils acceptent tout de suite des nauplies d'artémias et leur croisance est rapide. La coloration de ces poissons est très variable et on observe des différences dans le coloris ou la position des bandes, y compris au sein d'une même population.

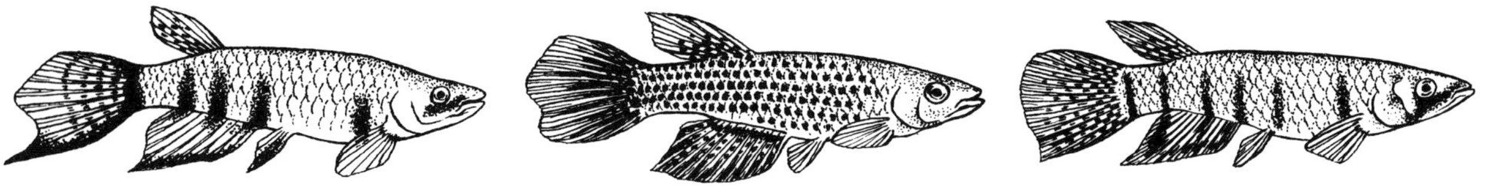

1 – *Epiplatys dageti monroviae* 2 – *Epiplatys chaperi sheljuzhkoi* 3 – *Epiplatys dageti dageti*

1 ♂
1 ♀
2 ♂
2 ♀

1 *Nothobranchius guentheri* (PFEFFER, 1893)

Cyprinodontidae

◁ ● Distribution : plaine de l'Afrique orientale, en Tanzanie et sur l'île de Zanzibar ; dans des milieux s'asséchant périodiquement : eaux claires à courant lent ou bien eaux stagnantes ou troubles, sur des fonds de sable ou de boue ● Longueur : 5 cm ● Dimorphisme sexuel : mâle multicolore, avec la nageoire caudale rouge bordée de noir ; femelle grise ou brunâtre ● Alimentation : proies vivantes ● Aquarium spécifique, avec suffisamment de cachettes ● **Reproduction** : un mâle pour 2–3 femelles. Bac de ponte : 10 litres au moins, avec une couche de tourbe sur le fond. Eau : 22–24 °C, pH 6,5, TH de 18° et Tac de 4°. Incubation : 10 semaines, avec diapause. Nourriture des alevins : nauplies d'artémias.

On place les œufs et la tourbe dans des sachets de plastique à la température de 16 à 18°C. Au bout de dix semaines on arrose la tourbe d'eau douce. Après éclosion, on récupère et on conserve « à sec » la tourbe et les œufs non éclos ; on répète ce processus chaque semaine jusqu'à la naissance des derniers alevins.

On trouve déjà des indications sur cette espèce dans le livre de Playfair et Gunther *The Fishes of Zanzibar* (Les poissons de Zanzibar) écrit en 1866. Les auteurs ont décrit le mâle comme *N. orthonotus* et lui ont adjoint une femelle qui appartenait en fait à l'espèce *N. melanospilus.* En 1893, l'ichtyologiste allemand Georg Pfeffer a reconnu qu'il s'agissait d'une nouvelle espèce et il l'a décrite comme *N. guentheri.* Aujourd'hui on sait que dans certaines régions N. guentheri vit en compagnie de l'espèce plus grande *N. melanospilus* Pfeffer, 1896 (7 cm), dont les femelles portent des taches noires. Ces espèces ne se croisent pas entre elles. Cependant *N. guentheri* se croise parfois avec des espèces parentes, comme par exemple *N. palmquisti,* et les descendants peuvent être féconds. Récemment on a sélectionné dans les élevages une forme dorée dénommée *N. guentheri* « Gold ».

2 *Nothobranchius rachovi* AHL, 1926

Syn. : *Adiniops rachovi*

Cyprinodontidae

◁ ● Distribution : littoral du Mozambique, près de Beira ; dans les eaux s'asséchant périodiquement ● Longueur : 5 cm ● Dimorphisme sexuel : mâle coloré, femelle gris-brun ● Alimentation : nourritures vivantes ● Aquarium spécifique préférable ● Première importation en 1925, mais ce n'est qu'en 1948 que E. Roloff les a réintroduits auprès des aquariophiles ● **Reproduction** : un mâle pour 3 femelles. Bac de ponte : 10 litres au moins, avec une couche de tourbe sur le fond ; lumière diffuse. Eau : 25 °C, pH 6,5 à 7,0 et TAC inférieur à 4°. Incubation : 20–24 semaines, avec diapause. Nourriture des alevins : nauplies d'artémias.

On laisse frayer les adultes pendant quatre semaines. On place ensuite la tourbe humide et les œufs dans des sachets en plastique, dans un endroit sombre, à une température de 20 à 22 °C. Pour déclencher l'éclosion, on verse sur la tourbe une eau très douce, à 25 °C. L'éclosion a lieu très vite et le développement des jeunes, très rapide, dure environ quatre semaines.

Les poissons de ce type, avec développement discontinu (diapause) sont appelés des poissons annuels. Pendant la sécheresse, les œufs survivent dans la vase, mais les adultes meurent. Dans le milieu naturel ils ne vivent pour la plupart que quelques mois. Une température basse (souvent conseillée) prolonge probablement la vie des poissons, mais en diminuant notablement leur activité naturelle et la variété de leurs comportements.

1 ♂
1 ♀
2

1 *Nothobranchius* sp. (espèce indéterminée) « **Warfa-blue** »

Cyprinodontidae

◁ ●

• Distribution : Somalie, près de Mogadiscio ; eaux s'asséchant périodiquement • Longueur : 5 cm • Dimorphisme sexuel : mâle plus coloré • Alimentation : proies vivantes, surtout des larves de moustiques • Aquarium spécifique de préférence • Première importation probablement en 1981, par le Docteur Haas en RFA • **Reproduction** : un mâle pour 2–3 femelles. Bac de ponte : 10 litres au moins, avec une couche de tourbe sur le fond. Eau : 22–24 °C, pH 7,0 à 7,5, TH de 20 à 50° (65 à 70° dans la nature), TAC de 4 à 5°. Les poissons peuvent pondre, et les œufs se développer, dans une eau moins dure, mais les spécialistes considèrent que cela perturbe le développement. Incubation : 10–12 semaines environ, avec diapause. Nourriture des alevins : nauplies d'artémias.

Cette espèce n'a pas encore été scientifiquement décrite et n'a donc pas de nom latin valable actuellement. Elle présente des affinités avec le groupe « *palmquisti* », comprenant les espèces vivant sur le littoral de l'Afrique orientale depuis la Tanzanie (et Zanzibar) jusqu'au sud de la Somalie. On y trouve surtout les espèces : *Nothobranchius palmquisti* (Loennberg, 1907), *N. guentheri* (Pfeffer, 1893), *N. patrizii* (Vinciguerra, 1927), *N. steinforti* (Wildekamp, 1977), *Nothobranchius* sp. « Kaloleni » et *Nothobranchius* sp. « Kikambala ».

2 *Nothobranchius korthausae* MEINKEN, 1973

Cyprinodontidae

◁ ●

• Distribution : Afrique de l'Est, sur l'île de Mafia (Tanzanie) ; dans les marécages où l'eau circule, mais s'asséchant périodiquement • Longueur : 6 cm • Dimorphisme sexuel : mâle plus coloré et plus grand que la femelle, chez laquelle on peut voir les œufs par transparence à l'arrière de la cavité abdominale • Alimentation : proies vivantes. • Aquarium spécifique préférable • Première introduction en 1972, par Edith Korthaus • **Reproduction** : un mâle pour 2–3 femelles. Bac de ponte : 10 litres, avec une couche de tourbe sur le fond ; éclairage diffus. Eau : 24–26 °C, pH 7,0 et TAC de 4° (26–30 °C, pH 5,8 à 6,4, TH inférieur à 7° dans la nature). Œuf d'un diamètre de 1 mm, non adhésif mais portant de nombreuses excroissances lui permettant de se fixer sur un support. Incubation : 10–12 semaines (il y a une diapause, contrairement à ce qu'on indique souvent). Nourriture des alevins : nauplies d'artémias.

On ne sépare pas les sexes, car les femelles pondent même en l'absence des mâles et, chez certaines, le fonctionnement des ovaires s'arrête. On laisse les reproducteurs dans le bac de ponte pendant une semaine. Si on maintient une température de 15 °C, on ralentit légèrement le développement des œufs.

Ce poisson est, comme les autes Cyprinodontidés, sensible à l'attaque du flagellé *Oodinium*. On le guérit avec de la trypaflavine, en ajoutant une cuillerée à soupe de sel pour 10 litres d'eau et en élevant la température à 30 °C. Les flagellés meurent au plus tard au bout de sept jours.

1 ♂
1 ♀
2 ♀
2 ♂

1 *Nothobranchius* sp. (espèce indéterminée) « Kayuni State Farm »

Cyprinodontidae

● Distribution : Afrique du Sud et Zambie ● Longueur : 6 cm ● Dimorphisme sexuel : mâle plus coloré que la femelle ● Alimentation : proies vivantes, larves de moustiques en particulier ● Aquarium spécifique préférable ● Première importation en 1979 ● **Reproduction** : un mâle pour 2–3 femelles. Bac de ponte : 10 litres ou plus selon le nombre de poissons, avec une couche de tourbe sur le fond. Eau : 22–24 °C pH 6,5 à 7,0, TH inférieur à 18° et TAC inférieur à 4°. Incubation : 10–12 semaines, avec diapause. Nourriture des alevins : nauplies d'artémias.

Tout comme *Nothobranchius sp.* « Warfa blue », cette espèce n'a pas de nom scientifique. C'est l'un des poissons les plus colorés du genre. Sa coloration est très variable dans les bleus et dans le rouge orangé. Les membres du genre *Nothobranchius* vivant en Zambie sont peu connus, mais on suppose que *Nothobranchius* sp. « Kayuni State Farm » est non seulement une nouvelle espèce, mais probablement la seule espèce de Zambie élevée en aquarium.

2 *Nothobranchius foerschi* WILDEKAMP et BERKENKAMP, 1975

Cyprinodontidae

● Distribution : réserve naturelle de Selous en Tanzanie ; dans les mares peu profondes périodiquement asséchées ● Longueur : 5 cm ● Dimorphisme sexuel : mâle coloré, avec un dessin réticulé et une nageoire caudale entièrement rouge ; femelle plus petite, grise ou brune ● Alimentation : organismes vivants ● Aquarium spécifique de préférence ● Première importation en 1957, le Tropicarium de Francfort ayant introduit cette espèce sous le nom erroné de *N. palmquisti* ● **Reproduction** : un mâle pour 2–3 femelles. Bac de ponte : 10 litres au moins, avec une couche de tourbe sur le fond. Eau : 18–22 °C, pH 6,5, TH inférieur à 18° et TAC inférieur à 4°. Incubation : 10–12 semaines dans la tourbe humide (avec diapause). Nourriture des alevins : nauplies d'artémias.

L'espèce a été nommée en l'honneur du docteur Foersch de Munich, spécialiste et éleveur de Cyprinodontidés.

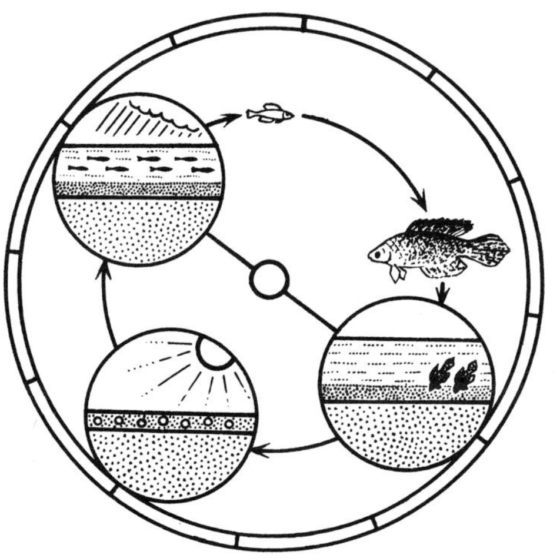

Développement des *Cyprinodontidae* à œufs dans les eaux périodiques

1 ♂
1 ♀
2 ♂
2 ♀

1 *Nothobranchius palmquisti* (Loennberg, 1907)

Syn. : *Fundulus palmquisti, Adiniops palmquisti* — *Cyprinodontidae*

● Distribution : Tanzanie et sud du Kenya ; dans les eaux littorales à asséchement périodique ● Longueur : 5 cm ● Dimorphisme sexuel : mâle coloré, avec un dessin réticulé et une caudale rouge (non bordée de noir) ; femelle plus petite, grise ou brune ● Alimentation : proies vivantes (surtout larves de moustiques) ● Aquarium spécifique de préférence ● Première importation en 1957, par le Tropicarium de Francfort ● **Reproduction** : un mâle pour 2–3 femelles. Bac de ponte : 10 litres selon le nombre de poissons, avec une couche de tourbe. Eau : 22–24 °C, pH 6,5, TH inférieur à 18° et TAC inférieur à 4°. Incubation : 10–12 semaines (avec diapause). Nourriture des alevins : nauplies d'artémias.

Les mâles sont agressifs entre eux et chassent sans cesse les femelles. Les reproducteurs, après une séparation, fraient sans problème même dans des aquariums très petits. Les femelles pondent les œufs sur le fond. Pendant la période de frai, qui dure environ trois semaines, la femelle pond jusqu'à 200 œufs. On place la tourbe avec les œufs dans des sachets en plastique, à une température de 16 à 18 °C. On verse de l'eau sur les œufs au plus tôt au bout de dix semaines. Si les jeunes poissons sont suffisamment nourris, leur croissance est rapide. Ce sont des poissons annuels (ils ne vivent qu'une année), sensibles à l'attaque des flagellés du genre *Oodinium.* Ce poisson se croise avec une espèce parente, *N. guentheri,* et les descendants sont féconds.

2 *Pachypanchax playfairi* (Günther, 1866)

Syn. : *Haplochilus playfairi, Panchax playfairi* — *Cyprinodontidae*

● Distribution : îles d'Afrique de l'Est, Seychelles, Madagascar, Zanzibar, ainsi qu'en Tanzanie ● Longueur : 10 cm ● Dimorphisme sexuel : mâle coloré ; tache noire caractéristique sur la nageoire dorsale de la femelle ● Alimentation : proies vivantes surtout (drosophiles en particulier), aliments artificiels ● Aquarium spécifique de préférence ● Première importation en 1924 par August Schluter à Altoona (États-Unis) ● **Reproduction** : un mâle pour 3 femelles. Bac de ponte : 50 litres ou plus selon le nombre de poissons, avec des touffes de plantes ; bien couvert. Eau : 22–26 °C, pH 6,5 à 7,0 et TAC inférieur à 2°. Incubation : 12 jours. Nourriture des alevins : nauplies d'artémias.

P. playfairi attaque les poissons des autres espèces et leur mord les nageoires ; sa sociabilité intraspécifique est par contre très bonne. Les femelles pondent les œufs dans les plantes touffues. Chaque semaine, on retire les plantes qui portent des œufs pour les placer dans un aquarium séparé. La croissance des alevins est rapide; au bout de quatre semaines ils atteignent 2 cm et il est possible de distinguer les sexes. Dès l'âge de deux mois, les poissons fraient régulièrement. Ils sont très prolifiques et atteignent la pleine maturité à l'âge de un an.

2 ♂
2 ♀
1 ♂
1 ♀

1 *Pterolebias longipinnis* (GARMAN, 1895)

Syn. : *Rivulus macrurus*

Cyprinodontidae

◁ ● • Distribution : savanes d'Amérique du Sud : Brésil, Venezuela, Bolivie, nord de l'Argentine ; dans des eaux s'asséchant périodiquement • Longueur : 10 cm • Dimorphisme sexuel : mâle plus grand que la femelle, avec une nageoire caudale en éventail et un dessin très marqué qui n'existent pas chez celle-ci • Alimentation : proies vivantes, larves de moustiques en particulier • Aquarium spécifique préférable • Première importation en 1930 • **Reproduction** : un mâle pour 2 femelles. Bac de ponte : 20 litres, avec des plantes flottantes et une couche de tourbe sur le fond ; éclairage tamisé ; bien le couvrir avec des plaques de verre. Eau : 22–24 °C, pH 6,5 à 7,0, TH inférieur à 18° et TAC inférieur à 2° ; elle doit être neuve. Incubation : 70 jours (avec diapause). Nourriture des alevins : nauplies d'artémias.

Les poissons pondent sur un fond mou (tourbe) ; on les laisse frayer pendant une quinzaine de jours. On presse alors légèrement la tourbe avant de la placer dans des sachets en plastique qu'on garde à une température de 20 °C. Au bout de 70 jours environ, on l'immerge et les œufs éclosent rapidement.

2 *Pterolebias peruensis* MYERS, 1954

Cyprinodontidae

◁ ● • Distribution : région de Loreto en Amazonie péruvienne ; dans des eaux périodiques • Longueur : 10 cm • Dimorphisme sexuel : mâle intensément coloré, avec les nageoires dorsale et surtout caudale et anale plus grandes que celles de la femelle • Alimentation : nourritures vivantes, larves de moustiques surtout • Aquarium spécifique de préférence • Première importation en 1954 • **Reproduction** : un mâle pour 3–4 femelles. Bac de ponte : 50 litres, avec des plantes flottantes ; on y place un récipient profond contenant environ 10 cm de tourbe broyée ; lumière tamisée . Eau : 22 °C, pH 7,0 à 7,5, TH inférieur à 18° et TAC inférieur à 4°. Incubation : 12–13 semaines, avec diapause. Nourriture des alevins : nauplies d'artémias.

Ces poissons ne vivent pas longtemps, au maximum huit mois dans leur milieu naturel, un peu plus dans les aquariums. C'est pourquoi ils atteignent la maturité sexuelle au bout de trois mois. Ils enterrent les œufs assez profond dans la tourbe, comme les autres genres sud-américains *Austrofundulus* et *Cynolebias*. On prélève la tourbe et on la garde humide dans un endroit obscur, à une température de 20°C. Au bout de trois mois, on l'inonde avec une eau à 20 à 22 °C.

3 *Procatopus nototaenia* BOULENGER, 1904

Cyprinodontidae

◁ ● • Distribution : sud du Nigeria et du Cameroun ; dans les eaux courantes de la plaine littorale • Longueur : 5 cm • Dimorphisme sexuel : mâle plus grand que la femelle, avec les flancs bleus, la ligne du dos rouge et les nageoires impaires jaunes ou rougeâtres avec des taches rouges. La nageoire caudale est droite chez le mâle, arrondie chez la femelle. Cette dernière a une coloration bleue peu développée et des nageoires transparentes • Alimentation : organismes vivants • Aquarium spécifique préférable • Première importation en 1960 • **Reproduction** : en groupe, avec une légère prépondérance de femelles. Bac de ponte : 50–100 litres, avec des plantes flottantes et un léger courant d'eau ; on y place une « racine de tourbière » très contournée et des cailloux plats de façon à former une multitude de fentes et cavités. Eau : 22–24 °C, pH 6,5 à 7,0, TH inférieur à 18 ° et TAC inférieur à 2 ° ; elle doit être neuve. Œuf jaunâtre, d'un diamètre de 1,5 mm. Incubation : 3 semaines (sans diapause). Nourriture des alevins : nauplies d'artémias.

On laisse les reproducteurs frayer pendant une dizaine de jours. On traite ensuite les œufs au bleu de méthylène. Les poissons atteignent la maturité sexuelle au bout de six mois.

1 ♂
1 ♀
2
3

1 *Terranotos dolichopterus* (WEITZMAN et WOURMS, 1967)

Syn. : *Austrofundulus dolichopterus* *Cyprinodontidae*

◁ ●

● Distribution : savanes du Venezuela ; flaques et mares s'asséchant périodiquement ● Longueur : 5 cm ● Dimorphisme sexuel : femelle plus terne que le mâle, intensément coloré avec les nageoires dorsale et anale très allongées en forme de faucille ● Alimentation : proies vivantes, en particulier larves de moustiques, drosophiles, tubifex ; on peut aussi donner des fourmis, mais les cyclopes sont déconseillés ● Aquarium spécifique de préférence ● Première importation en 1967 ● **Reproduction** : un mâle pour 2–3 femelles. Bac de ponte : 20 litres, avec une couche de 5 cm de tourbe stérilisée ; bien couvrir avec des plaques de verre. Eau : 26 °C, pH 6,0 à 6,5, TH inférieur à 4–5° et TAC inférieur à 2°. Incubation : 5–6 mois, avec diapause. Nourriture des alevins : nauplies d'artémias.

Ce poisson est très farouche et se sent bien dans des aquariums abondamment garnis de plantes ; cependant, il a besoin de beaucoup d'espace pour nager. Il apprécie la lumière tamisée et les fonds sombres. Pendant la ponte, le couple « plonge » dans le substrat mou du fond (tourbe). On laisse les reproducteurs frayer pendant une quinzaine de jours. Une femelle pond jusqu'à 400 œufs par semaine. Les quinze jours écoulés, on écarte les adultes et on sépare les sexes. On place la tourbe mouillée contenant les œufs dans des sachets en plastique qu'on garde à une température de 22 °C. Au bout de cinq mois on contrôle le degré de développement des œufs avec une loupe (on doit voir des embryons bien formés). On couvre alors la tourbe de 15 cm d'eau douce. Après éclosion, on récupère la tourbe et on répète plusieurs fois cette opération pendant un mois. Dès que l'on reconnaît le sexe des jeunes poissons on les sépare pour les élever. Cette espèce peut vivre deux ans.

2 *Austrofundulus transilis* MYERS, 1932

Cyprinodontidae

◁ ●

● Distribution : bassin de l'Orénoque (Venezuela) ; dans les eaux périodiques ● Longueur : 8 cm ● Dimorphisme sexuel : femelle plus petite et moins colorée que le mâle, qui possède un bord coloré à la nageoire caudale ● Alimentation : proies vivantes ● Aquarium spécifique de préférence ● Première importation en 1965 ● **Reproduction** : un mâle pour 2 femelles. Bac de ponte : 10–20 litres, avec une couche de tourbe de 5 cm, et des plantes flottantes. Eau : 22 °C, pH 6,5 à 7,0 et TAC inférieur à 4°. Œuf d'un diamètre de 1,5 mm. Incubation : 5–6 mois, avec diapause. Nourriture des alevins : nauplies d'artémias.

Le frai dure environ une semaine, pendant laquelle la femelle pond environ 500 œufs. On laisse la tourbe s'égoutter sur un tamis, puis on la place sur un papier filtre posé sur un verre pendant 6 à 12 heures à une température de 20 à 22 °C. Dès que la surface de la tourbe est sèche, on la met dans des sachets en plastique entrouverts, que l'on garde à une température de 18 à 20 °C. La tourbe ne doit pas devenir trop sèche, c'est pourquoi il faut l'asperger de temps en temps avec de l'eau provenant de l'aquarium de ponte. La durée d'incubation passée, on place la tourbe dans un récipient de 10 litres et on y ajoute de l'eau de pluie, d'un pH de 6,5 à 7,0, à 18–20 °C. L'éclosion peut se produire aussitôt ou bien deux jours plus tard ou davantage. Cette espèce peut vivre deux ans.

1
2

Famille *Poeciliidae*

Cette famille comprend des poissons « vivipares » vivant en eau douce. On les trouve dans le sud des États-Unis, en Amérique centrale, dans les Caraïbes et dans le nord de l'Argentine. Aujourd'hui ils vivent également en dehors de leurs régions d'origine, dans de nombreux pays chauds où ils ont été introduits. Le dimorphisme sexuel est assez marqué ; les mâles sont plus petits que les femelles. La nageoire anale du mâle est transformée en organe génital appelé gonopode, et lui permet d'introduire les spermatozoïdes dans les oviductes de la femelle. Les spermatozoïdes restent vivants longtemps et la femelle peut ainsi avoir plusieurs portées sans rencontrer de mâle.

Les embryons se développent dans les ovaires de la femelle, en se nourrissant du sac vitellin de l'œuf ; ils n'ont aucun lien avec le corps de la femelle et n'en tirent pas de substances pour leur survie. Il ne s'agit donc pas de viviparité vraie ; on parle d'ovoviviparité. On reconnaît généralement les femelles gravides à la tache de gestation sombre qui se développe à l'arrière de l'abdomen, ainsi qu'à leur volume plus important. Lorsqu'ils sortent du corps de la femelle, les embryons sont enfermés dans l'enveloppe de l'œuf ; ils s'en libèrent aussitôt et nagent. Les nouveau-nés sont assez grands.

Beaucoup d'espèces ont une coloration variable et un fort penchant pour les mutations ; plusieurs d'entre elles se croisent facilement. Ces particularités ont permis aux éleveurs de créer de nombreuses formes ornementales.

1 *Poecilia velifera* (REGAN, 1914)
« Velifera », « Molly-voile »
Syn. : *Mollienesia velifera* — *Poeciliidae*

● Distribution : Mexique, surtout sur la presqu'île du Yucatán ● Longueur : 10–15 cm (mâles) à 18 cm (femelles) ● Dimorphisme sexuel : mâle plus coloré que la femelle, avec une nageoire dorsale généralement plus développée ; il possède un gonopode ● Alimentation : proies vivantes, aliments artificiels, végétaux ● Aquarium d'ensemble accepté ● Première importation en 1913 par Josef Kropac à Hambourg ● **Reproduction** : ovovivipare ; un mâle pour 5 femelles. Bac de ponte : 50 litres (pour une femelle) à 200 litres ou plus ; avec des pondoirs. Eau : 25–28 °C, pH 7,5 à 8,2, neuve ; ajouter une cuillerée à soupe de sel pour 10 litres d'eau, ou un litre d'eau de mer pour 50 litres. Gestation : 8 semaines environ. Nourriture des alevins : aliments vivants ou artificiels, végétaux.

Une portée comprend 50 à 200 alevins. On recommande de séparer les sexes quand les poissons sont jeunes et de leur laisser un espace suffisant. On obtient de grands poissons et des mâles avec une nageoire dorsale bien développée en les élevant dans des bassins de plein air ensoleillés.

Si l'on augmente progressivement la salinité de l'eau, les poissons deviennent capables de vivre et se multiplier dans une eau de mer d'une densité de 1,024 à 1,028, ce qui correspond aux mers coralliennes.

2 *Poecilia velifera* – forme noire — *Poeciliidae*

Certains auteurs indiquent que cette forme existe dans la nature. Cependant elle n'a été sélectionnée et génétiquement stabilisée que dans les élevages. On a également sélectionné une forme noire avec une nageoire en forme de lyre.

3 *Poecilia velifera* – forme dorée — *Poeciliidae*

Il s'agit de la forme albinos de *Poecilia velifera* sélectionnée et stabilisée dans les élevages.

1 ♂
1 ♀
2
3

1 *Poecilia sphenops* CUVIER et VALENCIENNES, 1846
« Molly »

Syn. : *Mollienesia sphenops, Gambusia modesta, G. plumbea, Girardinus vandepolli, Lembesseia parvianatis, Platypoecilus mentalis, P. spilonotus, P. tropicus, Xiphophorus gillii*

Poeciliidae

● Distribution : entre le Mexique et la Colombie ; dans les eaux douces ou saumâtres ● Longueur : 5 cm pour le mâle, 7 à 11 cm pour la femelle ● Dimorphisme sexuel : mâle plus élancé que la femelle, avec une nageoire dorsale plus grande et légèrement orangée ; il possède un gonopode ● Alimentation : nourritures vivantes ou artificielles, végétaux ● Aquarium d'ensemble accepté ● Première importation en 1899, par Umlauff à Hambourg ● **Reproduction** : ovovivipare ; un mâle pour 5 femelles. Bac de ponte : 10 litres, muni d'un pondoir. Eau : 22–24 °C, pH 7,0 à 7,5, avec adjonction d'une cuillerée de sel par 10 litres d'eau ; elle doit être neuve. Gestation : 4 à 8 semaines. Nourriture des alevins : aliments vivants ou artificiels, puis végétaux au bout d'une quinzaine de jours.

Pour obtenir de grands poissons il faut utiliser des aquariums d'au moins 200 litres. La consanguinité et de mauvaises conditions d'élevage sont à l'origine de la dégénérescence des poissons et de leur petite taille (en particulier pour les mâles). La forme originale est aujourd'hui rarement élevée car sa coloration, assez variable, n'atteint pas la qualité de celle des poissons sélectionnés.

La forme illustrée *Poecilia sphenops* « Black Molly » à été sélectionnée à la fin des années 20 aux États-Unis, probablement par l'éleveur Crecenty à la Nouvelle-Orléans. Elle a été importée en 1930 par la firme allemande Eimecke à Hambourg. Depuis, on a créé un grand nombre de variétés par exemple le « Black Yucatan », un poisson complètement noir avec une nageoire dorsale très développée, ou bien « Mondmolly » dont la haute nageoire dorsale est bordée de jaune ou de rouge. Les deux formes ont été sélectionnées vers 1955 à Miami en Floride par William Sternk. Dans une ferme de Singapour, Tan Guk Eng a obtenu une forme entièrement rouge. Les formes sélectionnées sont plus sensibles et plus thermophiles que les formes originales.

2 *Poecilia sphenops*
« Molly lyre »

Poeciliidae

Cette forme a été sélectionnée vers 1960 par l'éleveur chinois Cheah Yam Meng à Singapour. Elle s'est répandue partout dans le monde dans les années 60.

1 ♂
1 ♀
2

1 *Poecilia melanogaster* GÜNTHER, 1866

Syn. : *Limia melanogaster, L. caudofasciata tricolor, L. tricolor* — *Poeciliidae*

● Distribution : Jamaïque et Haïti ● Longueur : 4 cm (mâle) à 6,5 cm (femelle) ● Dimorphisme sexuel : la femelle a une grande tache de gestation triangulaire, qui ne disparaît pas à la naissance des alevins ; le mâle possède un gonopode ● Première importation en 1908, par Carl Siggelkow à Hambourg ● **Reproduction** : ovovivipare ; un mâle pour 5 femelles. Eau : 22–26 °C, pH 6,5 à 7,5, modérément dure ; elle doit être neuve. Gestation : 6–8 semaines. Nourriture des alevins : nauplies d'artémias ou zooplancton fin, ainsi que des aliments artificiels pour alevins.

Ces poissons apprécient les aquariums clairs, en partie éclairés par le soleil. Une femelle donne naissance à une cinquantaine d'alevins environ. Dans de grands aquariums où l'espèce est élevée seule, il n'est pas nécessaire d'écarter les femelles ; il suffit d'enlever régulièrement les alevins. Ces derniers mesurent 10 mm à la naissance et leur croissance est rapide. La taille des poissons tend à diminuer à chaque génération en cas de croisements consanguins et si la nourriture n'est pas appropriée.

2 *Poecilia nigrofasciata* (REGAN, 1913)

Syn. : *Limia nigrofasciata, L. arnoldi* — *Poeciliidae*

● Distribution : Haïti ; dans les eaux douces et saumâtres ● Longueur : 4,5 cm (mâles) à 7 cm (femelles) ● Dimorphisme sexuel : les mâles ont un gonopode ; quand ils sont âgés, ils développent une bosse caractéristique sur le dos (le corps n'est alors que deux fois plus long que le haut) et la nageoire dorsale se développe en éventail ● Alimentation : proies vivantes, aliments artificiels, végétaux (algues) ● Aquarium spécifique préférable ● Première importation en 1912, par Carl Siggelkow à Hambourg ● **Reproduction** : ovovivipare ; un mâle pour 5 femelles. Bac de ponte : au moins 100 litres, avec un pondoir assez grand. Eau : 22–26 °C, pH 7,0 à 7,5, modérément dure ; ajouter une cuillerée à café de sel par 10 litres d'eau. Gestation : 6 semaines. Nourriture des alevins : nauplies d'artémias et zooplancton fin.

Ces poissons sont très sensibles aux brusques changements du milieu, qui font en particulier avorter les femelles. C'est pourquoi on ne change jamais plus de la moitié de l'eau à la fois. Le ventre des femelles gravides est parfois boursouflé par les alevins. Elles donnent alors naissance à des alevins très grands ou bien meurent d'une déchirure du ventre. Même une hausse de température ne permet pas de les sauver. Selon certains éleveurs, les mâles stimuleraient la mise bas par leurs essais de fécondation et les coups de bouche dans la paroi abdominale ; dans ces conditions, les problèmes décrits plus haut pourraient être dus à l'absence des mâles en fin de gestation. Dans les grands élevages, on place donc souvent quelques mâles dans les pondoirs. Cependant dans des récipients spacieux et bien garnis de plantes, il suffit simplement d'enlever périodiquement les alevins qui naissent régulièrement. Chaque femelle donne naissance à 30 alevins environ, qui sont relativement grands (10 à 15 mm). A l'âge de cinq mois il est possible de reconnaître le sexe des poissons.

1 ♀
1 ♂
2 ♀
2 ♂

1 *Poecilia reticulata* PETERS, 1859
« Guppy »

Syn. : *Lebistes reticulatus, L. poecilioides, Acanthocephalus guppii, A. reticulatus, Girardinus guppii, G. petersi, G. poecilioides, G. reticulatus, Haridichthys reticulatus, Heterandria guppyi, Poecilia poeciloides, Poeciloides reticulatus*

Poeciliidae

□ ◑

● Distribution : de l'Amérique centrale au Brésil ; introduit un peu partout dans le monde, il vit actuellement dans toutes les eaux chaudes de la planète ● Longueur : 3 cm (mâle) à 5 cm (femelle) ● Dimorphisme sexuel : mâle plus coloré que la femelle, portant un gonopode ● Alimentation : nourritures vivantes ou artificielles, auxquelles on ajoute régulièrement des végétaux ● Aquarium d'ensemble accepté ● Première importation en Europe en 1861, en provenance de la Barbade par le pasteur E. A. Von Tremezzo ; première introduction en Allemagne en 1908 par Carl Siggelkow à Hambourg.

Il s'agit d'un poisson à la coloration très variable. Les poissons de la Martinique sont semble-t-il exceptionnellement grands et colorés. Ils vivraient dans des eaux saumâtres ou marines. Le Guppy a fait l'objet de nombreuses sélections et on en connaît aujourd'hui une multitude de formes.

2 *Poecilia reticulata* – formes cultivées

Poeciliidae

□ ◑

● Cette forme est l'aboutissement de patientes sélections en élevage ● Longueur : 6 cm (mâle) à 8 cm (femelle) ● Dimorphisme sexuel : le mâle, plus coloré que la femelle, possède une nageoire caudale en éventail beaucoup plus développée ; il a un gonopode ● Alimentation : nourritures vivantes ou artificielles et, régulièrement, végétales ● Aquarium d'ensemble, sauf pour l'élevage et la sélection. Les premières formes à voiles, sélectionnées par Paul Hahnel à New York, ont été montrées en 1954, lors de la première exposition internationale de Guppys à Hanovre ● **Reproduction** : ovovivipare ; un mâle pour 3–4 femelles. Bac de ponte : 3–10 litres par femelle, avec un pondoir. Eau : 22–24 °C, pH 7,0 à 8,0, assez dure et fréquemment renouvellée ; ajouter une cuillerée à café de sel pour 10 litres d'eau. Gestation : 4–6 semaines ; jusqu'à 250 alevins par portée. Nourriture des alevins : nauplies d'artémias et zooplancton fin, puis un complément de végétaux au bout de 15 jours.

La sélection exige des connaissances génétiques de base et des poissons sains et purs. On utilise pour le groupe d'élevage de base un aquarium de 50 litres, nu avec un filtre mécanique puissant et des touffes de plantes. On isole les femelles pleines dans des petits aquariums, ou bien dans des pondoirs dans un aquarium plus grand. On rassemble les alevins d'une même forme et de même taille dans un aquarium contenant environ 10 cm d'eau et on élève progressivement le niveau d'eau au cours de la croissance. Dès que l'on peut reconnaître le sexe on sépare mâles et femelles. Pour obtenir des mâles de grande taille aux nageoires développées, il est nécessaire de les élever séparément jusqu'à la maturité sexuelle. Les générations se succédant rapidement, on observe parfois une dégénérescence (surtout dans la taille) due aux croisements consanguins ; il est donc nécessaire de disposer, au sein d'une même forme, de poissons provenant d'élevages différents.

2a : forme épée basse
2b : forme épée double
2c : forme voile

1 ♂
1 ♀
2a ♂
2b ♂
2c ♂

1 *Poecilia latipinna* (LE SUEUR, 1821)
« Molly », « Black Molly »

Syn. : *Mollienesia latipinna* — *Poeciliidae*

● Distribution : Mexique, Texas, Floride, Caroline du Sud et du Nord, Virginie (en particulier rio Grande et ses affluents entre le Mexique et les États-Unis) ; dans les eaux littorales, douces ou saumâtres, courantes ou stagnantes ● Longueur : 10 cm (mâle) à 12 cm (femelle) ● Dimorphisme sexuel : le mâle, caractérisé par son gonopode, possède une nageoire dorsale plus grande que la femelle ● Alimentation : organismes vivants, aliments artificiels, végétaux ● Aquarium d'ensemble clair, voire ensoleillé, et bien filtré ● Première importation en 1903 ● **Reproduction** : ovovivipare ; un mâle pour 3–5 femelles. Bac de ponte : 10 litres par femelle, avec des pondoirs (un pondoir de grande taille peut accueillir plusieurs femelles). Eau : 24 °C, pH 7,0 à 8,0 neuve ; ajouter une cuillerée à soupe de sel pour 10 litres d'eau, ou 1 litre d'eau de mer pour 50 litres. Gestation : 8–10 semaines. Nourriture des alevins : nauplies d'artémias, zooplancton fin, aliments artificiels, algues.

On élève toujours ces poissons dans des aquariums spacieux, et même de préférence dans de grands bassins chauffés et ensoleillés. La coloration est très variable et va de la forme albinos à la forme noire en passant par diverses formes tachetées. Cette caractéristique a été exploitée pour sélectionner de nouvelles formes. *P. latipinna* « Starburst Molly » avec une coloration de base dorée et des taches rouges a été sélectionnée en 1973 par John L. Williams en Floride ; *P. latipinna* « Baloon Molly », avec un corps très court, a été obtenue en 1975 par Wilson Jeo Eng Nam à Singapour. Une eau pure, des densités de poissons peu élevées et un espace vital suffisant constituent les éléments de base d'un élevage réussi. Chaque femelle donne naissance à une centaine d'alevins, qui peuvent mesurer 12 mm.

2 *Quintana atrizona* (HUBBS, 1934)

Syn. : *Eptomaculata lara, Limia eptomaculata lara* — *Poeciliidae*

● Distribution : Cuba, autour de La Havane et de Baracoa ● Longueur : 2 cm (mâle) à 4 cm (femelle) ● Dimorphisme sexuel : le mâle, plus transparent que la femelle, possède un gonopode ● Alimentation : nourriture vivante, artificielle et végétale ● Aquarium spécifique de préférence ● Première importation en 1935 ● **Reproduction** : ovovivipare ; en couple ou en groupe avec une légère prépondérance des femelles. Bac de ponte : 100 litres, avec des plantes à feuilles fines, et bien éclairé, voire ensoleillé. Eau : 24–28 °C, pH 7,0 à 7,5, neuve et bien oxygénée. Gestation : 5 semaines. Nourriture des alevins : nauplies d'artémias.

Cette espèce n'a été décrite qu'en 1934, bien que Cuba ait été visité par plusieurs expéditions ichtyologiques. La femelle donne naissance à 35 alevins environ dans un temps allant d'une heure à un jour. Les alevins ont 6,5 à 7 mm de longueur et doivent être transférés dans un autre récipient. Il est possible d'élever ensemble des poissons d'âges différents. Les jeunes poissons ont une croissance rapide et sont sexuellement mûrs au bout de quatre mois.

1 ♀
1 ♂
2 ♀
2 ♂

1 *Gambusia affinis* (BAIRD et GIRARD, 1853)
« Gambusie »
Syn. : *Heterandria affinis, H. patruelis, Gambusia speciosa, G. patruelis, G. humilis, G. gracilis, Zygonectes inurus, Z. patruelis, Z. speciosa, Z. brachypterus, Z. gracilis* — *Poeciliidae*

● Distribution : Texas, mais son aire d'extension est difficile à cerner car il a été introduit en de nombreux endroits ; en France, on le trouve dans le midi où il a été introduit pour lutter contre les moustiques ● Longueur : 3,5 à 4 cm (mâle) ; 6,5 cm (femelle) ● Dimorphisme sexuel : mâle nettement plus fin que la femelle, avec un gonopode très développé ● Première importation en 1914 ● **Reproduction** : ovovivipare ; un mâle pour 2–3 femelles. Eau : 20–22 °C, pH 7,0 à 8,0, neuve ; ajouter une cuillerée à café de sel pour 10 litres d'eau. Gestation : 4 à 6 semaines. Nourriture des alevins : nauplies d'artémias, aliments artificiels, zooplancton.

Une femelle donne naissance à 10 à 80 alevins à la fois mais il faut faire attention car elle les mange. La croissance des jeunes est rapide.

2 *Gambusia punctata* (POEY, 1854) — *Poeciliidae*

● Distribution : Cuba ● Longueur : 4 à 4,5 cm (mâle) ; 9 cm (femelle) ● Dimorphisme sexuel : le mâle, plus petit, possède un gonopode ● Alimentation : nourritures vivantes et artificielles ● Aquarium spécifique de préférence ● **Reproduction** : ovovivipare ; un mâle pour 2 femelles. Bac de ponte : 10 litres, avec un pondoir. Eau : 20–24 °C, pH 7,0 à 8,0, neuve ; ajouter une cuillerée à café de sel par 10 litres d'eau. Gestation : 4–5 semaines. Nourriture des alevins : nauplies d'artémias et zooplancton.

Lorsque le frai se déroule bien, chaque femelle donne naissance à 20 à 100 jeunes, mais il arrive que les femelles ne soient pas fécondées. Dans ce cas elles ne pondent que quelques œufs, clairs et légèrement jaunâtres. Les alevins de *G. punctata* sont voraces et il est préférable de les élever seuls. La croissance est rapide et il est possible de reconnaître le sexe dès la taille de 3 cm.

3 *Girardinus metallicus* POEY, 1854
Syn. : *Girardinus garmani, G. pygmaeus, Heterandria cubensis, H. metallica, Poecilia metallica* — *Poeciliidae*

● Distribution : Cuba et Costa Rica ● Longueur : 5 cm (mâle) à 9 cm (femelle) ● Dimorphisme sexuel : le mâle possède un gonopode bien visible doté de deux crochets ● Alimentation : nourriture vivante et artificielle ● Aquarium d'ensemble accepté ● Première importation en 1906, par W. Schroot à Hambourg ● **Reproduction** : ovovivipare ; un mâle pour 2–3 femelles. Bac de ponte : 10 litres, avec un pondoir. Eau : 20–24 °C, pH 7,0 à 8,0, neuve ; ajouter une cuillerée à café de sel pour 10 litres d'eau. Gestation : 7 semaines environ. Nourriture des alevins : nauplies d'artémias, zooplancton.

G. metallicus est un poisson de coloration variable. Il apprécie les aquariums en partie ensoleillés contenant des algues. La femelle pond jusqu'à 100 alevins. La croissance des jeunes poissons est rapide et à l'âge de cinq mois ils sont sexuellement mûrs. Ils sont mis en valeur lorsqu'on les élève en groupes assez importants dans un aquarium spécifique d'au moins 100 litres. Il n'est alors pas nécessaire de placer les femelles dans des pondoirs, il suffit de prélever les alevins ; les adultes, s'ils sont bien nourris, remarquent peu les alevins.

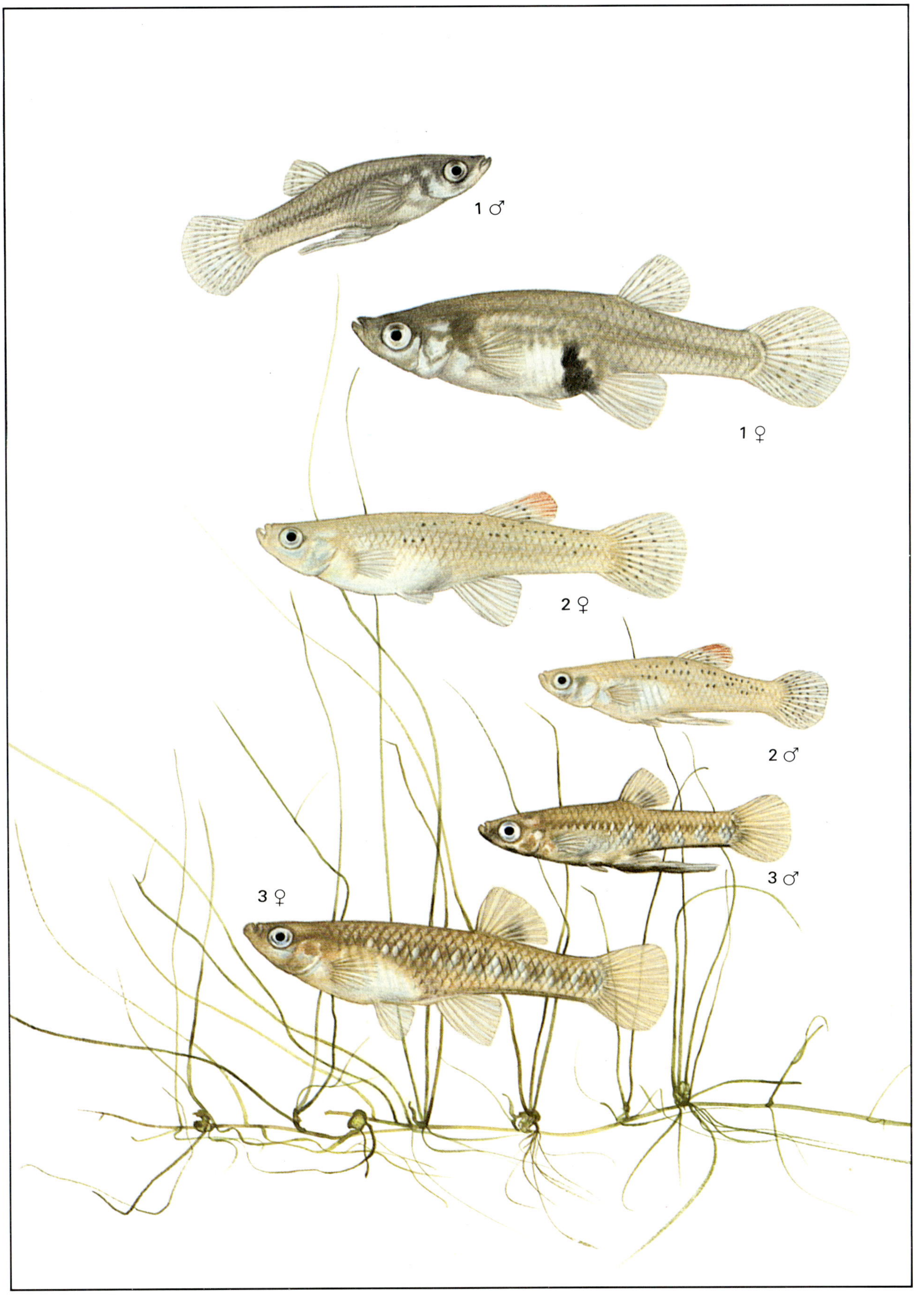
1 ♂
1 ♀
2 ♀
2 ♂
3 ♂
3 ♀

1 *Pseudoxiphophorus bimaculatus* (HECKEL, 1848)

Syn. : *Xiphophorus bimaculatus, Heterandria bimaculata* *Poeciliidae*

● Distribution : centre et sud du Mexique, Guatemala, Honduras ; dans les ruisseaux, les eaux dormantes, et même les lagunes saumâtres ● Longueur : 6 cm (mâle) à 10 cm (femelle) ● Dimorphisme sexuel : le mâle, plus élancé que la femelle, possède une nageoire caudale légèrement orangée ; son gonopode est long ● Alimentation : proies vivantes auxquelles on ajoute des aliments artificiels et des végétaux ● Aquarium spécifique, d'au moins 100 litres ● Première importation probablement avant la Première Guerre mondiale, puis réapparition en 1976 en Autriche ● **Reproduction** : ovovivipare ; un mâle pour deux femelles. Bac de ponte : 10 litres au moins, avec un pondoir doté d'un filet de maille 5 × 5 mm. Eau : 20–24 °C, pH 7,0 à 8,0 ; on peut ajouter une cuillerée à café de sel pour 10 litres d'eau. Gestation : 6 semaines. Nourriture des alevins : nauplies d'artémias, zooplancton.

Ce poisson est très agressif et s'attaque même à des poissons beaucoup plus grands que lui, dont il mord les nageoires ; cependant les observations des éleveurs montrent que l'agressivité varie d'un groupe à l'autre. Cette espèce doit être élevée en banc assez important. Une portée comprend une centaine d'alevins, qui atteignent 15 mm à la naissance et ont une tache noire à la base de la nageoire caudale. Leur croissance est rapide.

2 *Heterandria formosa* AGASSIZ, 1853
« Poisson-moustique »

Syn. : *Girardinus formosus, Gambusia formosa, Heterandria ommata, Hydrargyra formosa, Rivulus ommatus, Zygonectes manni* *Poeciliidae*

● Distribution : États-Unis (Floride, Caroline du Nord et du Sud) ● Longueur : 2 cm (mâle) à 3,5 cm (femelle) ● Dimorphisme sexuel : mâle plus élancé que la femelle et doté d'un gonopode assez long ● Alimentation : petites proies vivantes, végétaux et aliments artificiels ● Aquarium spécifique recommandé ● Première importation en 1912, par Carl Siggelkow à Hambourg ● **Reproduction** : ovovivipare ; un mâle pour 3 femelles. Bac de ponte : 10 litres au moins (selon le nombre de poissons), avec des plantes à feuilles fines ; il doit être bien éclairé, voire ensoleillé. Eau : 20–26 °C, pH 7,0 à 7,5, neuve ; ajouter une cuillerée à café de sel pour 10 litres d'eau. Gestation : 4–5 semaines. Nourriture des alevins : jeunes nauplies d'artémias ou de cyclopes, auxquelles on peut ajouter un aliment artificiel.

Les femelles donnent naissance à 2 ou 3 alevins par jours pendant 6 à 10 jours. On retire régulièrement les alevins pour les placer dans des récipients plats et bien éclairés, avec une hauteur d'eau de 10 à 15 cm. Les adultes ne chassent pas les alevins. Il est préférable d'élever cette petite espèce dans un aquarium spécifique, en bancs assez importants.

1 ♀
1 ♂
2 ♀
2 ♂

1 *Belonesox belizanus* KNER, 1860
« Brochet vivipare »

Poeciliidae

◁

●

● Distribution : entre le sud du Mexique et le Honduras ● Longueur : 12 cm (mâle) à 20 cm (femelle) ● Dimorphisme sexuel : mâle plus petit que la femelle ; il possède un gonopode ● Alimentation : proies vivantes (poissons en particulier) ● Aquarium spécifique de préférence ● Première importation en 1909, par Carl Siggelkow à Hambourg ● **Reproduction** : ovovivipare ; un mâle pour 2–3 femelles. Bac de ponte : 50 litres pour une femelle, avec un grand pondoir fait de filet de maille 5 × 5 mm. Eau : 24–30 °C, pH 7,0 à 7,5, neuve ; ajouter une cuillerée à café de sel pour 10 litres d'eau. Gestation : 5 semaines. Nourriture des alevins : zooplancton, larves de moustiques, puis des petits poissons en grandes quantités.

Par la forme de son corps et par son comportement *B. belizanus* rappelle le brochet. Il a besoin d'un bac d'au moins un mètre, rempli de plantes aquatiques. C'est un poisson carnivore et les mâles trop petits sont souvent victimes des femelles. On isole les femelles pleines. Les alevins quittent le corps de leur mère assez rapidement et cherchent instinctivement des cachettes entre les plantes. Une femelle met au monde une centaine d'alevins de 2 cm ; les naissances pouvant s'échelonner sur 24 heures. Dès l'âge d'une semaine, ils doivent être en permanence rassasiés, sinon ils se dévorent entre eux. C'est pourquoi on ne met pas beaucoup de poissons dans un aquarium. Leur croissance est assez lente et au bout de six mois ils sont sexuellement mûrs. *B. belizanus* est sur la liste des espèces menacées et il est strictement protégé.

2 *Priapella intermedia* ALVAREZ 1952

Poeciliidae

▭

●

● Distribution : Mexique ; dans les eaux vives et pures ● Longueur : 5 cm (mâle) à 7 cm (femelle) ● Dimorphisme sexuel : le mâle est doté d'un gonopode ● Alimentation : nourritures vivantes, artificielles ou végétales ● Aquarium spécifique préférable ● Première importation en 1964, par l'Institut Zoologique de Hambourg ● **Reproduction** : ovovivipare ; un mâle pour 2 femelles. Bac de ponte : 100 litres, avec des touffes de plantes. Eau : 20–22 °C, pH 6,5 à 7,5, neuve, filtrée et oxygénée ; un courant d'eau créé par le filtre est nécessaire. Gestation : 5–6 semaines. Nourriture des alevins : jeunes nauplies de cyclopes ou d'artémias.

Cette espèce se caractérise par un iris bleu. On l'élève en groupes assez importants. C'est une espèce sensible qui tombe souvent malade dans un environnement non adapté ou soumis à des changements brutaux. Les poissons se regroupent souvent dans les courants d'eau près de la surface. Les adultes ne chassent pas les jeunes, mais il est préférable d'élever les alevins dans un aquarium séparé de grande surface, avec une hauteur d'eau de 10 à 15 cm. Les femelles gravides ont le ventre légèrement saillant, mais cela reste difficile à détecter ; elles sont peu prolifiques, et ne donnent jamais naissance à plus de 30 alevins. Un changement de température ou de composition chimique de l'eau peut entraîner un avortement. Les jeunes ont une croissance rapide et au bout de cinq mois ils commencent à être sexuellement mûrs.

1 ♀
1 ♂
1 juv.
2 ♀
2 ♂

1 *Phalloceros caudomaculatus reticulatus* (Hensel, 1868) « Caudo »

Syn. : *Girardinus januarius reticulatus, G. reticulata*

Poeciliidae

● Distribution : centre du Brésil, Paraguay, Argentine, Uruguay ● Longueur : 4 cm (mâle) à 7 cm (femelle) ● Dimorphisme sexuel : le gonopode des mâles est long ● Alimentation : nourritures vivantes ou artificielles, avec adjonction de végétaux ● Aquarium spécifique de préférence, bien garni de plantes ● Première importation en 1905, par Koppe et Siggelkow à Hambourg ● **Reproduction**: ovovivipare : un mâle pour 3 femelles. Bac de ponte : 6 litres par femelle, avec un pondoir ; on peut aussi placer un grand pondoir, pouvant accueillir plusieurs femelles, dans un aquarium plus grand. Eau : 16–20 °C, pH 7,0 à 8,0, neuve ; ajouter une cuillerée à café de sel pour 10 litres d'eau, ou un litre d'eau de mer pour 50 litres. Gestation : 5–6 semaines. Nourriture des alevins : zooplancton et nauplies d'artémias.

Même si les alevins ne sont pas chassés par la femelle, il est préférable de les prélever régulièrement et de les élever séparément ; l'utilisation d'un pondoir résoud ce problème. Actuellement on différencie deux sous-espèces : *P. caudomaculatus auratus* (Hensel, 1868) et *P. caudomaculatus reticulatus* (Hensel, 1868), ainsi que la variété *P. caudomaculatus reticulatus* var. *auratus* provenant du Brésil. La coloration de base est jaune ou jaune doré ; sur le corps et les nageoires sont disposées des taches noires, brunes et blanches irrégulières.

2 *Phallichthys amates amates* (Miller, 1907)

Syn. : *Poecilia amates, Poeciliopsis amates*

Poeciliidae

● Distribution : Amérique centrale, entre le Guatemala et Panamá ● Longueur : 6 cm (mâle) à 10 cm (femelle) ● Dimorphisme sexuel : le gonopode du mâle, très long, atteint parfois la base de la nageoire caudale ● Alimentation : nourritures vivantes ou artificielles ● Première importation en 1937, par Fritz Mayer à Hambourg ● **Reproduction** : ovovivipare ; un mâle pour 3 femelles. Bac de ponte : 10 litres, avec un pondoir. Eau : 20–25 °C, pH 7,0 à 7,5 ; ajouter une cuillerée à café de sel pour 10 litres d'eau. Gestation : 5–6 semaines. Nourriture des alevins : nauplies d'artémias et zooplancton.

Ce sont des poissons timides et pacifiques. On les élève en petit groupe dans un aquarium d'au moins 100 litres bien garni de plantes. Les adultes ne prêtent pas attention aux alevins ; si on n'utilise pas de pondoir, il est cependant préférable de retirer régulièrement les petits à l'aide d'une cloche de verre. Une femelle donne naissance à environ 50 alevins. Leur croissance est lente. Les mâles sont sexuellement mûrs à l'âge de quatre à six mois, les femelles au bout de un an (parfois plus tôt).

Le genre *Phallichthys* a été établi par C. L. Hubbs en 1924. Il comprend trois espèces *P. tico, P. fairweatheri* et *P. amates.* La dernière est divisée en deux sous-espèces, *P. amates amates* (Miller, 1907), et *P. amates pittieri* (Meek, 1912) connue à Panamá et au Costa Rica et probablement répandue dans les Antilles. Ses femelles sont probablement plus prolifiques que celles de *P. amates amates,* et peuvent donner naissance à une centaine d'alevins.

1 ♂
1 ♀
2 ♂
2 ♀

1 *Xiphophorus helleri* (HECKEL, 1848)
« Xipho », « Porte-épée »

Syn. : *Mollienesia helleri, Xiphophorus jalapae, X. rachovi* — *Poeciliidae*

● Distribution : Amérique centrale, entre le Mexique et le Costa Rica ● Longueur : 10 cm (mâle) a 12 cm (femelle) ● Dimorphisme sexuel : le mâle porte un gonopode, et la partie inférieure de sa nageoire caudale est allongée en épée ● Alimentation : nourritures vivantes, artificielles ou végétales ● Aquarium d'ensemble accepté ● Première importation en 1909, par W. Schroot à Hambourg ● **Reproduction** : ovovivipare ; un mâle pour 5 femelles. Bac de ponte : 10 litres pour une femelle, avec un pondoir. Eau : 20–25 °C, pH 7,0 à 7,5, neuve ; ajouter une cuillerée à café de sel pour 10 litres d'eau. Gestation : 4–6 semaines. Nourriture des alevins : petits organismes vivants, aliments artificiels puis, à l'âge de 15 jours, des végétaux (épinards).

Le nombre des alevins issus d'une femelle peut aller de quelques dizaines à plus de 200. On les élève dans des aquariums spacieux avec une hauteur d'eau de 10 à 15 cm. Pour un élevage intensif on peut utiliser de grands pondoirs qui peuvent accueillir plusieurs femelles. Il faut cependant diminuer à temps la densité des jeunes poissons dans l'aquarium, renouveler souvent l'eau (un « goutte à goute » peut être nécessaire) et les nourrir trois à quatre fois par jour. Entre fin mai et début septembre on peut mettre les poissons dans des bassins de plein air ; ils supportent des températures allant jusqu'à 15 °C.

On a souvent décrit le changement de sexe chez *X. helleri* : des femelles assez âgées, qui ont déjà frayé plusieurs fois, peuvent devenir des mâles. Le changement inverse n'a jamais été observé.

De nombreuses variétés ont été sélectionnées, variant considérablement en couleur et en forme. D'autres sous-espèces ont été décrites : *X. helleri guentheri* Jordan et Evermann, 1896 provenant du Guatemala, du Honduras et du Mexique, X. *helleri strigatus* Regan, 1907 originaire du Mexique et *X. helleri alvarezi* Rosen, 1960 venant du Mexique également. Il est déconseillé de croiser des sous-espèces ou des formes différentes.

2 *Xiphophorus helleri* – forme « Simpson »

Poeciliidae

Sélectionnée en 1960 par Thomas Simpson en Californie, cette forme existe actuellement dans une grande variété de couleurs.

3 *Xiphophorus helleri* – forme « Tuxedo »

Poeciliidae

Cette forme a été sélectionnée en 1956 au Sri Lanka puis importée en Europe. La coloration de base est verte ou rouge. Les formes rouge-noir ont tendance à avoir des tumeurs (mélanomes), le risque étant plus fort chez les individus ayant beaucoup de noir.

1 ♀
1 ♂
2
3

1 *Xiphophorus helleri* – forme rouge

Poeciliidae

Ce poisson existe dans toutes les nuances de rouge depuis le rouge brique jusqu'au rouge-brun. La variété la plus appréciée, nommée « velours rouge » est de couleur rouge velours mat et sans ventre blanc.

2 *Xiphophorus helleri* – forme « Marigold »

Poeciliidae

Ce poisson a été sélectionné dans les élevages de Floride.

3 *Xiphophorus helleri* – formes noire, lyre et à voiles

Poeciliidae

La forme noire de base avec une nageoire caudale de forme classique, appelée aussi « forme de Hambourg », a été sélectionnée en 1912 par W. Hoffmann en Allemagne. Le corps est noir, les écailles ont des reflets verts, bleus ou opalins. Les nageoires sont transparentes ou jaunâtres. Ces poissons peuvent atteindre 20 cm et ne sont souvent sexuellement mûrs qu'à l'âge de deux ans. Ils sont plus thermophiles que les autres formes. On exclut de l'élevage les poissons dont les nageoires ont une pigmentation noire ; celle-ci peut en effet causer leur désintégration.

En 1962, O. Adams a sélectionné en Floride la première forme lyre à partir de *X. helleri* rouge. Aujourd'hui les xyphos-lyre existent dans une multitude de couleurs. Les mâles des formes lyre sont féconds, mais à cause d'un gonopode trop grand et souvent difforme, ils sont généralement incapables de féconder les femelles. C'est pourquoi on croise parfois les femelles lyre avec des mâles normaux. Mais un fort pourcentage des poissons issus de ces croisements ne présente pas les nageoires en forme de lyre. On a donc souvent recours à l'insémination artificielle. Une forme noire à voiles avec des nageoires rouges a été sélectionnée en 1963 à Hawai par E. et L. Nishido, puis en Floride sous le nom de « Nishida Highfinhelleri ».

L'insémination artificielle nécessite une loupe binoculaire, des lames de verre creuses, une petite pipette de verre avec une poire en caoutchouc (pipette Pasteur) de diamètre 0,5 mm, du coton hydrophile et une solution physiologique de chlorure de sodium à 0,6 %.

On place le mâle entre deux tampons de coton après l'avoir calmé, de telle façon que la partie postérieure du corps soit visible. (Le poisson est plus calme avec les yeux couverts). On place une lame creuse contenant deux gouttes de solution physiologique sous le gonopode, puis on tourne plusieurs fois le gonopode à l'aide de la pipette dans le sens des aiguilles d'une montre en pressant légèrement le ventre avec le pouce et l'index afin de recueillir les spermatozoïdes dans la solution. La femelle, maintenue de la même façon, est placée sur la platine de la loupe binoculaire ventre en l'air. A l'aide de la pipette Pasteur, on introduit une petite quantité de la solution physiologique contenant les spermatozoïdes du mâle dans l'orifice génital de la femelle (au maximum 2 mm de liquide dans la partie fine de la pipette). On peut féconder plusieurs femelles en utilisant les spermatozoïdes d'un seul mâle.

1 ♀
1 ♂
2 ♀
2 ♂
3 ♂
3 ♀

Xiphophorus maculatus (GÜNTHER, 1866)
« Platy »

Syn. : *Platypoecilus maculatus, P. nigra, P. pulchra, P. rubra, Poecilia maculata*

Poeciliidae

● Distribution : Guatemala, Honduras, littoral atlantique du Mexique ● Longueur : 3,5 cm (mâle) à 6 cm (femelle) ● Dimorphisme sexuel : le mâle, plus élancé que la femelle, possède un gonopode ● Alimentation : proies vivantes, aliments artificiels, végétaux ● Aquarium d'ensemble accepté ● Première importation en 1907, par Berta Kuhnt à Conradshöhe (Berlin) ● **Reproduction** : ovovivipare ; un mâle pour 3 femelles. Bac de ponte : 3–10 litres, avec un pondoir. Eau : 20–25 °C, pH 7,0 à 7,5 ; on peut ajouter une cuillerée à café de sel pour 10 litres d'eau. Gestation : 22 à 35 jours. Nourriture des alevins : aliments de petite taille, vivants ou artificiels.

Le nombre d'alevins issus d'une femelle varie entre 30 et 100. C'est une espèce à coloration variable, même dans son milieu naturel. Elle se croise facilement et spontanément avec l'espèce *Xiphophorus helleri* ; les mâles des hybrides n'ont qu'une courte épée. Ces hybrides ont pu être croisés avec les espèces *Heterandria formosa, Poecilia nigrofasciata, P. reticulata, P. sphenops, P. velifera* ou *Xiphophorus variatus.*

1 *Xiphophorus maculatus* « Platy corail »

Poeciliidae

Il s'agit d'une variante rouge vif avec des reflets bleu-blanc sur les nageoires pectorales, anale et, en partie, caudale. C'est une forme très recherchée ; on ignore comment elle a été sélectionnée.

2 *Xiphophorus maculatus* « Platy wagtail »

Poeciliidae

La coloration de base est grise, jaune ou rouge (2a, 2b). C'est une des premières formes génétiquement stabilisée. On peut considérer aujourd'hui que sa couleur rouge est un caractère génétiquement dominant. On doit cette forme au docteur américain Myron Gordon (1900–1959) qui faisait des recherches concernant les tumeurs. Il étudia en particulier les « vivipares » (ces poissons développent facilement des mélanomes) et a publié plusieurs ouvrages traitant de la sélection et de la génétique de ces poissons.

1 ♂
1 ♀
2 a
2 b

1 *Xiphophorus maculatus* « Platy Simpson »

Poeciliidae

□ ◑

Cette forme est élevée depuis longtemps en aquarium. On distingue les formes Tuxedo brun-rouge (qui adoptent différentes nuances de rouge), Tuxedo jaune-noir, Tuxedo vert-noir et wagtail avec les nageoires dorsale et caudale noires. Certaines populations ont tendance à avoir des tumeurs (mélanomes) et une désintégration de la nageoire dorsale ou caudale, surtout chez les individus ayant une forte pigmentation noire. C'est pourquoi on exclut de tels poissons de l'élevage.

2 *X. helleri* × *X. variatus* « Papagai Platy »

Poeciliidae

□ ◑

Ce poisson est très semblable à la forme « Simpson » décrite plus haut. Il a été sélectionné en 1963 par l'éleveur américain Bill Hearin par le croisement de *X. helleri* (mâle) et de *X. variatus* (femelle). On appelle aussi ces hybrides « Topsail », «Delta » ou « Hi-fin ». Ils ressemblent beaucoup à *X. maculatus* mais n'ont en réalité rien de commun puisque ce sont des hybrides de deux autres espèces.

3 *Xiphophorus maculatus* « Spitz Platy »

Poeciliidae

□ ◑

Cette forme a été probablement sélectionnée à la fin des années 60 ou au début des années 70 en RFA ou en RDA. Une forme semblable avec la nageoire caudale allongée en éventail et appelée « Pinsel Platy » est apparue en 1969 à Hambourg. Progressivement on a réussi à obtenir des poissons de couleurs différentes ; cependant les deux formes ne sont probablement pas encore complètement stabilisées et la forme de leurs nageoires caudales est assez variable.

1
1 ♂
1 ♀
3
2

Xiphophorus montezumae JORDAN et SNYDER, 1900 *Poeciliidae*

● Distribution : sud du Mexique et Yucatán, dans les rivières Axtla, Panaco, Montezuma et Salto de Aqua ● Longueur : 5,5 cm (mâle) à 6,5 cm (femelle) ● Dimorphisme sexuel : le mâle possède un gonopode et une courte épée ● Alimentation : nourritures vivantes, artificielles et végétales ● Aquarium d'ensemble accepté ● Première importation probablement en 1933, par Fritz Mayer à Hambourg, mais il n'est pas exclu qu'il ait déjà été importé en 1913 ● **Reproduction** : ovovivipare ; un mâle pour 5 femelles. Bac de ponte : 10 litres d'eau et un pondoir pour la femelle. Eau : 20–25 °C, pH 7,0 à 7,5, neuve ; ajouter une cuillerée à café de sel par 10 litres d'eau. Gestation : 4–6 semaines. Nourriture des alevins : nauplies d'artémias, zooplancton, aliments artificiels pour alevins.

C'est un poisson qu'on élève rarement. Dans son milieu naturel, il vit dans les eaux très vives. Une température supérieure à 25 °C est déconseillée. Les alevins sont moins nombreux que chez *X. helleri :* une femelle donne naissance à moins de 60 alevins. On peut déjà différencier les sexes à l'âge de six à huit semaines. Selon certains aquariophiles, les spécimens élevés en aquarium perdent la coloration intense que les poissons arborent dans leur milieu naturel. Cette espèce se croise spontanément avec d'autres espèces du genre *Xiphophorus.* On en connaît une sous-espèce : *X. montezumae cortezi.*

2 *Xiphophorus variatus* (MEEK, 1904)
« Platy varié », « Platy variatus »

Syn. : *Platypoecilus variatus, P. maculatus dorsalis, P. variegatus* *Poeciliidae*

● Distribution : est du Mexique, en particulier dans les rios Grande, Conchos, Salado, Panuco, Axtla et Papaloapan ● Longueur : 5,5 cm (mâle) à 7 cm (femelle) ● Dimorphisme sexuel : le mâle, qui possède un gonopode, est plus coloré que la femelle ● Alimentation : proies vivantes, aliments artificiels, végétaux ● Aquarium d'ensemble accepté ● Première importation en 1931, par Seeman Conrad à Hambourg ● **Reproduction** : ovovivipare ; un mâle pour 5 femelles. Bac de ponte : 6–10 litres, avec un pondoir. Eau : 19–24 °C, pH 7,0, à 7,5, de dureté moyenne, neuve. Gestation : 4–5 semaines. Nourriture des alevins : zooplancton, nauplies d'artémias, aliments artificiels pour alevins.

Les jeunes mâles portent sur le flanc une tache que l'on peut confondre avec la tache de gestation des femelles. Celle-ci devient plus pâle chez les mâles plus âgés et vire au bleu-vert. Les femelles sont très prolifiques, et peuvent donner naissance à 200 petits. Pendant les mois d'été, on peut garder les poissons dans les bassins de jardin.

X. variatus recouvre plusieurs formes de couleurs différentes, par exemple albinos, rouge, Tuxedo, dorée-marigold, dorée Tuxedo, marigold-Tuxedo, dorée wagtail, marigold wagtail, noire, etc. Chez certaines formes la nageoire dorsale est très développée ; chez d'autres la nageoire caudale est allongée en pointe ou en pinceau.

3 *Xiphophorus variatus* « Marigold » *Poeciliidae*

Cette variété est née d'hybrides de *X. variatus* et de *X. maculatus,* de *X. variatus* et de *X. helleri,* puis de croisements successifs pendant plusieurs années ; le nom de *X. variatus* n'est donc que symbolique.

1 ♂
1 ♀
2
3

Famille *Goodeidae*

Les poissons de cette famille vivent dans les eaux dormantes ou vives à fond de pierres du plateau mexicain. Leur environnement est souvent assez pollué et plusieurs espèces sont menacées.

Les mâles ont un organe de reproduction appelé pseudophallus ou andropode, formé de la partie antérieure de la nageoire anale modifiée, et séparée par une encoche du reste de la nageoire. A la différence des poissons vivipares de la famille des Poeciliidae les femelles doivent être fécondées avant chaque frai. Les embryons se développent dans les œufs. Le sac vitellin étant petit, ils se nourrissent également aux dépens de la mère. Le transfert de substances nutritives se fait à travers des tubes sinueux très fins (trophoténies) qui se développent à partir de la muqueuse des ovaires ; c'est ce que l'on nomme placentation des ovaires.

1 *Ameca splendens* MILLER et FITZSIMONS, 1971 — *Goodeidae*

● Distribution : Mexique ● Longueur : 10 cm ● Dimorphisme sexuel : le mâle est plus intensément coloré que la femelle, sa nageoire caudale étant plus grande et plus foncée, les nageoires caudale et anale bordées de noir et de jaune ; il possède un andropode ● Alimentation : proies vivantes, aliments artificiels, végétaux ● Aquarium d'ensemble accepté ● Première importation probablement à la fin des années 70 ● **Reproduction** : vivipare ; un mâle pour une femelle, ou bien un peu plus de mâles dans un groupe important. Bac de ponte : 10 litres, avec un pondoir ; pour un élevage important, on dispose plusieurs pondoirs dans un grand bac. Eau : 22–25 °C, pH 7,0 à 8,0, neuve et reposée ; ajouter une cuillerée à café de sel pour 10 litres d'eau. Gestation : 6–8 semaines. Nourriture des alevins : nauplies d'artémias, zooplancton fin puis, au bout d'une semaine, un complément de purée d'épinards.

Une portée comprend environ 10 à 40 alevins ; les adultes chassent rarement les jeunes. *A. splendens* est sensible aux brusques changements de la composition chimique de l'eau.

2 *Xenotoca eiseni* RUTTER, 1896 — *Goodeidae*

● Distribution : Mexique, dans le rio Grande et ses affluents près de Tepic ● Longueur : 10 cm ● Dimorphisme sexuel : le mâle possède un andropode, l'arrière du corps étant orange, alors qu'il est brun clair chez la femelle. Les mâles âgés ont un corps très haut ● Alimentation : nourritures vivantes et artificielles auxquelles on ajoute des végétaux ● Aquarium spécifique d'au moins 100 litres de préférence ● Première importation probablement en 1976, en RFA et en Autriche ● **Reproduction** : vivipare ; en groupe, avec un mâle pour 2 femelles. Bac de ponte : 10 litres, avec un pondoir. Eau : 22–24 °C, pH 7,0 à 8,0, neuve ; ajouter une cuillerée à café de sel par 10 litres d'eau. Gestation : 6–8 semaines. Nourriture des alevins : nauplies d'artémias et zooplancton.

Il n'est pas conseillé de garder cette espèce en compagnie d'autres poissons car elle est agressive, et s'attaque aux nageoires. L'abdomen de la femelle s'enfle peu avant le frai ; elle met au monde 20 à 60 petits d'une longueur de 12 mm environ.

X. eiseni est une espèce menacée, inscrite dans le Livre Rouge des espèces en danger de disparition.

Goodeidae

Famille *Centrarchidae*

Les poissons de cette famille, à l'exception du genre *Elassoma,* se caractérisent par une nageoire dorsale composée d'une partie épineuse antérieure peu élevée et d'une partie plus haute avec des rayons mous, les deux étant généralement reliées. Ils vivent en Amérique du Nord à l'est des montagnes Rocheuses, dans des eaux pures, densément garnies de plantes. Toutes les espèces sont carnivores et chassent leurs proies. Ces poissons fraient pour la plupart dans le sable ; les œufs ont une couleur de sable et ils s'agglutinent en amas. La coloration vive des jeunes poissons pâlit avec l'âge. Pendant le frai, la femelle est plus intensément colorée que le mâle.

1 *Elassoma evergladei* JORDAN, 1884

Centrarchidae

◁ ●

• Distribution : États-Unis, entre la Caroline du Nord et le sud de la Floride • Longueur : 3,5 cm • Dimorphisme sexuel : mâle foncé ou même noir avec des reflets métalliques ; femelle plus discrète, avec un abdomen plus proéminent • Alimentation : petites proies vivantes • Aquarium spécifique préférable • Première importation en 1925, par Arthur Rachow à Hambourg • **Reproduction** : en groupe ; un mâle pour une femelle. Bac de ponte : 10 litres, avec des plantes à feuilles fines. Eau : 18–20 °C, pH proche de 7,0, TAC inférieur à 4°. Incubation : 2–3 jours. Nourriture des alevins : nauplies de cyclopes ou toutes jeunes nauplies d'artémias.

Ces poissons supportent de grandes variations de température (8 °C en hiver, 30 °C en été). La femelle pond une soixantaine d'œufs, la plupart du temps entre les plantes. Les adultes ne prêtent pas attention aux alevins et plusieurs générations peuvent se développer en leur présence. Cependant, pour un élevage intensif, on les place en couples dans des récipients de 10 litres. On réunit les alevins dans un aquarium d'élevage plus grand. Il est possible de mettre les jeunes poissons entre avril et septembre dans des bassins en plein air.

2 *Enneacanthus chaetodon* (BAIRD, 1854)

Syn. : *Pomotis chaetodon, Bryttus chaetodon, Apomotis chaetodon, Mesogonistius chaetodon*

Centrarchidae

◁ ●

• Distribution : États-Unis (États de New-York, Maryland et New Jersey) • Longueur : 10 cm • Dimorphisme sexuel : peu apparent ; la femelle revêt pendant le frai un dessin foncé bien visible • Alimentation : nourritures vivantes essentiellement • Aquarium spécifique de préférence • Première importation en 1897, par W. Gayer à Regensburg • **Reproduction** : un mâle pour une femelle. Bac de ponte : 50 litres au moins, le fond tapissé de 3 à 5 cm de gravier, bien éclairé voire ensoleillé. Eau : 18–20 °C, pH proche de 7,0, TAC inférieur à 4 °. Œuf translucide, légèrement jaunâtre. Incubation : 5 jours. Nourriture des alevins : nauplies d'artémias ou de cyclopes.

Ces poissons supportent des variations de température assez importantes ; en hiver ils survivent dans une eau à 4 °C. A basse température, les poissons sont en état léthargique et n'acceptent pas la nourriture. Au printemps, dès que la température atteint 14 °C, les mâles creusent des trous dans le sable et la coloration des femelles s'intensifie. A une température de 18 °C, les poissons fraient dans les trous préparés par les mâles. La femelle pond jusqu'à 500 œufs, bientôt recouverts de grains de sable donc invisibles. Le mâle en prend soin et on écarte alors la femelle. Dès que les alevins nagent dans l'aquarium, on retire aussi le mâle. Les jeunes apprécient les aquariums ensoleillés ; si on leur fournit des organismes vivants en quantité suffisante, leur croissance est rapide. Quand ils sont plus âgés, on peut les placer en été dans les bassins de plein air. Un élevage permanent dans une eau chaude nuit à la santé de cette espèce.

1 ♂
1 ♀
2

Famille *Monodactylidae*

Cette famille comprend un seul genre, *Monodactylus* Lacepède, 1802. On trouve ces poissons sur le littoral de l'Afrique occidentale (*M. sebae*) et sur les côtes de l'Afrique orientale, du sud de l'Asie et de l'Australie (*M. argenteus* Linnaeus, 1758 et *M. falciformis* Lacepède, 1802). Les trois espèces vivent dans des eaux littorales peu profondes, dans les deltas des rivières lorsqu'ils sont jeunes, puis plus tard dans des eaux salées et saumâtres. Ce sont de très bons nageurs, rapides et endurants, caractérisés par un corps haut et aplati.

1 *Monodactylus sebae* (CUVIER et VALENCIENNES, 1846)

Syn. : *Psettus sebae*

Monodactylidae

● Distribution : littoral de l'Afrique occidentale ● Longueur : 20 cm ● Dimorphisme sexuel : inexistant ; les femelles mûres ont le ventre un peu plus rond ● Alimentation : proies vivantes surtout, ainsi que des végétaux et des aliments artificiels ● Aquarium spécifique de préférence ● Première et probablement seule reproduction en captivité réalisée par l'ichtyologiste japonais H. Azuma à Tokyo au début des années 70 ● **Reproduction** : en banc. Bac de ponte : 500–1 000 litres, avec un fond de sable et des plantes. Eau : 26–27 °C, pH 7,0 à 8,0, de dureté modérée ; ajouter une cuillerée à café de sel (non iodé) pour 4 litres d'eau. Œuf pélagique (flottant en pleine eau), d'un diamètre de 0,6 à 0,9 mm. Incubation : 24 heures à 26 °C. Nourriture des alevins : pas encore clairement déterminée ; les infusoires sont attrapés, mais la mortalité est cependant importante.

M. sebae est sexuellement mûr à l'âge de deux ans. Dans le milieu naturel il vit en eau libre et le frai est typique d'une espèce pélagique : les poissons expulsent en quelques secondes une grande quantité d'œufs et de spermatozoïdes en pleine eau. Les œufs et plus tard les larves, qui sont très petites, font partie du plancton.

2 *Monodactylus argenteus* (LINNAEUS, 1758)

Syn. : *Chaetodon argenteus, Acanthopodus argenteus, Centogaster rhombeus, Centropodus rhombeus, Monodactylus rhombeus, Psettus argenteus, P. rhombeus, Scomber rhombeus*

Monodactylidae

● Distribution : littoral de l'océan Indien, sur les côtes d'Afrique, d'Asie et d'Australie ; en mer ou dans les eaux saumâtres, les jeunes restant dans les deltas des fleuves ● Longueur : 23 cm ● Dimorphisme sexuel inexistant ● Alimentation : petites proies vivantes ● Aquarium spécifique de préférence, d'un volume de 500 litres au moins, avec un fond de sable et de roches ● Première importation en 1908 ● **Reproduction** : inconnue en captivité ; probablement semblable à celle de *M. sebae*. Eau : 26 °C, pH 7,5 à 8,0 et dure (pour les jeunes) ; saumâtre ou même marine (densité de 1,020 à 1,023) pour les adultes.

Les premiers rayons des nageoires dorsale et anale sont allongés et couverts d'écailles. Ces poissons sont farouches et vite effrayés, ils doivent être élevés en bancs. Avec l'âge les poissons perdent la coloration jaune et noire typique des jeunes.

1
2 juv.

Famille *Scatophagidae*

Ce sont des poissons au corps haut et aplati. Les adultes vivent dans l'océan Indien, les jeunes restent dans le delta des grands fleuves. Le corps des jeunes poissons est protégé par une sorte de bouclier osseux sur la tête et le dos. La bouche est petite, garnie de petites dents en plusieurs rangées. Cette famille ne compte qu'un seul genre, *Scatophagus,* et quatre espèces. Leur différenciation est difficile car ces poissons sont d'une coloration très variable.

1 *Scatophagus argus* (LINNAEUS, 1766)

Syn. : *Chaetodon argus, Ch. astromaculatus, Ch. pairatalis, Cacodoxus argus, Ephippus argus, Sargus maculatus, Scatophagus macronotus, S. ornatus* — *Scatophagidae*

□ ●

● Distribution : Indonésie, Philippines ; dans les eaux côtières peu profondes ● Longueur : 30 cm ● Dimorphisme sexuel inexistant ● Alimentation : toutes nourritures, y compris les plantes, le riz bouilli et les aliments en paillettes ● Aquarium spécifique de préférence, spacieux avec une filtration puissante ● Première importation en 1906 ● **Reproduction** : inconnue en captivité. Eau : 20–28 °C, pH 7,5 à 8,5 ; on ajoute progressivement du sel au cours de la croissance, les adultes nécessitant de l'eau de mer, d'une densité de 1,020 à 1,023.

Ces poissons sont sensibles à la teneur en nitrites de l'eau. Lorsqu'on les achète, il faut contrôler la composition chimique de l'eau du magasin, de façon à reproduire les mêmes conditions dans l'aquarium. Pacifique et grégaire, cette espèce se concentre particulièrement dans la nature dans les zones riches en détritus et excréments.

Famille *Toxotidae*

Cette famille compte un seul genre, *Toxotes,* et cinq espèces vivant dans les eaux douces, saumâtres ou marines sur le littoral de la mer Rouge, de l'Inde, de Sri Lanka, d'Asie du Sud-Est, de Nouvelle-Guinée et d'Australie.

2 *Toxotes jaculatrix* (PALLAS, 1766)

« Poisson-archer »

Syn. : *Sciaena jaculatrix, Labrus jaculatrix, Toxotes jaculator* — *Toxotidae*

◁ ●

● Distribution : du sud de l'Asie au nord de l'Australie ; dans les eaux douces, saumâtres ou marines du littoral ● Longueur : 24 cm ● Dimorphisme sexuel inconnu ● Alimentation : proies vivantes, surtout insectes, larves et petits poissons ● Aquarium spécifique, d'un volume de 500 litres au moins, peu profond et de grande surface ● Première importation en 1899 par P. Nitsche ● **Reproduction** : inconnue en captivité. Eau : 26–30 °C, pH 7,0 à 8,5, assez dure et pas trop neuve ; ajouter une cuillerée à soupe de sel pour 10 litres d'eau.

Il est préférable d'élever des individus de même taille, en groupe assez important. Ces poissons prennent leur nourriture principalement près de la surface. Ils sont capables « d'abattre » des insectes, parfois jusqu'à une distance de 1,5 m, en crachant un jet d'eau créé par un mouvement des opercules, et canalisé par la langue qui s'applique sur une petite rainure de la mâchoire supérieure.

2
1

Famille *Nandidae*

La plupart des espèces connues de cette ancienne famille se sont déjà éteintes. Les espèces restantes vivent en Amérique du Sud, en Afrique et en Asie du Sud-Est. Tous les membres de la famille sont des poissons carnivores. Ils ont une bouche protactile qui leur permet d'avaler une proie atteignant les trois quarts de leur propre taille. Leur corps est assez comprimé et porte des marbrures qui les rendent peu visibles ; ceci les protège contre d'éventuels ennemis et leur permet de se rapprocher de leur proie plus facilement.

1 *Polycentrus schomburgki* MÜLLER et TROSCHEL, 1848
« Poisson-feuille »
Syn. : *Polycentrus tricolor* *Nandidae*

◁ ●

● Distribution : Guyane, Venezuela, île de Trinidad ● Longueur : 10 cm ● Dimorphisme sexuel : la femelle a le ventre rebondi et est moins robuste que le mâle, qui se colore pendant le frai d'un noir velouté, avec une bordure noire aux nageoires impaires ● Alimentation : proies vivantes assez grosses ● Aquarium spécifique recommandé ● Première importation en 1907 en Angleterre, en 1909 en Allemagne ● **Reproduction** : ponte en couple. Bac de ponte : 100 litres, avec des plantes à larges feuilles et de nombreuses cavités. Eau : 28 °C, pH proche de 7,0, TH inférieur à 18 ° et TAC inférieur à 4°. Œuf petit et jaunâtre. Incubation : 3 jours. Nourriture des alevins : nauplies d'artémias, puis zooplancton.

Les poissons frayent dans les cavités ou sur la face inférieure des feuilles, éventuellement aussi sur les racines ou les pierres. Pendant le frai, qui a lieu la nuit et dure deux à cinq heures, la femelle pond 300 à 600 œufs. Les embryons éclos sont reliés au support par un filament. Le sac vitellin est consommé au bout de cinq jours ; on enlève alors le mâle. On nourrit les alevins trois à quatre fois par jour.

2 *Monocirrhus polyacanthus* HECKEL, 1840
« Poisson-feuille »
Syn. *Monocirrhus mimophyllus* *Nandidae*

◁ ●

● Distribution : bassin de l'Amazone, Pérou, Guyane ; dans les eaux dormantes ou à cours lent ● Longueur : 10 cm ● Dimorphisme sexuel inexistant ● Alimentation : proies vivantes, petits poissons en particulier ● Aquarium spécifique de préférence ● Première importation en 1912, par Kuntschmann à Hambourg ● **Reproduction** : un mâle pour une femelle (couple). Bac de ponte : 100 litres, bien planté, avec de nombreuses cachettes ; lumière diffuse. Eau : 25–28 °C, pH 6,0 à 6,5, TH inférieur à 18°, TAC nul. Œuf d'un diamètre de 1,2 mm, doté d'un long filament l'attachant au support. Incubation : 60 heures à 28 °C. Nourriture des alevins : nauplies d'artémias et zooplancton fin.

C'est un poisson prédateur vorace à l'appétit insatiable. Il nage mal et se sert pour la chasse de son mimétisme, car sa forme et sa coloration rappellent une feuille morte. La femelle pond, sur un support nettoyé au préalable, jusqu'à 300 œufs dont le mâle prend soin. La distribution de larves de moustiques accélère la croissance des jeunes.

Nandidae

Famille *Badidae*

Cette famille monotypique est constituée de la seule espèce *Badis badis.* A l'origine, cette espèce a été classée dans la famille des *Nandidae,* mais après les travaux de Barlow et Barlow, Liem et Wickler, une famille particulière a été créée pour elle à cause d'un ensemble de caractères particuliers. On a décrit en tout trois sous-espèces de *Badis badis,* qui sont *B. badis badis, B. badis burmanicus* Ahl, 1936 et *B. badis siamensis* Klauzewitz, 1957.

1 *Badis badis* (HAMILTON – BUCHANAN, 1822)

Syn. : *Labrus badis, Badis buchanani* — *Badidae*

◁ ●

● Distribution : Inde ; dans les eaux stagnantes ● Longueur : 8 cm ● Dimorphisme sexuel : le mâle possède des nageoires bien développées et une coloration intense pouvant varier rapidement ; la femelle, aux nageoires plus courtes, est plus discrètement colorée et possède un ventre convexe ● Alimentation : proies vivantes ● Aquarium spécifique de préférence ● Première importation par H. Stüve 1904 de Hambourg ● **Reproduction** : un mâle pour une femelle. Bac de ponte : 10 litres pour un couple, avec un morceau de pot de fleur sur le fond et quelques plantes. Eau : 26 °C, pH 6,5 et TAC inférieur à 2 °. Œuf clair, adhésif, d'un diamètre de 0,8 mm. Incubation : 48 h. Nourriture des alevins : nauplies d'artémias.

La plupart des mâles choisissent pour lieu de frai des cavités, mais certains creusent des trous peu profonds dans le sable ; ils défendent le lieu de ponte. Les femelles sont très prolifiques. Une jeune femelle de 2,5 cm pond plus de 200 œufs. Après le frai, on enlève la femelle. Le mâle s'occupe des œufs, mais sa présence n'est pas indispensable. Au bout d'une semaine, les alevins commencent à accepter de la nourriture. Ils restent près du fond et bougent peu. Mises à part les taches noires sur la tête et la partie caudale ils sont transparents et donc difficiles à voir.

2 *Badis badis burmanicus* AHL, 1936

Badidae

◁ ●

● Distribution : ruisseaux de Birmanie ● Longueur : 7 cm. Les prescriptions pour l'élevage et la multiplication de cette espèce de couleur brun-noir avec des taches foncées sont les mêmes que pour *B. badis.* Il n'est élevé qu'exceptionnellement en aquarium.

1
2

Famille *Cichlidae*

C'est une des familles de poissons les plus importantes. Elle comprend environ 900 espèces en Amérique du Sud et en Amérique centrale, 700 espèces en Afrique et à Madagascar et seulement 3 espèces en Asie. Beaucoup d'espèces provenant des lacs africains sont endémiques à ces lacs (ne vivent nulle part ailleurs). Dans la nature les cichlidés restent surtout dans les eaux proches du bord, où ils ont des territoires fixes qu'ils défendent contre des intrus. Ils pondent les œufs les uns à côté des autres sur des pierres ou des feuilles, dans le sable ou dans des cavités.

Les deux partenaires (ou au moins un d'entre eux) ont un instinct parental très développé; ils s'occupent des œufs et plus tard des alevins. Certaines espèces gardent même les œufs puis les alevins dans leur bouche. La forme du corps est très variable, car pendant leur évolution les espèces ont dû s'adapter à des conditions très différentes. Chez les mâles les nageoires dorsale et anale sont souvent assez allongées. La ligne latérale est le plus souvent composée des deux parties séparées.

1 *Aequidens itanyi* PUYO, 1943 — *Cichlidae*

◁ ●

● Distribution : Guyane française, dans le cours inférieur du fleuve Itana et ses affluents ● Longueur : 15 cm (mâle) ● Dimorphisme sexuel : mâle plus grand que la femelle, avec les nageoires dorsale et anale allongées en pointes ● Alimentation : proies vivantes de bonne taille, éventuellement granulés artificiels ● Aquarium spécifique de préférence, ou bien en compagnie de Cichlidés aux caractéristiques semblables ● Première importation en 1963 ● **Reproduction** : ponte en couple. Bac de ponte : 200 litres, avec des pierres plates et des cachettes. Eau : 24–28 °C, pH 6,0 à 7,0 et TAC inférieur à 4°. Œuf blanchâtre. Incubation : 42–56 heures. Nourriture des alevins : nauplies d'artémias ou de cyclopes.

Les poissons frayent sur le dessus de pierres plates qu'ils nettoient auparavant. La femelle pond 400 à 500 œufs ; sa papille génitale (ovipositeur) est remarquablement développée. Pendant le frai, les poissons sont agressifs. Les deux parents prennent soin des œufs et des alevins. Pour former un couple reproducteur, il est recommandé d'élever plusieurs jeunes poissons ensemble pour que le choix du partenaire se fasse naturellement.

Aequidens awani HASEMAN, 1911 — *Cichlidae*

◁ ●

● Distribution : est de la Bolivie, ouest du Mato Grosso, rio Guaporé ● Longueur : 20 cm ● Dimorphisme sexuel : la femelle porte une ou deux taches claires bordées de vert à la base de la nageoire caudale ● Alimentation : proies vivantes assez grosses ● Aquarium spécifique ; sinon, en compagnie de Cichlidés semblables ● **Reproduction** : en couple. Bac de ponte : 200 litres au moins, avec des pierres plates et des cachettes. Eau : 25–28 °C, pH 6,5 à 7,0 et TH inférieur à 18°. Nourriture des alevins : nauplies d'artémias.

C'est une espèce rarement élevée en aquarium. Il s'agit de poissons calmes et pacifiques ; seuls, ils se portent mal et ils sont farouches. Le couple fraye à découvert, soit sur des pierres plates, soit dans des trous creusés dans le sable. Les deux partenaires prennent soin des œufs et des alevins. Un milieu avec une hygiène stricte et une eau fraîche favorisent la bonne santé de ces poissons.

1
2

1 *Aequidens pulcher* (GILL, 1858)

« Acara bleu »

Syn. : *Cichlasoma pulchrum, Aequidens latifrons* *Cichlidae*

● Distribution : nord du Venezuela, Colombie, Panamá et île de Trinidad ● Longueur : 20 cm ● Dimorphisme sexuel : peu apparent ; les rayons postérieurs des nageoires dorsale et anale du mâle sont allongés en arcs incurvés vers la nageoire caudale ; la femelle a des nageoires plus petites et, pendant le frai, une coloration plus vive, les lignes transversales devenant noires ● Alimentation : proies vivantes et aliments artificiels ● Aquarium spécifique de préférence ● Première importation en 1906, par H. Stüve à Hambourg ● **Reproduction** : en couple. Bac de ponte : 100 litres pour un couple, avec de grandes pierres sur le fond. Eau : 24 °C, pH 6,5 à 7,0 et TAC inférieur à 4°. Œuf jaunâtre. Incubation : 2–3 jours à 24–26 °C. Nourriture des alevins : nauplies de cyclopes ou d'artémias.

La femelle pond sur une pierre plate environ 500 œufs assez grands. Les parents se relaient pour la garde des œufs. Ils amènent de l'eau fraîche et oxygénée sur les œufs à l'aide de leurs nageoires pectorales. Si le fond de l'aquarium est garni de gravier, ils y creusent des trous où ils placent les larves à l'éclosion. Sinon les larves sont amenées dans différents coins de l'aquarium. Le sac vitellin est consommé au bout de cinq jours et la croissance de l'alevin est ensuite très rapide. Quand il est âgé d'une quinzaine de jours, on peut lui fournir du zooplancton. Dès que les jeunes poissons atteignent 1 cm, on peut écarter les parents. Les poissons sont sexuellement mûrs quand ils atteignent environ 7 cm.

2 *Aequidens dorsiger* (HECKEL, 1840)

Syn. : *Acara dorsigera, A. flavilabrus, Astronotus dorsigerus* *Cichlidae*

● Distribution : rivière Paraguay dans la région limitrophe de la Bolivie (Villa Maria et Puerto Suarez) ● Longueur : 12 cm ● Dimorphisme sexuel : mâle plus grand et plus coloré que la femelle, avec des nageoires dorsale et anale plus allongées ● Alimentation : proies vivantes, aliments artificiels éventuellement ● Aquarium spécifique de préférence ● **Reproduction** : en couple. Bac de ponte : 50 litres pour un couple, avec des pierres plates et des pots de fleurs cassés sur le fond. Eau : 25–28 °C, pH 6,5 à 7,0, TH inférieur à 18° et TAC inférieur à 4° ; elle doit être neuve (un « goutte à goutte » est idéal). Œuf petit et translucide. Incubation : 40–48 heures selon la température. Nourriture des alevins : nauplies d'artémias.

On distingue ce poisson de l'espèce proche *A. curviceps* surtout pendant la période de frai, la coloration différant alors plus nettement. Il a reçu le nom brésilien « Acará Bobo » (« Cichlidé bête ») car il se laisse facilement attraper à la main dans la nature ; en aquarium, c'est une espèce farouche et pacifique, mais agressive pendant le frai. Le couple prendra grand soin des œufs et des alevins. La femelle pond jusqu'à 1 000 œufs. Après l'éclosion, les larves sont transportées dans des trous creusés dans le sable. Ils consomment le sac vitellin en quatre jours et peuvent alors commencer à s'alimenter. Ils sont assez sensibles à certaines maladies ; une teneur en nitrates trop élevée peut entraîner une exophtalmie (yeux globuleux) et les poissons deviennent aveugles. Une eau fréquemment renouvelée et propre est la meilleure prévention.

1 ♂
1 ♀
2

1 *Aequidens maroni* (STEINDACHNER, 1882)

Syn. : *Acara maroni*

Cichlidae

○ ● • Distribution : Guyane • Longueur : 10 cm (mâle) • Dimorphisme sexuel : peu apparent ; mâle plus grand, avec les nageoires dorsale et anale plus allongées que la femelle • Alimentation : proies vivantes, ainsi que des aliments artificiels • Aquarium spécifique de préférence • Première importation en 1936 • **Reproduction** : en couple. Bac de ponte : 50–100 litres pour un couple, avec des pierres plates et des tronçons de pots de fleurs. Eau : 24–28 °C, pH 6,5 à 7,0 et TAC inférieur à 4°. Incubation : 5 jours. Nourriture des alevins : nauplies d'artémias pendant la première semaine, puis zooplancton et, au bout de 3 semaines, tubifex hachés.

Il s'agit de poissons pacifiques et farouches. Lorsqu'ils ont peur, ils changent de coloration. Ils frayent sur des pierres plates, la femelle pondant jusqu'à 400 œufs. Ces poissons sont monogames et prennent soin des alevins pendant longtemps. Dès que les jeunes atteignent 1 cm, on peut les transférer dans un autre aquarium. S'ils sont bien nourris, leur croissance est rapide.

2 *Aequidens curviceps* (AHL, 1924)

Syn. : *Acara curviceps*

Cichlidae

◁ ● • Distribution : bassin de l'Amazone ; dans des zones calmes et protégées, à faible courant • Longueur : 7 cm (femelle) à 9 cm (mâle) • Dimorphisme sexuel : mâle plus coloré que la femelle, avec des nageoires dorsale et anale plus allongées • Alimentation : proies vivantes • Aquarium spécifique préférable • Première importation en 1909, par Siggelkow à Hambourg • **Reproduction** : en couple. Bac de ponte : 50 litres pour un couple, avec des tronçons de pots de fleurs et des pierres plates. Eau : 25–28 °C, pH 6,5 à 7,0, TH inférieur à 11° et TAC inférieur à 4°, fréquemment renouvelée. Incubation : 4 jours. Nourriture des alevins : nauplies d'artémias.

Il s'agit d'une espèce aux habitudes pacifiques, mais qui est agressive pendant le frai. Ces poissons sont monogames et prennent soin des œufs et des alevins pendant longtemps. Les jeunes couples mangent souvent les œufs provenant de leurs premiers frais. Une femelle mûre pond jusqu'à 1 000 œufs sur une pierre plate. En cas d'absence de mâle, il arrive que deux femelles pondent ensemble comme c'est le cas chez beaucoup d'autres Cichlidés (dans ce cas les œufs, non fécondés, moisissent). Chez cette espèce, une forte teneur en nitrates de l'eau cause aisément des maladies, en particulier une exophtalmie (yeux exhorbités) rendant le poisson aveugle. La meilleure prévention est une bonne hygiène et un fréquent renouvellement de l'eau (un « goutte à goutte » est idéal).

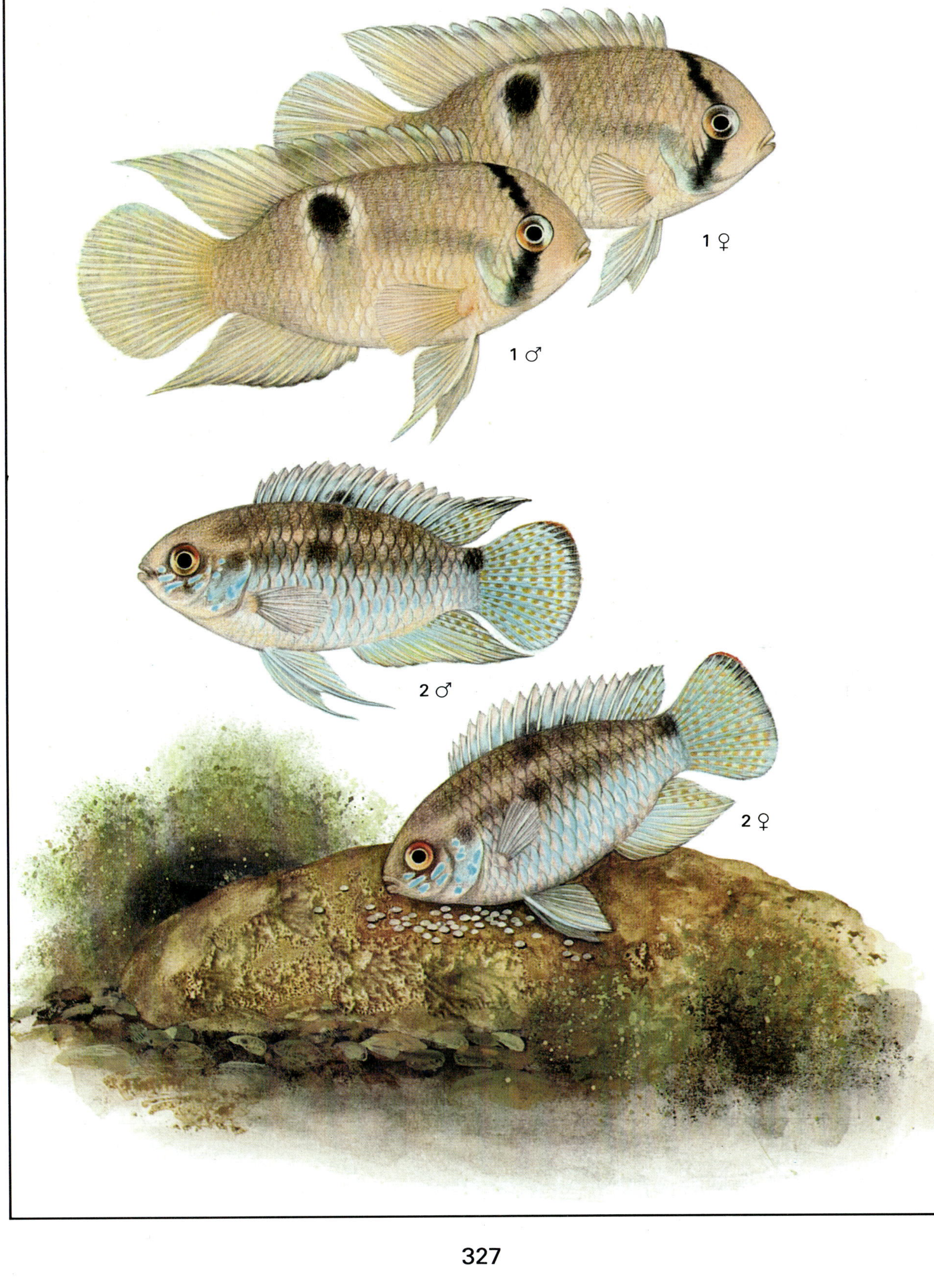
1 ♀
1 ♂
2 ♂
2 ♀

1 *Apistogramma agassizi* (Steindachner, 1875)

Syn. : *Biotodoma agassizi, Geophagus agassizi, Mesops agassizi* — *Cichlidae*

● Distribution : Amazone et ses affluents du sud, en Bolivie et au Brésil, de même que dans le cours supérieur des rios Paraná et Paraguay ; dans des zones à cours lent ● Longueur : 8 cm ● Dimorphisme sexuel : mâle plus grand, plus coloré, avec les nageoires impaires plus développées que la femelle ● Alimentation : proies vivantes ● Aquarium spécifique si possible ; sinon, en compagnie de petits Cichlidés ● Première importation en 1909, par Siggelkow à Hambourg ● **Reproduction** : ponte en couple. Bac de ponte : 50 litres pour un couple, avec des cachettes et des cavités ; lumière diffuse. Eau : 26–28 °C, pH 6,5 et TAC inférieur à 2°. Œuf ovale, de couleur cerise. Incubation : 3 jours à 28 °C. Nourriture des alevins : nauplies d'artémias.

Les poissons changent de couleur et de dessin selon les situations, ceci caractérise toutes les espèces du genre *Apistogramma.* Les femelles des différentes espèces sont très semblables et on les confond facilement. La femelle pond jusqu'à 300 œufs sur les parois d'une cavité. Parfois, certaines femelles mangent les œufs, le plus souvent 24 heures après le frai. Les causes en sont variées : cela peut être dû à une mauvaise qualité de l'eau ou un milieu perturbant ; il est aussi possible que la femelle soit trop jeune, ou bien qu'elle ait tout simplement acquis une mauvaise manie. Dans ce cas, il est possible de transvaser les œufs dans un petit bac de trois litres et d'y continuer l'élevage sans la présence des parents. La croissance des jeunes est lente, même s'ils sont bien nourris.

2 *Apistogramma reitzigi* Ahl, 1939

Cichlidae

● Distribution : partie centrale de la rivière Paraguay ● Longueur : 5 cm (femelle) à 7 cm (mâle) ● Dimorphisme sexuel : nageoires dorsale et anale du mâle plus développées ● Aquarium spécifique, ou ne contenant que des Apistogramma ou petits Cichlidés équivalents ● Première importation en 1936 ● **Reproduction** : ponte en couple. Bac de ponte : 50 litres pour un couple, avec des cavités et des cachettes ; lumière diffuse. Eau : 24–26 °C, pH 6,5, TH inférieur à 18° et TAC inférieur à 2° ; filtration sur tourbe. Œuf assez grand, ovale, de couleur cerise. Incubation : 5 jours. Nourriture des alevins : nauplies d'artémias.

La couleur dominante est le jaune ; en cas d'émotion, quelques bandes transversales et longitudinales foncées apparaissent. Elles modifient selon les situations : le calme, l'effroi, la menace, la parade, la garde des alevins... La femelle pond 100 à 150 œufs sur les parois d'une cavité ; c'est elle qui s'occupe des alevins, et on peut donc écarter le mâle. Si nécessaire il est même possible de faire développer les œufs sans la présence de la femelle. La croissance des jeunes est lente.

Il y a quelques doutes en ce qui concerne le nom du genre. Le nom spécifique *reitzigi* a été créé par Ahl en l'honneur de l'importateur berlinois Reitzig.

1 ♂
1 ♀
2 ♀
2 ♂

1 *Apistogramma borelli* (REGAN, 1906)

Syn. : *Heterogramma borelli, Apistogramma ritenze, A. reitzigi* *Cichlidae*

◁ ● Distribution : Mato Grosso (Brésil) ; dans les rivières ● Longueur : 5 cm (femelle) à 8 cm (mâle) ● Dimorphisme sexuel : nageoires impaires du mâle plus développées ● Alimentation : nourriture vivante ● Aquarium spécifique, ou bien en compagnie d'espèces du même type ● Première importation en 1936 ● **Reproduction** : ponte en couple. Bac de ponte : 50 litres pour un couple, avec des cachettes et des cavités ; lumière diffuse. Eau : 26 °C, pH 6,5 et TAC inférieur à 2° ; filtration sur tourbe. Œuf ovale, de couleur cerise. Incubation : 3 jours. Nourriture des alevins : nauplies d'artémias.

La couleur de base est jaune et des bandes apparaissent en cas d'émotion, comme pour *A. reitzigi.* Ce poisson nécessite un milieu calme dont la température ne devrait pas descendre en-dessous de 24 °C. Le mâle chasse la femelle après qu'elle a pondu 50 à 100 œufs sur la paroi d'une cavité. Il s'occupe des œufs et plus tard des alevins ; cependant il est possible de faire éclore les œufs sans sa présence. Si les poissons frayent dans une eau non convenable, il est nécessaire de transporter les œufs dans une eau propice au développement dans la demi-heure qui suit. On peut les enlever du support solide avec une plume d'oie.

2 *Apistogramma kleei* MEINKEN, 1964

Cichlidae

○ ● Distribution : nord du bassin de l'Amazone, au Brésil ● Longueur : 8,5 cm (mâle) ● Dimorphisme sexuel : mâle plus grand que la femelle, plus coloré avec le dos brun-rouille sombre et une nageoire dorsale bien développée (dont les premiers rayons sont allongés) ; femelle gris-jaune, avec l'intensité de la bande latérale sombre changeant selon l'humeur et pouvant disparaître, ne laissant qu'une tache noire au milieu du corps (cette caractéristique est commune aux femelles de nombreux *Apistogramma,* et il est facile de les confondre) ● Alimentation : proies vivantes, ainsi que des aliments artificiels ● Aquarium spécifique, ou en compagnie d'espèces semblables ● Première importation en 1964 ● **Reproduction** : ponte en couple. Bac de ponte : 50 litres pour un couple, avec des cavités et des cachettes ; lumière diffuse. Eau : 26 °C, pH 6,5 et TAC inférieur à 2° ; filtration sur tourbe. Œuf rouge, ovale. Incubation : 80 heures. Nourriture des alevins : nauplies d'artémias en petites quantités plusieurs fois par jour.

Le nom de l'espèce est dédié à l'Américain J. Klee qui a confié ces poissons à Meinken pour qu'il les détermine. C'est une espèce monogame. La femelle attache les œufs sur les plafonds des cavités. Les larves consomment le sac vitellin en 120 heures. Les jeunes sont sexuellement mûrs au bout de six mois.

1 ♂
1 ♀
2

1 *Astronotus ocellatus* (CUVIER, 1829)
« Oscar »

Syn. : *Acara ocellatus, A. crassipinnis, Cychla rubroocellata, Hygrogonus ocellatus, Lobotes ocellatus*

Cichlidae

◁ ●

• Distribution : Amérique du Sud (Amazone, rios Negro, Paraná et Paraguay) • Longueur : 35 cm • Dimorphisme sexuel : peu apparent • Alimentation : proies vivantes (poissons, vers de terre, gastéropodes) et chair de poisson, de bœuf ou de volaille • Aquarium spécifique conseillé • Première importation en 1929, par la Société Scholze et Pötzschke à Berlin • **Reproduction** : en couple. Bac de ponte : 300–500 litres pour un couple, garni de pierres plates. Eau : 24–28 °C, pH 6,5 à 7,0 et TAC inférieur à 4° ; elle doit être neuve. Œuf blanc sale, en forme de tonneau de 2 mm sur 1,5 mm. Incubation : 3 jours. Nourriture : nauplies d'artémias, zooplancton fin, puis tubifex haché au bout de 5 jours.

Pour former les couples il vaut mieux laisser les poissons se choisir eux-mêmes ; des poissons élevés ensemble à partir de 3–4 cm de longueur commencent à former des couples, dès qu'ils ont atteint la maturité sexuelle (12 cm). Ils nettoient ensemble des pierres et chassent les autres poissons. On transfère de telles paires dans des bacs séparés. La présence de jeunes mollusques (du genre *Ampullaria,* jusqu'à 2 cm de diamètre de coquille) dans la nourriture semble favoriser le développement des cellules sexuelles. Une jeune femelle pond environ 300 œufs, les femelles plus âgées jusqu'à 2 000 œufs. Les larves sont peu développées à l'éclosion et ont un sac vitellin assez important ; elles le consomment en cinq jours. Si le couple montre des signes de cannibalisme, qui peut être dû à la jeunesse ou à un mauvais environnement, on transporte les œufs avec leur support dans un autre récipient et on les traite au bleu de méthylène. On peut prélever les œufs fixés sur le fond ou sur des objets non transportables en les siphonnant avec un tuyau d'environ 10 mm de diamètre. Les alevins, qui ont une coloration noir et blanc, ont une croissance rapide.

2 *Astronotus ocellatus* – forme rouge
« Oscar rouge »

Cichlidae

◁ ●

Quand l'« Oscar rouge » est arrivé sur le marché, il a suscité une forte sensation, en même temps que des discussions concernant son origine. Plusieurs personnes pensaient qu'il s'agissait d'une nouvelle espèce. Tout a été éclairé en 1970 par H. R. Axelrod qui écrit que les Oscars rouges ont été sélectionnés dès 1966 par Charoen Pattabougs, éleveur de Bangkok (Thaïlande). Cet éleveur a stabilisé la forme à tel point que les enfants étaient à 100 % rouges. Comme la multiplication et l'élevage sont les mêmes que pour la forme naturelle, les Oscars rouges ont été rapidement multipliés dans les fermes aquatiques thaïlandaises et importés en Europe et aux États-Unis.

1
1 juv.
2

1 *Cichlasoma temporale* (GÜNTHER, 1862)

Syn. : *Cichlasoma hellabrunni, C. crassum*

Cichlidae

● Distribution : Guyane et bassin de l'Amazone ● Longueur : 30 cm ● Dimorphisme sexuel peu développé : les mâles sont plus colorés pendant le frai et possèdent, lorsqu'ils sont âgés, une bosse adipeuse sur la tête et des nageoires dorsale et anale allongées ● Alimentation : proies vivantes de taille suffisante ● Aquarium spésifique recommandé ● Première importation probablement en 1939 ● **reproduction** : en couple. Bac de ponte : 500 litres, avec des pierres plates sur le fond. Eau : 24–28 °C, pH 6,5 à 7,0 et TAC inférieur à 4°. Nourriture des alevins : nauplies d'artémias et zooplancton.

C'est une espèce calme et pacifique compte tenu de sa taille. Les poissons sur un support non abrité solide. Les deux parents s'occupent des œufs et des alevins, dont la croissance est lente.

Selon W. Staeck, les espèces parentes sont *C. arnoldi* Ahl, 1936 et *C. coryphaenoides* (Heckel, 1840). Par contre H. J. Mayland considère *C. temporale* comme un synonyme de *C. coryphaenoides. C. hellabruni* (Ladiges, 1942) et *C. crassum* (Steindachner, 1875) sont considérés comme différents.

2 *Cichlasoma citrinellum* (GÜNTHER, 1864)

Syn. : *Astronotus basilaris, A. citrinellus, Heros basilaris, Cichlasoma basilare, C. granadense*

Cichlidae

● Distribution : vaste territoire de l'Amérique centrale, dans les lacs de Nicaragua, Managua, Xiloa, Apoyo, Apoyeque, Masaya, Yoga et Tiscapa ; dans des eaux pouvant être de compositions très différentes ● Longueur : 30 cm ● Dimorphisme sexuel : femelle plus petite que le mâle, avec une tête plus pointue ; les vieux mâles développent une bosse adipeuse sur la tête ● Alimentation : proies vivantes, granulés ● Aquarium spécifique de préférence ● **Reproduction** : en couple. Bac de ponte : 500 litres au moins, avec des cachettes, des pierres plates et 5 à 10 cm de sable. Eau : 24–26 °C, pH 6,5 à 7,5, TH inférieur à 18° et TAC inférieur à 4° ; de petites différences dans la composition de l'eau sont sans conséquences. Œuf brun-clair translucide, d'un diamètre de 1 mm. Incubation : 65 heures à 25 °C. Nourriture des alevins : nauplies d'artémias, puis zooplancton et tubifex hachés en quantité suffisante.

La coloration de ces poissons varie selon leur origine, car les lacs sont assez dispersés. Ils sont blanc jaunâtre, jaune citron, jaune-orange, mais aussi gris foncé avec des bandes qui rappellent la coloration juvénile (cette dernière forme est la plus répandue dans les populations naturelles). La couleur chez les individus jaunes commence à apparaître à 10 cm. Les adultes sont très agressifs, et ceci même vis-à-vis des femelles si elles ne sont pas mûres ; c'est pourquoi on recommande de garder les sexes séparément : un exemplaire par aquarium. Pour la reproduction, on met le mâle chez la femelle mûre et non l'inverse ; il est nécessaire de surveiller le couple. La femelle pond les œufs sur la face supérieure d'un support fixe et les deux parents en prennent soin. La femelle transporte les larves dans l'un des quelques trous préparés à l'avance dans le sable. Les alevins commencent à nager au bout de cinq jours. Il est bon d'enlever les adultes le dixième jour.

1

2 ♂

2 ♀

1 *Cichlasoma facetum* (JENYNS, 1842)
« Chanchito »

Syn. : *Acara faceta, Astronotus facetus, A. acaroides, A. autochthon, A. oblongus, Cichlasoma oblongum, C. facetus, Heros acaroides, H. facetus, H. autochthon, H. oblongus, H. jenynsii, Chromis facetus, C. oblonga*

Cichlidae

● Distribution : sud du Brésil, Paraguay, nord de l'Argentine, Uruguay ; dans les eaux lentes ou stagnantes ● Longueur : 30 cm ● Dimorphisme sexuel : inexistant ; pendant le frai, le mâle a une coloration plus contrastée, et sa papille génitale est pointue et dirigée vers l'arrière alors que celle de la femelle est arrondie et dirigée vers le bas ● Alimentation : proies vivantes (poissons, vers de terre, etc.), ainsi que des aliments artificiels ● Aquarium spécifique préférable ● Première importation en 1894, par F. Nitsche à Berlin ; première reproduction la même année dans les élevages de Matte à Lankwitz ● **Reproduction** : en couple. Bac de ponte : 300 litres, au fond couvert de 5 cm de sable, avec des cachettes de pierres et des tronçons de pots de fleurs. Eau : 25–27 °C, pH 6,5 à 7,0, TAC inférieur à 4°. Incubation : 3 jours. Nourriture des alevins : nauplies d'artémias ou de cyclopes.

C'est un des plus vieux poissons d'aquarium, aujourd'hui un peu oublié. En captivité, il s'apprivoise facilement. Cette espèce creuse beaucoup dans le fond. La femelle pond 300 à 1 000 œufs sur un support nettoyé auparavant. Après l'éclosion, les larves sont transportées dans les trous creusés près du lieu de frai. Les parents prennent soin des jeunes pendant environ six à huit semaines.

2 *Cichlasoma cyanoguttatum* (BAIRD et GIRARD, 1854)
« Texas Cichlid », « Cichlidé du Texas »

Syn. : *Herichthys cyanoguttatus, Heros cyanoguttatus, H. temporalis, Neetroplus carpintis*

Cichlidae

● Distribution : nord-est du Mexique, Texas ● Longueur : 30 cm ● Dimorphisme sexuel : peu apparent ; les vieux mâles développent une bosse frontale ● Alimentation : nourritures vivantes ou artificielles ● Aquarium spécifique préférable ● Première importation en 1902, par Von de Borne-Berneuchen ● **Reproduction** : en couple. Bac de ponte : 200 litres et plus, avec un fond couvert de gravier et des pierres plates assez lourdes empilées de façon à créer une cavité. Eau : 24–26 °C, pH proche de 7,0 et TAC inférieur à 4°. Incubation 58 heures ; la température d'incubation est importante (en dessous de 24 °C et au-dessus de 30 °C, la mortalité des œufs augmente fortement). Nourriture des alevins : nauplies d'artémias et zooplancton.

Cette espèce peut présenter d'importantes variations de coloration selon son origine. Les poissons sont sexuellement mûrs et commencent à frayer dès qu'ils ont atteint 10 cm. Les meilleurs couples sont ceux qui se sont formés naturellement dans un groupe de jeunes poissons. Certains couples mangent leurs alevins. Dans la nature *C. cyanoguttatum* a deux périodes de frai par an, toujours en saison des pluies. La baisse de pression atmosphérique et de température constituent des stimuli pour le frai, qui a lieu la plupart du temps le matin. La femelle pond jusqu'à 600 œufs sur un support solide préalablement nettoyé. Si on enlève le support avec les œufs, les adultes frayent parfois à nouveau. Les deux parents s'occupent des alevins et transportent les larves écloses dans des trous qu'ils ont creusés. Lorsqu'il commence à nager, l'alevin est déjà assez grand.

1

2

1 *Cichlasoma spilurum* (GÜNTHER, 1862)

Syn. : *Heros spilurus, Cichlasoma cutteri*

Cichlidae

□ ● ● Distribution : Guatemala ● Longueur : 8 cm (femelle) à 12 cm (mâle) ● Dimorphisme sexuel : peu apparent, si ce n'est l'allongement des nageoires dorsale et anale du mâle ; les mâles âgés ont une bosse frontale et les femelles mûres sont plus arrondies ● Alimentation : proies vivantes essentiellement, auxquelles on ajoute des aliments artificiels et végétaux ● Aquarium spécifique de préférence ● Première importation probablement en 1964 ● **Reproduction** : en couple. Bac de ponte : 200 litres pour un couple, avec des cachettes, des pierres plates et des grottes fermées. Eau : 26–27 °C, pH 6,5 à 7,0 et TAC inférieur à 4° (l'espèce est cependant assez tolérante à la nature de l'eau). Incubation : 3 jours. Nourriture des alevins : nauplies d'artémias ou de cyclopes.

Il s'agit de poissons monogames et relativement pacifiques. Ils cherchent l'endroit pour frayer sur un espace libre, exceptionnellement aussi dans des cavités. La femelle pond environ 300 œufs sur le substrat ; si le fond ne lui convient pas, la femelle transporte les larves dans des trous creusés auparavant. Les parents prennent soin des alevins et les guident. *C. spilurum* se croise avec *C. nigrofasciatum* ; les hybrides se rapprochent plus de *C. spilurum* et se démarquent par leur agressivité accrue.

2 *Cichlasoma sajica* BUSSING, 1974

Cichlidae

◁ ● ● Distribution : Costa Rica, dans les rivières Sierpe, Terraba, Esquinas, Jicote, Palo seco et Rincon ● Longueur : 7 cm (femelle) à 10 cm (mâle) ● Dimorphisme sexuel : les nageoires dorsale et anale du mâle, allongées, finissent en une pointe noire, la nageoire caudale étant rouge ; le front des mâles âgés est bombé ; la femelle a les nageoires impaires jaunâtres ● Alimentation : nourriture vivante et granulés ● Aquarium spécifique préférable ● **Reproduction** : en couple. Bac de ponte : 100 litres pour un couple, avec 5 à 10 cm de sable, des pierres plates et des cachettes, en conservant quelques espaces libres. Eau : 24–26 °C, pH 6,5 à 7,0, TH inférieur à 18° et TAC inférieur à 4°. Œufs petits blanchâtres ou brun transparent. Incubation : 3 jours. Nourriture des alevins : nauplies d'artémias ou de cyclopes.

Les poissons choisissent pour frayer un endroit dégagé ou une cavité. Les parents s'occupent aussi bien des œufs que des alevins qu'ils transportent après l'éclosion dans des trous préparés auparavant. Les alevins commencent à nager au bout de six à sept jours. Ils souffrent souvent d'hydropisie, qui leur pose des problèmes pendant la résorption du sac vitellin ; de tels alevins meurent. Les jeunes poissons sont sensibles aux changements de la composition chimique de l'eau, certains arrêtent leur croissance, d'autres meurent. On recommande de déplacer les poissons avec précaution et de les habituer progressivement au nouveau milieu.

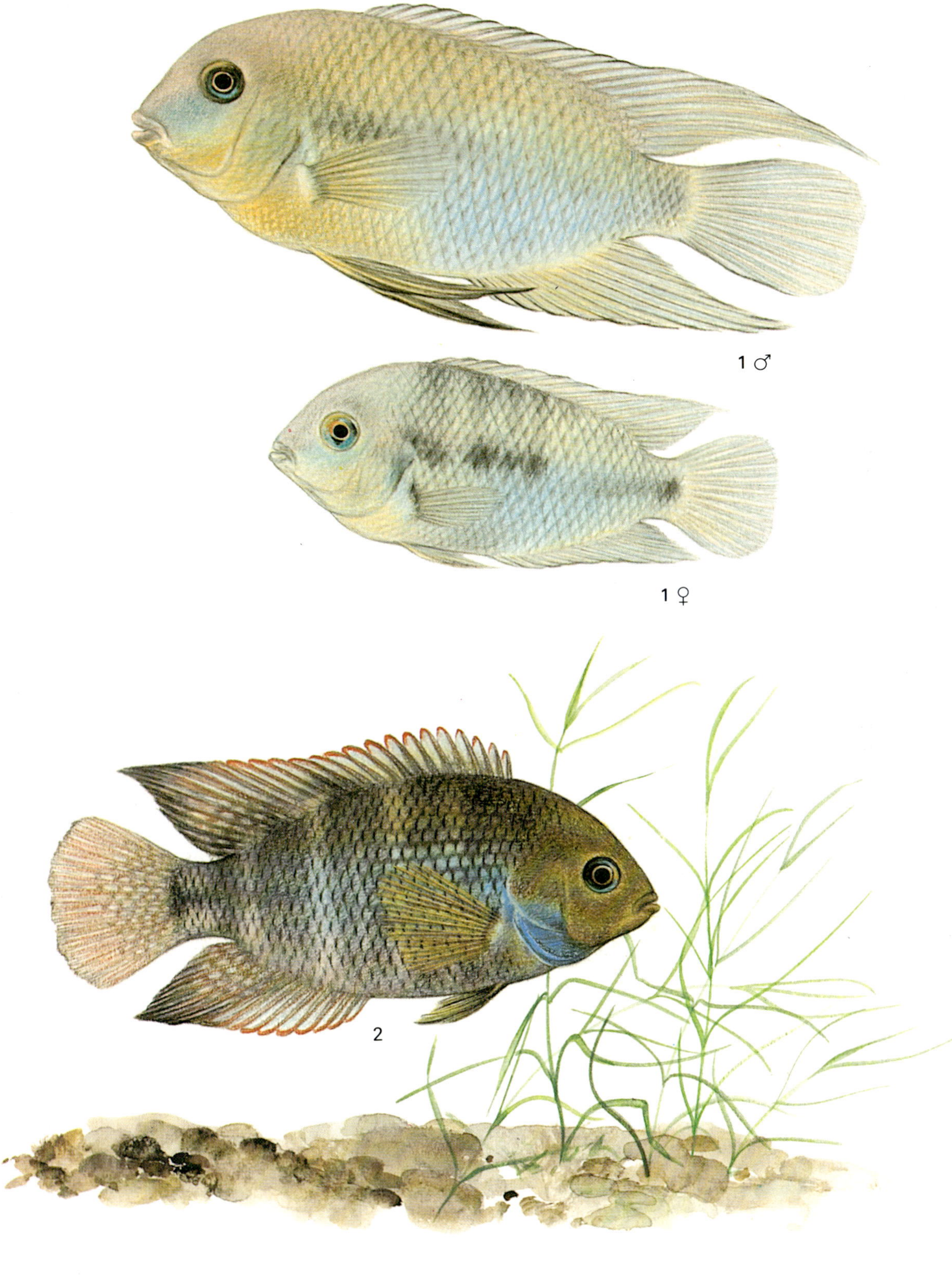
1 ♂
1 ♀
2

1 *Cichlasoma trimaculatum* (GÜNTHER, 1869)

Syn. : *Astronotus trimaculatus, Cichlasoma cajali, C. centrale, C. gordonsmithi, C. mojarra*

Cichlidae

◁ ●

● Distribution : Mexique, Guatemala, Salvador et ouest du Honduras ● Longueur : 30 cm ● Dimorphisme sexuel : mâle plus intensément coloré, développant une bosse frontale lorsqu'il est très âgé ● Alimentation : proies vivantes de grande taille, granulés ● Aquarium spécifique en principe, mais cohabitation possible avec des poissons de même taille et de même caractère ● **Reproduction** : ponte en couple. Bac de ponte : 200–500 litres avec suffisamment de cachettes (pots de fleurs cassés par exemple). Eau : 26 °C, pH 6,5 à 7,0 et TAC inférieur à 4°. Œuf transparent brunâtre, d'un diamètre de 1,5 mm environ. Incubation : 72 heures. Nourriture des alevins : nauplies d'artémias et zooplancton.

Ce sont des poissons agressifs et territoriaux. Ils frayent sur les pierres plates, le plus souvent dans un endroit calme et protégé. Le nombre moyen d'œufs est d'une centaine. Dès que les poissons finissent le frai on enlève le mâle, qu'on peut mettre alors avec une autre femelle mûre. Il est même possible d'enlever les œufs et de les laisser se développer séparément. Cinq jours après l'éclosion les alevins commencent à nager et croissent rapidement.

2 *Cichlasoma labiatum* (GÜNTHER, 1864)

Syn. : *Amphilophus froebelli, Curraichthys dorsatum, C. erythraeum, C. labiatum, Astronotus erythraeus, A. lobochilus, A. labiatus, Heros erythraeus, H. labiatum, H. lobochilus, H. trimaculatus, Cichlasoma dorsatum, C. erythraeum, C. lobochilus.*

Cichlidae

○ ●

● Distribution : Nicaragua (lacs de Nicaragua et Managua) ● Longueur : 20 cm environ ● Dimorphisme sexuel : peu apparent ; les mâles âgés peuvent avoir des lèvres enflées et une coloration claire ● Alimentation : proies vivantes de bonne taille, aliments artificiels ● Aquarium spécifique de préférence ● **Reproduction** : en couple. Bac de ponte : 200 litres pour un couple, avec des pierres plates et suffisamment de cachettes. Eau : 26 °C, pH 6,5 à 7,0, TH inférieur à 18° et TAC inférieur à 2°. Œuf brun transparent, ovale, mesurant 2 mm environ dans son axe le plus long. Nourriture des alevins : nauplies d'artémias.

Il s'agit de poissons agressifs et territoriaux de couleur variable : jaune, rouge, tachée ou légèrement rayée (espèce polychromatique). *C. citrinellum* est une espèce très voisine qu'il est difficile de distinguer jusqu'à l'âge de un an. Les partenaires paradent quelques jours avant le frai en même temps qu'ils nettoient le support. Le frai lui-même a lieu sur un substrat dégagé et se prolonge pendant quelques heures ; la femelle pond environ 250 œufs. C'est elle qui les garde tandis que le mâle garde le territoire en nageant autour. Les larves sont transportées par les parents dans des cachettes ou des trous, ils les déplacent souvent pendant les premiers jours. Puis, le sac vitellin consommé, on enlève le mâle qui devient plutôt un élément de trouble car la femelle le chasse en permanence. La croissance des jeunes est rapide.

1 ♂
1 ♀
2 ♀
2 ♂

1 *Cichlasoma nigrofasciatum* (GÜNTHER, 1869)
« Nigro »
Syn. : *Heros nigrofasciatus, Astronotus nigrofasciatum* — *Cichlidae*

● Distribution : Guatemala (lacs Atitlan et Amatitlan) ● Longueur : 15 cm ● Dimorphisme sexuel : nageoires dorsale et anale allongées chez le mâle ; femelle plus petite avec l'arrière de l'abdomen de couleur bronze à reflets métalliques ● Alimentation : toutes nourritures, de bonne taille ● Aquarium spécifique préférable ● Première importation en 1934, par J. P. Arnold à Hambourg ● **Reproduction** : en couple. Bac de ponte : 100 litres pour un couple, avec des pierres plates et des morceaux de pots de fleurs. Eau : 24 °C, pH 6,5 à 7,0 et TAC inférieur à 4° (l'espèce, élevée depuis longtemps en captivité, est cependant tolérante à la nature de l'eau). Incubation : 3 jours. Nourriture des alevins : nauplies d'artémias ou de cyclopes, puis zooplancton.

C'est une espèce agressive qui ne supporte pas d'autres poissons ; elle prend cependant un grand soin de ses œufs et alevins. Ces poissons retournent ou bâtissent en permanence quelque chose dans l'aquarium. Ils s'établissent avec plaisir de nouvelles cachettes. C'est surtout la femelle qui prend soin des œufs, le mâle gardant les environs. Après l'éclosion les parents cachent les alevins dans les trous préparés dans le gravier du fond. Les trous sont éparpillés un peu partout dans l'aquarium et les alevins sont sans cesse transportés d'un endroit vers l'autre. On peut laisser parents et jeunes ensemble jusqu'à ce que les parents veuillent frayer à nouveau. Une bonne nourriture concourt à une croissance rapide et régulière des jeunes. *C. nigrofasciatum* se croise avec *C. spilurum* et les hybrides sont féconds.

2 *Cichlasoma nigrofasciatum* — forme xanthochromique — *Cichlidae*

Cette forme rosée aux yeux noirs a été sélectionnée en Tchécoslovaquie en 1966. Elle se croise avec *C. spilurum* ; la première génération d'hybrides est très agressive, les larves de la deuxième meurent peu avant la nage libre.

3 *Cichlasoma meeki* (BRIND, 1918)
« Gorge de feu »
Syn. : *Thorichthys helleri meeki* — *Cichlidae*

● Distribution : Guatemala et Mexique sur la presqu'île du Yucatán ● Longueur : 15 cm ● Dimorphisme sexuel : mâle plus robuste avec les nageoires dorsale et anale allongées en pointe ; la coloration rouge de son ventre peut être plus vive que chez la femelle ● Alimentation : proies vivantes, ainsi que des granulés ● Aquarium spécifique préférable ● Première importation en 1937, par H. Röse à Hambourg ● **Reproduction** : en couple. Bac de ponte : 100 litres au moins, avec des cachettes et des pierres plates. Eau : 24 °C, pH de 7,0 à 7,5 et TAC inférieur à 4° ; elle doit être neuve et bien filtrée. Incubation : 48 heures. Nourriture des alevins : nauplies d'artémias et de cyclopes.

Ce poisson est monogame et jaloux de son territoire. La femelle pond un millier d'œufs (parfois plus) sur un support solide ; elle les soigne minutieusement et longtemps, comme plus tard les alevins. Une eau trop acide (pH 6,0) ou trop riche en nitrates menace la santé des poissons et ils peuvent mourir sans raison apparente. Des aquariums à courant d'eau permanent (« goutte à goutte ») sont idéaux pour l'élevage en grande quantité.

1 ♂
1 ♀
2
3 ♀
3 ♂

1 *Cichlasoma salvini* (GÜNTHER, 1862)

Syn. : *Heros salvini, H. triagramma, Astronotus salvini*

Cichlidae

● Distribution : sud du Mexique, Guatemala, Belize ● Longueur : 15 cm ● Dimorphisme sexuel : nageoires du mâle plus claires et plus allongées que celles de la femelle ● Alimentation : nourritures vivantes et artificielles, ainsi que des végétaux ● Aquarium spécifique de préférence ● Première importation en 1913, pac C. Siggelkow à Hambourg ● **Reproduction** : en couple. Bac de ponte : 200 litres par couple, avec des pierres plates et des morceaux de tuyau (brique, PVC). Eau : 24 °C, pH 7,0 à 7,5 et TAC inférieur à 4°. Incubation : 48 heures. Nourriture des alevins : nauplies d'artémias ou de cyclopes.

Il s'agit d'une espèce très agressive, mais qui prend grand soin de ses œufs et alevins. Les poissons frayent dans une zone dégagée, sur une pierre nettoyée auparavant. La femelle pond jusqu'à 500 œufs. Miller dans une publication de 1907 écrit qu'il a attrapé quelques exemplaires de ce poisson dans une source sulfurique où la température était de 32 °C.

2 *Cichlasoma octofasciatum* (REGAN, 1903)

Syn. : *Cichlasoma biocellatum, C. hedricki, Heros octofasciatus*

Cichlidae

● Distribution: sud du Mexique, Yucatán, Guatemala, Pérou ● Longueur : 20 cm ● Dimorphisme sexuel : nageoire dorsale du mâle allongée en pointe : femelle plus petite mais plus intensément colorée avec une dorsale arrondie ● Alimentation : proies vivantes de bonne taille, végétaux ● Aquarium spécifique préférable ● Première importation en 1904, par Umlauff à Hambourg ● **Reproduction** : en couple. Bac de ponte : 200 litres, avec un fond de gravier et des pierres plates. Eau : 24–28 °C, pH 6,5 à 7,0 et TAC inférieur à 4°. Incubation : 4 jours. Nourriture des alevins : nauplies d'artémias ou de cyclopes.

C'est un poisson qui ne supporte pas la cohabitation. Il creuse beaucoup le fond. La femelle pond jusqu'à 800 œufs. Les parents prennent soin des œufs et des alevins. La coloration juvénile est caractéristique.

3 *Cichlasoma severum* (HECKEL, 1840)

Syn. : *Acara spuria, Astronotus (Heros) severus, A. (Cichlasoma) severus, A. (Heros) efasciatus, Heros coryphaeus, H. modestus, H. severus, H. spurius, Centrarchus notatus, Chromys appendiculata, Ch. fasciata, Uaru centrarchoides*

Cichlidae

● Distribution : fleuves de la plaine de l'Amazone ● Longueur : 20 cm ● Dimorphisme sexuel : mâle un peu plus coloré que la femelle, avec la tête couverte de dessins brun-rouges vermiculés et les nageoires dorsale et anale plus allongées ● Alimentation : nourriture vivante, ainsi que des aliments artificiels ● Aquarium spécifique, ou bien en compagnie de grandes espèces assez calmes ● Première importation en 1913, par C. Siggelkow à Hambourg ● **Reproduction** : en couple. Bac de ponte : 200 litres, avec des pierres plates. Eau : 25–28 °C, pH 6,0 à 6,5 et TAC inférieur à 2°. Incubation : 48 heures. Nourriture des alevins : nauplies d'artémias ou de cyclopes.

Pendant le frai ce sont des poissons agressifs et jaloux de leur territoire ; sinon ils sont calmes et pacifiques. La femelle pond plus de 100 œufs sur un support fixe, puis les deux parents s'en occupent. Ces dernières années une forme xanthochromique, « Golden Severum » a été sélectionnée.

1
2
3

1 *Cichlasoma synspilum* HUBBS, 1935

Syn. : *Cichlasoma hicklingi* (certains spécialistes n'excluent pas la possibilité que *C. synspilum* soit un synonyme de *C. melanurum*) *Cichlidae*

● Distribution : Amérique centrale ● Longueur : 30 cm ● Dimorphisme sexuel : peu apparent ; les mâles ont plus de rouge sur la tête et, lorsqu'ils sont âgés, une bosse frontale ● Alimentation : toutes nourritures ; les vers de terre sont très appréciés ● Aquarium spécifique préférable ● Première importation en 1977 aux États-Unis ● **Reproduction** : en couple. Bac de ponte : 500 litres au moins, avec 5 cm de sable, des pierres plates et éventuellement des morceaux de pots de fleurs formant des cachettes. Eau : 22–30 °C, pH 7,0 à 7,5, TH de 18 à 27° et TAC inférieur à 4° ; elle doit être neuve. Œuf beige foncé, ovale, mesurant 2 mm dans son plus grand axe. Incubation : 4 jours à 25 °C. Nourriture des alevins : nauplies d'artémias, zooplancton, aliments artificiels.

C. synspilum est assez proche de *C. maculicauda*. L'agressivité intraspécifique est importante. Les poissons frayent dans des grands trous creusés dans le fond, ou sur un support solide dans une cachette. Parfois les parents mangent les œufs de leurs premiers frais, mais ils peuvent cependant s'en occuper d'une façon irréprochable par la suite. La femelle garde les œufs, le mâle les environs. Une ponte contient environ 200 à 800 œufs. Les larves ont une longueur de 6 mm et commencent à s'alimenter au bout de cinq jours ; leur croissance est rapide. Les soins des parents finissent au bout de quatre semaines. Lors d'un transfert, les jeunes essaient de sauter hors du milieu, c'est pourquoi on abaisse la hauteur d'eau ou l'on couvre l'aquarium de plaques de verre. La maturité sexuelle apparaît à une taille de 8 cm, mais la coloration adulte complète n'est établie qu'au bout de quelques années.

2 *Cichlasoma maculicauda* REGAN, 1905

Syn. : *Chuco manana, Cichlasoma manana, C. nigritum* *Cichlidae*

● Distribution : littoral atlantique de l'Amérique centrale, du Guatemala à Panamá ; dans des eaux peu profondes, parfois saumâtres ● Longueur : 25–30 cm ● Dimorphisme sexuel : peu apparent ; mâle souvent plus grand et plus robuste qu'une femelle du même âge, avec la tête et la gorge plus rouges, et les nageoires un peu plus longues ● Alimentation : nourritures vivantes (vers de terre en particulier), artificielles ou végétales ● Aquarium spécifique de préférence ● Première importation en 1912 ● **Reproduction** : en couple. Bac de ponte : 500 litres au moins, avec du gravier et des pierres plates. Eau : 22–30 °C, pH 7,0 à 7,5, TH de 18 à 27° et TAC de 4° ; filtration sur charbon actif et renouvellements importants (50 % chaque semaine). Œuf gris olivâtre, ovale, mesurant 2 mm dans son grand axe. Incubation : 3 jours à 26 °C. Nourriture des alevins : nauplies d'artémias, zooplancton, aliments artificiels.

Les poissons adultes sont très agressifs vis-à-vis de leurs congénères. On enlève successivement les individus les plus agressifs du groupe : il s'agit le plus souvent de mâles. Avant le frai les poissons creusent des trous, mais ils fraient sur un support solide. Le plus souvent c'est la femelle qui s'occupe des œufs tandis que le mâle garde les environs. Une femelle peut pondre 300 à 1 000 œufs. Le sac vitellin est consommé au bout de quatre jours ; les soins des parents cessent au bout de cinq semaines. La croissance des jeunes est rapide et ils atteignent déjà la maturité sexuelle à 10 cm de longueur.

1
2

1 *Crenicara filamentosa* LADIGES, 1959

Cichlidae

• Distribution : cours central de l'Amazone ; dans les eaux très douces et acides riches en substances humiques • Longueur : 6 cm (femelle) à 9 cm (mâle) • Dimorphisme sexuel : mâle plus grand et plus coloré que la femelle, avec une queue en lyre ; ses nageoires impaires sont colorées de noir, bleu et rouge alors qu'elles sont transparentes chez la femelle • Alimentation : proies vivantes • Aquarium d'ensemble accepté, en compagnie de petits Tétras • Première importation en 1951 • **Reproduction** : ponte en couple. Bac de ponte : 100 litres pour un couple, bien garni de plantes, avec des pierres plates sur le fond. Eau : 26–28 °C, pH 5,5, TH inférieur à 14° et TAC nul ; filtration sur tourbe. Œuf jaunâtre. Incubation : 3 jours. Nourriture des alevins : nauplies d'artémias.

La femelle pond jusqu'à 120 œufs sur une pierre plate ou une feuille de plante. Après le frai on écarte le mâle. Les poissons sont assez sensibles aux changements de composition chimique de l'eau.

2 *Crenicichla saxatilis* (LINNAEUS, 1758)

Syn. : *Sparus saxatilis, S. rufescens, Perca saxatilis, Cichla saxatilis, Cychla rutilans, Sparus pavoninus, Crenicichla argynnis, C. frenata, C. labrina, C. proteus, C. proteus* var. *argynnis, C. albopunctatus saxatilis, C. saxatilis* var. *semicincta, C. vaillanti*

Cichlidae

• Distribution : Venezuela (bassin de l'Orénoque), Guyane, île de Trinidad et Brésil • Longueur : 25–40 cm • Dimorphisme sexuel : apparent à partir de l'âge d'un an et demi ; mâle plus grand que la femelle, avec une nageoire anale plus robuste et de nombreux points dorés sur les flancs ; femelle de couleur pastel, sans les points dorés, avec le ventre d'un rose souvent plus soutenu • Alimentation : proies vivantes (surtout poissons) et chair de poisson (y compris marin) • Aquarium spécifique recommandé • **Reproduction**: en couple. Bac de ponte : 200 litres au moins pour un couple, avec des rochers, des cavités et des surplombs. Eau : 25 °C, pH 5,5, TH inférieur à 18 ° et TAC inférieur à 2°. Œuf blanc ou jaune, ovale, mesurant 3 mm sur 1 mm. Incubation : 6 jours. Nourriture des alevins : zooplancton fin.

La femelle pond jusqu'à 200 œufs au plafond d'une cavité. C'est elle qui s'en occupe, le mâle gardant les environs. Les larves ont un grand sac vitellin et s'attachent à l'aide d'un filament sur le support. Elles nagent le sixième jour après l'éclosion. Les deux parents les guident.

3 *Crenicichla lepidota* HECKEL, 1840

Syn. : *Crenicichla saxatilis* var. *lepidota*

Cichlidae

• Distribution : du nord du Brésil au nord de l'Argentine • Longueur : 20 cm • Dimorphisme sexuel : presque inexistant ; parure nuptiale de la femelle plus colorée • Conditions de maintenance semblables à celles de *C. saxatilis* • Première importation en 1907 • **Reproduction** : en couple. Bac de ponte : comme pour *C. saxatilis.* Eau : 24–28 °C, pH 5,5 à 6,0, TH inférieur à 18° et TAC inférieur à 4°. Incubation : 6 jours. Nourriture des alevins : nauplies d'artémias et zooplancton puis, plus tard, tubifex hachés.

La femelle pond quelques centaines d'œufs au plafond d'une cavité ou sous un surplomb rocheux. Les deux partenaires prennent soin des œufs et des alevins. La croissance des jeunes poissons est rapide et au bout de trois semaines on les sépare des parents.

1
2
3

1 *Geophagus hondae* REGAN, 1912

Syn. : *Geophagus steindachneri, G. magdalenae, G. pellegrini*

Cichlidae

○ ◑ • Distribution : Colombie (cours supérieur du rio Magdalena et ses affluents) • Longueur : 25 cm • Dimorphisme sexuel : le mâle possède des nageoires dorsale et anale plus allongées que la femelle, et une bosse frontale ; sa papille génitale apparaît environ 10 jours avant le frai (quelques heures seulement pour la femelle) • Alimentation : nourritures vivantes et artificielles, variées • Aquarium d'ensemble accepté, en compagnie de grands Cichlidés pacifiques • Première importation en 1974 • **Reproduction** : ponte en couple ; incubation buccale maternelle. Bac de ponte : 300 litres pour un couple, avec 5 cm de sable fin, une pierre plate et un pot de fleurs cassé (cachette). Eau : 26–28 °C, pH 6,5 à 7,0 et TAC inférieur à 4°. Incubation : 17–20 jours dans la bouche de la femelle. Nourriture des alevins : nauplies d'artémias ; les distribuer à l'aide d'un tube, à proximité de la femelle et des alevins.

A l'exception de la période de frai ce sont des poissons pacifiques. La femelle pond environ 50 œufs jaunes sur une pierre plate. Dès que tous les œufs sont pondus, elle les ramasse dans sa bouche ; parfois elle les ramasse au fur et à mesure. Le frai une fois fini (environ une heure), on écarte le mâle. *G. hondae* semble être le seul Cichlidé sud-américain qui prend les œufs tout de suite dans la bouche. La femelle n'accepte pas de nourriture tant qu'elle prend soin des œufs et des alevins. Au bout de trois semaines on peut la retirer et la remettre avec le mâle. La croissance des jeunes est rapide.

2 *Geophagus jurupari* HECKEL, 1840

Syn. : *Geophagus leucostictus, G. mapiritensis, G. pappaterra, Satanoperca pappaterra, S. jurupari, S. leucosticta, S. macrolepis*

Cichlidae

○ ◑ • Distribution : Brésil, Guyane • Longueur : 25 cm • Dimorphisme sexuel : peu apparent ; mâle plus élancé que la femelle, avec une papille génitale pointue (celle de la femelle est courte et obtuse) • Alimentation : nourriture variée, vivante ou artificielle • Aquarium d'ensemble accepté, comme pour *G. hondae* • Première importation en 1909, par C. Siggelkow à Hambourg • **Reproduction** : en couple ; incubation buccale biparentale partielle. Bac de ponte : comme pour *G. hondae*. Eau : 28 °C, pH 6,5 à 7,0 et TAC inférieur à 4°. Incubation : 10 jours dans la bouche des parents. Nourriture des alevins : voir *G. hondae*.

Les jeunes poissons vivent en petits groupes dans lesquels se forment des couples que l'on sépare pour la reproduction. La femelle pond 150 à 400 œufs sur une pierre plate et les deux parents s'en occupent. Vingt-quatre heures après le frai, les parents prennent les œufs dans leur bouche. Ils n'ont pas de « sac » sous la gorge et les œufs sont donc sur la mâchoire. Au bout de dix jours les alevins quittent la bouche des parents, mais ils y reviennent en cas de danger et la nuit. A partir de la quatrième semaine les alevins ne rentrent plus dans la bouche, mais les parents les gardent encore pendant quatre semaines supplémentaires. On peut ensuite transporter les parents dans un autre bac.

1 ♀
1 ♂
2

1 *Geophagus surinamensis* (BLOCH, 1791)

Syn. : *Sparus surinamensis, Chromis proxima, Satanoperca proxima, Geophagus altifrons, G. megasema*

Cichlidae

● Distribution : Guyana, Guyane française, Surinam et nord du Brésil, jusqu'à l'Amazone ; eaux dormantes ou à cours lent, sur fond sableux ou rocheux ● Longueur : 30 cm ● Dimorphisme sexuel : peu apparent ; femelle un peu plus argentée que le mâle ● Alimentation : nourriture vivante et artificielle, variée ● Aquarium spécifique ou en compagnie de gros Cichlidés ou Silures pacifiques ● Première importation en 1914 ● **Reproduction** : en couple ; incubation buccale biparentale partielle. Bac de ponte : 300–500 litres pour un couple, avec du sable fin et des pierres plates. Eau : 25–28 °C, pH proche de 7,0 et TAC inférieur à 4°. Incubation : éclosion au bout de trois jours. Nourriture des alevins : nauplies d'artémias ou de cyclopes, à distribuer à proximité des alevins ou des parents.

Pendant le frai les poissons gardent leur territoire et sont agressifs. Il est bon que le couple se forme lui même à partir d'un groupe de jeunes. Les poissons fraient sur des pierres plates, parfois sur des racines ou dans des trous creusés dans le fond. Le troisième jour, les parents prennent périodiquement les œufs dans leur bouche et ceci de plus en plus souvent avec l'approche de l'éclosion, puis les gardent finalement pour le développement larvaire. La suite et la même que pour *G. jurupari.*

2 *Gymnogeophagus balzani* (PERUGIN, 1891)

Syn. : *Satanoperca balzanii, Geophagus duodecimspinosum, G. balzani, Gymnogeophagus cyanopterus*

Cichlidae

● Distribution : rio Paraná (Paraguay) ● Longueur : 20 cm ● Dimorphisme sexuel : chez les mâles âgés, les nageoires dorsale et anale sont allongées, et le profil de la tête est très convexe ; un groupe de taches verdâtres, en arrière de l'opercule, est par ailleurs absent chez les femelles ● Alimentation : nourriture vivante, ainsi que des aliments artificiels ● Aquarium d'ensemble accepté, en compagnie de Cichlidés pacifiques ● Première importation en 1972, par Heiko Bleher à Francfort, et Thomas Horeman à Londres ● **Reproduction** : ponte en couple ; incubation buccale maternelle partielle. Bac de ponte : 200–300 litres pour un couple, avec des pierres plates et des cachettes. Eau : 25–28 °C, pH proche de 7,0 et TAC de 4°. Incubation : éclosion au bout de 25 heures ; 8–10 jours d'incubation dans la bouche de la mère. Nourriture des alevins : nauplies d'artémias ou de cyclopes.

Ce sont des poissons pacifiques. Les meilleurs couples sont ceux qui se forment eux-mêmes. La femelle pond sur un support solide jusqu'à 500 œufs. On écarte le mâle après le frai. La femelle surveille les œufs et au bout de 24 heures, mais parfois aussi trois jours, elle prend les œufs ou les alevins dans sa bouche. Les alevins quittent la bouche 10 jours plus tard, à la taille de 5 à 6 mm. La croissance est rapide et au bout de quatre semaines ils atteignent 2 cm ; on peut alors enlever la femelle.

1

2 ♂

2 ♀

1 *Nannacara anomala* REGAN, 1905

Syn. : *Acara punctulata*

Cichlidae

◁ ◑

● Distribution : ouest de la Guyane ● Longueur : 5 cm (femelle) à 9 cm (mâle) ● Dimorphisme sexuel : nageoires dorsale et anale du mâle plus grandes et allongées en pointe ● Alimentation : proies vivantes ● Aquarium d'ensemble accepté ● Première importation en 1934, par Fritz Mayer à Hambourg ● **Reproduction** : ponte en couple. Bac de ponte : 50 litres pour un couple, avec des pierres plates et des cachettes, ainsi que des plantes flottantes. Eau : 24–26 °C, pH 6,5 à 7,0 et TAC inférieur à 4°. Incubation : 3 jours. Nourriture des alevins : nauplies d'artémias ou de cyclopes.

La femelle pond les œufs dans une cavité ou dans un recoin abrité, éventuellement sur une pierre. Après le frai on écarte le mâle, car la femelle est souvent agressive envers lui. A l'éclosion, la femelle transporte les larves dans des trous de sable ou dans d'autres cachettes. Au bout de cinq à sept jours les alevins commencent à se nourrir. Si on désire élever les œufs artificiellement, on peut les siphonner à l'aide d'un tuyau, ou bien les transporter avec le support dans un autre aquarium. Il est aussi possible d'attendre l'éclosion et de transférer les alevins et la femelle ; dans la plupart des cas la femelle recommence à s'occuper des alevins. On connaît même des cas où la femelle prend soin des alevins d'une autre. Son instinct est si fort que si elle perd ses petits elle rassemble autour d'elle des cyclopes. On recommande de laisser la femelle avec les alevins le plus longtemps possible. Ainsi les périodes entre les frais se rallongent, les femelles ont le temps de reprendre leurs forces et la production d'œufs augmente.

2 *Papiliochromis ramirezi* (MYERS et HARRY, 1948)

Syn. : *Apistogramma ramirezi, Microgeophagus ramirezi*

Cichlidae

◁ ◑

● Distribution : Venezuela, Colombie, ouest du Brésil et Bolivie ● Longueur : 7 cm (femelle) à 10 cm (mâle) ● Dimorphisme sexuel : la femelle a le ventre plus rond et rouge et le deuxième rayon de la nageoire dorsale moins allongé que le mâle ● Alimentation : organismes vivants ● Aquarium d'ensemble accepté ● Première importation en 1947 aux État-Unis, par H. Blass et M. V. Ramirez en provenance de la rivière Apuré ; introduction en Europe en 1948 à partir d'élevages américains ● **Reproduction** : en couple. Bac de ponte : 50 litres pour un couple, avec des pierres plates et des cachettes ; lumière diffuse. Eau : 24–26 °C, pH 6,5 à 7,0, TH inférieur à 18° et TAC inférieur à 2°. Œuf gris-jaune, d'un diamètre de 1 mm environ. Incubation : 4 jours. Nourriture des alevins : nauplies d'artémias ou de cyclopes.

C'est un poisson monogame ; les adultes prennent soin des œufs et des alevins. Il est cependant possible de transporter les œufs dans un aquarium séparé car la présence des parents n'est pas indispensable. La femelle pond 300 à 400 œufs sur un support solide. Le sac vitellin est résorbé en huit jours. La croissance des jeunes poissons est lente. On a réussi à sélectionner et stabiliser une forme xanthochromique (dorée). Les deux formes sont sensibles à diverses maladies infectieuses. Ces poissons ne dépassent pas l'âge de deux ans.

1 ♂

1 ♀

2

Pterophyllum altum PELLEGRIN, 1903
« Scalaire altum »

Cichlidae

◁ ●

● Distribution : cours supérieur de l'Orénoque (Venezuela) ● Longueur : 15 cm, parfois 18 cm ● Dimorphisme sexuel inexistant ● Alimentation : petites proies vivantes, y compris alevins ● Aquarium spécifique recommandé ● Première importation en 1950 par Aquarium-Hambourg ● **Reproduction** : probablement jamais obtenue en aquarium ; très certainement en couple, les adultes devant être gardés en petits groupes. Bac de ponte : prévoir 500 litres au moins, avec de nombreuses plantes par endroit, et des supports de ponte verticaux ou des plantes à grandes feuilles. Eau : 26–30 °C, pH 6,5 à 7,0, TH inférieur à 18° et TAC inférieur à 4°.

P. altum est un poisson pacifique, calme mais facilement effrayé. Il vit en bande comme les espèces proches *P. scalare* et *P. dumerili.* Le Docteur Schultz a fait en 1967 une révision du genre *Pterophyllum,* où il a considéré *P. altum* comme une sous-espèce de *P. scalare* ; finalement il s'est rangé à l'opinion que *P. altum* est une espèce particulière. Ce n'est en effet que plus tard qu'Axelrod découvrit une espèce qui apparaît comme un intermédiaire entre *P. altum* et *P. scalare.* H. Mayland en déduit que le signe distinctif signalé précédemment, une forme de tête typique pour *P. altum,* apparaît aussi chez l'espèce intermédiaire découverte par Axelrod, même si les nageoires sont différentes. Une forme de tête semblable apparaît même chez certains exemplaires de *P. scalare* élevés en aquarium, ce qui met encore plus en doute l'opinion qu'il s'agit d'une caractéristique de l'espèce. Tout ceci signifie que la question de la classification de *P. altum* n'est pas encore clairement réglée. Les trois espèces connues de *Pterophyllum* ont une bande transversale sur l'œil. Chez *P. altum* cette bande est prolongée par une bande brune ou grisâtre qui passe autour du corps en arrière des opercules. Cette bande est de nouveau suivie d'une bande noire. Ceci n'existe pas chez les deux autres espèces. *P. altum* a aussi un allongement typique des nageoires dorsale et ventrale.

1 *Pterophyllum scalare* (LICHTENSTEIN, 1823)
« Scalaire »

Syn. : *Platax scalaris, Zeus scalaris, Pterophyllum eimekei* *Cichlidae*

● Distribution : Brésil, dans l'Amazone, le rio Tapajós et leurs affluents ● Longueur : 15 cm (pour une hauteur de 26 cm) ● Dimorphisme sexuel : presque inexistant ; les mâles âgés peuvent avoir une tête plus grande, légèrement bossue ● Alimentation: proies vivantes, y compris alevins ● Aquarium d'ensemble accepté, pourvu qu'il soit haut, d'un volume minimal de 200 litres ● Première importation en 1909 par Siggelkow à Hambourg ● **Reproduction** : en couple. Bac de ponte : 150 litres pour un couple, avec des supports verticaux (ardoises, plaques de verre) et des plantes du genre *Echinodorus.* Eau : 26–26 °C, pH 6,5 à 7,0 et TAC inférieur à 4°. Œuf jaunâtre transparent. Incubation : 48 heures. Nourriture des alevins : nauplies d'artémias ou de cyclopes.

Dans la nature on connaît deux races locales, dont l'une est plus grande. La plus petite a été décrite en 1928 par Ahl comme *Pterophyllum eimekei.* En 1967 une révision effectuée par L. D. Schultz a conclu à la synonymie des deux espèces.

On garde plusieurs poissons ensemble jusqu'à la maturité sexuelle. Les couples se forment eux-mêmes et les premiers frais ont lieu. Il vaut mieux alors élever les couples séparément. Les poissons fraient sur des supports verticaux ou obliques. Les parents gardent les œufs soigneusement mais ils s'occupent rarement des alevins. Il vaut mieux transporter les œufs dans un autre aquarium soit séparément (on les enlève avec une plume d'oie), soit avec le support. On les traite au bleu de méthylène et on maintient une température constante de 26 °C ; l'eau doit être très oxygénée. Après l'éclosion, les larves sont attachées en grappes sur le support. Elles consomment le vitellus en une semaine et leur croissance est ensuite rapide. Une eau fréquemment renouvelée, suffisamment de nourriture vivante et une faible densité de population favorisent la croissance.

2 *Pterophyllum scalare* – forme à voiles

Cichlidae

Cette forme a été sélectionnée et génétiquement stabilisée en élevage, probablement aux États-Unis.

3 *Pterophyllum scalare* – forme bicolore

Cichlidae

Cette forme a été sélectionnée et génétiquement stabilisée en élevage, probablement en Suède.

1
2
3

1 *Pterophyllum scalare* – forme xanthochromique (dorée)

Cichlidae

◁ ◑

Cette forme a été sélectionnée dans les années 1969–1970, en même temps et indépendamment par deux éleveurs, Peter Wong de Hong-Kong et Carl Naja de Milwaukee (États-Unis). Les poissons de l'éleveur américain étaient mieux colorés.

2 *Pterophyllum scalare* forme xanthochromique dorée à voiles

Cichlidae

◁ ◑

Cette forme a été stabilisée à partir de la forme précédente par une sélection plus poussée.

3 *Pterophyllum scalare* – forme « fumée »

Cichlidae

◁ ◑

Elle a été sélectionnée dans les années quarante, peut-être même plus tôt.

4 *Pterophyllum scalare* – forme fumée à voiles

Cichlidae

◁ ◑

En poussant plus loin la sélection de la forme fumée on a obtenu la forme à voiles. La forme fumée était aussi le point de départ des formes noires.

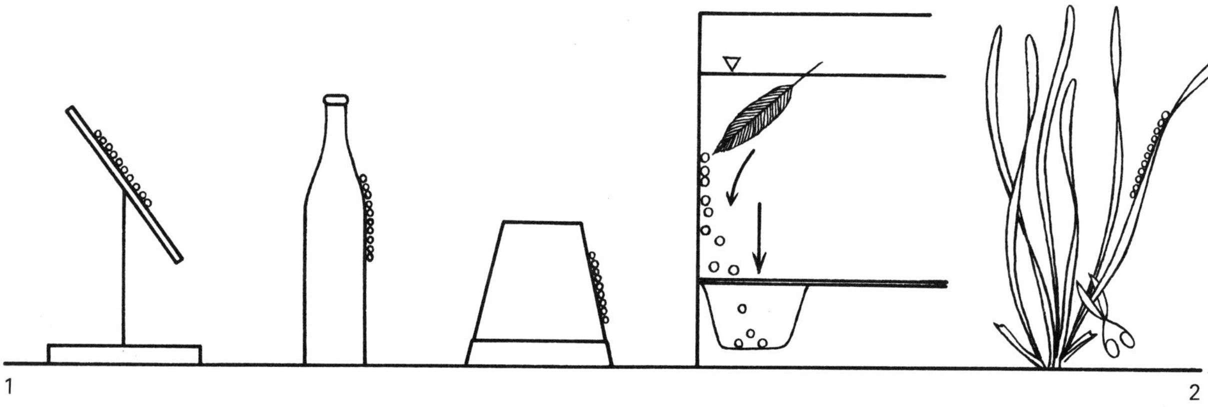

1 – différents supports pour le frai des scalaires
2 – deux façons de déplacer les œufs dans un autre récipient

1
2
4
3

1 *Pterophyllum scalare* – forme marbrée

Cichlidae

◁ ◑

Les premiers scalaires marbrés sont apparus en 1965 chez l'éleveur américain Budd Goddard. Cependant on n'a pas réussi à les stabiliser génétiquement, et ils ont disparu. Ce n'est qu'en 1969–1970 qu'un autre éleveur américain de Californie, Charles Ash a réussi à stabiliser génétiquement cette forme.

2 *Pterophyllum scalare* – forme marbrée à voiles

Cichlidae

◁ ◑

Par une sélection plus poussée on est arrivé à cette forme.

La capacité des scalaires à former des mutations de couleur, surtout dans la composition et le dessin des bandes transversales a mené les éleveurs vers d'autres essais pour sélectionner de nouvelles formes. Ainsi dans l'élevage américain *Gulf Fish Farm* en Floride a été génétiquement stabilisée la « forme fantôme » (a). Presque tout de suite après apparaît la forme « Zebra » dans les variantes fumée, à nageoires courtes et à nageoires courtes et à voiles (b) ; son origine est inconnue. De la forme « Zebra » a probablement été sélectionnée la forme « léopard » (c), largement diffusée en URSS.

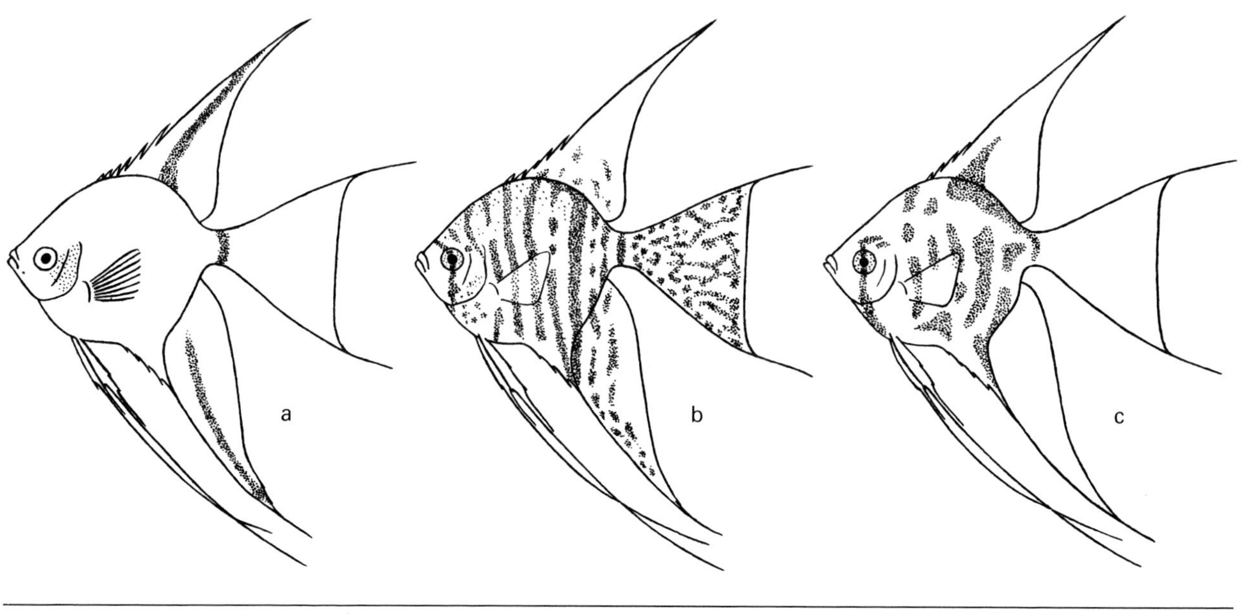

2
1

1 *Pterophyllum scalare* – forme noire *Cichlidae*

◁ ◑

Cette forme a été sélectionnée par l'éleveur américain James Ellis de Californie à partir de la forme fumée. Il a exposé les poissons pour la première fois à l'exposition de Los Angeles au début des années cinquante. La société *Amsterdam Aquarium Westhandel* a importé cette forme en Europe en 1955.

2 *Pterophyllum scalare* – forme noire à voiles *Cichlidae*

◁ ◑

Cette forme est issue de la forme noire normale. Les formes noires sont plus sensibles et plus thermophiles que les autres, et la croissance des jeunes est moins rapide.

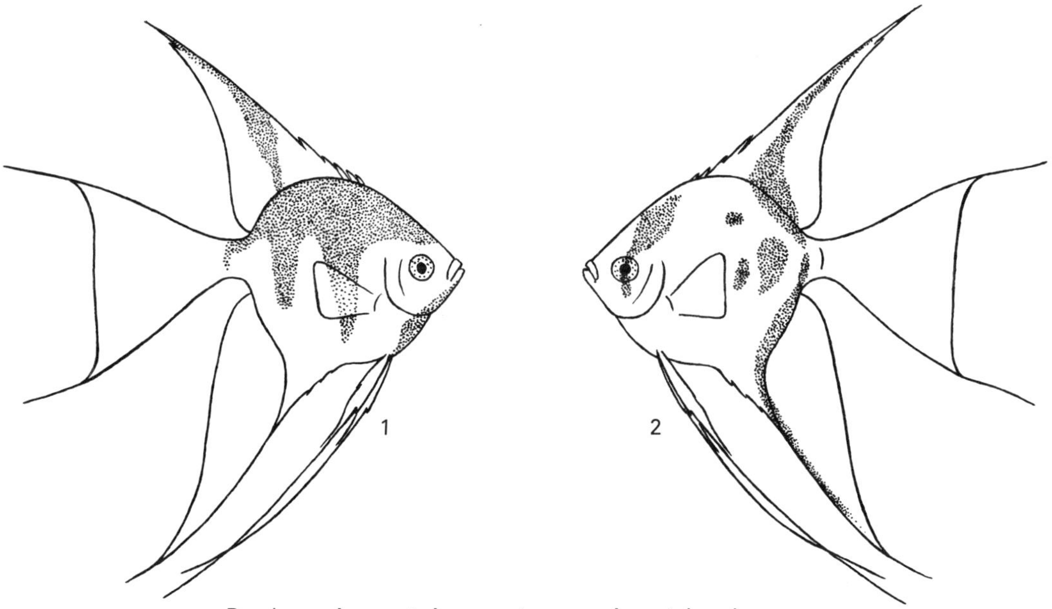

Par des croisements incessants apparaissent dans les aquariums des mutations liées au hasard qui peuvent parfois être attractives et intéressantes (1, 2) et peuvent donner une impulsion vers une sélection plus poussée.

2
1

1 *Symphysodon discus* HECKEL, 1840
« Discus », « Discus de Heckel »

Cichlidae

● Distribution : Brésil, cours central de l'Amazone (Manaus, Teffé), rios Negro et Xingú ●Longueur : 20 cm ● Dimorphisme sexuel inexistant ● Alimentation : organismes vivants essentiellement, auxquels on ajoute des aliments artificiels et végétaux ● Aquarium spécifique préférable ● Première importation en 1921, par W. Eimeke de Hambourg ● **Reproduction** : en couple. Bac de ponte : 200–300 litres pour une hauteur d'eau de 50 cm au moins, avec des supports de ponte verticaux (tubes en terre cuite par exemple) ; lumière tamisée et environnement calme. Eau : 30 °C, pH 6,5, TH inférieur à 14° et TAC nul. Incubation : 50–62 heures. Nourriture des alevins : sécrétions muqueuses de la peau des parents puis, au bout de quelques jours, nauplies d'artémias.

Pendant des dizaines d'années ce poisson fut considéré comme une rareté. Ce n'est que dans les années 60 que les premières reproductions ont été réussies. Suivant la révision du genre *Symphysodon* faite en 1960 par L.P. Schultz, on distingue aujourd'hui les vrais Discus *(S. discus)*, les Discus bleus *(S. aequifasciatus haraldi)* et les Discus bruns *(S. aequifasciatus axelrodi)*. L'élevage est le même pour tous (voir *S. aequifasciataus axelrodi*), mais il est cependant plus difficile pour *S. discus.*

2 *Symphysodon aequifasciatus haraldi* L. P. SCHULTZ, 1960
« Discus bleu »

Cichlidae

● Distribution : partie centrale de l'Amazone (fleuve Solimões) ● Longueur : 20 cm ● Première importation probablement en 1921 ● Autres données : voir *S. discus.*

Les éleveurs sont arrivés à élever des poissons de plusieurs couleurs différentes. Les formes les plus jolies portent des noms tels que Royal, Blue, Turkish blue, etc. Pour les formes rouges on ne doit pas confondre, selon Mayland, les poissons vraiment rouges et ceux qui les sont devenus à cause de la nourriture qui leur a été fournie (par exemple des œufs de poissons colorés en rouge). Les discus vraiment rouges ne sont que rarement sur le marché car ils n'ont pas encore été génétiquement stabilisés.

3 *Symphysodon aequifasciatus axelrodi* L. P. SCHULTZ, 1960
« Discus brun »

Cichlidae

● Distribution : bassin de l'Amazone, de Manacapuru (à l'ouest de Manaus) jusqu'à son delta, Orénoque ● Longueur : 20 cm ● Première importation en 1921 ● Autres caractéristiques : voir *S. discus.*

Les adultes fraient sur un support solide vertical ou oblique. Après éclosion, les larves sont attachées au substrat par de courts filaments. Cinq jours après l'éclosion les alevins commencent à nager et à « brouter » sur les flancs des parents. Les deux partenaires se relaient pour recevoir le nuage d'alevins. La peau des parents secrète une substance blanche qui leur sert de nourriture. Au bout de quelques jours les alevins commencent à chasser activement d'autres nourritures telles que les nauplies d'artémias. Les difficultés de l'élevage résident soit dans le cannibalisme des parents, soit dans le fait que le corps des parents ne secrète pas suffisamment de substance nutritive, les alevins mourant alors de faim. Aux États-Unis a été élaboré un système d'élevage artificiel des larves pendant cette période critique ; il est bon mais nécessite beaucoup de travail et de précautions. Des leurres en verre représentant les parents sont couverts d'une émulsion du jaune d'œuf ; celle-ci doit être fraîche en permanence, et fournie pendant toute la journée. Une hygiène absolue doit être maintenue (eau renouvellée constamment). Certains éleveurs pensent que de tels alevins ont plus tard des difficultés pour produire leur propre sécrétion.

1
2
3

1 *Uaru amphiacanthoides* HECKEL, 1840

Syn. : *Acara amphiacanthoides, Pomotis fasciatus, Uaru imperialis, U. obscurus*

Cichlidae

● Distribution : Amazone, Guyane ● Longueur : 30 cm ● Dimorphisme sexuel inexistant ; on reconnaît les sexes, quelques jours avant le frai, à la papille génitale, pointue chez le mâle, obtuse chez la femelle ● Alimentation : toutes nourritures acceptées ; les proies vivantes doivent être variées (larves de moustiques, vers de terre, daphnies, cœur de bœuf...) ; les végétaux, indispensables, peuvent être de la salade, des carottes râpées, des morceaux de poire ou de pomme, et même du bois de tourbière dont les petits morceaux qu'ils raclent les aident à digérer ● Aquarium spécifique recommandé, bien filtré et oxygéné ● Première importation en 1913, par C. Siggelkow à Hambourg ● **Reproduction** : en couple. Bac de ponte : 300 litres au moins pour 1 mètre de long, avec du gravier foncé, des racines de tourbières et des ardoises disposées obliquement ; éclairage réduit. Eau : 30 °C, pH 5,8 à 6,0, TH de 11° et TAC nul ; elle doit être neuve et filtrée sur tourbe. Œuf petit, jaune ambré. Incubation : 48 heures à 30 °C. Nourriture des alevins : sécrétion cutanée des parents pendant 5 jours, puis nauplies d'artémias.

C'est un poisson grégaire qui reste dans la nature avec les poissons du genre *Symphysodon.* On recommande de le garder en petit groupe (4 à 6 exemplaires). A l'intérieur du groupe existe une échelle sociale : la position dominante appartient au mâle le plus fort, ensuite vient sa partenaire suivie des autres poissons. Pendant le frai cependant, même les poissons moins forts défendent leur territoire contre les dominants. Le couple se sépare du groupe et cherche un endroit caché et ombragé. Les poissons fraient sur un support solide placé obliquement. En dessous, ils creusent un trou de 30 cm de diamètre dans le gravier. Le frai dure environ 2 heures pendant lesquelles la femelle pond quelques 150 œufs. Les alevins restent deux jours dans le trou, puis trois jours à proximité ; ils acceptent uniquement la sécrétion nutritive qui se forme sur le dos et la nageoire dorsale des parents. Le sixième jour, les alevins quittent le trou en banc ; les parents les accompagnent souvent. La consommation de la sécrétion parentale régresse au profit de nourritures extérieures. La croissance est rapide ; en une semaine, ils atteignent 1 cm contre 5 mm à l'éclosion. Leur coloration juvénile marbrée est caractéristique.

1
1 juv.

1 *Herotilapia multispinosa* (GÜNTHER, 1869)

Syn. : *Heros multispinosus, Cichlasoma multispinosa* — *Cichlidae*

● Distribution : de Panamá au Nicaragua (lac Managua) ● Longueur : 13 cm ● Dimorphisme sexuel : nageoires dorsale et anale allongées en pointe chez le mâle ; la femelle a le ventre plus rond et les nageoires pectorales, plus courtes, noires ● Alimentation : nourritures vivantes ou artificielles ● Aquarium spécifique préférable ● Première importation au Canada, puis en Europe en 1969, par W. Foersch et W. Nowak de Montréal ● **Reproduction** : en couple. Bac de ponte : 100 litres pour un couple, avec des pierres plates et des plantes à grandes feuilles. Eau : 27 °C, pH 6,0 à 7,0 et TAC inférieur à 4°. Œuf jaune sale (la couleur pouvant varier selon la nourriture des parents), d'un diamètre de 1 mm. Incubation : 24 heures. Nourriture des alevins : nauplies d'artémias ou de cyclopes.

C'est un poisson très prolifique : la femelle peut pondre jusqu'à 1 000 œufs, sur un support solide ou directement sur le fond en verre, éventuellement sur les feuilles des plantes. Les parents transportent systématiquement les alevins d'un endroit à l'autre. Les embryons sont souvent accrochés par des petits filaments muqueux dans des fourrés de plantes près de la surface. Au bout de quatre jours les alevins commencent à nager ; ils ont une longueur de 5 mm et on peut voir derrière leur tête une glandule avec un reste de filament muqueux. Les deux parents prennent soin des alevins, et ils deviennent alors tous les deux très noirs. La croissance des jeunes est rapide ; en une quinzaine de jours ils atteignent 1 cm et on peut les séparer de leurs parents. On peut abaisser progressivement la température jusqu'à 22 °C.

2 *Julidochromis dickfeldi* STAECK, 1975

Cichlidae

● Distribution : sud-est du lac Tanganyika, dans le nord du parc national de Sumbu de Zambie (espèce endémique) ; dans la zone littorale peu profonde, en permanence près de cachettes parmi les rochers ● Longueur : 11 cm ● Dimorphisme sexuel inexistant ; papille génitale de la femelle un peu plus forte (pendant le frai) ● Alimentation : nourritures vivantes ou artificielles ● Aquarium spécifique de préférence ● Première importation en 1975, par le Docteur Wolfgang Staeck à Berlin ● **Reproduction** : en couple. Bac de ponte : 60–100 litres pour un couple, avec de nombreuses cachettes et cavités. Eau : 25–28 °C, pH 7,5 à 8,0 et TAC de 4–5° ; elle doit être neuve. Incubation : 60 heures à 28 °C. Nourriture des alevins : nauplies d'artémias.

L'agressivité intra-spécifique est forte. Ces poissons ne supportent sur le territoire que leur partenaire et les jeunes. Dans un aquarium de petite taille, les poissons les plus faibles sont tués. Un milieu pas assez calme peut aussi causer des querelles de famille. Les poissons frayent le plus souvent en cycles courts, la femelle pondant à chaque fois une dizaine d'œufs sur le plafond de la cavité. Des alevins d'âges variés restent sur le territoire, à proximité de cachettes. Selon Staeck, on voit se former en aquarium des groupes de trois poissons, le couple et un jeune poisson, choisi comme partenaire ; mais ceci est un comportement anormal.

Les espèces les plus proches sont *J. ornatus* et *J. transcriptus.*

1 ♀
1 ♂
2

1 *Julidochromis marlieri* POLL, 1956

Cichlidae

• Distribution : endémique du lac Tanganyika (Afrique de l'Est), sur la côte nord-est près de Makobola, et à Luhanga au Zaïre ; littoral rocheux • Longueur : 15 cm • Dimorphisme sexuel : peu apparent ; les mâles pleinement mûrs ont une légère bosse sur la tête et leur papille génitale est pointue alors qu'elle est obtuse chez la femelle • Alimentation : toutes nourritures • Aquarium spécifique de préférence • Première importation en 1958 • **Reproduction** : en couple. Bac de ponte : 100–200 litres, avec des tas de cailloux et des pots de fleurs cassés formant de nombreuses cavités. Eau : 24–26 °C, pH 7,5 à 8,0, TH de 20° et TAC de 4° ; elle doit être neuve, pure et bien filtrée. Incubation : 3 jours environ. Nourriture des alevins : nauplies d'artémias et zooplancton.

Ce sont des poissons jaloux de leur territoire qui ne s'entendent pas avec les autres, surtout à l'intérieur de l'espèce. Ils frayent dans des cavités étroites. La femelle pond jusqu'à 300 œufs. Les jeunes poissons se tiennent longtemps près du lieu de frai, dans des cavités. On a réussi à élever des hybrides de *J. marlieri* et *J. ornatus* ; ceux-ci rappellent un peu *J. transcriptus. J. regani* Poll, 1942 est une espèce très proche. Dans la région de Kigoma en Tanzanie vivent des poissons dont la coloration est intermédiaire entre *J. marlieri* et *J. regani.*

2 *Julidochromis transcriptus* MATTHES, 1959

Cichlidae

• Distribution : endémique du lac Tanganyika (Afrique de l'Est) ; sur les côtés rocheuses • Longueur : 7 cm • Dimorphisme sexuel pratiquement invisible ; papille génitale de la femelle un peu plus longue • Alimentation : nourritures vivantes ou artificielles • Aquarium spécifique de préférence • Première importation en 1963 • **Reproduction** : en couple. Bac de ponte : 50–100 litres, avec un empilement de pierres plates créant de nombreuses cavités. Eau : 24–26 °C, ph 7,5 à 8,0, TH de 20° et TAC de 4° ; neuve, pure et bien filtrée. Incubation : 3 jours environ. Nourriture des alevins : nauplies d'artémias puis zooplancton fin.

Ce poisson rappelle *J. marlieri* par sa coloration, mais le profil de la tête est nettement différent ; la ligne frontale est droite, non bombée. Il est agressif envers les autres *Julidochromis.* La femelle est peu prolifique, et ne pond que quelques dizaines d'œufs. Les jeunes restent longtemps près de leur lieu de naissance.

1
2

1 *Julidochromis regani* POLL, 1942 *Cichlidae*

● Distribution : endémique du lac Tanganyika (Afrique de l'Est) ● Longueur : 15–18 cm ● Dimorphisme sexuel : pratiquement invisible ; à partir de 4 cm, on peut reconnaître la papille urogénitale de la femelle, large et courte, de celle du mâle, plus étroite et allongée ● Alimentation : nourritures vivantes et artificielles ● Aquarium spécifique de préférence ● Première importation en 1958 ● **Reproduction** : en couple. Bac de ponte : 100–200 litres, avec des pierres empilées, formant de nombreuses cachettes et cavités. Eau : 25 °C, pH 7,0 à 8,0, TH de 18 à 25°, TAC de 4 à 7° ; on peut ajouter un peu de bicarbonate de soude ($NaHCO_3$), ainsi qu'une cuillerée à soupe de sel pour 20 litres d'eau ; une filtration sur charbon actif peut être utile. Incubation : 3 jours. Nourriture des alevins : nauplies d'artémias.

La périodicité des pontes est irrégulière. Les couples qui fraient le plus facilement sont ceux qui se sont choisis eux-mêmes dans un groupe. Le frai a lieu dans des cachettes entre les pierres ou dans des terriers creusés sous des pierres. La femelle pond jusqu'à 300 œufs sur le plafond et les parois de la cavité. Les poissons peuvent frayer dans plusieurs cavités à la fois. La résorbtion du vitellus dure cinq jours. Les alevins restent longtemps en contact étroit avec les parois de la cavité ; ce n'est que lorsqu'ils atteignent 2 cm que les parents les chassent. Il y a une échelle sociale dans le groupe, respectée par tous les poissons. Les poissons plus faibles signalent leur position par des mouvements particuliers des nageoires. Cependant dans des espaces trop étroits avec insuffisamment de cachettes, les poissons risquent fort de s'entretuer.

2 *Julidochromis ornatus* BOULENGER, 1898 *Cichlidae*

● Distribution : endémique du lac Tanganyika ; sur les côtes rocheuses ● Longueur : 8 cm ● Dimorphisme sexuel : inexistant ● Alimentation : proies vivantes et aliments artificiels ● Aquarium spécifique de préférence ● Première importation en 1958 ● **Reproduction** : en couple. Bac de ponte : 50–100 litres, avec des tas de pierres et des cachettes. Eau : 26–28 °C, pH 7,0 à 8,0, TH autour de 20° et TAC de 4° ; neuve, pure et bien filtrée. Incubation : 48 heures. Nourriture des alevins : nauplies d'artémias puis zooplancton fin.

Les poissons adultes sont jaloux de leur territoire. Ils forment des couples stables. Les mâles sont plus agressifs que les femelles. On a observé chez la femelle un comportement spécial de soumission (mouvements oscillatoires et présentation du ventre) pour détourner l'attaque du mâle. La femelle pond 20 à 50 œufs pendant un frai discret. Les œufs sont posés soit un par un soit en groupes en différents endroits de la cavité. Les embryons naissent successivement et s'attachent sur le support avec un filament collant ; ils sont transportés par les parents d'une place à l'autre. Les parents prennent soin des alevins jusqu'au frai suivant, mais même après ils ne les attaquent pas. La croissance des jeunes est régulière, mais lente. Ils sont sexuellement mûrs à l'âge de huit mois. Les intervalles entre les périodes de frai sont de trois à quatre semaines.

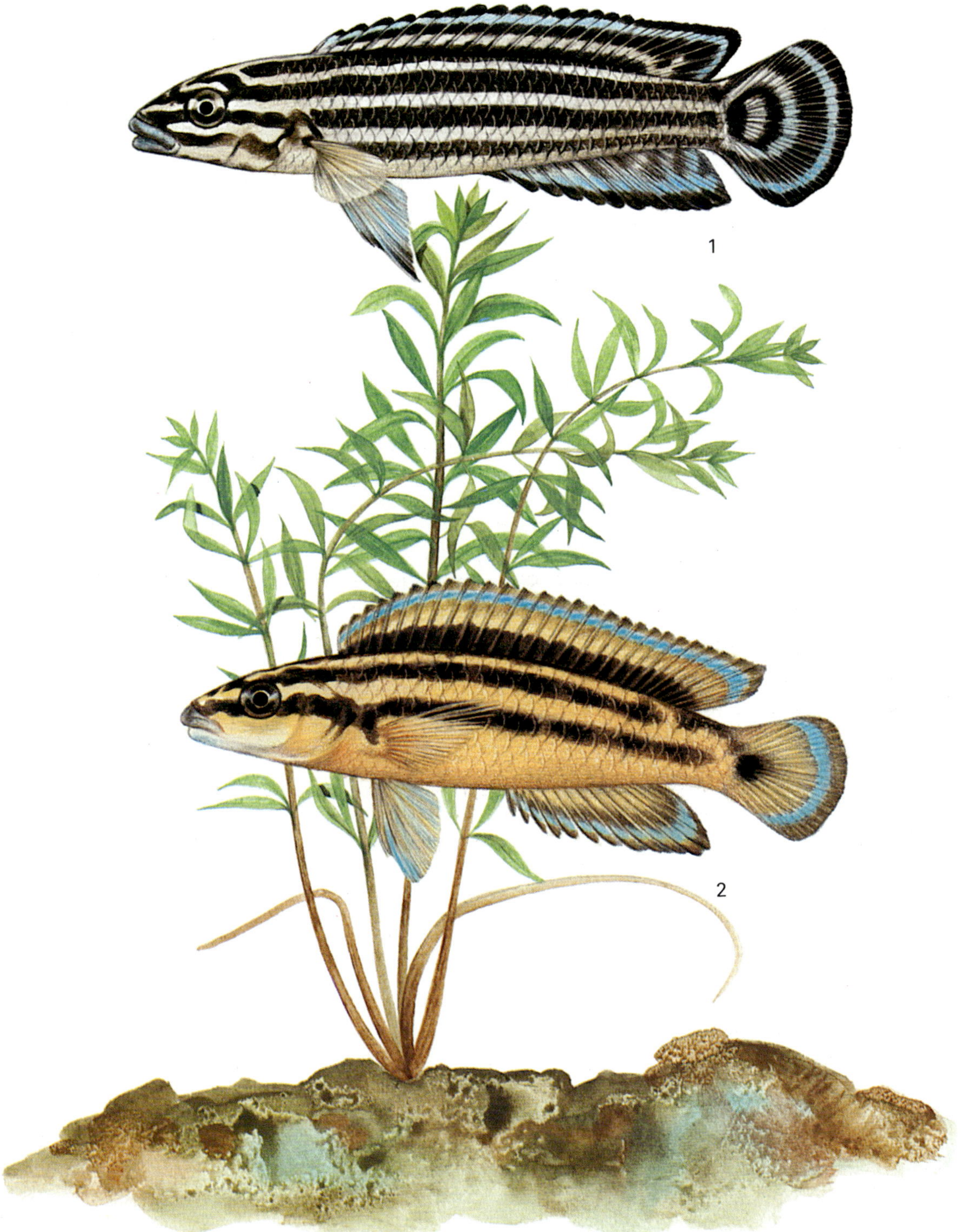
1
2

1 *Aulonocara nyassae* REGAN, 1921

Cichlidae

● Distribution : lac Malawi (Afrique de l'Est), au milieu de la côte du Mozambique ; dans les zones rocheuses, mais principalement dans la zone intermédiaire entre sable et rochers ● Dimorphisme sexuel : mâle bleu intense, femelle brune ● Alimentation : proies vivantes de bonne taille, aliments artificiels ● Aquarium spécifique, ou bien en compagnie d'autres poissons du lac Malawi aux caractéristiques proches ● Première importation en 1973, par Bibau à Hambourg ● **Reproduction** : un mâle pour 2–3 femelles ; incubation buccale maternelle. Bac de ponte : 200 litres, avec suffisamment de cachettes. Eau : 26–28 °C, pH 7,5 à 8,0, TH de 18 à 27°, TAC de 4°. Nourriture des alevins : nauplies d'artémias puis zooplancton fin.

On connaît quelques formes locales qui n'ont pas de zone brun-rouge derrière les opercules. On importe aussi sous le même nom des Cichlidés du lac Malawi qui sont de couleur bleue unie ou bleue avec un ventre jaune. Ces poissons n'ont pas encore été décrits et il est donc impossible de dire s'il s'agit de variantes de couleur ou d'espèces nouvelles.

A l'intérieur de l'espèce les poissons sont très agressifs, les mâles se battent pour les femelles et paradent avant le frai. La femelle pond environ soixante œufs qu'elle garde dans sa bouche.

2 *Chromidotilapia guentheri* (SAUVAGE, 1882)

Syn. : *Hemichromis guentheri, H. tersquamatus, H. voltae, Pelmatochromis guentheri, P. pellegrini, P. boulengeri*

Cichlidae

● Distribution : Afrique de l'Ouest, de la Sierra Leone au Gabon ; dans les eaux douces ou saumâtres des rivières ou lagunes proches du littoral ● Longueur : 20 cm ● Dimorphisme sexuel : femelle plus petite et plus colorée que le mâle ● Alimentation : proies vivantes ● Aquarium spécifique préférable ● Première importation en 1913, par Christian Brüning de Hambourg ● **Reproduction** : ponte en couple ; incubation buccale paternelle. Bac de ponte : 100 litres pour un couple, avec des pierres plates. Eau : 26 °C, pH 7,0 à 7,5 et TAC inférieur à 4°. Incubation : 12 jours dans la bouche du mâle. Nourriture des alevins : nauplies d'artémias ou zooplancton.

Le mâle nettoie le support de ponte avant le frai (c'est par exemple une pierre au milieu de l'aquarium) ; la femelle parade et pond ensuite des œufs que le mâle féconde à courts intervalles. La femelle dispose le plus souvent les œufs (une centaine) en petits tas, parfois l'un à côté de l'autre. Les œufs sont reliés par des filaments, ce qui permet au mâle de les ramasser par paquets. Le frai dure environ 20 minutes ; le mâle ramasse ensuite les œufs dans sa bouche. On écarte alors la femelle qui commence à être agressive. Le mâle cesse d'accepter de la nourriture. Au bout de 12 jours des alevins de 5 mm quittent sa bouche, ils y reviennent parfois encore pendant 2 à 5 jours. Les soins du mâle durent quatre semaines.

Boulenger a décrit en 1898 l'espèce *Chromidotilapia (Pelmatochromis) kingsleyae,* qui est selon Meinken très proche de *C. guentheri,* si ce n'est pas le même.

1
2 ♂
2 ♀

1 *Limnochromis auritus* (BOULENGER, 1901)

Syn. : *Pelmatochromis auritus*

Cichlidae

○ ●

• Distribution : endémique du lac Tanganyika (afrique de l'Est) ; de 5 à 125 m de profondeur, à une température relativement constante • Longueur : 19 cm • Dimorphisme sexuel inexistant • Alimentation : proies vivantes (zooplancton surtout) et aliments artificiels ; il est recommandé de ne pas le nourrir longtemps de tubifex • Aquarium spécifique préférable • **Reproduction** : en couple. Bac de ponte : 500 litres pour un couple, avec des cachettes ; lumière tamisée. Eau : 26 °C, pH 7,5 à 8,5 et TAC entre 4 et 7°. Nourriture des alevins : nauplies d'artémias.

Ce sont des poissons pacifiques et facilement effrayés, dont la reproduction est difficile. Le comportement de ce Cichlidé est très différent de celui des autres. Avant le frai les adultes creusent beaucoup dans le fond. La femelle pond une grande quantité d'œufs (peut-être 400 ou plus) ; parfois, il y en a tant qu'elle est incapable de les prendre tous dans la bouche et que c'est le mâle qui prend le reste. Celui-ci n'a cependant pas l'instinct parental aussi développé et peut les dévorer. Selon quelques éleveurs, le mâle n'attaque pas la femelle et la remplace même par moments en prenant les alevins dans sa bouche. Comme ces poissons vivent dans des eaux profondes, à une température quasi-constante, ils sont beaucoup plus sensibles aux variations de température que les autres espèces.

2 *Eretmodus cyanostictus* BOULENGER, 1899

« Cichlidé-Gobie »

Cichlidae

▭ ●

• Distribution : lac Tanganyika (Afrique de l'Est) ; dans les galets peu profonds (0–1,5 m), sur le fond où ils sautillent plutôt qu'ils ne nagent • Longueur : 8 cm • Dimorphisme sexuel : peu apparent ; mâle souvent plus grand, ses nageoires (pectorales en particulier) pouvant être un peu plus allongées que chez la femelle • Alimentation : nourriture vivante et végétaux • Aquarium spécifique, ou en compagnie d'espèces peu agressives du lac Tanganyika • Première importation en 1958 • **Reproduction** : en couple ; incubation buccale biparentale. Bac de ponte : 200 litres pour un couple, avec des empilements de cailloux formant de nombreuses fentes et cavités. Eau : 26–28 °C, pH 7,5 à 9,0, TH de 18 à 36°, TAC de 5° ou plus ; elle doit être neuve, bien oxygénée, éventuellement filtrée sur charbon actif. Œuf ovale, d'une longueur de 5 mm. Incubation : éclosion au bout de 12 jours dans la bouche de la femelle ; 24 jours d'incubation buccale au total. Nourriture des alevins : nauplies d'artémias et zooplancton fin.

Le long du littoral du lac, cette espèce forme une multitude de populations de couleurs différentes. La sociabilité intra-spécifique est très mauvaise ; les couples, et même les individus, défendent de grands territoires. Les reproductions en captivité sont rares et difficiles. Les deux parents participent aux soins des œufs, ce qui est inhabituel. Les poissons fraient sur un support solide nettoyé à l'avance ; la femelle pond 20 à 25 œufs et les prend dans la bouche. Au douzième jour à peu près, avec un rituel intéressant, c'est le mâle qui les prend dans sa bouche pour 12 jours encore. On ne doit donc jamais séparer le couple.

1
2

1 *Haplochromis livingstonii* (GÜNTHER, 1893)

Syn. : *Hemichromis livingstonii*

Cichlidae

● Distribution : endémique du lac Malawi (Afrique de l'Est), principalement à Masimbe et à l'île de Likoma ● Longueur : 20 cm ● Dimorphisme sexuel : mâle à coloration bleutée, surtout autour de la tête, avec les nageoires dorsale et anale bien développées et allongées en pointe ; les jeunes, les femelles et les mâles dominés sont caractérisés par des taches brun foncé sur fond clair ● Alimentation : proies vivantes (vers de terre, tubifex, larves d'insectes, viande de bœuf, poisson, etc.), granulés ● Aquarium spécifique préférable, d'un volume de 500 litres au moins, avec des cavités et des cachettes ● Première importation en 1972 ● **Reproduction** : un mâle pour 3–4 femelles, ou en couple avec cloison de séparation ; incubation buccale maternelle. Bac de ponte : 200 litres, avec une cloison de verre. Eau : 25–27 °C, ph 7,0 à 7,5, TAC de 5°, neuve ; ajouter une cuillerée à café de sel pour 10 litres d'eau et une cuillerée à café de bicarbonate de soude pour 50 litres d'eau. Œuf de 3–4 mm jaune ou blanc-jaunâtre, en forme de poire. Incubation : 25 jours environ dans la bouche de la femelle. Nourriture des alevins : zooplancton fin, nauplies d'artémias.

Les mâles n'acceptent dans leur territoire (assez grand) que les femelles mûres prêtes pour le frai. Ils sont très agressifs vis-à-vis des autres poissons. Dans un espace restreint le mâle dominant peut même tuer les mâles plus faibles et les femelles immatures. Pour la reproduction, on y remédie en posant au milieu une cloison de verre de telle façon qu'elle laisse un espace de 10 mm au-dessus du fond. La femelle reste dans une partie du bac, le mâle dans l'autre. Le frai se passe près de la fente. Dès que le frai est fini on rabaisse la cloison pour que les alevins ne puissent pas aller dans la partie du mâle. Si on contrôle en permanence on peut même enlever la cloison et laisser les poissons se rejoindre. Si la femelle est mûre, le frai a lieu rapidement, et l'on sépare à nouveau les poissons. La femelle pond et élève dans sa bouche quelques 50 à 100 œufs. Lorsqu'ils quittent la bouche de la femelle, les alevins de 1 cm sont autonomes ; on peut les transporter dans un récipient séparé le jour suivant. Leur croissance est rapide et ils sont sexuellement mûrs à l'âge de un an.

Le frai (roue de frai)

1 ♂
1 ♀
1 juv.

1 *Haplochromis euchilus* TREWAVAS, 1935

Cichlidae

● Distribution : endémique du lac Malawi (Afrique de l'Est) ; dans les zones entre sable et roche ● Longueur : 20 cm (femelle) à 30 cm (mâle) ● Dimorphisme sexuel : mâle d'un bleu scintillant, plus grand que la femelle, qui est jaune avec deux lignes noires sur les flancs ● Alimentation : nourritures vivantes et artificielles, végétaux (algues) ● Aquarium spécifique de préférence ● Première importation vers 1964. ● **Reproduction** : un mâle pour 3–4 femelles ; incubation buccale maternelle. Bac de ponte : 300–500 litres, avec 5 cm de sable et des cachettes. Eau : 26 °C environ, pH 7,5 à 8,5, TH de 18 à 27° et TAC de 5°. Œuf blanc jaunâtre, de 3–4 mm. Incubation : 18–21 jours. Nourriture des alevins : nauplies d'artémias et zooplancton fin.

C'est un poisson pacifique, peu jaloux de son territoire. Il possède des lèvres très développées, probablement dotées de cellules sensorielles, qui lui servent semble-t-il à la recherche de sa nourriture, des organismes benthiques cachés dans les algues. Les lèvres gagnent en volume avec l'âge. Les poissons acceptent même de gros aliments. Ils cherchent l'endroit pour frayer sur un support solide (pierres plates au milieu de l'aquarium), mais un frai dans des trous a été déjà observé. La femelle pond ses œufs en lignes, 4 ou 5 à la fois, avant de les prendre dans sa bouche ; en tout elle en pond 100 à 150. La femelle doit être séparée des autres poissons après le frai. Dès que les alevins quittent sa bouche, sa présence devient inutile.

2 *Haplochromis labrosus* TREWAVAS, 1935

Syn. : *Melanochromis labrosus*

Cichlidae

● Distribution : lac Malawi (Afrique de l'Est) ● Longueur : 13–14 cm ● Dimorphisme sexuel : le mâle est plus doré que la femelle et possède des taches orange sur la nageoire anale ; la femelle, brune ou brun-rouge, montre parfois aussi des taches sur l'anale ● Alimentation : proies vivantes, ainsi que des aliments artificiels et végétaux (algues) ● Aquarium spécifique, ou bien en compagnie de Cichlidés africains de même type ● Première importation vers 1973 ● **Reproduction** : un mâle pour 3–4 femelles ; incubation buccale maternelle. Bac de ponte : 200–300 litres pour un petit groupe, avec de nombreuses cachettes. Eau : 26 °C, pH 7,5 à 8,0 et TAC de 4–5°. Incubation : 22 jours dans la bouche de la femelle. Nourriture des alevins : nauplies d'artémias et zooplancton.

C'est un poisson très agressif, surtout à l'intérieur de l'espèce. Ses fortes lèvres sont caractéristiques. On les rencontre aussi chez d'autres poissons, par exemple *Haplochromis chilotes* (Boulenger, 1911) qui vit dans le lac Victoria, *H. euchilus* Trewavas, 1935 ou *H. lobochilus* Trewavas, 1935 originaires du lac Malawi, ou encore *Lobochilotes labiatus* (Boulenger, 1898) qu'on trouve dans le Tanganyika.

Après le frai, on isole les femelles dans des aquariums séparés. Cependant, on recommande de ne pas le faire immédiatement, de façon à diminuer les risques de les voir dévorer ou recracher leurs œufs.

Les alevins sont brunâtres et rayés ; ils sont complètement autonomes. Dès qu'ils quittent la bouche de la femelle, la présence de celle-ci devient inutile.

1 ♂
1 juv.
2

1 *Haplochromis moorii* (Boulenger, 1902)

Syn. : *Cyrtocara moorii, Tropheus moorii*

Cichlidae

● Distribution : lac Malawi (Afrique de l'Est) ; sur des fonds de sable ne dépassant pas 5 mètres de profondeur ● Longueur : 25 cm ● Dimorphisme sexuel : peu apparent ; les mâles peuvent avoir une bosse frontale plus développée, mais ce n'est pas systématique ● Alimentation : nourritures vivantes ou artificielles, éléments végétaux (algues par exemple) ● Aquarium spécifique, ou bien en compagnie d'espèces des fonds de sable du Malawi *(Haplochromis rostratus,* genre *Lethrinops,...)* dans un volume de 500 litres au moins ● Première importation vers 1968 ● **Reproduction** : un mâle pour 3–4 femelles ; incubation buccale maternelle. Bac de ponte : 500 litres, avec un fond de sable et des cachettes sur l'arrière ; conserver un espace suffisant pour nager. Eau : 25–26 °C, pH 7,2 à 7,8, TH de 18 à 32° et TAC de 4–5° ; filtrer sur charbon actif. Œuf jaune. Incubation : 20 jours environ dans la bouche de la femelle (éclosion au bout de 6–7 jours). Nourriture des alevins : nauplies d'artémias.

Ce sont des poissons facilement effrayés et pacifiques mais les mâles défendent jalousement leur territoire. Chaque femelle pond de 20 à 90 œufs. Après le frai, on sépare la femelle des autres poissons par une cloison de verre, sans la manipuler. Les alevins ont environ 8 mm lorsqu'ils quittent la bouche de la femelle. Ils changent de couleur pendant leur développement et ne deviennent bleus qu'au bout de quatre mois.

2 *Haplochromis polystigma* Regan, 1921

Cichlidae

●Distribution : endémique du lac Malawi (Afrique de l'Est) ● Longueur : 24 cm ● Dimorphisme sexuel : peu apparent ; la coloration du mâle dominant tend au bleu-vert brillant, avec des taches rouge-orange (peu visibles chez les autres poissons), et des taches ovoïdes sur la nageoire anale ; chez la femelle, sans coloration bleutée, les taches anales sont moins visibles ● Alimentation : proies vivantes (vers de terre, petits poissons) et granulés ●Aquarium spécifique de préférence ● **Reproduction** : un mâle pour 3–4 femelles ; incubation buccale maternelle. Bac de ponte : 500 litres, avec de nombreuses cachettes. Eau : 25–27 °C, pH 7,0 à 8,0, TAC de 5°, neuve ; ajouter si possible une cuillerée à café de sel pour 10 litres d'eau et une cuillerée à soupe de bicarbonate de soude pour 100 litres. Incubation : 21 jours dans la bouche de la femelle. Nourriture des alevins : nauplies d'artémias et zooplancton fin.

C'est un poisson agressif, surtout à l'intérieur de l'espèce : les mâles les plus faibles et les femelles peuvent être tués. *H. polystigma* est un prédateur chassant activement des petits poissons. La femelle pond une vingtaine d'œufs ; pendant la période d'incubation, il est préférable de l'isoler. On élève les alevins dans un aquarium séparé. Les poissons vivent en bancs jusqu'à la maturité sexuelle, c'est-à-dire pendant 7 à 8 mois. C'est une espèce qui par sa couleur et son dessin se rapproche beaucoup de *H. linni* Burgess et Axelrod, 1975.

1

2

1 *Haplochromis* sp. (espèce indéterminée)

Noms commerciaux : *« Haplochromis ahli », « H. jacksoni »* *Cichlidae*

◁ ●

● Distribution : lac Malawi (Afrique de l'Est) ; zones rocheuses littorales ● Longueur : 12 cm dans la nature, 16 cm en aquarium ● Dimorphisme sexuel : mâle bleu et femelle brune ; les deux sexes peuvent avoir des taches ovoïdes sur la nageoire anale ● Alimentation : proies vivantes (il chasse les petits poissons) ● Aquarium spécifique préférable, d'un volume de 500 litres au moins avec de nombreuses cachettes ● **Reproduction** : mal connue ; très certainement semblable à celle des autres *Haplochromis* du lac Malawi.

C'est une espèce timide qui s'entend mal avec ses congénères. Son nom commercial est le nom scientifique d'un autre poisson, *H. jacksoni* Iles, 1960, ce qui introduit une confusion d'autant plus grande que les deux espèces sont des poissons endémiques rares du lac Malawi. Le véritable *H. jacksoni* est plus grand (18 à 20 cm), plus haut et a une tête proportionnellement plus petite. Les jeunes ont une coloration gris-argenté et portent deux taches foncées qui sont peu visibles chez les mâles dominants à coloration bleue. Les nageoires impaires ont des taches rouges. Il se caractérise également par sa nourriture, composée surtout de zooplancton.

2 *Haplochromis venustus* BOULENGER, 1908

Syn. : *Cyrtocara venustus, C. venusta, Haplochromis simulans* *Cichlidae*

○ ●

● Distribution : lac Malawi (Afrique de l'Est) ; dans les zones sableuses littorales ● Longueur : 26 cm ● Dimorphisme sexuel : mâle plus grand et plus coloré que la femelle, avec une tendance au jaune et au bleu accompagnée d'un affadissement des taches sombres ● Alimentation : organismes vivants (vers de terre, petits poissons, gastéropodes) et aliments artificiels ● Aquarium spécifique préférable ● Première importation en 1970 ● **Reproduction** : un mâle pour 3–4 femelles ; incubation buccale maternelle. Bac de ponte : 500 litres, avec de nombreuses cachettes. Eau : 26 °C environ, pH 7,0 à 8,0 et TAC de 4–5° ; elle doit être fréquemment renouvelée (1/3 chaque semaine). Œuf brun-jaune, de 3 mm environ. Incubation : 21 jours dans la bouche de la femelle. Nourriture des alevins : nauplies d'artémias et zooplancton fin, petits granulés pour alevins.

Le frai se passe de la même façon que pour les autres membres du genre. S'il le peut, le mâle creuse sur le fond un trou et essaie d'y attirer des femelles qui pondent environ 120 œufs par ponte. On isole ensuite les femelles dans des bacs séparés où elles ne doivent pas être dérangées, car elles risqueraient de cracher les alevins. Les alevins quittent la bouche de la femelle à une longueur de 10 mm ; ils sont déjà autonomes et pleinement développés et la femelle s'en occupe encore pendant une dizaine de jours ; la nuit et en cas de danger elle les ramasse dans sa bouche. On sépare la femelle et les alevins, au plus tard dix jours après leur naissance.

1
2

1 *Haplochromis compressiceps* (Boulenger, 1908)

Syn. : *Paratilapia compressiceps*

Cichlidae

● Distribution : endémique du lac Malawi (Afrique de l'Est) ; zones littorales sableuses avec des roseaux et des *Vallisneria* ● Longueur : 25 cm ● Dimorphisme sexuel : mâle dominant vert ou bleu scintillant avec les nageoires rougeâtres (la coloration varie selon la localité d'origine) ; femelle argentée ● Alimentation : proies vivantes, poissons surtout (c'est un prédateur) ● Aquarium spécifique recommandé ● Première importation en 1964 par Walter Griem à Hambourg ● **Reproduction** : un mâle pour 3–4 femelles ; incubation buccale maternelle. Bac de ponte : 300–500 litres, clair et garni de plantes (*Vallisneria* de préférence). Eau : 25–27 °C, pH 7,0 à 8,0 et TAC de 4–5°. Incubation : 3 semaines dans la bouche de la femelle. Nourriture des alevins : nauplies d'artémias et zooplancton fin.

Ces poissons se caractérisent par un corps aplati et par une tête longue et pointue qui occupe 40 % de la longueur totale. La bouche est solide et largement fendue et la mâchoire inférieure avance. Les poissons guettent leur proie dans une position oblique la tête vers le bas. Ils dévorent les petits poissons la queue la première. Leur coloration et la forme de leur corps constituent un excellent camouflage, qui facilite la chasse au milieu des roseaux et des plantes tout en leur fournissant une protection contre leurs ennemis naturels, les oiseaux. On indique parfois qu'ils mordent les yeux des autres poissons. Cela peut se produire, mais beaucoup d'autres poissons adoptent le même comportement.

2 *Astatotilapia burtoni* (Günther, 1893)

Syn. : *Chromis burtoni, Haplochromis burtoni*

Cichlidae

● Distribution : lac Tanganyika et rivières qui s'y jettent, lac Kivu ● Longueur : 12 cm ● Dimorphisme sexuel : mâle plus robuste et plus coloré que la femelle, avec des nageoires plus développées et cinq taches ovoïdes bordées de noir sur la nageoire anale ; ces taches sont moins nombreuses et moins marquées chez la femelle ● Alimentation : proies vivantes, granulés ● Aquarium spécifique de préférence ● Première importation en 1960 ● **Reproduction** : un mâle pour 3–4 femelles ; incubation buccale maternelle. Bac de ponte : 200 litres au moins, avec de nombreuses cachettes. Eau : 25–27 °C, pH 7,0 à 8,0 et TAC de 4°. Incubation : 15–20 jours dans la bouche de la femelle. Nourriture des alevins : nauplies d'artémias, zooplancton.

Le nom de l'espèce a été choisi par Günther pour rendre hommage à R. Burton qui découvrit le lac Tanganyika en 1858.

Après le frai, la femelle emporte les œufs dans sa bouche et cherche une cachette. Après avoir quitté la bouche de la femelle, les alevins y reviennent encore pendant quelques jours, en cas de danger ou la nuit. On sépare la femelle et les alevins au bout de trois ou quatre jours. Certaines jeunes femelles peuvent frayer dès qu'elles atteignent 4 cm.

1
2 ♀
2 ♂

1 *Hemichromis fasciatus* PETERS, 1857
Syn. : *Chromichthys elongatus, Hemichromis auritus, H. desguezi, H. leiguardi*
Cichlidae

● Distribution : Afrique de l'Ouest, entre le Sénégal et le lac Turkana (Rudolf) ; dans les eaux turbides des forêts et des savanes ainsi que dans les eaux saumâtres des deltas ● Longueur : 25 cm ● Dimorphisme sexuel : peu apparent ; femelle souvent plus petite que le mâle, plus ronde et plus sombre pendant le frai ● Alimentation : proies vivantes assez grosses (larves d'insectes, vers de terre, poissons) ● Aquarium spécifique préférable ● Première importation en 1905, par Groch à Hambourg ● **Reproduction** : en couple. Bac de ponte : 200 litres pour un couple, avec une couche de gravier, des pierres plates et plusieurs cachettes et cavités. Eau : 24–26 °C, pH 7,0 à 7,5, TH de 18 à 21° et TAC inférieur à 4° (des variations sont tolérées) ; on peut ajouter une cuillerée à soupe de sel pour 50 litres d'eau. Incubation : 3–5 jours. Nourriture des alevins : nauplies d'artémias puis zooplancton filtré.

Ces poissons sont querelleurs et mordent leurs congénères. En dehors de la période de frai, il est recommandé de séparer les sexes par une cloison de verre. Dès que la papille génitale de la femelle s'enfle (signe annonciateur du frai), on peut mettre les partenaires ensemble. La femelle pond un millier d'œufs sur une pierre. Elle garde les œufs tandis que le mâle surveille les environs. Les adultes creusent des trous et y transportent les alevins après leur éclosion. Ils s'occupent des alevins jusqu'à la taille de 3 cm. Les mâles sont sexuellement mûrs quand ils mesurent 10 cm, les femelles à partir de 7 cm.

2 *Hemichromis bimaculatus* GILL, 1862
«Cichlidé-joyau»
Syn. : *Hemichromis letourneuxii, H. rolandi, H. saharae*
Cichlidae

● Distribution : Afrique centrale, au sud et à l'est du Zaïre, Afrique de l'Ouest et Afrique du Nord ; eaux vives ou dormantes, jusque dans les lagunes avec de l'eau saumâtre ● Longueur : 15 cm ● Dimorphisme sexuel : femelle d'un rouge brillant pendant le frai, le mâle étant plutôt brun-rougeâtre ● Alimentation : organismes vivants, granulés ● Aquarium spécifique de préférence ● Première importation en 1907, à Conradshöhe ● **Reproduction** : en couple. Bac de ponte : 200 litres pour un couple, avec des pierres plates sur le fond. Eau : 24 °C, pH 7,0 à 7,5 et TAC de 4°. Œuf jaunâtre. Incubation : 3–5 jours. Nourriture des alevins : nauplies d'artémias ou de cyclopes.

Les spécimens capturés directement dans la nature sont généralement plus rouges, surtout la forme provenant du Mali, importée en 1960. Ces poissons défendent leur territoire et sont très querelleurs. La femelle pond jusqu'à 500 œufs sur un support ferme, nettoyé auparavant. Les deux adultes s'occupent des œufs et des alevins. La croissance des jeunes est rapide. On retire les alevins en préparant les parents pour le frai suivant. Au bout de 6 mois les poissons atteignent 7 cm et sont sexuellement mûrs.

1
2 ♀
2 ♂

1 *Lamprologus tretocephalus* BOULENGER, 1899

Syn. : *Neolamprologus tretocephalus* *Cichlidae*

● Distribution : endémique du lac Tanganyika (Afrique de l'Est) ; littoral rocheux ● Longueur : 15 cm ● Dimorphisme sexuel : peu apparent ; nageoires du mâle parfois plus longues que celles de la femelle ● Alimentation : nourritures vivantes et artificielles ● Aquarium spécifique de préférence ● Première importation en 1974 ● **Reproduction** : en couple. Bac de ponte : 200 litres au moins pour un couple, avec de nombreuses cachettes (cavités). Eau : 25–28 °C, pH 7,5 à 8,0 et TAC de 4–5°. Œuf petit, blanc. Incubation : 48 heures. Nourriture des alevins : nauplies d'artémias.

Cette espèce est agressive. Les poissons sont peu enclins au frai, bien que les femelles puissent pondre 400 à 700 œufs en une fois.

Cyphotilapia frontosa (Boulenger, 1906) et *Lamprologus sexfasciatus* Trewavas et Roll, 1952 ressemblent à cette espèce, mais ils portent six bandes transversales noires sur le corps, tandis que *L. tretocephalus* n'en a que cinq.

2 *Lamprologus leleupi leleupi* POLL, 1956

Syn. : *Neolamprologus leleupi* *Cichlidae*

● Distribution : endémique du lac Tanganyika (Afrique de l'Est) ● Longueur 10 cm ● Dimorphisme sexuel : peu apparent ; la mâle peut être plus grand et plus agressif que la femelle, et avoir des nageoires plus développées ; les mâles âgés développent une petite gibbosité frontale ● Alimentation : proies vivantes, aliments artificiels ● Aquarium spécifique de préférence ● Première importation en 1958 ● **Reproduction** : en couple. Bac de ponte : doit comporter des empilements de pierres offrant de nombreuses cachettes. Eau : 22–26 °C, pH 7,0 à 7,5, dure (TH de 18 à 38°, TAC de 4 à 11°) et neuve. Œuf blanc-jaunâtre, d'un diamètre de 1,5 mm. Incubation : 3 jours. Nourriture des alevins : nauplies d'artémias.

Avant le frai, les partenaires paradent avec des « baillements » d'intimidation. Ils creusent de petits trous dans le sable. La femelle pond environ 200 œufs sur les parois ombragées d'une cavité préalablement nettoyée ; ils forment souvent des grappes. La femelle s'en occupe tandis que le mâle garde les environs. Pendant toute cette période, la coloration de la femelle fonce. Trois jours après la ponte, la femelle aide les larves à éclore et les transporte dans les trous préparés. Certaines jeunes femelles peuvent alors dévorer les œufs. Les larves mesurent 5 mm et ont un grand sac vitellin. La femelle les transfère fréquemment d'une place à l'autre. Au bout de 9 jours les larves commencent à nager, elles sont longues de 7 mm et se nourrissent. On maintient le couple dans le même aquarium et on enlève les jeunes poissons afin que les adultes fraient de nouveau.

1

2

1 *Lamprologus tetracanthus* BOULENGER, 1899

Syn. : *Lamprologus brevianalis, L. marginatus, Neolamprologus tetracanthus* — *Cichlidae*

◁ ●

● Distribution : endémique du lac Tanganyika ; entre le sable et les rochers, de 0 à 10 mètres ● Longueur : 20 cm ● Dimorphisme sexuel inexistant ● Alimentation : proies vivantes (crustacés, petits poissons et larves d'insectes) ● Aquarium spécifique préférable ● Première importation en 1969 ou 1970 ● **Reproduction** : en couple. Bac de ponte : 200–300 litres pour un couple, avec des cachettes. Eau : 26 °C environ, pH 7,5 à 8,0 et TAC de 4–5°. Œuf blanchâtre. Incubation : 3 jours. Nourriture des alevins : nauplies d'artémias.

Les poissons fraient dans une cavité, sur les parois de laquelle la femelle pond environ 500 œufs. La durée d'incubation est de trois jours. Les parents s'occupent des œufs et des alevins. Les larves résorbent leur sac vitellin en une semaine. On retire les alevins dès que les parents se préparent pour un nouveau frai.

2 *Lamprologus compressiceps* BOULENGER, 1898

Syn. : *Neolamprologus compressiceps, Altolamprologus compressiceps* — *Cichlidae*

◁ ●

● Distribution : endémique du lac Tanganyika ; dans les zones rocheuses ● Longueur : 15 cm ● Dimorphisme sexuel inexistant ● Alimentation : proies vivantes de petite taille (larves d'insectes, alevins) ● Aquarium spécifique, spacieux de préférence ● Première importation en 1958 ● **Reproduction** : mal connue ; en couple. Bac de ponte : 200–300 litres pour un couple, avec des cachettes et des fentes étroites. Eau : 24–26 °C, pH 7,0 à 7,5 et TAC de 4–5°.

Deux formes ont été importées. La forme originaire du nord a le corps et les nageoires ocres et porte six bandes transversales doubles. La forme provenant du sud est beige clair et porte plus de six bandes transversales, dont deux se trouvent juste en arrière des yeux et se rejoignent en bas de l'opercule (comme le montre le dessin). Les deux formes sont hautes et aplaties.

3 *Lamprologus brichardi* POLL, 1974
« Princesse du Burundi »

Syn. : *Lamprologus savoryi elongatus, Neolamprologus brichardi, N. elongatus* — *Cichlidae*

◁ ●

● Distribution : endémique du lac Tanganyika ; très répandu ● Longueur : 10 cm ● Dimorphisme sexuel inexistant ● Alimentation : proies vivantes de préférence (zooplancton, artémias) ● Aquarium spécifique recommandé, en couple de préférence ● Première importation en 1958 ● **Reproduction** : en couple généralement. Bac de ponte : 50–100 litres, avec des empilements de pierres plates formant suffisamment de cavités. Eau : 25 °C, pH 7,0 à 8,0 et TAC de 4 à 7° ; elle doit être bien filtrée et renouvelée. Œuf d'un diamètre de 1 mm. Incubation : 3 jours. Nourriture des alevins : nauplies d'artémias.

Les parents écartent tous les autres poissons de leur territoire. La femelle pond au plafond d'une cavité environ 200 œufs. Six jours après l'éclosion, les alevins commencent à chercher leur nourriture. Il arrive souvent que les parents fraient de nouveau et s'occupent activement de deux ou trois générations à la fois. La croissance des jeunes est lente. Ils choisissent leur nourriture et mangent peu. A l'âge de neuf mois environ on doit les surveiller de près et retirer les couples qui se forment et deviennent très agressifs.

1
2
3

1 *Labeotropheus trewavasae* FRYER, 1956 *Cichlidae*

● Distribution : lac Malawi (Afrique de l'Est) ; littoral rocheux ● Longueur : 12 cm ● Dimorphisme sexuel : mâle bleu (tacheté pour certaines formes), avec quelques taches jaunes sur la nageoire anale ; femelle plus petite et plus grise, parfois brun-jaune ou tachetée ● Alimentation : nourritures vivantes et artificielles, végétaux ● Aquarium spécifique, ou en compagnie d'autres petits Cichlidés du Malawi (M'buna) ● Première importation en 1964 ● **Reproduction** : un mâle pour 3–4 femelles ; incubation buccale maternelle. Bac de ponte : 200 litres, avec de nombreuses cachettes (tuyaux). Eau : 26 °C, pH 7,5 à 8,0 et TAC de 4 à 7°. Incubation : 20 jours environ dans la bouche de la femelle. Nourriture des alevins : nauplies d'artémias, zooplancton.

L. trewavasae est un parent proche de *L. fuelleborni*. Les deux espèces vivent dans le même milieu mais *L. trewavasae* est plus élancé. Cette espèce apprécie les fonds rocheux et ne s'aventure pas sur des fonds de sable ou de boue. Ainsi, les populations sont isolées et donnent naissance à une multitude de formes de couleurs différentes. Un élevage en compagnie de Cichlidés de caractéristiques proches diminue l'agressivité naturelle. On reconnaît la femelle en incubation à sa gorge distendue ; il vaut mieux la déplacer, avec le tuyau où elle se cache ou bien à l'aide d'un filet, dans un aquarium séparé. Les alevins sont autonomes dès qu'ils sortent de la bouche de la femelle ; celle-ci peut alors être enlevée.

2 *Labeotropheus trewavasae* – autres formes *Cichlidae*

Ces poissons peuvent avoir des colorations très différentes selon les localités. La diversité est plus fréquente chez les femelles : elles sont jaunes, grises, orange ou tachetées. Les mâles sont le plus souvent bleus. Les mâles du nord du lac ont une nageoire dorsale rouge et des traces de rouge sur les nageoires caudale et anale. La forme jaune, connue sous le nom commercial « *Labeotropheus pernostus* », qui se trouve sur la côte Est n'a pas de statut scientifique clair.

3 *Labeotropheus fuelleborni* AHL, 1927

Syn. : *Labeotropheus curvirostris* *Cichlidae*

● Distribution : endémique du lac Malawi (Afrique de l'Est) ; dans les zones de roche et d'éboulis ● Longueur : 15 cm ● Dimorphisme sexuel : mâle bleu avec des bandes transversales bien visibles (il existe d'autres formes de coloration différente) ; femelle plus petite et plus terne, d'un gris-violet sale ● Alimentation : nourritures vivantes et artificielles, ainsi que des végétaux ● Aquarium spécifique, ou bien en compagnie d'autres Cichlidés semblables du Malawi (M'buna) ● Première importation en 1964 ● **Reproduction** : un mâle pour 3–4 femelles ; incubation buccale maternelle. Bac de ponte : 200 litres, avec beaucoup de cachettes (tuyaux). Eau : 26 °C, pH 7,5 à 8,0 et TAC de 4 à 7°. Incubation : 19–20 jours dans la bouche de la femelle. Nourriture des alevins : nauplies d'artémias, zooplancton.

Les alevins mesurent 1 cm et sont complètement développés lorsqu'ils quittent la bouche de la femelle. Pendant l'incubation des œufs on garde des femelles dans des aquariums séparés d'une quinzaine de litres comportant un abri, bien oxygénés et placés dans un endroit calme. La croissance des jeunes est rapide.

1 ♂
1 ♀
2
3

1 *Nannochromis dimidiatus* (PELLEGRIN, 1900)

Syn. : *Pelmatochromis dimidiatus*

Cichlidae

○ ● • Distribution : Afrique centrale, dans la rivière Oubangui, affluent du Congo (Zaïre) • Longueur : 7 cm (femelle) à 8 cm (mâle) • Dimorphisme sexuel : femelle colorée, avec le ventre rouge lilas et une bande nacrée ainsi qu'une tache noire sur la nageoire dorsale ; mâle plus grand, avec des nageoires dorsale et anale plus allongées • Alimentation : proies vivantes et aliments artificiels ; ne pas trop nourrir (une semaine de jeûne de temps en temps est bénéfique) • Aquarium spécifique de préférence • Première importation en 1952 • **Reproduction** : en couple. Bac de ponte : 50–100 litres pour un couple, avec 3 cm de sable et des cachettes (empilements de pierres, pots de fleurs cassés, noix de coco). Eau : 26–28 °C, pH 6,5, TH inférieur à 18° et TAC inférieur à 2° ; filtration sur tourbe ou adjonction d'extraits de tourbe. Incubation : 40–50 heures selon la température. Nourriture des alevins : nauplies d'artémias ou de cyclopes.

Les poissons fraient dans une cavité où la femelle pond une soixantaine d'œufs. Le sac vitellin est résorbé au bout de quatre à six jours. Les parents prennent soin des œufs et des alevins.

2 *Nannochromis nudiceps* (BOULENGER, 1899)

Syn. : *Pseudoplesiops nudiceps (selon certains auteurs, Nannochromis nudiceps* est un synonyme de *N. parilius* Roberts et Stewart, 1976)

Cichlidae

○ ● • Distribution : bassin du fleuve Congo (Zaïre) et Malebo Pool • Longueur : 6 cm (femelle) à 8 cm (mâle) • Dimorphisme sexuel : ventre de la femelle vert et bien rond si elle est mûre ; mâle plus grand avec des nageoires plus développées • Alimentation : nourritures vivantes et artificielles ; avec modération • Aquarium spécifique préférable • Première importation en 1952 • **Reproduction** : en couple. Bac de ponte : 50 litres pour un couple, avec 3 cm de sable et des débris de pots de fleurs percés. Eau : 26–28 °C, pH 6,5, TH inférieur à 18° et TAC inférieur à 2° ; filtration sur tourbe ou adjonction d'extraits de tourbe. Œuf jaune, se fixant au support par de fins filaments. Incubation :40–50 heures selon la température. Nourriture des alevins : nauplies d'artémias ou de cyclopes.

Ces poissons querelleurs vivent cachés. Ils cherchent un endroit pour frayer dans les cavités, le nettoient avant le frai et en enlèvent le sable. La femelle dépose jusqu'à 200 œufs sur le fond ; elle s'occupe seule des œufs et ne laisse pas entrer le mâle. Les alevins quittent la cavité au bout de 8 à 10 jours mais la femelle les y ramène la nuit. Le mâle reste caché aux environs. La croissance des jeunes est rapide ; au bout de 5 semaines ils atteignent une longueur de 3 cm.

1 ♂
1 ♀
2

1 *Melanochromis johanni* (Eccles, 1973)

Syn. : *Pseudotropheus johanni*
Nom commercial : *« P. daviesi »*

Cichlidae

● Distribution : île de Likoma dans le sud-est du lac Malawi ; zones de roche et d'éboulis ● Longueur : 10 cm ● Dimorphisme sexuel : mâle bleu foncé ou noir avec des bandes bleu clair, et des taches ovoïdes jaunes sur la nageoire anale ; femelle jaune orangé ● Alimentation : nourritures vivantes ou artificielles, auxquelles on ajoute des végétaux ● Aquarium spécifique, ou en compagnie de Cichlidés semblables (M'buna) ● Première importation en 1972 ● **Reproduction** : un mâle pour 3–4 femelles ; incubation buccale maternelle. Bac de ponte : 200 litres, avec de nombreuses cachettes (tuyaux). Eau : 26–27 °C, pH 7,5 à 8,0 et TAC de 4–5°; elle doit être neuve. Incubation : 22–26 jours dans la bouche de la femelle. Nourriture des alevins : nauplies d'artémias, zooplancton.

M. johanni est une espèce agressive ; même les femelles se querellent entre elles. Une ponte comprend environ 35 œufs de grande taille. Dès que les alevins quittent la bouche de la femelle ils sont totalement autonomes ; on peut alors écarter la femelle, que l'on place dans un bac séparé et on la nourrit copieusement le temps qu'elle récupère.

2 *Melanochromis brevis* Trewavas, 1935

Syn. : *Iodotropheus sprengerae* (à tort)

Cichlidae

● Distribution : endémique du lac Malawi (Nkudzi et Monkey Bay) ; zones rocheuses ● Longueur : 12 cm ● Dimorphisme sexuel : mâle brun brillant avec des reflets bleuâtres et des taches orange sur la nageoire caudale ● Alimentation : nourritures vivantes et artificielles et, régulièrement, végétaux ● Aquarium spécifique préférable ● Première importation probablement à la fin des années 60 ● **Reproduction** : un mâle pour 3 femelles ; incubation buccale maternelle. Bac de ponte : 200 litres, avec des roches et de nombreuses cachettes (tuyaux, morceaux de pots de fleurs). Eau : 26 °C, pH 7,5 à 8,5 et TAC de 4 à 7°. Incubation : 17 jours dans la bouche de la femelle. Nourriture des alevins : nauplies d'artémias, zooplancton.

La taxinomie de cette espèce ne semble pas encore être clairement définie. Selon Mayland, ces poissons ne sont que rarement pêchés et importés ; on suppose qu'ils vivent dans des eaux assez profondes.

1

2

1 *Melanochromis auratus* (BOULENGER, 1897)

Syn. : *Tilapia aurata, Pseudotropheus auratus*

Cichlidae

● Distribution : endémique du lac Malawi (Afrique de l'Est) ● Longueur : 9 cm (femelle) à 11 cm (mâle) ● Dimorphisme sexuel : mâle noir avec des bandes longitudinales blanches ; femelle jaune avec des bandes sombres ● Alimentation : nourritures vivantes et artificielles auxquelles on ajoute des végétaux ● Aquarium spécifique, ou en compagnie d'espèces semblables (M'buna) ● Première importation en 1958 ● **Reproduction** : un mâle pour 3–4 femelles ; incubation buccale maternelle. Bac de ponte : 200 litres, avec de nombreuses cachettes (tuyaux). Eau : 26 °C, pH 7,5 à 8,0 et TAC de 4 à 7° ; elle doit être bien filtrée et renouvelée. Incubation : 22–26 jours dans la bouche de la femelle. Nourriture des alevins : nauplies d'artémias et zooplancton fin.

On reconnaît les femelles qui incubent au gonflement de la gorge. On les transfère (dans le tube où elles se cachent) dans un bac séparé d'environ 20 litres, qui doit être calme et modérément éclairé, bien oxygéné et muni d'un abri. Les alevins quittent la bouche de la femelle quand ils ont atteint 1 cm ; ils sont alors tout à fait autonomes et cherchent instinctivement des cachettes. On peut donc retirer la femelle. On la prend ensuite avec précaution dans le creux de la main, tête en bas, à l'aide d'une baguette à bout émoussé on presse sa mâchoire inférieure jusqu'à ce qu'elle ouvre la bouche. Si quelques alevins sont restés, elle les rejette. Cette opération est valable pour tous les Cichlidés à incubation buccale. Une femelle élève environ quarante alevins, dont la croissance est rapide et régulière.

2 *Pseudotropheus joanjohnsonae* (JOHNSON, 1974)

Syn. : *Labidochromis joanjohnsonae, Melanochromis exasperatus*

Nom commercial : *« Labidochromis caeruleus likomae »*

(c'est probablement un nom utilisé pour plusieurs espèces)

Cichlidae

● Distribution : endémique du lac Malawi (île de Likoma) ; zones rocheuses superficielles ● Longueur : 10 cm ● Dimorphisme sexuel : mâle bleu ; femelle (et jeunes) bleu-vert avec des rangées longitudinales de taches ocres et une tache brillante derrière l'opercule ● Alimentation : proies vivantes, ainsi que des végétaux et des aliments artificiels ● Aquarium spécifique préférable ● Première importation en 1972 ● **Reproduction** : un mâle pour 3 femelles ; incubation buccale maternelle. Bac de ponte : 200 litres avec de nombreuses cachettes (tuyaux). Eau : 26–28 °C, pH 7,5 à 8,5, TAC de 4–5°, neuve. Incubation : 20–24 jours dans la bouche de la femelle. Nourriture des alevins : nauplies d'artémias, zooplancton.

C'est un Cichlidé agressif jaloux de son territoire. La femelle pond environ 20 œufs. A l'âge de quinze jours les poissons prennent une coloration juvénile, caractérisée par le ventre rouge.

Johnson, en décrivant ce poisson en 1974, l'a classé dans le genre *Labidochromis.* Olivier pense qu'il s'agit de *L. fryeri* et Burgess redécrit ce poisson en 1976 sous le nom de *Melanochromis exasperatus.* Le moins qu'on puisse dire est que la taxinomie de cette espèce n'est pas claire. En 1976, A. D. Stoch estime lors d'une révision que cette espèce appartient au genre *Pseudotropheus,* dont elle a, entre autres, la denture.

1 ♂
1 ♀
2 ♂
2 ♀

1 *Pseudotropheus socolofi* JOHNSON, 1974

Nom commercial : *Pseudotropheus* sp. « *pindani* » *Cichlidae*

● Distribution : endémique du lac Malawi, autour des îles de Likoma et Chisumula sur la côte orientale (Mozambique) ● Longueur : 12 cm ● Dimorphisme sexuel : peu apparent ; les mâles âgés portent des taches ovoïdes sur la nageoire anale ; les femelles sont plus petites ● Alimentation : nourritures vivantes et artificielles, ainsi que des végétaux ● Aquarium spécifique, ou avec des Cichlidés proches (M'buna) ● **Reproduction** : un mâle pour 3–4 femelles ; incubation buccale maternelle. Bac de ponte : 200 litres, avec suffisamment de cachettes. Eau : 24–28 °C, pH 7,5 à 8,0, TH de 18 à 27° et TAC de 4 à 5°. Incubation : 21 jours dans la bouche de la femelle. Nourriture des alevins : nauplies d'artémias, zooplancton.

Ce poisson est belliqueux et défend jalousement son territoire, mais il se montre moins agressif si on l'élève avec des Cichlidés d'une espèce proche, dans un aquarium assez spacieux et pourvu de cachettes. On reconnaît les femelles qui incubent à leur gorge distendue. On isole chaque femelle dans un récipient. Dès que les alevins quittent la bouche de la femelle, ils sont autonomes et la présence de la femelle n'est plus nécessaire. Les alevins cherchent rapidement une cachette et ne reviennent pas dans la bouche de la femelle. Les jeunes sont élancés, les adultes sont plus hauts. Les poissons sont sexuellement mûrs quand ils ont atteint 8 cm.

2 *Melanochromis crabro* RIBBINK et LEWIS, 1982

Nom commercial : *Pseudotropheus* sp. « *chamaeleo* » *Cichlidae*

● Distribution : endémique du lac Malawi (île de Likoma) ● Longueur : 15 cm ● Dimorphisme sexuel : mâle plus robuste que la femelle, portant souvent (mais pas toujours) des taches ovoïdes sur la nageoire anale, généralement grande et allongée en pointe ● Alimentation : proies vivantes assez grosses, végétaux, granulés ● Aquarium spécifique, ou en compagnie de Cichlidés semblables (M'buna) ● **Reproduction** : un mâle pour 3–4 femelles ; incubation buccale maternelle. Bac de ponte : 200–300 litres pour un groupe, avec beaucoup de cachettes (tuyaux). Eau : 24–28 °C, pH 7,5 à 8,0 et TAC inférieur à 7°. Incubation : 20–21 jours dans la bouche de la femelle. Nourriture des alevins : nauplies d'artémias et zooplancton.

Ces poissons sont très agressifs, entre eux et vis-à-vis des autres poissons. La femelle pond environ 20 à 50 œufs qu'elle ramasse tout de suite dans sa bouche ; ensuite elle cherche à se cacher. On ne l'isole pas car elle risquerait, à son retour, de ne pas être reconnue par les occupants de l'aquarium ; elle serait alors irrémédiablement blessée ou tuée (ce problème se pose pour de nombreux Cichlidés endémiques du Malawi). On recommande donc d'écarter les femelles uniquement à la fin du développement des œufs, leur absence ne devant durer que quelques jours. Il est aussi possible de leur faire « recracher » leurs petits, puis de les remettre immédiatement dans l'aquarium. Certaines femelles acceptent de la nourriture pendant l'incubation.

1

2

1 *Pseudotropheus lombardoi* Burges, 1977

Nom commercial : *«Pseudotropheus liliancinius »* *Cichlidae*

• Distribution : endémique du lac Malawi (Afrique de l'Est), sur les parois rocheuses abruptes de l'île de Mbenji • Longueur : 12 cm en aquarium, un peu moins dans la nature • Dimorphisme sexuel : mâle jaune avec des taches ovoïdes sur la nageoire anale ; femelle bleue (exceptionnellement jaune-brun) • Alimentation : proies vivantes et végétaux surtout, aliments artificiels • Aquarium spécifique, ou en compagnie d'autres Cichlidés des lacs est-africains, dans un volume de 500 litres au moins • **Reproduction** : un mâle pour 2–3 femelles ; incubation buccale maternelle. Bac de ponte : 200 litres pour un groupe, avec suffisamment de cachettes. Eau : 24–26 °C, pH 7,5 à 8,0, TH de 18 à 27° et TAC de 4°. Incubation : 4 semaines dans la bouche de la femelle. Nourriture des alevins : nauplies d'artémias et zooplancton.

P. lombardoi est un poisson très agressif, aussi bien à l'intérieur de l'espèce qu'envers les autres poissons (les mâles ont besoin de très grands territoires) mais il se montre moins belliqueux si on l'élève avec d'autres Cichlidés de caractéristiques proches (M'buna). Les jeunes poissons ont la même couleur que la femelle. Quand ils atteignent 4 cm, ils commencent à se différencier : les mâles deviennent plus pâles et virent vers le gris ou même le jaune ; leurs bandes sont bien visibles. La coloration bleue des jeunes femelles s'affirme progressivement. Les femelles et les jeunes poissons ressemblent un peu à l'espèce *Cynotilapia afra* (Günther, 1893), qui atteint 10 cm. Par la morphologie *P. lombardoi* se rapproche beaucoup de *P. zebra* (Boulenger, 1899). Le nom spécifique rend hommage à l'importateur américain John Lombard.

1 ♂
1 ♀
1 juv.

1 *Pseudotropheus zebra* (BOULENGER, 1899)

Syn. : *Tilapia zebra*

Cichlidae

● Distribution : endémique du lac Malawi (Afrique de l'Est) ; zones rocheuses ● Longueur : 12 cm ● Dimorphisme sexuel : le mâle, plus robuste et plus coloré que la femelle, possède des taches ovoïdes jaunes bien visibles sur la nageoire anale ● Alimentation : nourritures vivantes, artificielles et végétales ● Aquarium spécifique, ou en compagnie de Cichlidés semblables (M'buna) ● Première importation en 1964 ● **Reproduction** : un mâle pour 3–4 femelles ; incubation buccale maternelle. Bac de ponte : 200 litres ou plus, avec de nombreuses cachettes (tuyaux). Eau : 26 °C, pH 7,5 à 8,5, TAC de 4 à 7°, neuve. Œuf d'un diamètre de 4 mm. Incubation : 21 jours dans la bouche de la femelle. Nourriture des alevins : nauplies d'artémias et zooplancton.

P. zebra (forme BB - « black blue », fig. 1) avec des bandes de couleur brillantes noires et bleues est l'un des Cichlidés les plus anciennement connus du groupe des M'buna, c'est-à-dire des poissons, tous Cichlidés, liés aux biotopes rocheux du lac Malawi. Ce sont des poissons agressifs et jaloux de leur territoire. Le frai a lieu, comme chez d'autres Cichlidés, lors d'une parade circulaire. Une femelle pond au maximum 60 œufs, 25 à 35 en moyenne. Les alevins quittent la bouche de la femelle lorsqu'ils mesurent 2 cm. Ils sont alors complètement autonomes et la présence de la femelle n'est plus utile.

2 *Pseudotropheus* sp. aff. *zebra*

Cichlidae

On utilise l'abréviation aff. (du latin *affinis* qui signifie « parent ») lorsque l'on parle d'une population présentant des caractéristiques proches d'une espèce connue sans pouvoir pour autant lui être identifiée. Ces poissons sont polymorphes (variabilité de forme et de taille) et polychromes (variabilité de coloration). Ainsi, les mâles et les femelles d'une même forme peuvent revêtir une coloration différente (voir par exemple la forme représentée sur la figure 2b). Polymorphisme et polychromatisme se retrouvent entre des populations locales, isolées les unes des autres en permanence par des zones de sable infranchissables (embouchures de fleuves, etc.) ; ils résultent parfois aussi de mutations exceptionnelles, réalisées dans le milieu naturel ou obtenues dans les élevages. Par ailleurs, on importe sous le nom de *Pseudotropheus zebra* des poissons rouges, bleus ou tachetés qui constituent probablement des espèces proches mais différentes, ce qui complique encore la systématique de ces Cichlidés.

La figure 2a présente une forme tachetée appelée OB (« orange blotched »), dont le mâle est bleu clair et la femelle bleu foncé. Tous deux portent des taches foncées. Chez la forme B (« blue » : fig. 2c) les deux sexes sont bleus uniformes.

Selon certains éleveurs les croisements entre différentes formes sont l'exception : si les mâles sont plutôt enclins à se reproduire avec n'importe quelle femelle, les femelles acceptent difficilement un mâle d'une autre forme. En l'absence du partenaire normal, des croisements peuvent cependant advenir et les hybrides sont féconds.

1
2 a
2 b
2 c

1 *Pseudotropheus* sp. aff. *zebra* *forme TB (« Tangerine Blue »)*

Cichlidae

Cette forme montre un dichromatisme sexuel très marqué qu'on peut déjà observer très tôt après l'éclosion : les mâles sont bleus ou violets et les femelles jaunes ou rouge orangé.

2 *Pseudotropheus tropheops* REGAN, 1921

Cichlidae

● Distribution : endémique du lac Malawi ; littoral rocheux ● Longueur : 15 cm (parfois 20 cm) ● Dimorphisme sexuel : mâle gris-bleu avec une ou plusieurs taches ovoïdes sur la nageoire anale ; femelle de couleur très variable selon les populations : jaune d'or, ocre-jaune avec une tache blanc jaunâtre sur chaque écaille, brun-jaune avec les écailles bordées de sombre (dessin réticulé), tachetée de noir avec des dessins bleus et rouges, etc. ● Alimentation : nourriture vivante, ainsi que des granulés et des végétaux ● Aquarium spécifique, ou bien en compagnie de Cichlidés semblables (M'buna) ● Première importation en 1964 ● **Reproduction** : un mâle pour 3–4 femelles ; incubation buccale maternelle. Bac de ponte : 500 litres pour un groupe, avec un grand nombre de cachettes. Eau : 26–27 °C, pH 7,0 à 8,5, TH inférieur à 18° et TAC de 4° ; elle doit être neuve. Incubation : 21 jours environ dans la bouche de la femelle. Nourriture des alevins : nauplies d'artémias, zooplancton.

Cette espèce est l'une des plus grandes du genre. C'est un poisson agressif, jaloux de son territoire et querelleur. La femelle pond environ 40 œufs. C'est une espèce polymorphe non seulement par sa coloration, mais aussi par sa taille, ses dimensions et ses caractéristiques morphologiques, ce qui rend la systématique de ces poissons très difficile.

En 1935 l'ichtyologiste britannique E. Trewavas a distingué deux sous-espèces, *P. tropheops tropheops* (Regan, 1921) et *P. tropheops gracilior* (Trewavas, 1935). La deuxième est plus élancée, comme son nom latin l'indique (*gracilis* signifie « fin »). Une troisième sous-espèce, *P. tropheops romandi,* a été découverte par la suite et décrite par Colombé en 1984.

Pseudotropheus sp. aff. *zebra*
bataille des mâles – ils se repoussent par la bouche

1
2 ♂
2 ♀

1 *Pseudotropheus elongatus* FRYER, 1956

Cichlidae

● Distribution : endémique du lac Malawi (Afrique de l'Est) ; zones rocheuses à forte végétation algale ● Longueur : 13 cm ● Dimorphisme sexuel : le mâle, plus grand et plus coloré que la femelle, possède des ocelles (taches ovoïdes jaunes bordées de noir) sur la nageoire anale ● Alimentation : nourritures vivantes et artificielles, ainsi que des végétaux ● Aquarium spacieux, spécifique de préférence ● Première importation en 1964 ● **Reproduction** : un mâle pour 5–6 femelles ; incubation buccale maternelle. Bac de ponte : 200–300 litres pour un groupe, avec suffisamment de cachettes. Eau : 24–28 °C, pH 7,5 à 8,0, TH jusqu'à 32° et TAC inférieur à 7° ; elle doit être neuve. Incubation : 18–22 jours dans la bouche de la femelle. Nourriture des alevins : nauplies d'artémias ou zooplancton.

La coloration des poissons varie beaucoup à partir d'une couleur de base bleu clair ou bleu cobalt. Le corps des deux sexes est assez allongé. Ils sont très agressifs, même envers leurs congénères. Le mâle n'accepte sur son territoire que des femelles mûres. Le frai se passe de la façon habituelle pour les Cichlidés incubateurs buccaux ; la femelle pond jusqu'à 40 œufs. On isole les femelles incubantes dans des aquariums individuels. Les femelles n'acceptent pas de nourriture tant qu'elles s'occupent d'œufs ou d'alevins. Dès que les alevins quittent la bouche de la femelle, on peut l'enlever ; on ne la remet cependant pas tout de suite avec le mâle, car il vaut mieux la garder séparément pendant une quinzaine de jours en la nourrissant copieusement.

2 *Petrochromis trewavasae* POLL, 1948

Cichlidae

● Distribution : endémique du lac Tanganyika (Afrique de l'Est) ; en eau peu profonde, parmi les rochers couverts d'algues ● Longueur : 16–18 cm ● Dimorphisme sexuel : le mâle possède des grandes taches ovoïdes oranges sur la nageoire anale ; la femelle a des taches blanches sur tout le corps ● Alimentation : proies vivantes et végétaux (algues, purées d'épinards), éventuellement granulés ● Aquarium spécifique préférable ● **Reproduction** : un mâle pour 3–4 femelles ; incubation buccale maternelle. Bac de ponte : 500 litres pour un groupe, avec de nombreuses fentes et cavités, de préférence accessibles à l'observation (tuyaux, par exemple). Eau : 27 °C environ, pH 7,0 à 8,5, TH de 18° et TAC de 4° ; elle doit être neuve. Œuf assez grand. Incubation : 4 semaines dans la bouche de la femelle. Nourriture des alevins : zooplancton avec une adjonction régulière de végétaux.

Ce sont des poissons très agressifs, surtout vis-à-vis de leurs congénères. Ils vivent pratiquement en permanence près des cachettes, rarement en eau libre. Pendant le frai ils ont le corps et les nageoires noires et le ventre d'un vert-jaune scintillant. Les jeunes poissons, tachetés de clair, sont semblables aux femelles. Les nageoires dorsale, anale et caudale sont allongées et pointues. Une caractéristique importante est une nageoire caudale en forme de fourche qui différencie cette espèce des autres *Petrochromis*. C'est une espèce spécialisée dans la consommation des algues du fond, qu'elle râpe avec ses dents en brosse. La femelle pond 10 à 12 œufs ; elle accepte de la nourriture pendant l'incubation. Quand les alevins quittent la bouche de la femelle, ils mesurent déjà 2 cm de longueur.

1

2

1 *Pseudocrenilabrus multicolor* (HILGENDORF, 1903)

Syn. : *Paratilapia multicolor, Haplochromis multicolor, Hemihaplochromis multicolor* *Cichlidae*

○ ● Distribution : nord-est de l'Afrique, jusqu'à la Tanzanie ● Longueur : 8 cm. ● Dimorphisme sexuel : mâle plus coloré que la femelle, avec la pointe de la nageoire rouge ● Alimentation : nourritures vivantes, granulés ● Aquarium spécifique préférable ● Première importation en 1902, par C. H. Schoeller ● **Reproduction** : un mâle pour 3–4 femelles ; incubation buccale maternelle. Bac de ponte : 50–100 litres, avec des cachettes et une pierre plate sur le fond. Eau : 22–26 °C, pH 7,0 à 7,5 et TAC de 4°. Œuf orange. Incubation : 10–12 jours dans la bouche de la femelle. Nourriture des alevins : nauplies d'artémias ou de cyclopes.

Le mâle creuse un trou sur le lieu du futur frai, mais il peut se contenter d'un support solide. La bouche de la femelle est large et peut accepter jusqu'à 100 œufs ; la peau de la gorge peut être tellement distendue qu'elle est presque transparente, les embryons étant alors bien visibles. Après le frai la femelle se cache. On isole les femelles dès qu'elles incubent, comme cela est conseillé pour de nombreux Cichlidés. Lorsqu'ils quittent la bouche de la femelle, les alevins mesurent 6 mm ; ils y reviennent encore quelques jours, puis la femelle peut être enlevée.

2 *Pseudocrenilabrus philander dispersus* (TREWAVAS, 1936)

Syn. : *Haplochromis moffati, H. philander dispersus, Tilapia philander, Hemihaplochromis philander dispersus, « Haplochromis kirawira »* (nom commercial utilisé à la fin des années 60) *Cichlidae*

○ ● Distribution : Afrique du Sud, Namibie, Zambie, Zimbabwe, Mozambique, Angola, sud du Zaïre ● Longueur : 11 cm ● Dimorphisme sexuel : mâle plus coloré et plus grand que la femelle, avec une tache rouge caractéristique sur la nageoire caudale ● Alimentation : proies vivantes, granulés ● Aquarium spécifique de préférence ● Première importation en 1911, à Conradshöhe (Berlin) ● **Reproduction** : un mâle pour 3–4 femelles ; incubation buccale maternelle. Bac de ponte : 50–100 litres, avec des cachettes (tuyaux) et une pierre plate. Eau : 22–26 °C, pH 7,0 à 7,5, TAC de 4°, neuve. Œuf jaune, d'un diamètre de 2 mm. Incubation : 12 jours dans la bouche de la femelle. Nourriture des alevins : nauplies d'artémias ou de cyclopes.

On trouve ce poisson dans les lacs et les rivières ; à cause des conditions de milieu variables, il existe beaucoup de formes locales, différant aussi bien par la couleur que par la taille. Une femelle mûre peut pondre et incuber jusqu'à 150 œufs. Après le frai, elle se cache le plus souvent ; elle n'accepte pas de nourriture pendant la période d'incubation et maigrit. Les alevins, quittant la bouche de la femelle à la taille de 7 mm, sont autonomes ; leur croissance est lente.

1 ♂
1 ♀
2 ♀
2 ♂

1 *Pelmatochromis thomasi* (BOULENGER, 1915)

Syn. : *Paratilapia thomasi*

Cichlidae

◁ ●

● Distribution : Afrique de l'Ouest (Sierra Leone, Kenema, sud-est de la Guinée et ouest du Liberia) ● Longueur : 10 cm ● Dimorphisme sexuel : mâle plus grand que la femelle, avec les nageoires dorsale et anale plus développées, et le bord antérieur des nageoires pelviennes bleu-noir ● Alimentation : nourriture vivante, éventuellement granulés ● Aquarium spécifique de préférence ● Première importation en 1966 ● **Reproduction** : en couple. Bac de ponte : 50–100 litres pour un couple, avec des pierres plates et des cachettes. Eau : 24–28 °C, pH 6,5 à 7,5, TH inférieur à 27° et TAC de 4°. Œuf gris-vert. Incubation : 48 heures à 28 °C. Nourriture des alevins : nauplies d'artémias ou de cyclopes.

La femelle pond plus de 500 œufs sur une pierre plate nettoyée auparavant. Une température plus élevée accélère le développement embryonnaire. Le sac vitellin est résorbé au bout de trois jours. Les deux parents s'occupent intensément des œufs et alevins. L'élevage est aisé. Ces poissons peuvent changer rapidement de couleur. La robe habituelle est constituée de trois taches foncées, l'une sur l'opercule, l'autre au milieu du corps et la troisième à la base de la queue. Ces taches peuvent se transformer pratiquement instantanément en bandes transversales, d'autres taches apparaissant alors. En tout, il peut y avoir six bandes sombres sur le corps, une septième allant en biais à travers l'œil. Les mâles adultes peuvent être gris-vert avec une tache bleu foncé scintillante sur chaque écaille. Malgré le fait que c'est un poisson de taille moyenne et bien coloré, il est peu répandu parmi les aquariophiles.

1 ♂
1 ♀

1 *Pelvicachromis subocellatus* (GÜNTHER, 1871)

Syn. : *Hemichromis subocellatus, Pelmatochromis subocellatus* *Cichlidae*

○ ● • Distribution : Afrique de l'Ouest, de Libreville (Gabon) au delta du Congo (Zaïre) ; même dans les eaux saumâtres • Longueur : 10 cm • Dimorphisme sexuel : le mâle a les nageoires dorsale et anale pointues ; la femelle est plus petite, plus ronde et plus colorée ; pendant le frai, son ventre devient violacé • Alimentation : nourriture vivante, ainsi que des aliments artificiels • Aquarium spécifique préférable • Première importation en 1907, par W. Schroot de Hambourg • **Reproduction** : en couple. Bac de ponte : 100 litres pour un couple, avec de nombreuses cavités. Eau : 24–26 °C, pH 6,5, TH de 18 à 21° et TAC inférieur à 4°. Incubation : 3 jours. Nourriture des alevins : nauplies d'artémias ou de cyclopes.

Les couples cherchent des endroits pour frayer dans les cavités. La femelle pond environ 60 à 200 œufs. Si le fond de l'aquarium est couvert de graviers, elle transporte les larves dans des trous préparés à l'avance. Les parents s'occupent des alevins et peuvent donc rester en leur compagnie jusqu'au frai suivant.

On connaît au Nigeria une espèce similaire, non encore décrite, qui est plus grande et de coloration variable ; elle semble très pacifique.

2 *Pelvicachromis pulcher* (BOULENGER, 1901)

Syn. : *Pelmatochromis pulcher* (le nom *Pelmatochromis kribensis,* souvent utilisé, a en fait été créé par Boulenger pour désigner à tort l'espèce *Pelvicachromis taeniatus*) *Cichlidae*

○ ● • Distribution : delta du Niger, sud du Nigeria ; même dans les eaux saumâtres • Longueur : 10 cm • Dimorphisme sexuel : nageoires impaires du mâle allongées en pointe ; les nageoires impaires de la femelle, plus ronde et plus petite, sont arrondies • Alimentation : nourriture vivante, éventuellement artificielle • Aquarium spécifique préférable • Première importation en 1903 par Christian Brüning de Hambourg • **Reproduction** : en couple. Bac de ponte : 50–100 litres pour un couple, avec du gros gravier et de nombreuses cachettes. Eau : 24–28 °C, pH 6,5 à 7,0, TH de 18 à 21° et TAC inférieur à 1°. Œuf d'un diamètre de 2 mm. Incubation : 3 jours. Nourriture des alevins : nauplies d'artémias ou de cyclopes.

Il s'agit de poissons monogames jaloux de leur territoire, mais cependant pas trop querelleurs. Les mâles recherchent un lieu de frai dans une cavité et ils y attirent une femelle mûre. Les deux poissons nettoient ensuite le plafond de la cavité où la femelle pondra 200 à 300 œufs. La femelle s'occupe des œufs tandis que le mâle garde les frontières du territoire. Les alevins commencent à accepter de la nourriture au bout d'une semaine. On les laisse avec les parents jusqu'à ce que ceux-ci se préparent pour une nouvelle ponte ; la femelle a ainsi le temps de reprendre des forces et d'être à pleine maturité pour le frai suivant, retardé par la présence des jeunes.

1 ♂
1 ♀
2 ♂
2 ♀

1 *Pelvicachromis roloffi* (THYS, 1968) *Cichlidae*

◁

● Distribution : Afrique de l'Ouest (Liberia, Sierra Leone, Guinée) ● Longueur : 6 cm (femelle) à 8,5 cm (mâle) ● Dimorphisme sexuel : pendant le frai, le mâle a les nageoires pectorales noires et une tache caractéristique sur les flancs ● Alimentation : proies vivantes ● Aquarium spécifique de préférence ● **Reproduction** : en couple. Bac de ponte : 50 litres pour un couple, avec du gravier et suffisamment de cachettes. Eau : 25–28 °C, avec un TH de 13° et un TAC de 4° ; elle doit être neuve. Incubation : 3 jours. Nourriture des alevins : nauplies d'artémias.

La plupart des individus montre un dessin en forme de taches au long de la base de la nageoire dorsale et quelques taches sur la nageoire caudale. Ces taches sont très variables et ne sont pas un signe sexuel. Le changement d'une partie de l'eau et une légère augmentation de la température sont de bons stimuli pour le frai. Les poissons frayent dans des cavités, la femelle s'occupe des œufs et des larves, le mâle gardant le territoire.

2 *Pelvicachromis taeniatus* (BOULENGER, 1901)

Syn. : *Pelmatochromis taeniatus, P. klugei, P. kribensis, P. kribensis klugei, P. kribensis* var. *callipterum* *Cichlidae*

◁

● Distribution : Afrique de l'Ouest (sud du Nigeria, Cameroun) ● Longueur : 7 cm (femelle) à 9 cm (mâle) ● Dimorphisme sexuel : mâle plus coloré que la femelle, en particulier sur la queue ; femelle plus ronde, avec une tache lie-de-vin sur le ventre ● Alimentation : proies vivantes ● Aquarium spécifique de préférence ● Première importation en 1911, par Christian Brüning de Hambourg ● **Reproduction** : en couple. Bac de ponte : 50 litres pour un couple, avec suffisamment de cachettes. Eau : 25–28 °C, pH 6,5 à 7,5, TH de 13° et TAC de 4° ; elle doit être neuve. Nourriture des alevins : nauplies d'artémias.

Il existe beaucoup de variétés de couleur locales reconnues chez cette espèce, par exemple « Lobe », « Kienke », « Nigeria ». Linke attribue à *P. taeniatus* certaines formes de couleur comme « Muyuka » et « Moliwe ». Les noms sont ceux de la localité (fleuve ou village) où se trouve l'espèce. La forme « Lobe » correspond à la description originale de *P. taeniatus* faite en 1901 par Boulenger. La forme « Kienke » a été décrite par Boulenger en 1911 sous le nom de *Pelmatochromis kribensis* (ce nom a été ensuite utilisé pour d'autres espèces, mais surtout pour *Pelvicachromis pulcher*). La forme « Nigeria » a été décrite par Meinken sous le nom de *Pelmatochromis klugei.* L'ichtyologiste belge Thys Van den Andeanerde a reconnu que ces trois formes, bien qu'elles diffèrent par leur couleur, font partie d'une même espèce. Les eaux dans lesquelles vivent ces poissons dans la nature sont claires et pures et diffèrent considérablement en pH selon les localités. Les formes « Lobe » et « Kienke » vivent dans des eaux douces de pH 5,5 à 6,5, les formes « Muyuka » et « Moliwe » dans des eaux plus dures de pH 7,7 à 7,9. *P. taeniatus* s'élève comme *P. pulcher.*

1
2 ♀
2 ♂

1 *Sarotherodon mossambicus* (PETERS, 1852)

Syn. : *Chromis mossambicus, Ch. dumerili, Tilapia mossambica, T. natalensis*

Cichlidae

● Distribution : Afrique du Sud-Est jusqu'au Natal ; dans les eaux douces ou saumâtres. Ce poisson de consommation a été introduit un peu partout en Afrique et dans de nombreux pays tropicaux (Asie du Sud-Est, Amérique centrale,...) ● Longueur : 40 cm ● Dimorphisme sexuel : mâle reproducteur noir ; femelle gris-vert ● Alimentation : nourriture vivante, artificielle ou végétale ● Aquarium spécifique préférable ● Première importation en 1925, par Dietz à Hambourg ● **Reproduction** : incubation buccale maternelle. Bac de ponte : 200–500 litres, avec une couche de 20 cm de sable fin et des cailloux épars. Eau : 24–26 °C, pH 7,0 à 7,5 et TAC inférieur à 4° (l'espèce est cependant très tolérante). Incubation : 4 semaines dans la bouche de la femelle. Nourriture des alevins : nauplies d'artémias, zooplancton et végétaux.

C'est un poisson agressif, querelleur avec les membres de son espèce. Le mâle le plus élevé dans l'échelle sociale est intensément coloré. Il ne défend son territoire que pendant le frai. Il creuse dans le fond des trous qui ont jusqu'à 25 cm de diamètre. On a observé des jeunes mâles se grouper dans des colonies (jusqu'à 8 individus par mètre carré) pour creuser leurs nids côte à côte. La femelle pond quelques centaines d'œufs dans le trou et les ramasse dans sa bouche en même temps que la laitance du mâle. Les alevins, même quand ils nagent déjà, cherchent au crépuscule et en cas de danger la bouche de la femelle mais cet instinct diminue au fur et à mesure qu'ils grandissent. Les jeunes sont sexuellement mûrs à la longueur de 10 cm.

2 *Steatocranus casuarius* POLL, 1939

Syn. : *Steatocranus elongatus*

Cichlidae

● Distribution : Zaïre, entre Kinshasa et Matadi ; dans les parties du fleuve à cours rapide ● Longueur : 8 cm (femelle) à 12 cm (mâle) ● Dimorphisme sexuel : le mâle a les nageoires dorsale et anale plus allongées que la femelle et sa bosse frontale se développe considérablement ● Alimentation : nourritures vivantes ou artificielles ● Aquarium spécifique de préférence ● Première importation en 1956 ● **Reproduction** : en couple. Bac de ponte : 200 litres pour un couple, avec suffisamment de cachettes et de cavités. Eau : 26–28 °C, pH 6,5 à 7,0, TH de 18 à 27° et TAC inférieur à 4° (l'espèce est cependant très tolérante). Œuf d'un diamètre de 2,5 à 2,8 mm. Incubation : 24 heures. Nourriture des alevins : nauplies d'artémias, puis zooplancton.

C'est un poisson querelleur et agressif pendant la reproduction. Il fraie dans des cavités où la femelle pond environ 150 œufs. Les parents soignent intensivement œufs et alevins (selon Mayland c'est la femelle qui s'occupe des œufs et des larves ; le sac vitellin n'est consommé qu'au bout de quinze jours, les alevins commençant alors à nager, tandis que les soins de la femelle se relâchent). Ces poissons sont habitués à la vie dans des eaux à courant rapide ; la vessie natatoire est très réduite et c'est pourquoi leur nage est saccadée car ils ne peuvent s'équilibrer en eau libre.

1
2 ♂
2 ♀

1 *Thysia ansorgei* (BOULENGER, 1901)

Syn. : *Tilapia maculifer, Pelmatochromis maculifer, P. arnoldi, P. ansorgei, P. ansorgii*

Cichlidae

○ ● • Distribution : du sud du Nigeria à la Côte d'Ivoire • Longueur : 13 cm • Dimorphisme sexuel : femelle intensément colorée pendant le frai, avec le ventre et la nageoire anale rouges, la gorge blanche et une tache blanche près de l'orifice anal • Alimentation : proies vivantes essentiellement, aliments artificiels • Aquarium spécifique de préférence • Première importation probablement vers 1913 • **Reproduction** : en couple. Bac de ponte : 100 litres pour un couple, avec une fine couche de gravier, des pierres plates et des pots de fleurs cassés. Eau : 25 °C, pH proche de 7,0 et TAC inférieur à 2°. Incubation : 48 heures. Nourriture des alevins : nauplies d'artémias ou de cyclopes.

On connaît chez cette espèce deux types de couleur : chez le type ocre jaune (représenté sur la figure) les nageoires caudale et dorsale ont un bord blanc et le mâle a une tache blanche sur le bas des opercules ; chez le deuxième type, argenté, les nageoires ne sont pas bordées de blanc, le mâle a autour de la première tache blanche un dessin bleu irisé de rouge ou de doré.

La femelle pond environ 500 œufs, le plus souvent sur des pierres obliques bien dégagées ; certains couples fraient dans des cavités. Après l'éclosion la femelle transporte les alevins dans des trous assez grands creusés dans le fond ; il vaut mieux alors enlever le mâle. Six jours après les alevins commencent à nager ; au bout de quatre semaines, ils atteignent 1 cm et on peut écarter la femelle.

2 *Tilapia mariae* BOULENGER, 1899

Syn. : *Tilapia dubia, T. meeki, Pelmatolapia mariae*

Cichlidae

▭ ● • Distribution : Nigeria, fleuve Niger et environs de Lagos • Longueur : 15 cm • Dimorphisme sexuel : peu apparent ; la nageoire caudale du mâle a un bord blanc bien visible • Alimentation : nourritures vivantes et artificielles, végétaux éventuellement • Aquarium spécifique préférable • Première importation en 1962 • **Reproduction** : ponte en couple. Bac de ponte : 100–200 litres pour un couple, avec des pierres sur le fond. Eau : 26 °C, pH 7,0 à 7,5 et TAC inférieur à 5°. Œuf gris-jaune olivâtre, ovale, d'une longueur de 2 mm. Incubation : 48 heures. Nourriture des alevins : nauplies d'artémias ou de cyclopes.

C'est un poisson agressif, jaloux de son territoire, qui se bat souvent. Les jeunes et les individus situés en bas de l'échelle sociale présentent des bandes transversales bien visibles. Ces poissons aiment manger des plantes. Les parents fraient sur un support solide près du fond ; la femelle pond en moyenne 400 œufs (le maximum est de 2 000). C'est elle qui s'occupe des œufs et des alevins ; on écarte donc le mâle. Quarante-huit heures plus tard la femelle commence à aider les larves à éclore, les transportant ensuite dans des trous creusés dans le fond ; elle insère littéralement les larves dans les espaces entre les cailloux. Le sac vitellin est assez grand. Pendant les cinq jours suivants, la femelle ne fait que garder le trou. Les alevins sont clairs avec une légère pigmentation foncée et mesurent 5 mm. La croissance est rapide et on peut enlever la femelle au bout de dix jours. Les jeunes atteignent 1,5 cm au bout de 3 semaines ; ils ont une coloration juvénile typique. Les adultes sont capables de frayer tous les quinze jours.

1 ♂

1 ♀

2

2 juv.

1 *Tropheus duboisi* Marlier, 1959

● Distribution : endémique du lac Tanganyika (Afrique de l'Est), dans deux localités séparées (côte tanzanienne, entre Kigoma et le fleuve Malagarasi ; côte zaïroise, près de Bemba) ● Longueur : 12–14 cm ● Dimorphisme sexuel inexistant ● Alimentation : proies vivantes (zooplancton, larves d'insectes), aliments artificiels et végétaux ● Aquarium spécifique préférable ● Première importation en 1958 ● **Reproduction** : un mâle pour 6 femelles ; incubation buccale maternelle. Bac de ponte : 200 litres au moins, avec de nombreuses cachettes (tuyaux par exemple). Eau : 24–27 °C, pH 7,5 à 8,5, TH de 18° ou plus, TAC de 4° ou plus ; elle doit être bien filtrée et renouvelée. Œuf d'un diamètre de 6–7 mm. Incubation : 25 jours dans la bouche de la femelle à 26 °C (plus ou moins 3 jours selon la température et les circonstances). Nourriture des alevins : nauplies d'artémias, zooplancton.

Les larves éclosent dans la bouche de la femelle une semaine après la ponte ; le sac vitellin est très grand. Au bout d'une deuxième semaine la pigmentation apparaît. A l'âge de 18 jours, les alevins ont toujours un sac vitellin assez grand, mais si on les sort de la bouche de la femelle, ils s'intéressent à la nourriture.

C'est un poisson très agressif à l'intérieur de l'espèce. On en connaît plusieurs variantes de couleurs. Il vit solitaire, en profondeur (à la différence de l'espèce proche *T. moorei*). On trouve les adultes entre 5 et 15 mètres de profondeur.

Les poissons fraient sur des pierres (certains mâles essaient de les nettoyer). La femelle pond au maximum 25 œufs. Pendant toute la durée du développement des alevins, elle n'accepte pas de nourriture. Quand les alevins quittent normalement la bouche de la femelle, ils atteignent de 12 à 14 mm et sont totalement indépendants. La femelle s'en occupe encore quelques jours. Les alevins ont une coloration juvénile assez attractive : à l'âge de quinze jours, ils sont d'un noir velouté et leur corps est couvert de taches blanches brillantes. Ils sont sexuellement mûrs à l'âge de 14 à 16 mois.

1 juv.
1

1 *Tropheus moorei* BOULENGER, 1898

Syn. : *Tropheus annectens, T. moorei moorei*

Cichlidae

● Distribution : endémique du lac Tanganyika (Afrique de l'Est) ● Longueur : 15 cm ● Dimorphisme sexuel inexistant ● Alimentation : proies vivantes, végétaux ● Aquarium spécifique préférable ● Première importation en 1958 par Walter Griem ● **Reproduction** : un mâle pour 3 femelles ; incubation buccale maternelle. Bac de ponte : 200 litres au moins, avec de nombreuses cachettes (tuyaux). Eau : 25–28 °C, pH 7,5 à 8,5 et TAC de 4 à 7° ; elle doit être bien filtrée et renouvelée. Œuf d'un diamètre de 7 mm. Incubation : 42 jours dans la bouche de la femelle à 25 °C. Nourriture des alevins : nauplies d'artémias, zooplancton.

C'est un poisson agressif jaloux de son territoire. Pendant le frai, la femelle pond de 7 à 17 œufs qu'elle ramasse dans sa bouche, et se cache ensuite. Il est préférable de l'isoler dans un aquarium individuel. Pendant le développement des œufs la femelle accepte de la nourriture. Lorsqu'ils quittent la bouche, les alevins de 12 à 14 mm sont totalement autonomes et ont une coloration juvénile typique. La femelle s'en occupe pendant environ une semaine. La coloration juvénile disparaît entre cinq et huit mois ; au bout d'un an les poissons sont sexuellement mûrs.

Le frai a lieu en eau libre, où la femelle ramasse les œufs. Il est intéressant de noter qu'avant le frai les poissons nettoient les pierres et creusent des trous mais ne s'en servent jamais. Selon les spécialistes, ce comportement est signe d'une évolution non achevée, avec des traces du comportement de leurs ancêtres qui frayaient sur un support solide.

2 *Tropheus moorei* – autres formes

Noms commerciaux : Orange II, Gelb-rote, Kigoma, Kaiser

Cichlidae

Il existe dans le lac de nombreuses populations isolées de *Tropheus moorei,* qui constituent des formes locales bien définies ; Scheurmann en a relevé dix-huit. Elles diffèrent avant tout par leur coloration, qui est noire, bleu-noir ou vert-olive, avec différentes bandes, orange, jaune-rouge, jaune, brun, arc-en-ciel, etc. (2a, 2b, 2c). Ces formes ont été progressivement découvertes et classées comme des variétés de l'espèce. La forme avec une nageoire caudale en lyre, connue sous le nom de « Wimpel-Moori » a été transférée par Glen Axelrod dans une espèce autonome *Tropheus polli* Axelrod, 1977. Nelissen a décrit en 1977, sous le nom de *T. moorei kasabae,* une forme du sud du lac, élevée au rang d'espèce par Poll en 1986.

bataille des mâles – ils se repoussent par la bouche

2 a
2 b
2 c
1

1 *Etroplus maculatus* (BLOCH, 1795)

Syn. : *Chaetodon maculatus, C. kakaitsel, Etroplus coruchi, Glyphisodon kakaitsel*

Cichlidae

● Distribution : sud de l'Inde et Sri-Lanka (Ceylan) ; zone littorale, dans des eaux douces ou saumâtres ● Longueur : 8 cm ● Dimorphisme sexuel : peu apparent ; la femelle, plus petite que le mâle, a une coloration moins contrastée et n'a pas le bord des nageoires noir ● Alimentation : proies vivantes, végétaux ● Aquarium spécifique de préférence ● Première importation en 1905, par Reichelt de Berlin ● **Reproduction** : en couple. Bac de ponte : 100 litres pour un couple, avec une couche de gravier, des pierres plates et des pots de fleurs cassés. Eau : 26–28 °C, pH 7,5, TH de 18 à 27° et TAC de 4° ; ajouter une cuillerée à café de sel pour 10 litres d'eau (une eau de composition inadéquate augmente sensiblement la mortalité des alevins). Œuf doté d'un petit filament. Incubation : 4 jours. Nourriture des alevins : nauplies d'artémias.

Ce sont des poissons pacifiques. Ils fraient sur des pierres dégagées, déposant les œufs sur leurs parois, verticales ou horizontales. La femelle pond 200 à 300 œufs les uns à côté des autres. Après l'éclosion, les larves sont transportées dans des trous creusés dans le fond. Les deux partenaires s'occupent longtemps des œufs et des alevins, bien que le mâle garde plutôt le territoire. Les alevins sont caractérisés par une coloration jaune-noir. Ils se nourrissent parfois sur le mucus des parents. Pendant les premiers quinze jours on filtre l'eau sur charbon actif et on surveille de près les valeurs de pH. Puis on peut remplacer le quart de l'eau par de l'eau fraîche, plus tard encore le tiers ou même la moitié. Les poissons sont très sensibles à diverses substances chimiques.

2 *Etroplus maculatus* – forme dorée

Cichlidae

Il s'agit d'une forme xanthochromique sélectionnée dans les aquariums. L'élevage et la multiplication sont les mêmes que pour la forme sauvage.

3 *Etroplus suratensis* (BLOCH, 1790)

Syn. : *Chaetodon suratensis, Ch. caris, Etroplus meleagris*

Cichlidae

● Distribution : Inde et Sri-Lanka (Ceylan) ; en mer et dans le delta des fleuves, avec une préférence pour l'eau saumâtre (jamais en eau douce) ● Longueur : 40 cm ● Dimorphisme sexuel inexistant ● Alimentation : grosses proies vivantes, chair de bœuf, de poisson ou de crevette, artémias congelées, végétaux ● Aquarium spécifique d'un volume de 500 litres ● **Reproduction** : en couple. Bac de ponte : 200 litres au moins, sans plantes, avec un décor rocheux ; filtrer intensivement sur charbon actif. Eau : 24 °C, pH 7,5 à 8,0 ; ajouter 3 cuillerées de sel pour 10 litres d'eau (on peut augmenter la salinité jusqu'à une densité de 1,022). Incubation : 48 heures. Nourriture des alevins : nauplies d'artémias, aliments végétaux très menus.

Ces poissons frayent sur un substrat dégagé. La femelle pond 200 à 300 œufs. Les parents prennent en charge les œufs et les alevins, qui nagent six jours après l'éclosion.

1
2
3

Famille *Anabantidae*

Auparavant, on assemblait dans la famille des *Anabantidae* tous les « Labyrinthidés », c'est-à-dire les poissons possédant un organe céphalique de respiration auxiliaire, le labyrinthe. Cet organe, situé au-dessous des branchies, est constitué d'une cavité dans laquelle des lamelles augmentent la surface couverte par un épithélium richement vascularisé ; c'est au niveau des nombreux capillaires que le sang est oxygéné par l'air contenu dans la cavité (et que les poissons aspirent à la surface).

C'est à partir des travaux de Liem en 1963, que l'on considère que cette famille ne contient que les trois genres africains *Anabas, Ctenopoma* et *Sandelia.*

En dehors de la période de frai, ces poissons se contentent d'une température de 2 à 3 °C inférieure à celle qui est indiquée.

1 *Ctenopoma kingsleyae* GÜNTHER, 1896 — *Anabantidae*

● Distribution : centre et ouest de l'Afrique, du Zaïre à la Gambie ; dans les eaux vives ● Longueur : 20 cm ● Dimorphisme sexuel inexistant ● Alimentation : nourritures vivantes et artificielles, ainsi que des végétaux ● Aquarium spécifique préférable ● Première importation en 1933 ● **Reproduction** : ponte en couple. Bac de ponte : 100–200 litres pour un couple, avec des touffes de plantes ; surface calme, sans aération. Eau : 25 °C, pH 6,5 à 7,0 et TAC inférieur à 4°. Œuf flottant grâce à des gouttelettes de graisse. Incubation : 24 à 48 heures. Nourriture des alevins : nauplies d'artémias.

C'est un poisson relativement pacifique ; à l'exception de la période de frai, on peut l'élever en compagnie de poissons d'autres espèces de même taille. Il aime bien grignoter les plantes. Pendant la parade et le frai, il émet des claquements et des grognements et il relâche de l'air par les branchies. Le mâle est agressif vis-à-vis de la femelle et lui déchire souvent les nageoires. Les femelles sont très prolifiques ; selon Ostermöller elles pondent jusqu'à 20 000 œufs. Le frai a lieu près de la surface ; le mâle ne bâtit pas de nid d'écume. Il est préférable de ramasser les œufs et de les transporter dans un aquarium séparé avec faible hauteur d'eau. Quatre à cinq jours après, les alevins commencent à nager. Leur croissance est rapide mais irrégulière. Au bout de six mois les poissons atteignent 5 cm et la croissance ralentit. Pendant le développement on diminue progressivement la densité des poissons dans l'aquarium et on les trie selon leur taille. Une fois par semaine on remplace deux tiers de l'eau par de l'eau neuve.

2 *Ctenopoma oxyrhynchus* (BOULENGER, 1902) — *Anabantidae*

Syn. : *Anabas oxyrhynchus*

● Distribution : le lac Pool Malebo (Zaïre) ● Longueur : 10 cm ● Dimorphisme sexuel : peu apparent ; femelle plus claire, au ventre plus rebondi que le mâle, dont les nageoires sont allongées en pointe ● Alimentation : proies vivantes, éventuellement granulés ● Aquarium spécifique de préférence ● Première importation en 1952 ● **Reproduction** : ponte en couple. Bac de ponte : 50 litres pour un couple, avec suffisamment de plantes ; surface calme (sans aération) ; lumière tamisée. Eau : 28–30 °C, pH 6,5 à 7,0 et TAC inférieur à 4°. Œuf petit, flottant (riche en graisse). Incubation : 3–4 jours. Nourriture des alevins : nauplies d'artémias.

C'est un poisson relativement pacifique, dangereux uniquement pour les petits poissons. Il ne bâtit pas de nid, les œufs flottant librement sur la surface. On les ramasse avec une cloche de verre et on les transporte dans un aquarium séparé avec une faible hauteur d'eau. Les alevins, lorsqu'ils nagent librement, sont lucifuges. Les jeunes ont une coloration juvénile typique. Ils ne sont sexuellement mûrs qu'au bout de quelques années. Couvrir l'aquarium.

1

2

1 *Ctenopoma fasciolatum* (BOULENGER, 1899)

Syn. : *Anabas fasciolatus, A. fasciatus* *Anabantidae*

● Distribution : Zaïre (Malebo Pool et environs de Kinshasa) ● Longueur : 8 cm ● Dimorphisme sexuel : peu apparent ; mâle plus coloré que la femelle, avec des nageoires dorsale et anale allongées ● Alimentation : proies vivantes assez grosses (y compris petits poissons), granulés et végétaux ● Aquarium spécifique préférable ● Première importation en 1912, par Siggelkow à Hambourg ● **Reproduction** : ponte en couple ; fabrication d'un nid d'écume. Bac de ponte : 50 litres pour un couple, avec une lumière tamisée par des plantes flottantes ; surface calme, sans aération. Eau : 26–28 °C, pH 6,5 à 7,0 et TAC inférieur à 2°. Œuf d'un diamètre de 0,5 mm. Incubation : 36–40 heures. Nourriture des alevins : nauplies d'artémias.

Ces poissons sont résistants et agressifs. Ils aiment des aquariums bien garnis de plantes avec suffisamment d'espace pour se mouvoir librement. Pendant le frai ils changent de couleur irrégulièrement. Le mâle bâtit un nid dans des zones peu éclairées de la surface. Le nid d'écume est composé de grandes bulles, il est soit petit et haut, soit fin et large, peu soigné. Les poissons fraient souvent. Les œufs, qui contiennent beaucoup de graisse, montent vers la surface. On ramasse le nid avec les œufs à l'aide d'une cloche de verre et on le transporte dans un récipient d'élevage avec peu de lumière et une faible hauteur d'eau. Les alevins, transparents, commencent à nager quatre à cinq jours après l'éclosion. La croissance des jeunes est lente.

2 *Ctenopoma ocellatum* PELLEGRIN, 1899

Syn. : *Anabas ocellatus, A. weeksii, Ctenopoma acutirostre, C. denticulatum, C. petherici* (pas celui de Günther) *Anabantidae*

● Distribution : Zaïre, dans le Malebo Pool, les chutes de Stanley (Boyoma) et la province de Kasai ● Longueur : 10 cm ● Dimorphisme sexuel : peu apparent ; la femelle a le dos plus haut que le mâle et la tache située à la base de la queue est moins marquée ● Alimentation : proies vivantes (y compris petits poissons), aliments artificiels ● Aquarium d'ensemble, uniquement avec des poissons de même taille ●. Première importation en 1957 ● **Reproduction** : inconnue en captivité. Bac de ponte : suffisamment de cachettes et de plantes ; surface calme ; lumière diffuse. Eau : 24–28 °C, pH 6,5 à 7,0 et TAC inférieur à 4° ; filtration sur tourbe.

Les poissons élevés isolément sont facilement effrayés. Dans de grands aquariums avec la lumière tamisée et en compagnie de poissons de même taille ils le sont moins. Ils n'aiment pas une circulation d'eau trop forte dans l'aquarium.

1
2

1 *Ctenopoma acutirostre* (PELLEGRIN, 1899)

Anabantidae

● Distribution : cours central et inférieur du fleuve Zaïre ● Longueur : 15 cm ● Dimorphisme sexuel : la femelle a des petites taches sur les nageoires ● Alimentation : proies vivantes assez grosses, surtout petits poissons ● Aquarium spécifique préférable ● Première importation vers 1955 ● **Reproduction** : inconnue en captivité. Bac de ponte : 100 litres pour un couple, avec des cachettes ; lumière diffuse. Eau : 23–26 °C, pH 6,5 à 7,0 et TAC inférieur à 4°.

L'activité de ces poissons commence au crépuscule et culmine la nuit. Ressemblant à des feuilles mortes, ils attendent immobiles dans les fourrés de plantes et attrapent leur proie à la vitesse de l'éclair. Les jeunes ont une maturation très lente, on indique même quelques années.

2 *Ctenopoma ansorgei* (BOULENGER, 1912)

Syn. : *Anabas ansorgii*

Anabantidae

● Distribution : bassin de Chiloango en Angola ● Longueur : 8 cm ● Dimorphisme sexuel : les mâles matures sont légèrement plus grands et plus colorés que les femelles ● Alimentation : proies vivantes assez grosses ● Aquarium spécifique de préférence ● Première importation en 1958, aux Pays-Bas ● **Reproduction** : ponte en couple ; fabrication d'un nid d'écume. Bac de ponte : 50 litres pour un couple, avec des cachettes et des touffes de plantes ; lumière diffuse ; surface calme, sans aération. Eau : 24 °C, pH 6,0 à 6,5 et TAC inférieur à 2° ; filtration sur tourbe ou adjonction d'extraits de tourbe. Œuf flottant, riche en graisse. Incubation : 24 heures. Nourriture des alevins : nauplies d'artémias.

Ce sont des poissons crépusculaires. Ils fraient la nuit après quelques jours de parade et de comportement agressif du mâle. Celui-ci bâtit un nid de grandes bulles et de bouts de plantes. A la différence des autres espèces de Labyrinthidés, la femelle ne tourne pas le ventre vers le haut pendant le frai, mais reste dans une position normale. Elle pond environ 400 œufs. Dès que les larves naissent, on les transporte avec le nid dans un récipient séparé. Elles consomment leur sac vitellin en trois jours.

3 *Anabas testudineus* (BLOCH, 1795)

Syn. : *Amphiprion scausor, A. testudineus, Anabas elongatus, A. microcephalus, A. macrocephalus, A. oligolepis, A. scandens, A. spinosus, A. trifoliatus, A. variegatus, Antias testudineus, Cojus cobujius, Lutjanus scandens, L. testudo, Perca scandens, Sparus testudineus*

Anabantidae

● Distribution : Pakistan, Inde, Sri-Lanka, sud de la Chine, Taïwan, Philippines, archipel Malais, Indonésie ; dans les eaux saumâtres ● Longueur : 20 cm ● Dimorphisme sexuel : presque inexistant ; nageoire anale du mâle légèrement allongée ● Alimentation : proies vivantes et végétaux, ainsi que des aliments artificiels ● Aquarium spécifique préférable ● Première importation en 1870 à Londres, en 1891 en Allemagne ● **Reproduction** : ponte en couple. Bac de ponte : 200 litres au moins, bien couvert avec au plus 30 cm de hauteur d'eau, garni de nombreuses plantes fournissant des cachettes ; surface calme, éclairage diffus. Eau : 24–30 °C, pH 6,5 à 7,5, TH de 18° et TAC inférieur à 4°. Œuf flottant. Incubation : 24 heures. Nourriture des alevins : infusoires (paramécies), puis nauplies d'artémias ou de cyclopes.

Ces poissons supportent de grandes variations de température, entre 15 et 30 °C. Dans la nature ils s'enterrent dans la boue. Ils sont capables de sauter sur la terre sèche avec des impulsions de la queue, en s'aidant des épines operculaires. Le mâle ne construit pas de nid et les parents ne s'occupent pas des œufs après le frai.

Anabantidae

Famille *Belontiidae*

Cette famille a été créée en 1963 par Liem. Elle regroupe des poissons de l'ancien monde proches des perches, desquelles ils diffèrent par la présence d'un labyrinthe. Celui-ci s'est probablement développé comme une adaptation aux conditions de vie dans les tropiques où les eaux sont souvent boueuses avec peu d'oxygène. Cependant, même placés dans une eau riche en oxygène, leur respiration branchiale est insuffisante : sans possibilité d'atteindre la surface ils meurent par asphyxie. Les nageoires dorsale et anale ont des épines. Les mâles de plusieurs espèces sont très agressifs, et jaloux de leur territoire. Chez certaines espèces, les mâles construisent des nids d'écume, chez d'autres, ils gardent les œufs et alevins dans la bouche.

1 *Betta splendens* REGAN, 1909
« Betta », « Poisson combattant »

Syn. : *Betta trifasciata* (pas celui de Bleeker), *B. pugnax*, *B. rubra* (pas celui de Perugio)

Belontiidae

◁ ●

● Distribution : Thaïlande, Cambodge, Viêt-nam et Malaisie ; dans les eaux chaudes peu profondes ● Longueur : 6 cm ● Dimorphisme sexuel : les nageoires du mâle (sauf les pectorales) sont plus longues que celles de la femelle et peuvent atteindre des proportions impressionnantes ● Alimentation : proies vivantes (tubifex, larves de moustiques,...), ainsi que des œufs de poisson cuits ou de la viande de bœuf finement hachée ● Aquarium spécifique préférable ● Première importation en 1892, en France ● **Reproduction** : ponte en couple ; fabrication d'un nid d'écume. Bac de ponte : 3–6 litres, avec des plantes flottantes et une surface calme (sans aération) ; l'air au-dessus de la surface doit être humide (couvercle nécessaire). Eau : 26–30 °C, pH proche de 7,0 et TAC inférieur à 4°. Œuf d'un diamètre de 0,8 mm, non flottant. Incubation : 30 heures. Nourriture des alevins : nauplies d'artémias, puis tubifex hachés.

Avant le frai, et lors de la construction du nid, les mâles sont agressifs et peuvent même tuer les femelles. Par contre des mâles pas assez agressifs sont attaqués par les femelles, et le frai n'a pas lieu ; on exclut de tels mâles de l'élevage. Le mâle construit un nid d'écume sous la surface. On a découvert que l'écume comprend des substances bactériostatiques et des substances qui modifient favorablement la composition chimique de l'eau près des œufs, qui sont au nombre de quelques centaines. Pendant le frai, les parents (le mâle surtout) ramassent les œufs et les insèrent dans le nid. Le frai fini on enlève la femelle et, quand les alevins nagent, également le mâle. On enlève avec précaution la plupart des plantes et on baisse la hauteur d'eau à 5 cm. Les jeunes ont un métabolisme important, qui nécessite de fréquents changements d'eau ; leur croissance est très rapide. Certains sont sexuellement mûrs à l'âge de cinq semaines, mais on obtient de meilleurs résultats avec des poissons de 5 à 6 mois (*B. splendens* ne vit pas longtemps).

Le caractère le plus apprécié des bettas d'élevage est la capacité des mâles à avoir des grandes nageoires. Dès que les mâles atteignent la maturité sexuelle, on les isole dans des récipients individuels placés l'un à côté de l'autre. Les mâles paradent en permanence et tendent leurs nageoires, ce qui favoriserait leur croissance. Il est nécessaire de nettoyer ces récipients régulièrement. On choisit les mâles les plus beaux pour la reproduction. Les femelles peuvent être élevées ensemble.

1a — forme normale
1b — forme claire

1a ♀
1a ♂
1b ♀
1b ♂

1 *Betta smaragdina* LADIGES, 1972

Belontiidae

◁ ● • Distribution : nord-est de la Thaïlande • Longueur : 7 cm • Dimorphisme sexuel : les nageoires ventrales (pelviennes) du mâle sont plus longues que celles de la femelle, qui présente quelques bandes transversales au moment de la ponte • Alimentation : proies vivantes • Aquarium spécifique préférable • Première importation en 1970, par Dietrich Scheller • **Reproduction** : ponte en couple ; fabrication d'un nid d'écume. Bac de ponte : 6–10 litres, avec des plantes flottantes et une surface calme (sans aération). Eau : 28 °C, pH proche de 7,0 et TAC inférieur à 4°. Incubation : 24–26 heures. Nourriture des alevins : nauplies d'artémias.

L'élevage et la multiplication sont les mêmes que pour *B. splendens ;* on peut cependant garder les jeunes mâles ensemble car c'est un poisson pacifique. Les mâles construisent un nid de bulles sous la surface. On peut rassembler au bout d'une semaine les alevins provenant de plusieurs couples dans un seul récipient d'une hauteur d'eau de 5 à 10 cm, dont on augmentera progressivement le niveau. On trie les jeunes, dont la croissance est irrégulière.

2 *Betta pugnax* (CANTOR, 1850)

Syn. : *Betta brederi, Macropodus pugnax*

Belontiidae

◁ ● • Distribution : Malaisie, Indonésie, Cambodge ; dans les eaux vives • Longueur : 10 cm • Dimorphisme sexuel : mâle plus coloré que la femelle, avec des nageoires plus longues • Alimentation : proies vivantes • Aquarium spécifique (en couple) • Première importation en 1905, par Reichelt de Berlin • **Reproduction** : en couple ; incubation buccale paternelle. Bac de ponte : 50 litres pour un couple, avec suffisamment de cachettes, des plantes et une lumière diffuse ; filtration intense pour obtenir une eau claire et courante. Eau : 26–28 °C, pH 6,5 à 7,0, TH inférieur à 18° et TAC inférieur à 4°. Incubation : 12–16 jours dans la bouche du mâle, selon la température. Nourriture des alevins : nauplies d'artémias.

Les poissons ne peuvent pas construire un nid dans les eaux vives et c'est probablement pourquoi le mâle garde les œufs dans sa bouche. Pendant les actes de frai successifs il récupère les œufs à l'aide de sa nageoire anale, la femelle les prend alors dans sa bouche et les ressort instantanément devant la bouche du mâle. Ceci se répète jusqu'à ce que le mâle ramasse tous les œufs (environ 150). Les alevins quittant la bouche sont autonomes et le rôle du mâle est fini. L'élevage des jeunes poissons est aisé. Un mode de frai semblable est connu pour les espèces *Betta anabantoides* Bleeker, 1850, *B. foerschi* Vierke, 1979, *B. taeniata* Regan, 1909, *B. picta* (Cuvier et Valenciennes, 1846), *B. macrostoma* Regan, 1909 et *Pseudobetta unimaculata* (Popta, 1905).

1 ♂
1 ♀
2 ♂
2 ♀

◁ ●

● Distribution : Bornéo, état de Brunei ; dans la rivière Sungai Mendaram, au fond rocheux et à cours rapide ● Longueur : 10 cm ● Dimorphisme sexuel : mâle plus coloré ● Alimentation : nourriture vivante (mouches, drosophiles, larves de moustiques, morceaux de vers de terre,...) ● Aquarium spécifique, bien couvert ● Première importation en 1981 aux États-Unis par le Docteur H. R. Axelrod, en 1984 en Europe par T. Schulz ● **Reproduction** : ponte en couple ; incubation buccale paternelle. Bac de ponte : 50 litres pour un couple, avec des fourrés de plantes. Eau : 24 °C, pH 5,0 à 6,0, TH inférieur à 18° et TAC inférieur à 2°. Incubation : 8–10 jours dans la bouche du mâle. Nourriture des alevins : nauplies d'artémias.

La rivière Sungai Mendaram, d'où vient cette espèce, est une rivière de montagne à fond caillouteux, avec de nombreux rapides. La localité type (Kampong Labi) est un trou d'eau situé sous une cascade ; la température de l'air y est de 37 °C, celle de l'eau de 24 °C, avec un pH de 4,3 et une très faible minéralisation.

En 1910, C. Tate Regan a décrit cette espèce d'après un seul exemplaire. Regan a été surpris par la grande bouche et c'est ce qui a valu au poisson le nom de *macrostoma.* Ensuite pendant des dizaines d'années on n'a plus entendu parler de cette espèce. Madame Sharon Eden, de Brunei, a redécouvert ce poisson en 1980, et c'est la première aquariophile qui ait observé le frai. La parade et le frai se déroulent comme chez *B. splendens,* mais le mâle ne construit pas de nid car il incube les œufs dans sa bouche. La femelle aide le mâle à chercher les œufs sur le fond et les lui jette dans sa bouche ouverte. La difficulté de l'élevage réside dans le fait que parfois les mâles avalent les œufs. Les mâles sont jaloux de leur territoire et sont très agressifs. On doit donc garder séparément les mâles sexuellement mûrs. Les femelles et les juvéniles peuvent rester dans le territoire du mâle. On suppose que les mâles défendent plutôt un territoire alimentaire qu'un territoire de frai. Ces poissons mangent beaucoup, mais il ne faut pas les nourrir exagérément ; ils préfèrent les insectes volants. Ils sautent très bien et sont sensibles à certaines maladies infectieuses ou parasitaires.

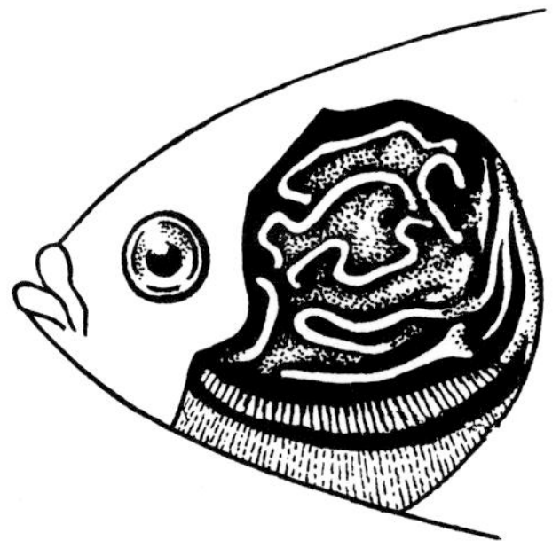

schéma du labyrinthe de respiration

1 ♀
1 ♂

1 *Betta imbellis* LADIGES, 1975

Belontiidae

◁ ●

• Distribution : Malaisie, autour de la ville de Kuala Lumpur • Longueur : inférieure à 5 cm • Dimorphisme sexuel : mâle plus coloré, avec des nageoires plus développées que la femelle • Alimentation : proies vivantes • Aquarium spécifique de préférence • Première importation en 1970, par E. Schaller • **Reproduction** : ponte en couple ; fabrication d'un nid d'écume. Bac de ponte : 3–6 litres, avec des plantes flottantes ; surface calme, sans aération. Eau : 26–28 °C, pH proche de 7,0, TAC inférieur à 4°. Œuf d'un diamètre de 1 mm, ne flottant pas. Incubation : 32 heures. Nourriture des alevins : nauplies d'artémias.

Il vit dans la même région que *B. splendens,* mais dans des localités différentes. La femelle pond environ 200 œufs dans le nid d'écume construit par le mâle. Elle doit être enlevée après le frai, le mâle devant être enlevé dès que les alevins commencent à nager. La croissance des jeunes est relativement lente. Ces poissons fraient souvent pendant toute l'année. Ils ne se querellent pas à l'intérieur de l'espèce. Ils se rapprochent par leur apparence de *B. smaragdina,* avec lequel ils se croisent ; cependant les hybrides ne sont pas viables. Par contre, les hybrides de *B. imbellis* et *B. splendens* sont féconds. *B. imbellis* étant peu répandu en captivité, les croisements consanguins sont fréquents. Comme ils vivent rarement plus d'un an et que le renouvellement des générations est donc très rapide, les spécimens d'aquarium sont souvent peu résistants et maladifs. On a le même problème concernant les croisements successifs de *B. splendens.*

2 *Betta unimaculata* (POPTA, 1905)

Syn. : *Parophiocephalus unimaculatus, Betta ocellata, Pseudobetta unimaculata*

Belontiidae

◁ ●

• Distribution : nord-est de Bornéo, dans le bassin de la rivière Kretam ; dans les canaux d'irrigation et les ruisseaux de forêt • Longueur : 9 cm (femelle) à 11 cm (mâle) • Dimorphisme sexuel : le mâle a un dos foncé avec des dessins d'un vert scintillant, tandis que la femelle est brun clair • Alimentation : grosses proies vivantes (grand zooplancton, larves d'insectes, drosophiles, petits grillons, petits vers de terre, etc.) • Aquarium spécifique de préférence • **Reproduction** : ponte en couple ; incubation buccale paternelle. Bac de ponte : 50 litres pour un couple, avec des cachettes, des cavités et des plantes. Eau : 23–28 °C, pH autour de 7,0, TH inférieur à 18° et TAC inférieur à 2° ; elle doit être neuve. Œuf blanc, d'un diamètre de 1 mm. Incubation : 11 jours dans la bouche du mâle. Nourriture des alevins : nauplies d'artémias.

Les biotopes habités par cette espèce sont des zones de ruisseau séparées entre elles par des tronçons à fort courant, ou même des chutes d'eau ; les poissons sont capables de surmonter ces obstacles pour passer d'un trou d'eau à l'autre. Ces poissons sautent très bien et il faut couvrir les aquariums avec des plaques de verre. On remplace chaque semaine environ un tiers de l'eau par de l'eau neuve. Les femelles mûres ont le ventre bien rond ; il est bon de leur donner des larves de moustiques (larves noires). Les poissons fraient le soir. Après le frai, qui dure deux à trois heures, le mâle a la gorge remplie d'œufs et cherche une cachette. Les alevins quittant la bouche du mâle sont indépendants et acceptent tout de suite de la nourriture. On enlève alors les parents et on abaisse le niveau d'eau à 3–5 cm.

Belontiidae

1 *Belontia hasselti* (CUVIER et VALENCIENNES, 1831)

Syn. : *Polyacanthus einthoveni, P. hasselti, P. helfrichi, P. kuhli, P. olivaceus.*

Belontiidae

○ ◑

● Distribution : Java, Sumatra, Bornéo, presqu'île Malaise ; les eaux pures à courant lent ● Longueur : 20 cm ● Dimorphisme sexuel : minime ; pendant le frai, la femelle présente un dessin réticulé sur les nageoires, après le frai, elle devient très pâle ● Alimentation : proies vivantes essentiellement, ainsi que des aliments artificiels ● Aquarium d'ensemble, en compagnie de poissons du même type ● Première importation en 1968 ; première reproduction en 1970 en RFA. ● **Reproduction** : ponte en couple ; les poissons ne se reproduisent pas en présence d'autres poissons. Bac de ponte : 100 litres, avec des touffes de plantes et des plantes flottantes ; clair, voire ensoleillé ; surface calme (sans aération). Eau : 26–30 °C, pH 6,5 à 7,0 et TAC inférieur à 4°. Incubation : 24–28 heures. Nourriture des alevins : paramécies pendant la première semaine, puis nauplies d'artémias et de cyclopes.

Même si on indique que les mâles peuvent construire un nid d'écume, la plupart du temps ils ne le font pas et les œufs sont dispersés à la surface. Après le frai on écarte la femelle. Les alevins commencent à se nourrir trois jours après l'éclosion ; à ce moment, on enlève le mâle et on abaisse la hauteur d'eau à 10–15 cm. On surveille la température de l'eau et de l'air pour qu'elles soient en équilibre (ceci est valable pour tous les poissons à labyrinthe). Le tri des jeunes poissons selon leur taille, une densité peu élevée et de l'eau fréquemment renouvelée favorisent leur croissance.

2 *Belontia signata* (GÜNTHER, 1861)

Syn. : *Polyacanthus signatus*

Belontiidae

◁ ●

● Distribution : Sri-Lanka, Sumatra, Bornéo et Java ● Longueur : 13 cm ● Dimorphisme sexuel : mâle plus robuste et plus rouge que la femelle, avec les rayons de la nageoire caudale allongés ● Alimentation : petites proies vivantes (larves d'insectes, alevins, petits vers de terre, etc.) ● Aquarium spécifique de préférence ● Première importation en 1933 ● **Reproduction** : en couple. Bac de ponte : 50 litres pour un couple, avec des plantes flottantes ; surface calme, sans aération. Eau : 24–26 °C, pH 6,5 à 7,0 et TAC inférieur à 4°. Œuf d'un diamètre de 1,2 mm, flottant car il est riche en graisse. Incubation : 48 heures. Nourriture des alevins : nauplies d'artémias et de cyclopes, puis tubifex découpés.

Les parents défendent avec acharnement le lieu de frai. Les larves foncées consomment leur sac vitellin en cinq jours ; leur croissance est ensuite rapide. Une caractéristique importante de la coloration juvénile est une tache noire à la base de la nageoire caudale.

1
2

1 *Colisa lalia* (HAMILTON-BUCHANAN, 1822)
« Gouramy nain »

Syn. : *Colisa unicolor, Trichopodus lalius, Trichopsis lalius, Trichogaster unicolor, T. lalius*

Belontiidae

○ ◑

● Distribution : Inde (bassin du Gange, Jumna et Brahmapoutre) et Bornéo (rivière Baram) ● Longueur : 5 cm ● Dimorphisme sexuel : mâle beaucoup plus coloré et plus grand que la femelle ● Alimentation : nourritures vivantes (tubifex en particulier) et artificielles ● Aquarium d'ensemble accepté ● Première importation en 1874, par P. Carbonnier à Paris ; première importation commerciale en 1903 à Hambourg ● **Reproduction** : ponte en couple ; fabrication d'un nid d'écume. Bac de ponte : 3–5 litres pour un couple, avec des plantes flottantes ; surface calme, sans aération. Eau 26–28 °C, pH 6,5 à 7,0 et TAC inférieur à 4°. Œuf petit, contenant beaucoup de graisse. Incubation : 24 heures. Nourriture des alevins : paramécies pendant 10 jours, puis nauplies d'artémias.

Le mâle construit un nid d'écume à la surface en ajoutant des bouts de plantes. La femelle est très prolifique. Le mâle ramasse les œufs dispersés à la surface et les concentre dans le nid. Après le frai on enlève la femelle ; quand les alevins commencent à nager, on enlève aussi le mâle. On abaisse alors la hauteur d'eau à 5 cm. La croissance des jeunes poissons est irrégulière et lente. Après quelques jours on peut rassembler les alevins provenant de plusieurs couples dans un seul récipient (avec une grande surface et une hauteur d'eau de 5 cm). Les poissons de tous âges sont sensibles aux maladies infectieuses et aux parasites.

2 *Colisa lalia* « Sunset »

Belontiidae

○ ◑

En 1979 sont apparus dans les magasins ouest-allemands, sous le nom commercial de « Lalius rouge », des mâles d'une couleur intéressante. Ils ont causé une profonde sensation par leur couleur et par leur prix très élevé. Plus tard les revues américaines ont apporté la solution concernant l'origine de ces poissons. *C. lalia* « Sunset » (coucher de soleil) avait été depuis un certain temps secrètement sélectionné (avec d'autres nouveautés) par Tan Guk Eng dans une ferme de Singapour. Les journaux de Singapour ont signalé un vol de lalia « Sunset » d'une valeur de 32 000 dollars américains. Le poisson a aussi été diffusé sous le nom de *C. « gukengi »*. Pour des raisons commerciales on n'exportait vers l'Europe que les mâles qui étaient avec plus ou moins de succès croisés avec des femelles de la forme naturelle. Aujourd'hui on importe aussi les femelles.

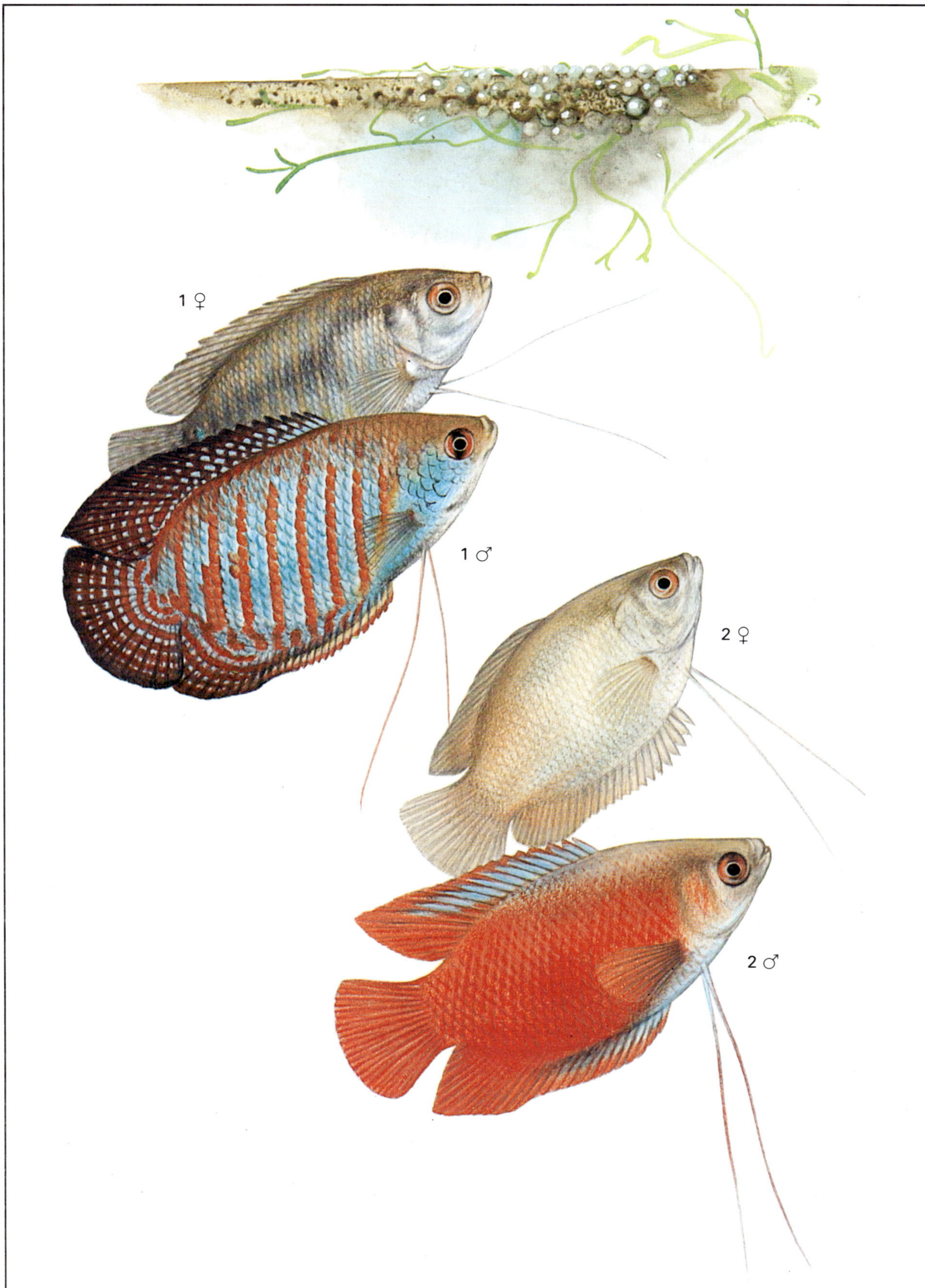
1 ♀
1 ♂
2 ♀
2 ♂

1 *Colisa chuna* (HAMILTON-BUCHANAN, 1822)

Syn. : *Trichopodus chuna, T. sota, Chuna kolisha, Trichogaster chuna, T. sota*

Belontiidae

○ ◑ ● Distribution : nord-est de l'Inde, Assam et Bangladesh ● Longueur : 5 cm ● Dimorphisme sexuel : mâle reproducteur d'un brun-rouge intense ; femelle plus ventrue, gris-brun avec une bande brune allant de l'œil à la base de la nageoire caudale ● Alimentation : proies vivantes, végétaux éventuellement ● Aquarium d'ensemble accepté ● Première importation en 1962, en Hollande et aux États-Unis ● **Reproduction** : ponte en couple ; généralement construction d'un nid d'écume. Bac de ponte : 10 litres pour un couple, avec 6 à 8 cm d'eau et des plantes flottantes ; surface calme, sans aération. Eau : 28–30 °C, pH proche de 7,0 et TAC inférieur à 4°. Œuf flottant, doté d'une grosse goutte de graisse. Incubation : 12 heures à 30 °C. Nourriture des alevins : paramécies pendant 10 jours, puis nauplies d'artémias.

Certains mâles ne construisent pas de nid du tout, d'autres le font avant ou pendant le frai. Les mâles transportent des œufs et larves d'une place à l'autre jusqu'à ce que les alevins commencent à nager. A l'âge de 3 à 6 semaines les alevins sont particulièrement vulnérables, car c'est l'époque du développement du labyrinthe. La croissance est irrégulière.

2 *Colisa fasciata* (BLOCH et SCHNEIDER, 1801)

Syn. : *Trichogaster fasciatus, Trichopodus colisa, T. bejeus, T. cotra, Colisa vulgaris, C. bejeus, C. cotra, C. ponticeriana, Polyacanthus fasciatus*

Belontiidae

○ ◑ ● Distribution : Assam (Inde), Bangladesh, Birmanie, Thaïlande et presqu'île Malaise ● Longueur : 10 cm ● Dimorphisme sexuel : mâle plus coloré, avec les nageoires dorsale et anale allongées en pointe ● Alimentation : nourritures vivantes et artificielles ● Aquarium d'ensemble accepté ● Première importation en 1897, par Paul Matte de Berlin-Lankwitz ● **Reproduction** : ponte en couple ; fabrication d'un nid d'écume. Bac de ponte : 50 litres pour un couple, avec des plantes flottantes, sans aération. Eau : 28 °C, pH 6,5 à 7,0 et TAC inférieur à 4°. Œuf flottant. Incubation : 24 heures. Nourriture des alevins : paramécies pendant 4 jours, puis nauplies d'artémias.

Les mâles sont jaloux de leur territoire et se battent entre eux ; ils construisent des grands nids d'écume. La femelle pond jusqu'à 800 œufs. On élève les alevins dans 3 à 5 cm d'eau. Au cours de la croissance on trie les jeunes selon la taille, et on ajoute progressivement de l'eau.

3 *Colisa labiosa* (DAY, 1878)

Syn. : *Trichogaster labiosus*

Belontiidae

○ ◑ ● Distribution : Birmanie, Thaïlande, Laos ● Longueur : 12 cm ● Dimorphisme sexuel : nageoire dorsale allongée en pointe, avec une extrémité bleue alors qu'elle est rouge chez la femelle ● Alimentation : nourritures vivantes ou artificielles ● Aquarium d'ensemble accepté ● Première importation en 1911, par Scholze et Pötzschke de Berlin ● **Reproduction** : ponte en couple ; fabrication d'un nid d'écume. Autres caractéristiques : voir *Colisa fasciata.*

L'élevage est le même que pour *C. fasciata.* Le mâle construit un nid d'écume plat, qui ne peut tenir que si la surface est calme et l'air humide. C'est pourquoi on n'aère pas et on couvre l'aquarium d'une plaque de verre (ceci est valable pour tous les poissons à labyrinthe construisant des nids d'écume). Il est pratiquement impossible de distinguer en aquarium *C. labiosa* et *C. fasciata,* car ces poissons ont été croisés maintes fois.

1 ♂
1 ♀
2
3

1 *Macropodus opercularis* (LINNAEUS, 1758)
« Macropode »

Syn. : *Labrus opercularis, Polyacanthus opercularis, Platypodus gurca, Macropodus viridi-auratus, M. concolor, M. filamentosus, M. venustus, M. opercularis* var. *viridi-auratus*

Belontiidae

○ ●

● Distribution : Corée, Chine, Sud Viêt-nam, Taïwan, île de Ryukyn et presqu'île Malaise ; dans les eaux peu profondes et les rizières ● Longueur : 9 cm ● Dimorphisme sexuel : mâle plus robuste que la femelle, avec les nageoires impaires allongées en pointes ● Alimentation : principalement aliments vivants (tubifex, larves d'insectes, alevins, etc.), ainsi que des granulés, de la viande de bœuf, etc. ● Aquarium spécifique préférable ● Première importation en 1869, par P. Carbonnier à Paris ● **Reproduction** : ponte généralement en couple ; fabrication d'un nid d'écume. Bac de ponte : 20–50 litres pour un couple, avec des plantes flottantes ; surface calme (sans aération). Eau : 20–24 °C, pH autour de 7,0 et TAC de 4°. Œuf d'un diamètre de 1 mm. Incubation : 36 heures à 24 °C, 24 heures à 28 °C. Nourriture des alevins : nauplies d'artémias ou de cyclopes.

C'est un poisson résistant, agressif pendant le frai. Dans les bassins de plein air il est même capable de survivre aux petites gelées d'automne. Le mâle construit un nid d'écume où il fraye avec une, exceptionnellement plusieurs femelles. Si le frai a lieu dans un grand aquarium, on attend jusqu'à l'éclosion des alevins et on prélève ensuite le nid entier avec une grande cloche pour le placer dans un récipient d'élevage, avec une hauteur d'eau de 5 cm. Pendant la croissance on ajoute progressivement de l'eau et on trie les poissons selon la taille. Pour la reproduction, on choisit des exemplaires avec une belle coloration rouge et bleue.

Ces poissons peuvent être utilisés dans la lutte biologique contre les escargots et d'autres organismes indésirables.

2 *Macropodus opercularis* – forme albinos

Belontiidae

○ ●

Cette forme, claire aux yeux rouges, a été sélectionnée et génétiquement stabilisée dans les élevages.

3 *Macropodus concolor* AHL, 1937

Syn. : *Macropodus opercularis concolor*

Belontiidae

◁ ◑

● Distribution : sud de la Chine, Viêt-nam et Malaisie ● Longueur : 8 cm (femelle) à 12 cm (mâle) ● Dimorphisme sexuel : nageoires du mâle plus développées, les rayons de la nageoire caudale étant allongés, ainsi que ceux de l'anale (qui sont de plus colorés en rouge) ; ses nageoires caudale et dorsale ont un bord blanc et des reflets bleus ● Alimentation : proies vivantes ● Aquarium d'ensemble, en compagnie d'espèces semblables ● Première importation en 1935 ● **Reproduction** : ponte en couple ; fabrication d'un nid d'écume. Bac de ponte : 50–100 litres pour un couple, avec des plantes flottantes ; surface calme. Eau : 22–30 °C, pH 7,0 à 7,5 et TAC inférieur à 4°. Incubation : 36 heures à 24 °C, 24 heures à 28 °C. Nourriture des alevins : nauplies d'artémias ou de cyclopes.

Pendant longtemps ce poisson a été considéré comme une espèce peu déterminée, car l'auteur de la première description ne connaissait pas son origine. Ahl considérait ce poisson comme une sous-espèce de *M. opercularis.* Cette dernière espèce produit des hybrides féconds avec *M. concolor ;* ils sont mal colorés, nécessitent une eau courante, et sautent souvent hors des aquariums. Le croisement de ces deux espèces n'est pas recommandé.

Belontiidae

1 *Malpulutta kretseri* DERANIYAGALA, 1937

Belontiidae

◁ ●

● Distribution : Sri-Lanka ● Longueur : 4–5 cm (femelle) à 7–9 cm (mâle) ● Dimorphisme sexuel : les nageoires impaires du mâle sont plus longues ● Alimentation : proies vivantes ● Aquarium spécifique préférable ● Première importation probablement en 1959 ● **Reproduction** : ponte en couple ; fabrication d'un nid d'écume. Bac de ponte : 30–50 litres avec suffisamment de cachettes et de plantes à feuilles larges *Cryptocoryne)* ; niveau d'eau de 20–30 cm ; pas d'aération. Eau : 25–27 °C, pH 6,5 à 7,0 et TAC inférieur à 4°. Incubation : 45 heures. Nourriture des alevins : nauplies d'artémias juste écloses.

Dans la nature ces poissons fraient pendant la saison sèche. Le mâle construit un petit nid d'écume sous la surface ou, souvent, à la face inférieure des feuilles. Ces poissons exigent pour frayer du calme et une lumière diffuse à travers les plantes flottantes. Ils sont très facilement effrayés. Le mâle construit le nid quelques jours avant le frai. A la ponte, les œufs tombent sur le fond. Les parents les ramassent et les amènent dans le nid, il y en a environ une centaine. En principe on n'enlève pas la femelle après le frai, pourvu qu'elle ait suffisamment de cachettes (contre l'agressivité du mâle). Le sac vitellin est consommé au bout de six jours et les alevins commencent alors à se nourrir. Le mâle mange souvent une partie des alevins. Dès que les alevins nagent librement, on écarte les parents. On enlève alors les plantes, et on abaisse la hauteur d'eau à 3 ou 4 cm.

2 *Parosphromenus deissneri* (BLEEKER, 1859)

Syn. : *Osphromenus deissneri*

Belontiidae

◁ ●

● Distribution : Asie du Sud-Est, Sumatra, presqu'île Malaise et probablement Singapour ; dans les eaux vives, ou au moins à courant sensible ; très rare ● Longueur : 7,5 cm ● Dimorphisme sexuel : mâle coloré, surtout en parure nuptiale ● Alimentation : petites proies vivantes ● Aquarium spécifique préférable ● Première importation en 1914 ● **Reproduction** : ponte en couple. Bac de ponte : 50 litres, avec des plantes flottantes et des cavités (tuyaux, morceaux de pots de fleurs). Eau : 27 °C, pH 5,0 à 6,0, TH inférieur à 18° et TAC inférieur à 2° ; filtration sur tourbe. Nourriture des alevins : paramécies ou rotifères pendant 3 jours, puis toutes jeunes nauplies d'artémias.

La reproduction en aquarium est difficile. Un milieu calme est nécessaire, et une alimentation à base de larves noires de moustiques favorise la maturation des œufs et le frai. Le véritable frai est précédé d'une parade du mâle et d'un simulacre de ponte pendant lequel la femelle ne libère pas d'œuf. Le frai lui-même dure environ une heure. La femelle pond quelque 50 œufs, qui sont ramassés puis placés au plafond d'une cavité. Après le frai on écarte la femelle. Les alevins consomment leur vitellus en une semaine. Certains mâles mangent les larves pendant leur développement et il est recommandé d'enlever le mâle 90 heures après le frai. A ce moment, les larves ont une pigmentation bien visible. On commence l'élevage des alevins avec une hauteur d'eau de 5 cm. Pendant la croissance on ajoute de petites quantités d'eau de conduite pour habituer les alevins aux changements de la composition chimique de l'eau. La croissance des jeunes est lente.

1
2 ♀
2 ♂

1 *Pseudosphromenus cupanus* (Cuvier et Valenciennes, 1831)

Syn. : *Polyacanthus cupanus, Macropodus cupanus*

Belontiidae

● Distribution : Asie du Sud-Est, Inde, Sri-Lanka ; dans les eaux stagnantes ou à cours lent, fossés, marécages ● Longueur : 8 cm ● Dimorphisme sexuel : peu apparent en dehors du frai ; la femelle est alors presque noire tandis que le mâle, plus coloré, est surtout rouge, sa nageoire dorsale étant souvent pointue ● Alimentation : proies vivantes ● Aquarium spécifique, ou en compagnie d'espèces pacifiques de petite taille ● Première importation en 1903, par Stüve à Hambourg ● **Reproduction** : ponte en couple ; fabrication éventuelle d'un nid d'écume. Bac de ponte : 20–50 litres pour une hauteur d'eau de 20 cm environ, avec des plantes flottantes éparses, sans aération ; il doit être bien éclairé, voire ensoleillé ; on peut mettre une racine de tourbière à moitié immergée, et des pots de fleurs couchés sur le fond. Eau : 26 °C, pH proche de 7,0 et TAC inférieur à 4°. Incubation : 36–42 heures. Nourriture des alevins : nauplies d'artémias ou de cyclopes.

Ce sont des poissons de coloration variable, car leur aire de répartition est vaste. Le frai a le plus souvent lieu dans des cavités. S'il n'y a pas une cavité convenable dans l'aquarium, le mâle construit un nid d'écume, à proximité d'une grande feuille, ou directement sous la feuille. La femelle pond 20 à 50 œufs. Après le frai, on écarte la femelle ; quand les larves commencent à nager (environ trois jours après l'éclosion), on enlève le mâle. On abaisse ensuite le niveau d'eau à 5 cm. Les jeunes ont une tache juvénile caractéristique à l'arrière du corps.

2 *Pseudosphromenus dayi* (Köhler, 1909)

Syn. : *Polyacanthus dayi, P. cupanus* var. *dayi, Macropodus dayi, M. cupanus dayi*

Belontiidae

● Distribution : Asie du Sud-Est, entre la Birmanie et le Viêt-nam ● Longueur : 8 cm ● Dimorphisme sexuel : les rayons des nageoires dorsale et anale du mâle, ainsi que les rayons centraux de sa caudale, sont allongés ● Alimentation : organismes vivants ● Aquarium spécifique préférable ● Première importation en 1908, par Scholze et Pötzschke à Berlin ● **Reproduction** : ponte en couple ; fabrication éventuelle d'un nid d'écume. Bac de ponte : 20–50 litres, avec des plantes flottantes et des pots de fleurs couchés ; lumière diffuse ; pas d'aération. Eau : 26– 30 °C, pH 6,5 à 7,5 et TAC inférieur à 4°. Incubation : 30 heures. Nourriture des alevins : paramécies, nauplies de cyclopes puis nauplies d'artémias au bout de 3–4 jours.

Les mâles construisent parfois un nid d'écume près de la surface, mais ils préfèrent frayer dans des cavités. C'est surtout le mâle qui s'occupe des œufs et des larves, la femelle ne le fait que rarement. On écarte les parents dès que les alevins nagent librement et on abaisse le niveau d'eau à 5–10 cm. L'eau neuve favorise la croissance des jeunes poissons.

1
2 ♀
2 ♂

1 *Trichogaster trichopterus trichopterus* (PALLAS, 1777) **« Gouramy bleu »**

Syn. : *Labrus trichopterus, Osphromenus trichopterus* var. *koelreuteri, O. saigonensis, O. siamensis, O. trichopterus, Trichopodus trichopterus, Trichopterus trichopterus, T. sepat, T. cantoris, T. siamensis* — *Belontiidae*

● Distribution : Malaisie, Viêt-nam, Thaïlande, Birmanie et grandes îles de la Sonde ● Longueur : 15 cm ● Dimorphisme sexuel : nageoire dorsale du mâle allongée en pointe ● Alimentation : nourritures vivantes et artificielles ● Aquarium d'ensemble accepté ● Première importation en 1896, par J. F. G. Umlauff à Hambourg ● **Reproduction** : ponte en couple ; fabrication d'un nid d'écume. Bac de ponte : 50–100 litres pour un couple, avec des plantes flottantes ; surface calme, sans aération. Eau : 24–26 °C, pH autour de 7,0 et TAC inférieur à 4°. Œuf flottant, contenant beaucoup de graisse. Incubation : 24 heures. Nourriture des alevins : toutes jeunes nauplies d'artémias.

Les couples refusent en général de frayer en présence d'autres poissons (même de leur espèce). Le mâle construit un nid assez allongé et peu soigné. Les femelles sont très prolifiques, pondant jusqu'à 4 000 œufs. Après le frai on enlève la femelle ; dès que les alevins commencent à quitter le nid, on écarte aussi le mâle. On abaisse le niveau d'eau à 10 cm. On leur donne à manger trois à quatre fois par jour et, pendant la première semaine encore une fois la nuit sous un éclairage faible. Pendant la croissance on augmente progressivement le niveau d'eau, et comme le métabolisme des poissons est important, on nettoie souvent, en remplaçant 50 à 70 pour cent de l'eau par de l'eau neuve. La croissance des jeunes est très irrégulière et il est nécessaire de les trier souvent selon la taille.

2 *Trichogaster trichopterus sumatranus* LADIGES, 1933 — *Belontiidae*

● Distribution : Sumatra ● Longueur : 15 cm ● Alimentation : nourritures vivantes et artificielles ● Aquarium d'ensemble accepté ● Première importation en 1896 ● **Reproduction** : comme pour *T. trichopterus trichopterus.*

L'élevage et la multiplication sont les mêmes que pour *T. trichopterus trichopterus.*

3 *Trichogaster trichopterus* **« Cosby »** — *Belontiidae*

Cette forme a été sélectionnée par l'aquariophile américain Cosby, probablement déjà avant la Deuxième Guerre mondiale ; le poisson de base était le *T. trichopterus sumatranus.*

2 ♂
2 ♀
1
3

1 *Trichogaster trichopterus* – forme dorée **« Gouramy doré », « Gouramy gold »**

Belontiidae

Cette forme xanthochromique a été sélectionnée en 1971 en RDA, à partir de *T. trichopterus* « Cosby ». Les poissons atteignent une taille inférieure à celle de *T. trichopterus trichopterus* et *T. trichopterus sumatranus.* Cette variété est née par hasard dans un bassin d'été parmi des poissons de forme « Cosby ». En 1971 elle a été exportée aux États-Unis. Elle est génétiquement stable. Le mâle est plus robuste que la femelle et sa nageoire dorsale est allongée en pointe.

2 *Trichogaster trichopterus* – forme argentée

Belontiidae

Pendant la sélection de la forme dorée sont apparus des individus argentés. Cette forme n'est pas encore génétiquement stabilisée.

Toutes les formes de *T. trichopterus* sont très prolifiques et le frai et l'éclosion se passent sans problèmes. Les difficultés commencent quand les alevins se mettent à nager, du fait qu'ils sont en grand nombre et que leur croissance est irrégulière. On doit trier les poissons selon la taille et diminuer la densité dans les aquariums (dans des populations non triées, le cannibalisme est de règle). La rapidité de la croissance dépend de la quantité de la nourriture (qui doit être importante) et de la densité des poissons (qui doit être faible).

1
2

1 *Trichogaster microlepis* (GÜNTHER, 1861)
« Gouramy lune »

Syn. : *Osphromenus microlepis, Trichopsis microlepis, Trichopodus microlepis, Trichopus microlepis, T. parvipinnis, Deschauenseeia chryseus* — *Belontiidae*

○ ◑

• Distribution : Thaïlande, Cambodge ; dans les eaux lentes ou stagnantes • Longueur : 18 cm • Dimorphisme sexuel : chez le mâle, la nageoire anale a un bord orange, et les nageoires ventrales filamenteuses sont rouge orangé, alors qu'elles sont jaunes chez la femelle • Alimentation : nourritures vivantes ou artificielles • Aquarium d'ensemble accepté • Première importation en 1952 • **Reproduction** : ponte en couple ; fabrication d'un nid d'écume. Bac de ponte : 50–100 litres pour un couple, avec des touffes de plantes et des plantes flottantes ; surface calme, sans aération. Eau : 26–30 °–, pH 6,5 à 7,0 et TAC inférieur à 4°. Incubation : 24 heures. Nourriture des alevins : paramécies pendant 5 jours, puis nauplies d'artémias ou de cyclopes.

Ce sont des poissons pacifiques et facilement effrayés. Le mâle construit un nid d'écume renforcé par des petits bouts de plantes. La femelle est très prolifique, et pond jusqu'à 5 000 œufs. Après le frai on enlève la femelle, puis le mâle dès que les alevins nagent. On élève les alevins au début dans peu d'eau ; on élève progressivement le niveau par la suite. Il faut trier les alevins, car leur croissance est irrégulière. Une trop grande densité ralentit la croissance des jeunes.

2 *Trichogaster pectoralis* (REGAN, 1910)

Syn. : *Trichopodus pectoralis, Osphromenus trichopterus* var. *catoris* — *Belontiidae*

○ ◑

• Distribution : Cambodge, presqu'île Malaise et Thaïlande (artificiellement introduit au sud et au nord de la Thaïlande) ; dans les eaux peu profondes à cours lent et les marécages • Longueur : 20 cm • Dimorphisme sexuel : le bord de la nageoire anale et les nageoires ventrales filamenteuses sont jaunes chez la femelle, rouge orangé chez le mâle, qui possède de plus une nageoire dorsale allongée en pointe • Alimentation : nourritures vivantes ou artificielles • Aquarium d'ensemble accepté • Première importation en 1896, par J. F. G. Umlauff à Hambourg • **Reproduction** : ponte en couple ; fabrication d'un nid d'écume. Bac de ponte : 100 litres pour un couple, avec des plantes flottantes ; surface calme, sans aération. Eau : 26–30 °C, pH 6,5 à 7,0 et TAC inférieur à 4°. Incubation : 24 heures. Nourriture des alevins : paramécies pendant 3 jours, puis nauplies d'artémias ou de cyclopes.

T. pectoralis est le poisson le plus grand du genre *Trichogaster* ; il est fréquemment consommé. Le nom de l'espèce est dû aux grandes nageoires pectorales qui peuvent être chez les poissons adultes plus grandes que la longueur de la tête. C'est une espèce pacifique, très prolifique, qui se sent mieux dans des aquariums bien garnis de plantes. Des températures élevées augmentent l'activité des poissons et il semble que 24 °C soit un minimum. Le mâle construit un nid d'écume et il garde les œufs et les alevins ; certains mâles sont cependant de mauvais pères. Après le frai on enlève la femelle et, dès que les alevins commencent à nager, on enlève aussi le mâle. On abaisse alors la hauteur d'eau à 10 cm. Pendant leur croissance on trie les jeunes selon la taille. Il ne faut pas que la densité des poissons en croissance soit trop élevée.

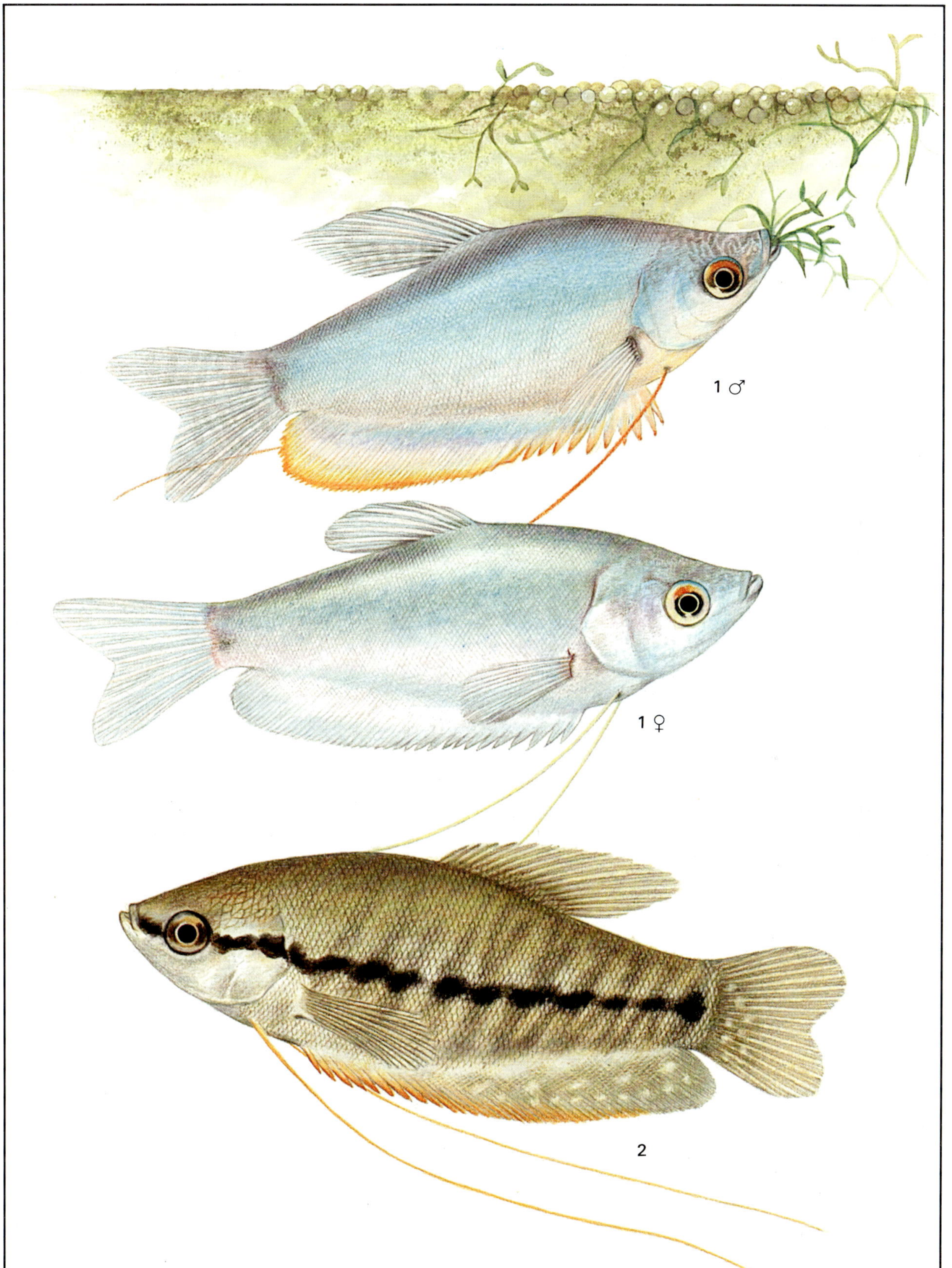
1 ♂
1 ♀
2

1 *Trichogaster leeri* (BLEEKER, 1852)

Syn. : *Trichopodus leeri, Osphromenus trichopterus, Trichopus leeri* — *Belontiidae*

○ ◑

• Distribution : Thaïlande, presqu'île Malaise, Sumatra, Bornéo • Longueur : 11 cm • Dimorphisme sexuel : ventre du mâle orange à rouge sang, sa nageoire dorsale étant allongée en pointe, tandis que l'anale est très développée, d'aspect effiloché • Alimentation : nourritures vivantes ou artificielles • Aquarium d'ensemble accepté • Première importation en 1933 • **Reproduction** : ponte en couple ; fabrication d'un nid d'écume. Bac de ponte : 50 litres pour un couple, avec des plantes flottantes ; lumière diffuse ; surface calme, sans aération. Eau : 25–28 °C, pH proche de 7,0 et TAC inférieur à 4°. Œuf flottant, contenant de nombreuses gouttelettes lipidiques. Incubation : 24 heures. Nourriture des alevins : paramécies pendant 4–5 jours, puis nauplies de cyclopes ou d'artémias.

C'est un poisson facilement effrayé et aimant la chaleur. Le mâle construit un grand nid d'écume avant ou pendant le frai. Parfois il n'a pas le temps de le construire, car la femelle avec des œufs déjà mûrs le « force » littéralement au frai. Dans ce cas il le construit après, ou pas du tout, les œufs nageant librement à la surface. On enlève la femelle tout de suite après le frai puis, quand les alevins commencent à nager, le mâle également. Quand on nourrit beaucoup d'alevins, on abaisse la hauteur de l'eau à 10 cm. On nourrit les alevins trois à quatre fois par jour ; la première semaine, on les nourrit encore une fois la nuit sous une faible lumière. Il est nécessaire de trier les jeunes selon leur taille et de diminuer la densité pendant la croissance, qui est lente.

2 *Sphaerichthys osphromenoides* CANESTRINI, 1860

« Gouramy chocolat »

Syn. : *Osphromenus malayanus, O. nonatus* — *Belontiidae*

◁ ●

• Distribution : presqu'île Malaise et Sumatra, près de Djambi • Longueur : 5 cm • Dimorphisme sexuel : peu apparent ; mâle plus élancé que la femelle, avec les nageoires anale et caudale bordées de jaune •Alimentation : nourriture vivante • Aquarium spécifique préférable • Première importation en 1905 (mais les poissons sont tous morts) ; importation suivante en 1934 seulement • **Reproduction** : ponte en couple ; incubation buccale. Bac de ponte : 50 litres, avec des touffes de plantes ; lumière diffuse ; hauteur d'eau de 20 cm environ. Eau : 28–30 °C, pH 6,0, TH inférieur à 18° et TAC inférieur à 2° ; filtration sur tourbe. Œuf blanchâtre, opaque, et d'un diamètre de 1,5 mm environ. Incubation : 15 jours environ dans la bouche du parent. Nourriture des alevins ; nauplies d'artémias.

L'élevage de ces poissons est problématique. Les comptes rendus de reproductions réussies sont rares et contradictoires. Parfois on indique que l'incubation a lieu dans la bouche de la femelle, d'autres parlent du mâle. Les mâles construisent souvent des nids d'écume sans les utiliser ensuite (probablement une réminiscence de l'évolution). Les œufs sont au nombre de quelques dizaines parfois jusqu'à cent cinquante. Les alevins quittent la bouche de la femelle (du mâle ?) au bout de quinze jours environ et mesurent 7 mm. Il s'agit d'une espèce rare qui nécessitera encore beaucoup d'observations.

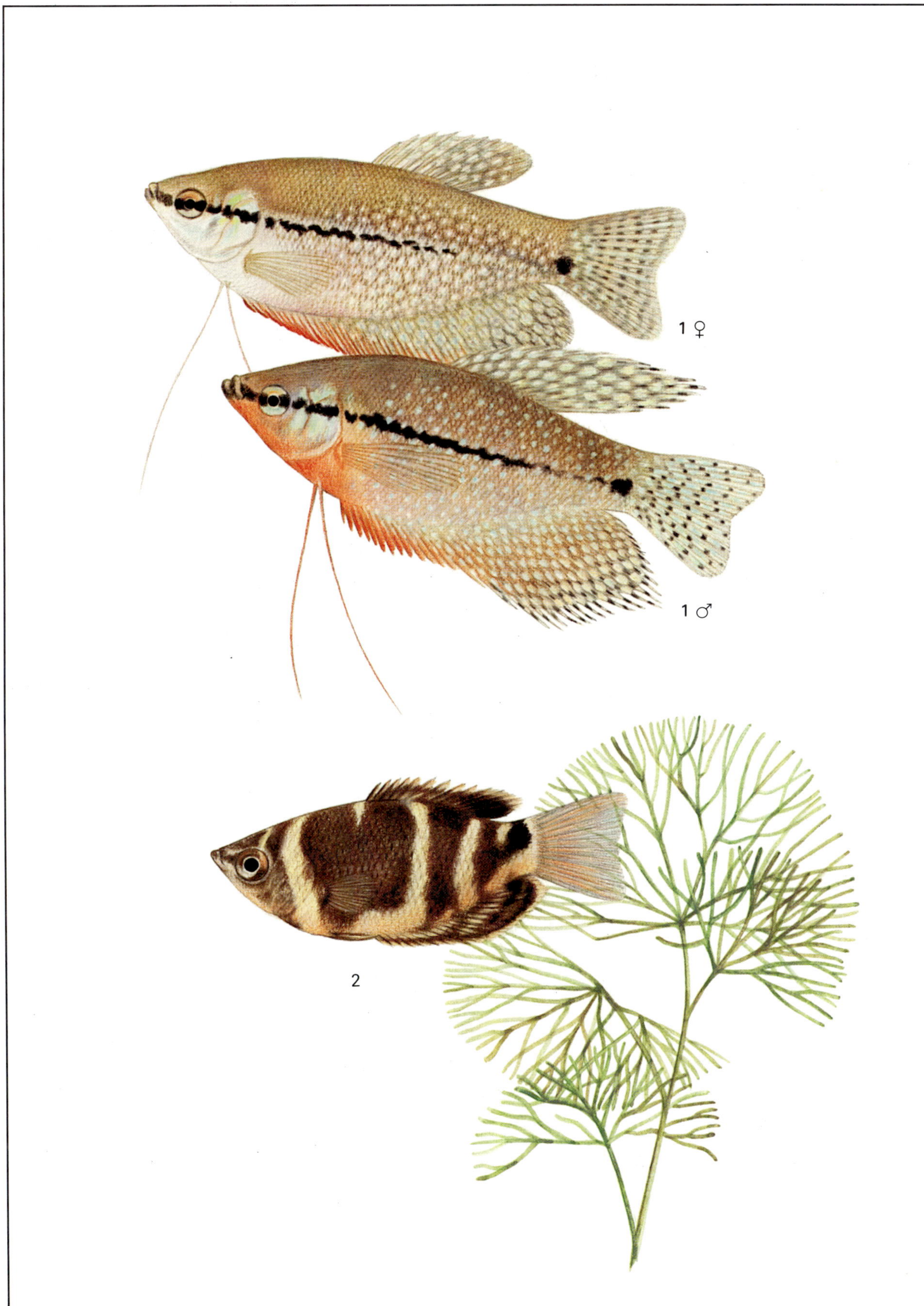
1 ♀
1 ♂
2

1 *Trichopsis pumilus* (ARNOLD, 1936)

Syn. : *Ctenops pumilus*

Belontiidae

○ ●

● Distribution : Viêt-nam, Sumatra, Thaïlande ● Longueur : 3,5 cm ● Dimorphisme sexuel : mâle plus élancé que la femelle, avec des nageoires plus longues ● Alimentation : nourritures vivantes et artificielles ● Aquarium spécifique de préférence ● Première importation en 1913 ● **Reproduction** : ponte en couple ; fabrication d'un nid d'écume. Bac de ponte: 3–6 litres pour un couple, avec des plantes flottantes et une surface calme. Eau : 25–28 °C, pH proche de 7,0 et TAC inférieur à 2°. Incubation : 36 heures. Nourriture des alevins : paramécies, rotifères et très petites nauplies de cyclopes pendant 10 jours, puis nauplies d'artémias.

Le mâle construit, à mi-hauteur de l'aquarium, un petit nid d'écume sous les feuilles des plantes. Pendant la parade et le frai les mâles émettent des grondements. On suppose que les bruits naissent dans le labyrinthe quand le mâle sort des bulles d'air. C'est le mâle qui s'occupe du nid. Les larves sont attachées par des filaments qui se résorbent au cours du développement. Une femelle pond environ 50 à 100 œufs. On enlève la femelle tout de suite après le frai, le mâle quand les alevins commencent à nager. On élève les alevins, qui sont très petits, dans une hauteur d'eau de 5 cm.

2 *Trichopsis vittatus* (CUVIER et VALENCIENNES, 1831)

Syn. : *Osphromenus vittatus, O. striatus, Trichopus striatus, Ctenops nobilis* (pas celui de Mc Cleland), *C. vittatus, Trichopsis harrisi, T. striata, T. schalleri*

Belontiidae

◁ ●

● Distribution : Cambodge, Thaïlande, Sud Viêtnam, presqu'île Malaise et grandes îles de la Sonde ● Longueur : 7 cm ● Dimorphisme sexuel : mâle plus intensément coloré que la femelle, avec la nageoire anale allongée en pointe ● Alimentation : nourriture vivante ● Aquarium spécifique préférable ● Première importation en 1899, par Stüve à Hambourg ; première reproduction en captivité en 1903 ● **Reproduction** : ponte en couple ; fabrication d'un nid d'écume. Bac de ponte : 50 litres, avec des plantes flottantes et sans aération ; hauteur d'eau de 15 cm. Eau : 26–30 °C, pH 6,5 à 7,0 et TAC inférieur à 4°. Incubation : 48 heures à 27 °C. Nourriture des alevins : paramécies, rotifères et nauplies de cyclopes, puis nauplies d'artémias au bout de 4–5 jours.

L'aire de répartition de cette espèce est importante, et la coloration peut varier considérablement. Certaines variations étaient jusqu'à récemment considérées comme des espèces différentes (par exemple *T. schalleri*).

Le mâle construit un nid d'écume, la femelle pond 100 à 200 œufs. Comme pour *T. pumilus* les mâles émettent des grondements pendant la parade et le frai. On enlève la femelle dès la fin du frai ; deux jours après l'éclosion des alevins, on enlève le mâle. On abaisse ensuite le niveau d'eau à 5 cm. S'ils sont nourris régulièrement et par des aliments appropriés, les jeunes ont une croissance rapide.

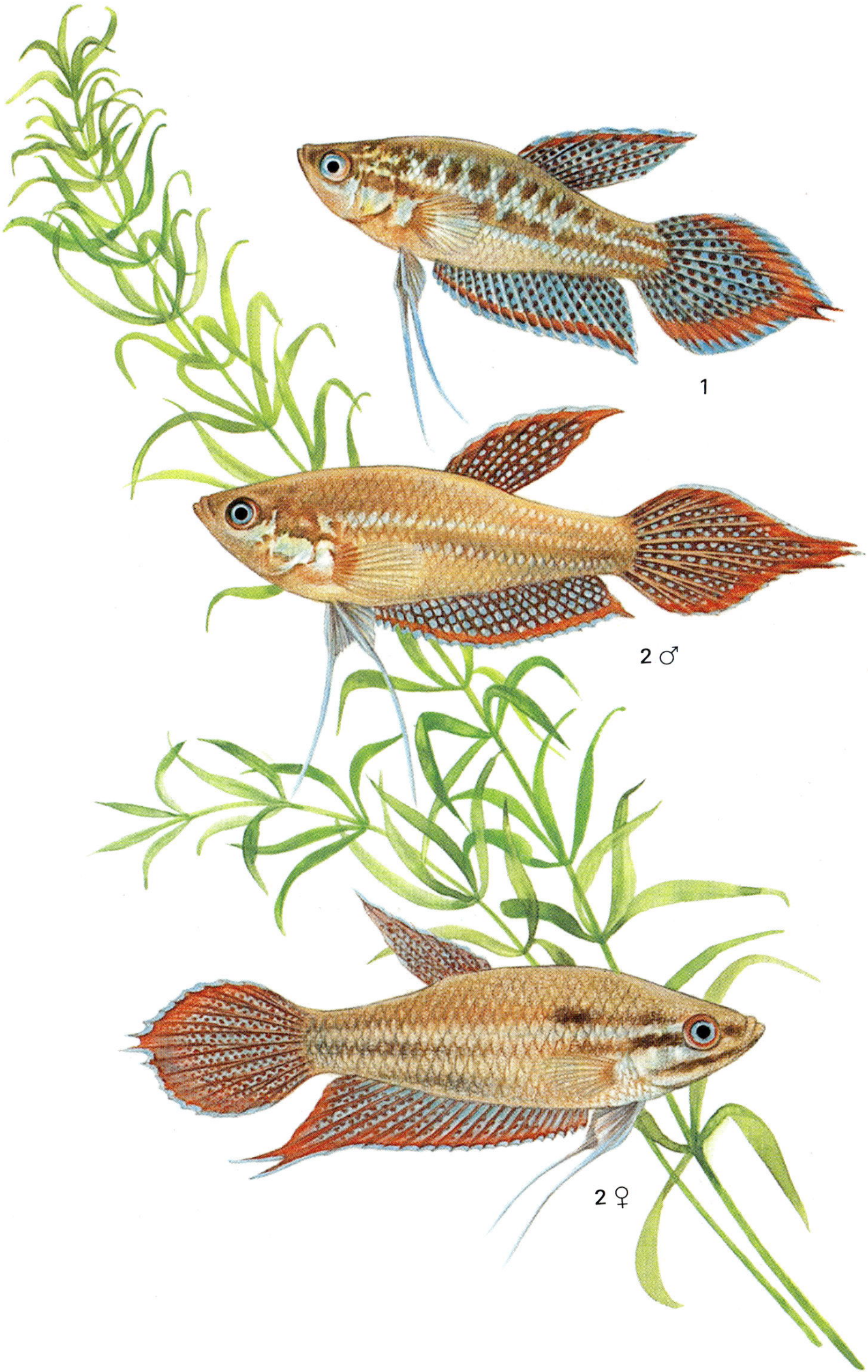
1
2 ♂
2 ♀

Famille *Helostomatidae*

La famille est représentée par une seule espèce, très particulière, qui selon les caractères utilisés par Liem en 1963 diffère de tous les autres poissons à labyrinthe. On remarque la forme des nageoires ventrales, qui n'ont jamais des rayons filamenteux, et la position de la nageoire dorsale qui commence au niveau de la base des nageoires pectorales. Les auteurs sont d'avis que *Helostoma temmincki* se nourrit de plancton qu'il filtre directement dans l'eau grâce à un filtre branchial constitué de branchiospines fines et serrées.

1 *Helostoma temmincki* CUVIER et VALENCIENNES, 1831
« Kissing », « Gouramy embrasseur »

Syn. : *Holostoma oligacanthum, H. servus, H. tambakhan, Helostoma rudolfi* — *Helostomatidae*

● Distribution : uniquement dans le lac Bung Borapet en Thaïlande selon Riehl et Baensch, mais aussi dans la presqu'île Malaise selon d'autres auteurs (ces données sont valables pour la forme verte) ; dans les eaux stagnantes ● Longueur : 30 cm (exceptionnellement 56 cm selon Smith, 1945) ● Dimorphisme sexuel : peu apparent ; chez la femelle, l'arrière de la nageoire dorsale est arrondie, et le dos est plus large que chez le mâle ; chez ce dernier, l'arrière de la dorsale est anguleux, avec des rayons ramifiés ● Alimentation : nourritures vivantes et artificielles ; ajouter des végétaux et des flocons d'avoine ● Aquarium d'ensemble accepté ● Première importation en 1950 en Europe, à partir d'élevages de Floride ● **Reproduction** : ponte en couple. Bac de ponte : 200 litres au moins, avec des touffes de plantes près de la surface ; il doit être assez plat. Eau : 24–26 °C, pH 7,0 et TAC inférieur à 4°. Œuf très adhésif, flottant. Incubation : 50 heures. Nourriture des alevins : infusoires (paramécies) et aliments pour alevins, puis nauplies d'artémias ; on ajoute de la farine de soja.

Les mâles se battent souvent longtemps, sans danger, en se poussant par leurs bouches grandes ouvertes, d'où leur nom commun. C'est une espèce pacifique, se nourrissant d'algues ; elle est même capable de manger du nanoplancton (le plancton le plus menu), en filtrant l'eau à l'aide du filtre branchial. Le mâle ne construit pas de nid d'écume. C'est la femelle qui est la plus active ; elle peut pondre jusqu'à 5 000 œufs. Le frai a lieu dans les couches basses de l'eau, les œufs remontent vers la surface où ils flottent librement, à moins qu'ils ne se soient fixés aux plantes auparavant. Les parents ne s'occupent pas des œufs et des alevins ; on les écarte donc tout de suite après le frai. Le sac vitellin est consommé au bout de cinq jours.

2 *Helostoma temmincki* – forme xanthochromique

Helostomatidae

Cette forme est de couleur chair. Selon Riehl et Baensch, elle vit à Java. Selon d'autres auteurs c'est une forme sélectionnée, mais ils n'en indiquent pas l'origine. L'élevage est le même que pour la forme verte.

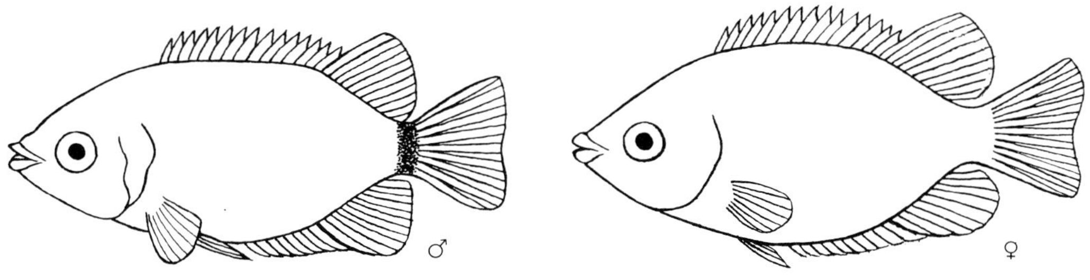

Helostomatidae

Famille *Osphronemidae*

Cette famille est représentée par le seul genre *Osphronemus,* avec la seule espèce *Osphronemus gorami.* En 1963 Liem justifie l'autonomie de cette famille car elle diffère par beaucoup de caractéristiques de la famille *Belontiidae.*

1 *Osphronemus gorami* LACEPÈDE, 1802

Syn. : *Osphronemus olfax, O. notatus, O. satyrus, O. gourami* *Osphronemidae*

● Distribution : une grande partie de l'Asie du Sud-Est, où l'espèce a probablement été répandue artificiellement, car elle est consommée ● Longueur : 60 cm ● Dimorphisme sexuel : nageoires dorsale et anale du mâle plus pointues que celles de la femelle ● Alimentation : aliments vivants ou végétaux, y compris flocons d'avoine ● Aquarium spécifique de grande taille (ou bassin), peu profond, avec des plantes flottantes ● Première importation en 1895 ● **Reproduction** : ponte en couple ; fabrication d'un nid d'écume. Bac de ponte : comme ci-dessus. Eau : 24–26 °C, pH 6,5 à 7,5 et TAC inférieur à 4°. Œuf flottant, d'un diamètre de 2,7 à 2,9 mm. Incubation : 24 heures. Nourriture des alevins : nauplies d'artémias, puis zooplancton fin et tubifex hachés.

Les jeunes poissons sont brunâtres et ont plus de bandes transversales foncées que les adultes. Chez les poissons âgés le front est assez bombé et forme une excroissance adipeuse. Ces poissons résistent même à des températures assez basses. Le mâle construit sous la surface un nid d'écume conique renforcé par des bouts de plantes. La femelle y pond plus de 1 000 œufs, mais c'est le mâle qui s'occupe des œufs et des alevins. La croissance des jeunes est rapide et ils atteignent 30 cm dès la deuxième année. Les individus âgés sont solitaires.

1 juv.
1

Famille *Gobiidae*

La plupart des espèces vit à faible profondeur sur les côtes des mers chaudes ou tempérées, certaines vivent dans les deltas des fleuves, en eau saumâtre, ou vont même jusqu'en eau douce. Les nageoires ventrales sont le plus souvent unies en un disque adhésif par lequel les poissons peuvent s'attacher au support, ou bien qui leur sert d'aide pendant leurs déplacements sur le fond. Ils ont deux nageoires dorsales, la première n'a que les rayons durs, la deuxième des rayons mous ramifiés. La nageoire caudale est arrondie.

1 *Brachygobius xanthozona* (BLEEKER, 1849)

Syn. : *Gobius xanthozona, Thaigobiella sua* — *Gobiidae*

◁ ●

● Distribution : Thaïlande, Sud Viêt-nam, presqu'île Malaise, grandes îles de la Sonde ; en eau saumâtre ● Longueur : 4 cm ● Dimorphisme sexuel inexistant ● Alimentation : nourriture vivante ● Aquarium spécifique préférable ● Première importation en 1905, par J. Reichelt de Berlin ● **Reproduction** : ponte en couple. Bac de ponte : 20 litres, avec des cavités et des surplombs. Eau : 26–30 °C, pH 7,5 à 8,5, TH de 35 à 50° et TAC supérieur à 7° ; ajouter une cuillerée à soupe de sel pour 10 litres d'eau et filtrer sur charbon actif. Œuf blanchâtre, en forme de goutte, d'un diamètre de 1 mm. Incubation : 5–6 jours. Nourriture des alevins : délicate ; rotifères et toutes jeunes nauplies de cyclopes ou d'artémias.

La femelle pond 100 à 150 œufs au plafond d'une cavité. C'est le mâle qui s'occupe du lieu de frai. A l'éclosion, les larves n'ont pas de vitellus et acceptent tout de suite de la nourriture.

Famille *Eleotridae*

Ce sont des poissons de fond vivant à faible profondeur, en mer ou éventuellement dans des eaux saumâtres ; seulement quelques espèces vivent en eau douce. Leurs nageoires ventrales, à la différence de la famille des *Gobiidae* qui leur est proche, sont toujours séparées. Ces poissons ont deux nageoires dorsales dont la première a uniquement des rayons durs et la deuxième des rayons mous ramifiés. La nageoire caudale est arrondie.

2 *Dormitator maculatus* (BLOCH, 1785)

Syn : *Sciaena maculata, Dormitator gundlaichi, D. lineatus, D. microphthalmus, Eleotris latifrons, E. megiloides, E. omocyaneus, E. quadriquama, E. sima, E. somnolentus* — *Eleotridae*

◁ ●

● Distribution : littoral Atlantique, de la Caroline (États-Unis) au Brésil : surtout en mer et en eaux saumâtres, avec parfois de courtes intrusions en eau douce ● Longueur : 30 à 60 cm ● Dimorphisme sexuel : mâle plus sombre, avec des taches plus denses que la femelle ; la femelle mûre a le ventre rebondi ● Aquarium spécifique préférable ● Première importation en 1961 ● **Reproduction** : un mâle pour 3–4 femelles ; ponte en couple. Bac de ponte : 100 litres au moins, avec une couche de sable fin, des racines et des pierres plates ; filtrer sur charbon actif. Eau : 25 °C, saumâtre ou même marine, bien oxygénée. Œuf petit. Incubation : 25–26 heures. Nourriture des alevins : nauplies d'artémias.

Ces poissons ne sont pas capables de s'adapter à l'eau douce. Avant le frai les parents nettoient le support solide (une pierre) sur lequel la femelle pond des rangées de petits œufs ; on peut les transporter (avec leur support) dans un aquarium séparé.

1
2

Famille *Mastacembelidae*

Les membres de cette famille rappellent des anguilles par leur forme. Ils vivent dans des eaux saumâtres ou douces, en Asie du Sud-Est et en Afrique. Les nageoires dorsale et anale sont en général reliées avec la nageoire caudale. Au début de la dorsale, il existe des épines, qui peuvent être redressées. La tête est pointue avec un museau très allongé qui est un organe tactile. Les poissons de cette famille vivent surtout dans les zones littorales garnies de nombreuses plantes.

1 *Macrognathus aculeatus* (BLOCH, 1788)

Syn. : *Macrognathus maculatus*

Mastacembelidae

◁ ●

● Distribution : Thaïlande, Sumatra, Java, Bornéo et Moluques ; dans les eaux saumâtres et douces ● Longueur : 35 cm ● Dimorphisme sexuel inexistant ● Alimentation : proies vivantes (vers, larves, alevins) ● Aquarium spécifique préférable ● Première importation en 1922 ; première reproduction en captivité en 1981, par M. Likhatchev et les frères Kotchetof en U.R.S.S. ● **Reproduction** : 2 mâles pour une femelle. Bac de ponte : 200–300 litres, sans sable, avec un filtre créant une forte circulation d'eau ; placer des fougères (*Bolbitis* ou *Microsorium)*. Eau : 26–28 °C, pH 7,0 à 7,5, TH de 15° et TAC inférieur à 4°. Œuf adhésif, transparent, d'un diamètre de 1 mm. Incubation : 24 heures. Nourriture des alevins : nauplies d'artémias.

Les poissons sont sexuellement mûrs quand ils atteignent 20 cm. On n'a pu réussir la reproduction que grâce à l'injection d'un broyat d'hypophyse de carpe. Avant le frai, les poissons nagent ensemble, la femelle au milieu, les deux mâles sur les côtés. Le frai a lieu dans des parties ombragées de l'aquarium près de l'eau courante. Il dure quelques heures. La femelle pond 2 000 à 2 500 œufs. On transporte les plantes sur lesquelles les œufs sont collés dans un aquarium séparé. Six jours après l'éclosion les larves commencent à se nourrir.

2 *Mastacembelus circumcinctus* HORA, 1924

Mastacembelidae

◁ ●

● Distribution : sud-est de la Thaïlande ● Longueur 15–16 cm ● Dimorphisme sexuel : femelle beaucoup plus volumineuse en période de frai ● Alimentation : organismes vivants ● Aquarium spécifique de préférence ● Première reproduction en 1981, par. M. Likhatchev et les frères Kotchetof ● **Reproduction** : un ou éventuellement 2 mâles pour une femelle. Bac de ponte : 100–200 litres, avec une grille de protection sur laquelle on pose des bouts de pots de fleurs formant des cavités ; filtration et aération ; lumière tamisée. Eau : 26–28 °C, pH 7,0 à 7,5, TH de 14° et TAC inférieur à 2°. Incubation : 6 jours. Nourriture des alevins : nauplies d'artémias.

Cette espèce n'a frayé qu'après traitement hormonal des poissons adultes (extraits hypophysaires). Le frai a lieu dans une cavité. On doit protéger les œufs car les parents les mangent. La femelle pond environ 400 œufs ; les larves commencent à nager quelques heures après l'éclosion et se nourrissent immédiatement. La croissance des alevins est lente.

Mastacembelidae

1 *Mastacembelus erythrotaenia* BLEEKER, 1850

Syn. : *Macrognathus erythrotaenia*

Mastacembelidae

◁ ●

● Distribution : Thaïlande, Birmanie, Sumatra, Bornéo ● Longueur : 1 mètre ● Dimorphisme sexuel : ventre arrondi chez la femelle mûre ● Alimentation : proies vivantes (vers de terre, larves d'insectes, petits poissons), viande de bœuf ● Aquarium spécifique spacieux, avec du sable à grains arrondis et de nombreuses cachettes (tubes, tronçons de pots de fleurs, etc.) ; éclairage diffus (mettre des plantes flottantes) ; filtre puissant. Un couvercle est nécessaire ● Première importation en 1970 ● **Reproduction** : inconnue en captivité. Eau : 24–28 °C, TH jusqu'à 27° et TAC de 4–5° ; ajouter 1 à 2 cuillerées à café de sel pour 10 litres d'eau.

Les poissons sont très agressifs à l'intérieur de l'espèce. On les garde donc uniquement en petit groupe dans de grands aquariums ou bassins. Ils s'enterrent complètement dans le fond. C'est une espèce délicate, sensible surtout aux blessures et aux attaques des parasites externes.

2 *Mastacembelus armatus* GÜNTHER, 1861

Syn. : *Macrognathus armatus*

Mastacembelidae

◁ ●

● Distribution : Inde, Sri-Lanka, sud de la Chine, Sumatra ● Longueur : 75 cm ● Dimorphisme sexuel : peu apparent ; femelle plus volumineuse en période de frai ● Alimentation : proies vivantes (vers, larves d'insectes, petits poissons) ● Aquarium spécifique, d'un volume de 1 000 litres au moins, peu profond et bien couvert car ces poissons sautent aisément ; placer 10 cm de fin gravier sur le fond, ainsi que des cachettes (tubes, morceaux de pots de fleurs, etc.) ; lumière tamisée ● Première importation en 1922 ● **Reproduction** : inconnue en captivité. Eau : 22–28 °C, pH proche de 7,0, TH de 18° et TAC de 4° ; ajouter 1–2 cuillerées de sel pour 10 litres d'eau.

Ces poissons doivent être gardés en faible densité car l'agressivité intraspécifique est grande. Pendant la journée ils s'enterrent dans le fond, ou se cachent.

Le genre *Mastacembelus* comprend plus de trente espèces vivant dans les eaux saumâtres et douces de l'Asie et de l'Afrique. En Asie vivent *M. argus* Günther, 1861 (25 cm), *M. circumcinctus* Hora, 1924 (16 cm), *M. taeniagaster* Fowler, 1934. En 1923 Hora a divisé l'espèce *M. armatus* en deux sous-espèces, *M. armatus armatus* et *M. armatus favus* Hora, 1923.

1
2

Famille *Tetraodontidae*

La famille comprend surtout des espèces vivant dans des mers tropicales et subtropicales ; peu d'entre elles vivent dans les eaux douces (rivières de l'Asie et de l'Afrique). Leur corps n'est pas cuirassé, la peau est nue. Ils possèdent sur l'intestin des poches qu'ils peuvent remplir d'eau ou d'air au point d'atteindre la forme d'une sphère. Certains poissons gonflés de cette façon peuvent aussi redresser des épines cutanées qui sont une défense efficace. L'eau ou l'air peuvent être ressortis instantanément. Leurs dents arrangées d'une façon spéciale leur permettent de consommer des nourritures spécifiques comme des gastéropodes, des crustacés et les coraux. Sur chaque mâchoire ils ont deux plaquettes formées par des dents soudées. Les mâchoires sont mues par des muscles robustes et fonctionnent comme des tenailles capables de casser les coraux, les coquilles et des carapaces des crabes.

1 *Carinotetraodon somphongsi* (KLAUZEWITZ, 1957)

Syn. : *Tetraodon somphongsi, Carinotetraodon chlupatyi* *Tetraodontidae*

◁ ●

● Distribution : Thaïlande ; uniquement dans les eaux douces ● Longueur : 6,5 cm ● Dimorphisme sexuel : chez le mâle, les rayons de la nageoire dorsale sont rouges ou rouille, la caudale est blanche avec un bord noir, et la tonalité générale est grise ; chez la femelle, plus claire, les dessins du dos sont plus visibles ● Alimentation : proies vivantes (gastéropodes, vers de terre, tubifex, etc.) ● Aquarium spécifique de préférence ● Première importation en 1957, par la société Tropicarium de Francfort ● **Reproduction** : un mâle pour une femelle. Bac de ponte : 50–100 litres, avec de nombreuses cachettes et des touffes de plantes. Eau : 26–28 °C, pH 6,5 à 7,0 et TAC inférieur à 2°. Œuf blanc translucide et très adhésif, d'un diamètre de 0,5 mm environ. Incubation : 60–72 heures. Nourriture des alevins : nauplies de cyclopes.

2 *Tetraodon palembangensis* BLEEKER, 1852

Syn. : *Crayracion palembangensis, Tetrodon palembangensis* *Tetraodontidae*

◁ ●

● Distribution : Asie du Sud-Est ; eaux saumâtres ou douces ● Longueur : 20 cm ● Dimorphisme sexuel inexistant ● Alimentation : proies vivantes de bonne taille (vers de terre, gastéropodes, crustacés), viande ou foie de bœuf, granulés ● Aquarium spécifique de 500 litres environ, avec du sable et des pierres formant suffisamment de cachettes ● Première importation en 1953, par la société Mülhäuser de Shopfheim/Baden ● **Reproduction** : inconnue en captivité. Eau : 24–28 °C, pH 7,0 à 8,0 ; ajouter une cuillerée à soupe de sel pour 10 litres d'eau.

3 *Tetraodon fluviatilis* (HAMILTON-BUCHANAN, 1822)

Syn. : *Arothron dorsovittatus, A. simulans, Crayracion fluviatilis, Dichotomycter fluviatilis, Tetraodon potamophilus, Tetrodon fluviatilis, T. nigroviridis, T. simulans* *Tetraodontidae*

◁ ●

● Distribution : Asie du Sud-Est, de l'Inde aux Philippines ; eaux douces et saumâtres ● Longueur : 17 cm ● Dimorphisme sexuel inconnu ● Alimentation : comme *T. palembangensis* ● Aquarium spécifique préférable ● Première importation en 1905, par Julius Reichelt de Berlin ● **Reproduction** : un mâle pour une femelle. Bac de ponte : 200 litres pour un couple, avec des pierres et suffisamment de cachettes. Eau : 26–28 °C, pH 7,0 à 8,0 ; saumâtre. Incubation : 4–5 jours. Nourriture des alevins : nauplies d'artémias.

1
2
3

Standards de mesures des poissons utilisés dans les expositions internationales

Les éleveurs cherchent à obtenir, par sélection, des poissons stables du point de vue de la coloration, des nageoires, de la taille ou de la forme du corps. C'est un travail très long qui doit tenir compte des règles génétiques. De nombreuses variétés ont ainsi vu le jour après de longues années de travail.

Comme c'est devenu une tradition que d'organiser des expositions de poissons d'aquarium partout dans le monde, en particulier au niveau international, il a été nécessaire de fixer des standards pour pouvoir attribuer les prix.

Une attention particulière est de règle pour les poissons de la famille des *Poecilidae,* surtout pour le guppy *(Poecilia reticulata).*

Poecilia reticulata (« Guppy ») – les standards

Pour tous les standards des mâles de cette espèce les dimensions du corps doivent être les mêmes : la longueur de 28 mm (sans la nageoire caudale) et la hauteur égale à un quart de la longueur.

– Standard de base (mâle). La nageoire caudale est ronde, son diamètre est égal à la moitié de la longueur du corps et elle doit atteindre au moins la hauteur maximale du corps. La nageoire dorsale peut être arrondie ou pointue, la pointe doit atteindre au moins le tiers de la nageoire caudale.

– Standard allongé (mâle). La nageoire caudale est en forme de larme. Sa hauteur atteint au moins la moitié de la longueur du corps. Elle s'élargit en rond au tiers de sa longueur et se rétrécit ensuite en pointe. Sa longueur représente 4/5 de la longueur du corps. La nageoire dorsale est allongée en pointe et finit en arc. La pointe atteint le tiers de la nageoire caudale. D'autres formes de nageoire dorsale sont admises, mais pénalisées.

– Standard carré (mâle). La nageoire caudale est carrée, mais se termine en pointe ; la forme rappelle en fait un hexagone. La hauteur représente les 4/5 de la longueur ; la hauteur minimale est celle du corps. La nageoire dorsale est pointue, elle atteint la base de la nageoire caudale. D'autres formes de nageoire dorsale sont admises, mais pénalisées.

– Standard lyre (mâle). Les rayons supérieurs et inférieurs de la nageoire caudale sont allongés en épée. Leur longueur représente 4/5 de la longueur du corps ; la hauteur de la nageoire caudale doit atteindre la moitié de la longueur du corps. La nageoire dorsale est allongée en pointe et finit en arc ; elle atteint le tiers de la nageoire caudale. D'autres formes de nageoire dorsale sont admises, mais pénalisées.

– Standard épée supérieure (mâle). La nageoire caudale est ovale, avec les rayons supérieurs allongés en une épée dont le bord supérieur est parallèle à l'axe du corps. La longueur de la nageoire caudale avec l'épée doit être de 6/5 (au minimum 4/5) de la longueur du corps. La nageoire dorsale est parallèle avec l'axe du corps et pointue, l'extrémité remonte jusqu'au tiers de la nageoire caudale. D'autres formes de nageoire dorsale sont admises, mais pénalisées.

– Standard épée inférieure (mâle). La nageoire caudale est ovale avec les rayons inférieurs allongés en une épée formant un angle de 15° (minimum 10°) avec l'axe du corps. La longueur de la nageoire caudale (avec l'épée) doit être en principe de 6/5, mais au minimum 4/5 de la longueur du corps. La nageoire dorsale est parallèle à l'axe du corps et pointue, l'extrémité remonte jusqu'au tiers de la nageoire caudale. D'autres formes de nageoire dorsale sont admises, mais pénalisées.

– Standard épée double (mâle). La nageoire caudale est ovale. Les rayons supérieurs et inférieurs sont allongés et forment des épées. L'angle entre eux est de 30° (minimum 10°). Leur longueur est de 6/5 (au minimum 4/5) de la longueur du corps. La nageoire dorsale est parallèle à l'axe du corps et pointue, l'extrémité remonte jusqu'au tiers de la nageoire caudale. D'autres formes de nageoire dorsale sont admises, mais pénalisées.

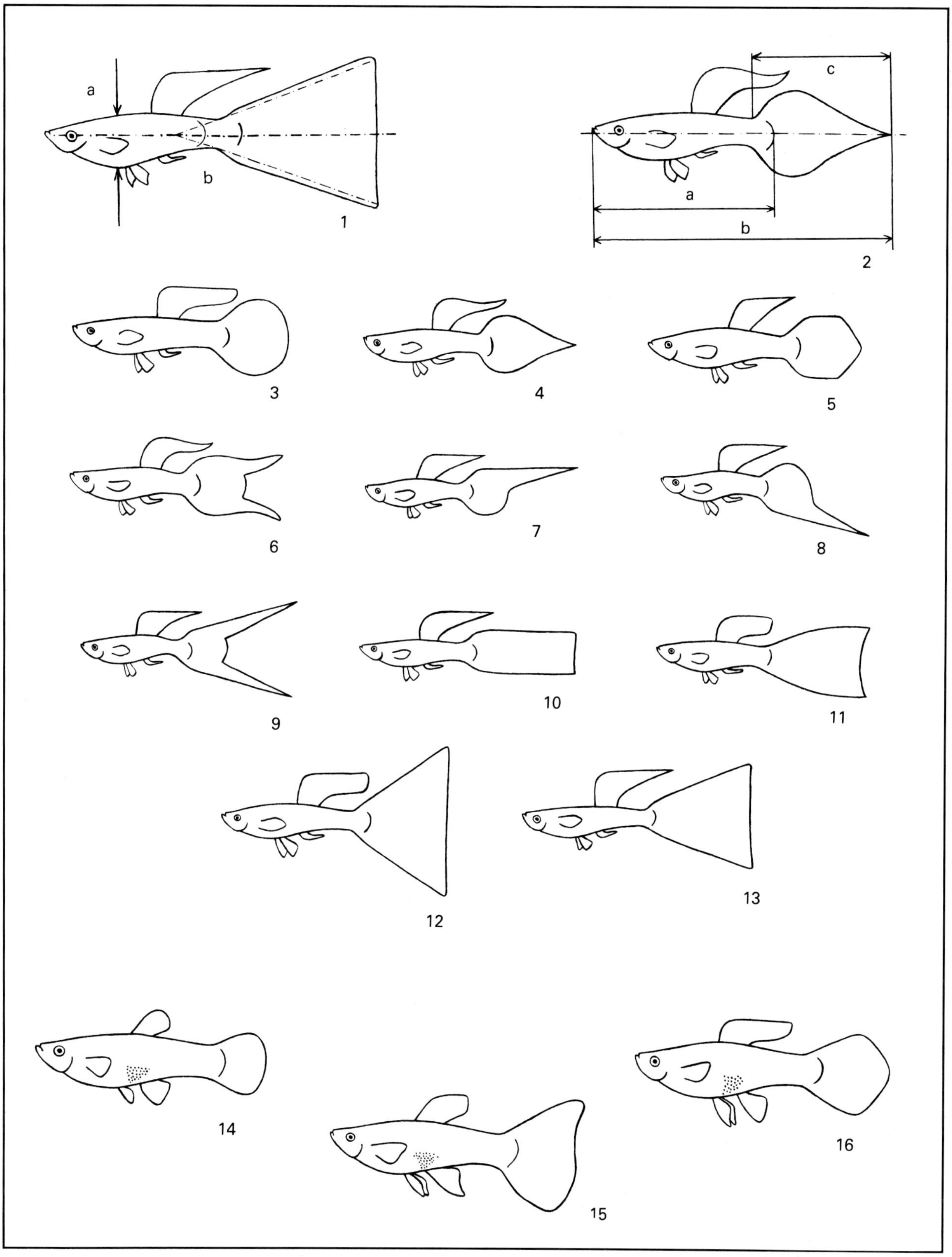

Poecilia reticulata
1 – Définition des mesures a – hauteur du corps b – angle entre les bords de la nageoire caudale et l'axe du corps 2 – Définition des mesures a – longueur du corps (longueur standard) b – longueur totale c – longueur de la nageoire caudale 3 – Standard de base 4 – Standard allongé 5 – Standard carré 6 – Standard lyre 7 – Standard épée supérieure 8 – Standard épée inférieure 9 – Standard épée double 10 – Standard drapeau 11 – Standard en écharpe 12 – Standard triangle 13 – Standard en éventail 14 – Femelle, nageoire courte 15 – Femelle, nageoire en épée 16 – Femelle, grandes nageoires

– Standard drapeau (mâle). La nageoire caudale a la forme d'un rectangle régulier, dont deux côtés sont parallèles à l'axe du corps. La longueur de la nageoire caudale doit être égale au 6/5 (au minimum 4/5) de la longueur du corps. La nageoire dorsale est parallèle avec la nageoire caudale et elle est pointue. L'extrémité remonte jusqu'au tiers de la nageoire caudale. D'autres formes de nageoire dorsale sont admises, mais pénalisées.

– Standard en écharpe (mâle). La nageoire caudale est incurvée en arc. Elle atteint sa largeur maximale, qui est de 3/5 (minimum 2/5) de la longueur du corps, aux 3/4 de sa longueur. La longueur de la nageoire caudale représente en général 4/5, mais au moins la moitié de la longueur du corps. L'extrémité est concave. La nageoire dorsale est ovale, allongée et elle remonte jusqu'à la base de la nageoire caudale. D'autres formes de nageoire dorsale sont admises, mais pénalisées.

– Standard en éventail (mâle). La nageoire caudale a la forme d'un triangle équilatéral, ses côtés forment un angle de 70° (minimum 55°) avec l'axe du corps. Sa longueur est de 4/5 (minimum 3/5) de la longueur du corps. Ses côtés sont droits. La nageoire dorsale est allongée en pointe et remonte jusqu'au tiers de la nageoire caudale. D'autres formes de nageoire dorsale sont admises, mais pénalisées.

– Standard triangle (mâle). La nageoire caudale a la forme d'un triangle avec les trois bords de même longueur, ses côtés forment un angle de 35° (minimum 20°) avec l'axe du corps. La longueur de la nageoire caudale est de 6/10 (minimum la moitié) de la longueur du corps. La nageoire dorsale est large, arrondie et elle atteint la base de la nageoire caudale. D'autres formes de nageoire dorsale sont admises, mais pénalisées.

Pour les femelles on reconnaît trois standards ; nageoires courtes, en épée et grandes nageoires.

Xiphophorus helleri (« Xypho ») – les standards

Dans tous les cas, la longueur des mâles doit être de 6 à 8 cm et celle des femelles de 8 à 10 cm. L'épée du mâle forme un angle de 15 à 20° avec le corps ; idéalement, elle a la même longueur que le corps.

– Standard de base (mâle et femelle). Les nageoires sont les mêmes que pour la forme sauvage. Les rayons sont complètement développés. Le bord de la nageoire dorsale est complet, sans interruption. La hauteur antérieure de la nageoire dorsale ne doit pas être inférieure à 1 cm ; cette nageoire est pointue chez les mâles et arrondie chez les femelles. L'épée a des bords colorés des deux côtés, ou pas du tout.

– Standard Simpson (mâle et femelle). La nageoire dorsale a une base étroite (8 à 12 mm) et elle est allongée en hauteur (le côté supérieur a la même largeur que la base) ; elle doit être droite, bien portée. Sa hauteur est égale au moins à la moitié de la longueur du corps. Le gonopode est court. L'épée a des bords colorés des deux côtés ou pas du tout.

– Standard à voiles (mâle et femelle). La nageoire dorsale a presque la forme d'un triangle. Le côté supérieur est droit, sans interruption, ou au contraire en guirlande. Le côté arrière atteint jusqu'à la moitié de la nageoire caudale. Le gonopode est court. L'épée a des bords colorés des deux côtés ou pas du tout.

– Standard lyre (mâle et femelle). La nageoire dorsale est pointue. Les deux ou trois premiers rayons dépassent de beaucoup les autres et descendent par degrés vers l'arrière. La partie arrière est droite, un peu plus haute que chez la forme de base et s'achève en pointe. Repliée vers l'arrière, elle ne doit pas dépasser la base de la nageoire caudale. La nageoire caudale des deux sexes a les rayons supérieurs et inférieurs allongés. Selon la forme de la lyre on distingue deux sous-types équivalents des mâles ; lyre avec épée et lyre sans épée. L'angle entre l'épée et la partie horizontale du corps doit être au minimum 15°. Le gonopode doit être droit et le plus court possible ; l'extrémité ne doit pas être déformée.

– Standard lyre delta (mâle et femelle). C'est une combinaison des standards lyre et à voiles. La nageoire dorsale a une forme de triangle. Le côté avant est au moins deux fois plus long que la base. Le côté supérieur est droit, non interrompu. L'extrémité ne dépasse pas le côté extérieur de la nageoire caudale. Les nageoires caudales des deux sexes sont de type lyre, l'angle formé par l'épée et l'axe du corps est de 15° au minimum. Le gonopode est droit et le plus court possible ; l'extrémité ne doit pas être déformée.

Les autres types ne possèdent pas de standard.

Xiphophorus helleri
17 – Définition des mesures a – longueur totale b – longueur du corps (longueur standard) c – épée (à un angle de 20° avec l'axe du corps) d – longueur de l'épée 18 – Standard de base 19 – Standard Simpson 20 – Standard à voiles 21 – Standard lyre 22 – Standard lyre delta

Carassius auratus var. *bicaudatus* (« Poisson Japonais ») – les standards

Les proportions standard de ce poisson ont été fixées en 1908 à Berlin. Pour les autres races elles n'ont pas encore été fixées.

Le corps doit être court, rond et sa hauteur doit être égale au 3/5 de sa longueur. La tête est courte et large, le dos descend en une ligne régulière vers la nageoire caudale. Des couches de graisse sur la tête ou une tête pointue et comprimée diminuent la valeur des poissons. La nageoire caudale est divisée dès sa base, les deux parties sont symétriques. Les extrémités des nageoires sont légèrement arrondies. La nageoire anale, divisée, doit être entièrement couverte par la nageoire caudale. La base intérieure de la nageoire caudale doit comporter des écailles. La nageoire dorsale est haute et de forme parfaite (voir figure). Les nageoires pectorales sont dirigées sur les côtés. Les autres proportions sont sur la figure.

Exemple de certaines races de *C. auratus* var. *bicaudatus*

– Comète. Le tronc a la forme d'un œuf, avec des écailles ; la couleur est variable. La nageoire dorsale est nettement allongée. La nageoire anale peut être simple ou double. La nageoire caudale est simple, longue et les pointes finissent en forme de faucille. La longueur du tronc doit être de 5 à 6 cm, celle de la nageoire caudale de 6 à 7 cm, voire plus.

– Forme d'œuf. Le tronc est extrêmement court avec une nageoire caudale fourchue en quatre parties (quadrilobée). La nageoire dorsale est absente. Pas d'excroissances sur la tête. Les meilleurs sont les poissons blancs avec des tâches rouges sur la tête et les nageoires. La longueur du tronc est de 18 à 20 cm.

– Shubunkin. Le corps est allongé, sans écailles. La nageoire caudale est soit quadrilobée, soit simple, soit de forme « voile ». Les poissons ont des taches irrégulières de couleurs rouge, jaune ou noire ; on apprécie beaucoup le gris et le bleu. La longueur du tronc n'est pas définie. C'est un poisson idéal pour les bassins de jardin.

– « Yeux au ciel ». Le tronc est en forme d'œuf, avec des écailles. La nageoire dorsale est absente. La nageoire caudale est quadrilobée, courte ; les autres nageoires sont normales. Les yeux sont bombés, symétriquement orientés vers le haut pour que leur axe de vision forme un angle droit avec l'axe du tronc. Des yeux en biais ou irréguliers constituent une faute grave. La couleur du tronc est dorée ou rouge vif, éventuellement en combinaison avec le blanc. La longueur du tronc doit être de 10 à 12 cm, celle de la nageoire caudale de 5 à 6 cm, voire plus.

– Télescope à voile. Le corps est allongé et sans écailles. Toutes les nageoires sont bien développées, les nageoires caudale et anale sont doubles. Le diamètre des yeux est de 12 à 15 mm. Les yeux doivent être dirigés symétriquement vers l'avant et finir au niveau de l'extrémité de la bouche. Certaines formes ont les yeux rouge vif. La couleur varie entre le crème clair et le noir pur. La longueur du tronc doit être de 10 cm, celle de la nageoire caudale de 12 cm.

– Tête de lion. Le corps est en forme d'œuf et comporte des écailles. La nageoire dorsale est absente. La nageoire caudale est courte et quadrilobée. La tête est large, de couleur rouge vif, et couverte d'excroissances sur le dessus et les côtés. Les yeux sont normaux. La couleur du tronc est dorée ou rouge vif. La longueur du tronc doit être de 6 à 7 cm, celle de la nageoire caudale de 5 à 6 cm, voire plus.

Oranda, le « tête de lion » hollandais est une race différente, qui a la nageoire dorsale bien développée.

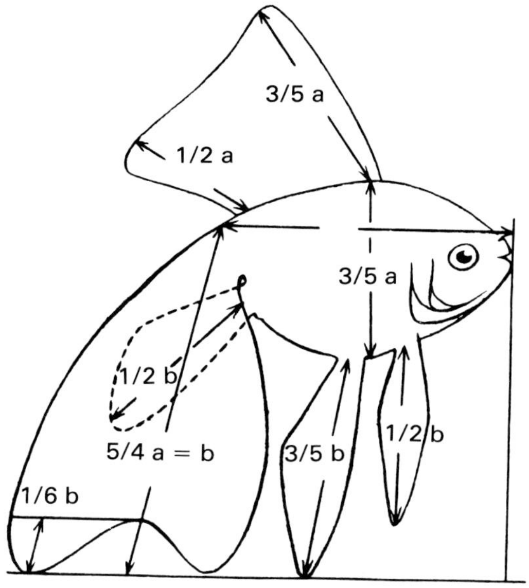

23

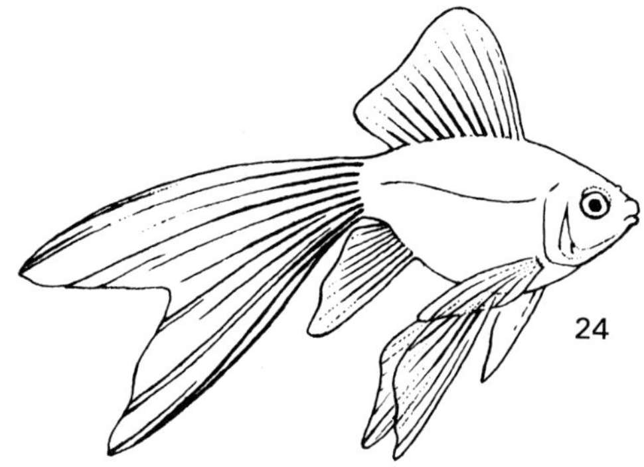

24

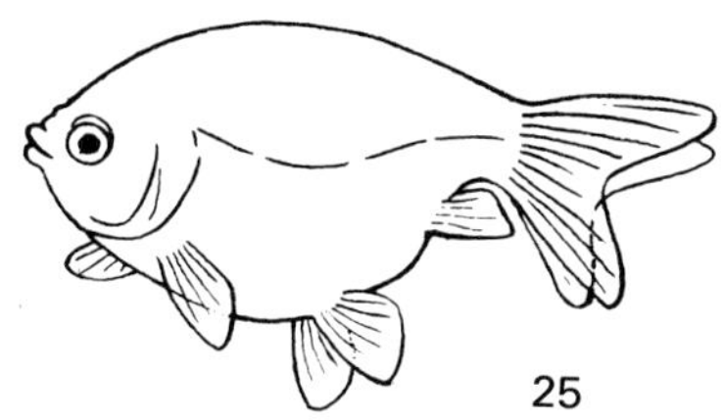

25

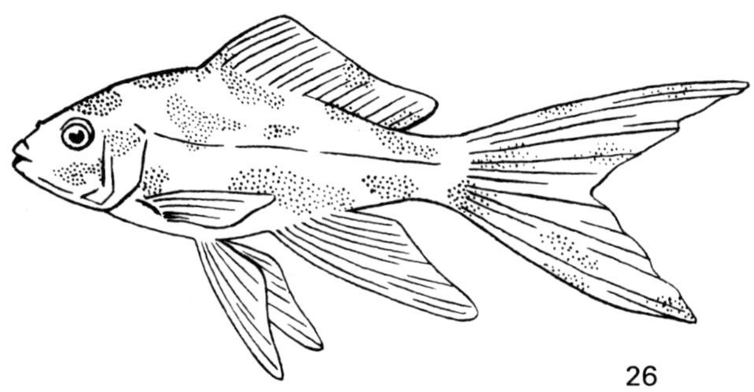

26

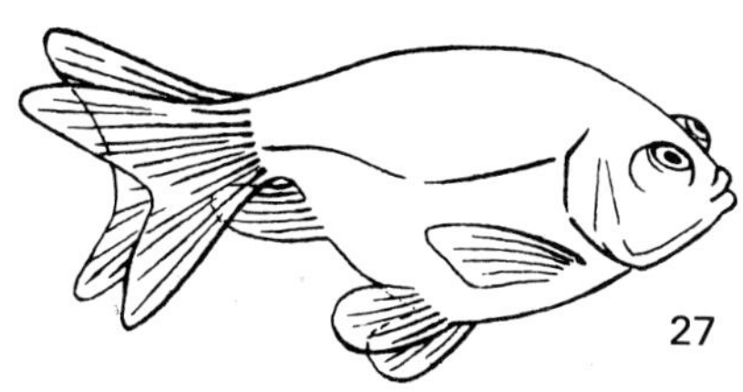

27

28

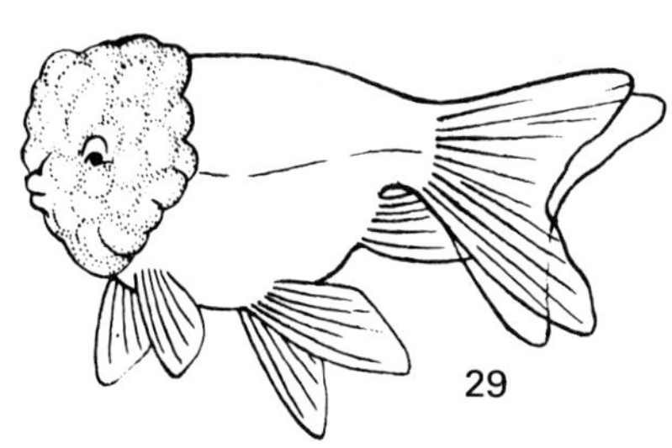

29

Carassius auratus var. *bicaudatus*
23 – Proportions d'un « poisson japonais » classique a – longueur du corps (longueur standard) b – longueur de la nageoire caudale 24 – Comète 25 – Forme d'œuf 26 – Shubunkin 27 – « Yeux-au-ciel » 28 – Télescope à voile 29 – Tête de lion

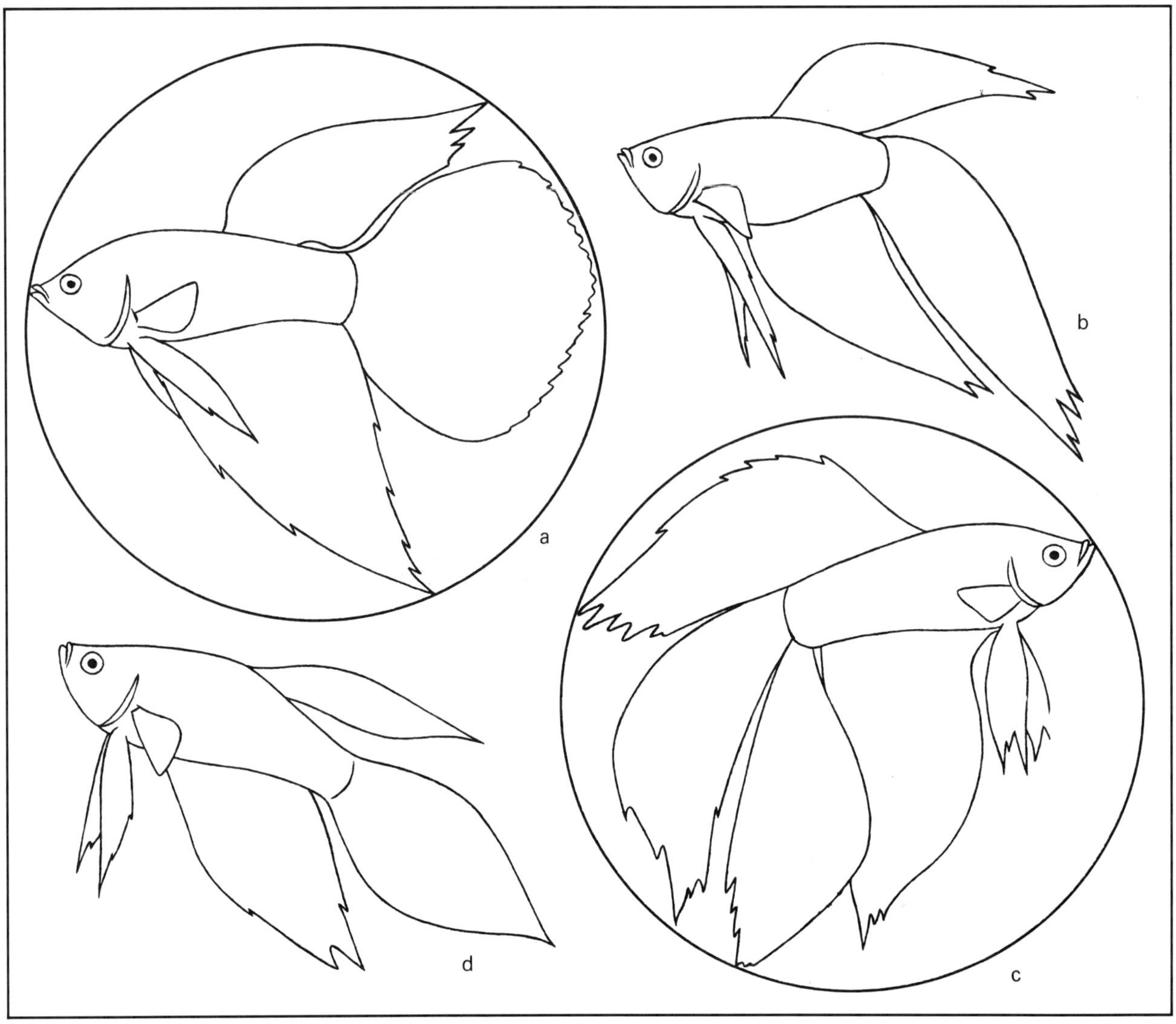

Betta splendens

a – Selon les conceptions actuelles, les extrémités d'un combattant de concours doivent s'inscrire dans un cercle

b – Forme ancienne c – Libby Betta d – Forme avec nageoire caudale pointue

Dimensions classiques et formes de *Betta splendens* (« Combattant »)

Même si les dimensions classiques n'ont pas encore été fixées au niveau international, les éleveurs ont une idée sur la forme et la couleur des mâles *Betta splendens.* L'extrémité de la bouche, la pointe de la nageoire dorsale, l'extrémité de la nageoire caudale et la pointe de la nageoire anale doivent former un disque lorsque les nageoires sont étalées. Un autre type est le « Libby Betta », un poisson assez grand avec la nageoire caudale dédoublée, sélectionné aux États-Unis (pas en Europe). Malgré tous les efforts des éleveurs, le type original, avec la nageoire caudale abaissée, reste le plus fréquent dans les élevages de cette forme. Dans certaines populations on trouve des mâles avec des nageoires caudales en forme de goutte ou pointues ; on les considère comme mauvais pour un élevage ultérieur. Il faut prendre en considération aussi la pureté et la vivacité des couleurs, de même que leur combinaison, la taille des poissons et la stabilité génétique de ces signes. La longueur du tronc ne devrait pas être inférieure à 5 cm. Les femelles doivent être grandes et de même couleur que les mâles.

Glossaire

A

aérobie
Se dit d'une espèce, d'un processus nécessitant de l'oxygène.

albinos
Dénué de toute pigmentation noire. Un poisson albinos est généralement rose (parfois blanchâtre ou jaunâtre) avec les yeux rouges.

anaérobie
Se dit d'un processus biologique s'effectuant en l'absence d'oxygène. Les espèces (bactéries en particulier) présentant ce type de métabolisme sont elles aussi qualifiées d'anaérobies.

Artémia
Crustacé de 1 cm environ vivant dans les eaux sursalées (marais salants par exemple), et qui produit des œufs de durée qui résistent à l'assèchement et peuvent être conservés à sec pendant des mois ou des années. Plongés dans de l'eau salée à 20–25 °C, ces œufs donnent naissance au bout de 24 ou 48 heures à des larves minuscules (nauplies), idéales pour nourrir les alevins de nombreuses espèces. Les adultes, vivants ou congelés, sont aussi une nourriture appréciée.

B

boutons nuptiaux
Chez certains poissons (Cyprinidés en particulier), petits boutons qui apparaissent sur la tête des mâles, principalement sur le museau, à la période de reproduction.

C

Chironome
Insecte diptère, parfois appelé « faux-moustique », dont les larves (vers de vase) de 1 ou 2 cm, riches en hémoglobine, sont une nourriture vivante de choix pour les poissons d'aquarium.

conductivité
La conductivité électrique d'une eau se mesure avec un conductivimètre, appareil équipé d'une sonde contenant deux électrodes, et s'exprime en micro-siemens/cm (μS/cm). La conductivité est d'autant plus forte que la concentration en sels dissous est importante : une eau pure (non minéralisée) a une conductivité minime de 1 à 2 μS/cm, alors qu'une eau très minéralisée peut atteindre 3000 μS/cm.

La conductivité ne constitue qu'une mesure globale de l'ensemble de sels dissous, quelle que soit leur nature. Elle varie de plus avec la température.

Cyclope
Crustacé planctonique d'eau douce du groupe des Copépodes, d'une longueur de l'ordre de 1 mm doté d'un unique œil médian. Les larves (nauplies) et les jeunes stades sont des nourritures de choix pour les alevins.

D

Daphnie
Crustacé planctonique d'eau douce du groupe des Cladocères, nommé aussi « Puce d'eau ». Les daphnies peuvent se pêcher en grande quantité dans les mares ; elles peuvent aussi être élevées. D'une taille de 1 à 4 mm environ, elles constituent une nourriture appréciée des petits poissons d'aquarium.

densité (de l'eau de mer)
Liée à la salinité, la densité (poids spécifique) de l'eau varie avec sa teneur en sels minéraux. Elle est de l'ordre de 1 000 pour de l'eau douce et habituellement proche de 1 025 pour l'eau de mer. La densité varie aussi avec la température (à même salinité, une eau froide est plus dense qu'une eau chaude).

diapause
Interruption temporaire du développement embryonnaire. Chez les Cyprinodontidés « annuels », dont les œufs résistent à l'assèchement, on peut observer une ou plusieurs diapauses, la dernière s'interrompant lorsque l'œuf est à nouveau dans l'eau.

douce (eau)
Eau peu minéralisée, de faible dureté (TH inférieur à 10° français) ; une eau de moins de 5° est considérée comme très douce.

Drosophile
Parfois appelé « Mouche du vinaigre » ce petit

insecte de 2 mm est une proie appréciée des poissons à tendance insectivore se nourrissant en surface. Les drosophiles peuvent être élevés ; il en existe des souches aptères (sans ailes).

dure (eau)
Eau très minéralisée, de dureté élevée : une eau est considérée comme moyennement dure à un TH de 10–15° français, dure entre 16 et 20°, et très dure au-delà.

dureté (unités de)
L'unité de dureté utilisée dans cet ouvrage est le degré français, correspondant à 10 mg de carbonate de calcium par litre.

1 degré français est égal à 10 p.p.m. (parties par millions), 0,56 degré allemand, 0,58 degré américain et 0,7 degré anglais.

dureté carbonatée
Voir T.A.C.

dureté permanente
C'est la part de la dureté qui persiste après ébullition (dureté totale moins dureté temporaire). Elle est due principalement aux sulfates et chlorures de Calcium et de Magnesium.

dureté temporaire
Voir T.A.C. C'est la part de la dureté qui disparaît (par précipitation) à l'ébullition.

dureté totale
Voir T.H.

E

eaux périodiques
Eaux (mares, ruisseaux) s'asséchant périodiquement, en général une fois par an, lors de la grande saison sèche.

écotype
Certains poissons présentent des caractéristiques physiques différentes selon le milieu où ils vivent (taille, forme du corps, couleur...). Ces différentes formes d'une même espèce sont parfois appelées écotypes.

endémique
Se dit d'une espèce dont l'extension géographique est limitée à une zone déterminée. On connaît bien les nombreux Cichlidés endémiques des grands lacs africains, mais on peut aussi parler par exemple d'un Poisson-papillon endémique de la mer Rouge, d'un *Cichlasoma* endémique d'Amérique centrale ou d'un Cyprinodontidé endémique de tel ruisseau ou trou d'eau.

G

goutte à goutte
Système d'alimentation continue en eau. Un débit très faible (« goutte à goutte ») suffit à renouveler l'eau de façon satisfaisante. Un tel dispositif impose, bien entendu, une évacuation d'eau par un trop-plein ; c'est la partie la plus délicate à mettre en place, en particulier pour les cuves entièrement en verre.

gynogénèse
Développement d'un embryon à partir des seuls chromosomes maternels suite à l'activation de l'œuf par un spermatozoïde : le spermatozoïde, en pénétrant dans l'ovule, en déclenche la division, mais il n'y a pas fécondation effective (pas d'appariement chromosomique).

I

Infusoires
Protozoaires microscopiques se développant sur les matières organiques en décomposition dans l'eau ; ils peuvent être cultivés, par exemple dans une « infusion » de salade cuite. Ils peuvent être très variés (en taille notamment) selon l'origine de l'eau de la culture et les matières organiques utilisées. Ils constituent une nourriture impérative pour les alevins de certaines espèces de petite taille.

L

lucifuge
Littéralement : qui fuit la lumière. C'est le cas, par exemple, des poissons nocturnes. Chez certaines espèces, les tout jeunes alevins sont lucifuges.

M

M'buna
D'après un nom indigène, groupe d'espèces de Cichlidés caractéristiques des côtes rocheuses du lac Malawi. Ces espèces souvent très colorées (genres *Pseudotropheus, Melanochromis* et *Labeotropheus* en particulier) sont de relativement petite taille (8–15 cm), se nourrissent généralement sur le fond et pratiquent l'incubation buccale.

mélanine
Pigment responsable de la coloration noire des poissons.

mélanique
Se dit d'une variété ou d'un individu entièrement

noir, ou à pigmentation noire très développée.

mélanome
Prolifération cellulaire de type cancéreux affectant les mélanophores. Les formes mélaniques de Poeciliidés sont particulièrement sujettes à ces problèmes.

mélanophore
Cellule pigmentaire cutanée contenant de la mélanine. Selon la contraction ou l'étalement du « sac » contenant la mélanine, la coloration noire est plus ou moins visible.

mérospermie
Voir gynogénèse

N

nageoires impaires
Nageoires dorsale(s), anale(s), et caudale.

nageoires paires
Nageoires pectorales et pelviennes (ou ventrales).

nauplie
Larve planctonique caractéristique des crustacés. Les nauplies d'Artémias, ainsi que celles de Cyclopes (plus petites) sont utilisées pour l'alimentation des alevins.

O

ovoviviparité
Forme de viviparité sans échange nutritif entre la mère et l'embryon. Chez les Poeciliidés, par exemple, il s'agit simplement d'une incubation des œufs dans les ovaires.

P

Paramécie
Protozoaire d'eau douce cilié. C'est l'un des Infusoires les plus grands. Moyennant quelques précautions, les paramécies peuvent être élevées en culture monospécifique.

parthénogénèse
Mode de reproduction dans lequel les ovules se développent sans fécondation.

pH
Potentiel Hydrogène : traduit la concentration en ions H+, c'est à dire le degré d'acidité d'une solution. L'échelle de pH va de 0 à 14, une eau étant neutre à pH7, acide en-dessous et alcaline au-dessus. Les eaux naturelles ont un pH habituellement compris entre 5 (très acide) et 9 (très alcalin).

plancton
Ensemble des organismes, animaux ou végétaux, qui vivent en pleine eau, entraînés au gré des courants. La plupart des organismes planctoniques sont microscopiques. En plus des espèces planctoniques permanentes, on trouve dans le plancton les larves de nombreux animaux aquatiques. On trouve du plancton en milieu marin, mais aussi en eau douce (mares, lacs...)

pondoir
Ustensile utilisé pour la reproduction des poissons « vivipares », le pondoir est une sorte de cage grillagée (ou percée d'orifices) dans laquelle on place une femelle prête à mettre bas. Dès leur naissance, les alevins peuvent s'échapper à travers les mailles ou les orifices.

pseudogamie
Voir gynogénèse

S

sex-ratio
Proportion de chacun des sexes dans une population. Le sexe ratio est habituellement de 1 mâle pour 1 femelle ; chez certaines espèces, ou dans certaines conditions de milieu, il peut être fortement déséquilibré.

T

T.A.C.
Le titre alcalimétrique complet (ou dureté temporaire, ou dureté carbonatée) indique la teneur de l'eau en carbonates et bicarbonates de Calcium et de Magnésium (sels précipitant à l'ébullition).

taches anales
Voir taches ovoïdes

taches ovoïdes
Taches ou ocelles, généralement de couleur beige ou jaune, que l'on trouve sur la nageoire anale (plus rarement à l'extrémité des pelviennes allongées) de certains Cichlidés incubateurs buccaux. On suppose que ces taches, dont la forme et la couleur rappellent les œufs de l'espèce, stimulent la femelle lors de la parade, assurant une meilleure récupération des œufs et une meilleure fécondation.

T.H.
Le titre hydrotimétrique (ou dureté totale) indique la teneur totale de l'eau en sels (de Calcium et de Magnésium principalement)

titre alcalimétrique complet
Voir T.A.C.

titre hydrotimétrique
Voir T.H.

tourbe
Matière spongieuse ou fibreuse résultant de la décomposition anaérobie de végétaux. De couleur brune à noire, la tourbe confère à l'eau une couleur ambrée en même temps qu'elle l'acidifie. Les substances humiques qu'elle contient semblent bénéfiques pour les poissons provenant des « eaux brunes » des cours d'eau forestiers.

tourbe (extraits de)
Les extraits de tourbe vendus dans le commerce ont les mêmes propriétés bénéfiques sur l'eau que la tourbe.

tourbe (filtration sur)
Pour profiter de l'action de la tourbe sur l'eau sans risque de troubler l'aquarium, on place souvent la tourbe dans le filtre. De cette façon, on peut l'enlever facilement pour le cas où son action (sur la couleur de l'eau en particulier) s'avérerait trop forte.

Tubifex
Petits vers aquatiques proches des vers de terre, atteignant quelques centimètres pour un diamètre de quelques dixièmes de millimètres. Les Tubifex sont récoltés dans des eaux fortement polluées ; il est donc nécessaire de les faire « dégorger » dans un courant d'eau claire avant de les donner aux poissons.

V

Ver de vase
Voir Chironome

viviparité
Une espèce est vivipare au sens strict si les embryons reçoivent un apport nutritif de la femelle lors de la gestation. La viviparité vraie impose donc des structures d'échange particulières fonctionnant plus ou moins comme un placenta.

X

xanthochromique
Se dit d'un poisson (ou d'une variété) dont le corps a perdu toute pigmentation noire à l'exception des yeux : à la différence d'un albinos, un poisson xanthochromique a les yeux noirs.

Z

zooplancton
Plancton animal. Le zooplancton naturel, filtré pour en enlever les grosses impuretés et d'éventuels prédateurs ou parasites, est une nourriture très appréciée des alevins ou des petites espèces.

Orientation bibliographique

Ouvrages et revues en langue française :

Ouvrages :

Henri Favre, 1983
Guide Marabout de l'aquarium d'eau douce, Marabout Service

Michel Tassigny, 1983
Nouveau guide de l'Aquarium, Ouest-France, Rennes
Deux bons manuels d'initiation à l'aquariophilie

Denis Terver, 1982
Manuel d'Aquariologie. I — L'aquarium, eau douce, eau de mer, Réalisations éditoriales pédagogiques, Paris
La synthèse de 10 années des sessions « Techniques aquariologiques » de l'Aquarium de Nancy

Charles Masson et collaborateurs, 1984
Poissons et aquariums, Larousse, Paris
Une approche différente de l'aquariophilie, fondée principalement sur la connaissance des milieux naturels. A noter : un chapitre très complet sur les Cyprinodontidés (Killies).

Horst Linke et Wolfgang Staeck, 1986
Cichlidés africains — I — Espèces de l'Afrique Occidentale, Tetra

Horst Linke et Wolfgang Staeck, 1986
Cichlidés africains — II — Espèces de l'Afrique Orientale, Tetra
Deux ouvrages très riches sur les espèces, leur mode de vie et leur élevage en aquarium

Stanislas Frank, 1980
Encyclopédie des poissons d'aquarium, Gründ
Un parfait ouvrage de vulgarisation

Ivan Petrovický, 1983
Poissons d'aquarium, Gründ
Un répertoire très complet en format de poche

Revues :

Aquarium Magazine (mensuel, en kiosque)
Une revue idéale pour débutants, avec des conseils pratiques

Aquarama (bimestriel, dans les magasins aquariophiles)
Une revue appréciée des amateurs chevronnés, avec des dossiers exhaustifs

Revue française d'Aquariologie-Herpétologie (trimestriel ; renseignements à l'Aquarium de Nancy, 34, rue Ste Catherine, 54000 Nancy)
Une revue qui se signale par son aspect scientifique rigoureux

Ouvrages en langues étrangères :

Hans J. Mayland
Grosse Aquarienpraxis-Aquarium-Pflanzen-Fische, Hanovre, 1977

Hans J. Mayland
Grosse Aquarienpraxis-Tropische Aquarienfische, Hanovre, 1979

Hans J. Mayland
Grosse Aquarienpraxis-Cichliden und Fischzucht, Hanovre, 1978

R. Riehl et Hans A. Baensch
Aquarien Atlas, Melle, 1982

W. Staeck
Handbuch der Cichlidenkunde, Stuttgart, 1982

J. Vierke
Vierkes Aquarienkunde, Stuttgart, 1982

S. Frank
Encyclopédie des poissons d'aquarium, Prague, 1980

Kosmos
Kosmos-Handbuch Aquarienkunde, Stuttgart, 1983

H. Frey
Das grosse Lexikon der Aquaristik, Leipzig, 1976

G. Sterba
Lexikon der Aquaristik und Ichtyologie, Leipzig, 1976

G. Sterba
Süsswasserfische aus aller Welt I. II., Leipzig, 1959

S. Frank, K. Rataj, R. Zukal
333 fois comment et pourquoi Prague, 1982

R. Zukal
Akvarijní ryby, Prague, 1976

I. Petrovický
Akvaristicka prirucka, Prague, 1983

I. Petrovický
Aquarium fisches, Prague, 1982

H. R. Axelrod et collaborateurs
Exotic tropical fisches, New Jersey, États-Unis

G. U. Lindberg
Opredelitel i kharacteristica Semieïstv ryb mirovoï Faouny, Léningrad, 1971

Eugene P. Odum
Zaklady ekologie, Prague, 1977

Index des noms français

Index des noms latins